执业资格考试丛书

全国注册城乡规划师职业资格考试辅导教材（第十六版）

第3分册　城乡规划管理与法规

邱　跃　苏海龙　主编

中国建筑工业出版社

图书在版编目（CIP）数据

全国注册城乡规划师职业资格考试辅导教材. 第 3 分册，城乡规划管理与法规 / 邱跃，苏海龙主编. — 16 版. — 北京：中国建筑工业出版社，2023.5
（执业资格考试丛书）
ISBN 978-7-112-28587-7

Ⅰ. ①全… Ⅱ. ①邱… ②苏… Ⅲ. ①城乡规划—管理—中国—资格考试—自学参考资料②城市规划—法规—中国—资格考试—自学参考资料 Ⅳ. ①TU984.2

中国国家版本馆 CIP 数据核字（2023）第 058659 号

图书策划：陆新之
责任编辑：何　楠　徐　冉
责任校对：张惠雯

执业资格考试丛书
全国注册城乡规划师职业资格考试辅导教材（第十六版）

第 3 分册　城乡规划管理与法规
邱　跃　苏海龙　主编

*

中国建筑工业出版社出版、发行(北京海淀三里河路 9 号)
各地新华书店、建筑书店经销
北京红光制版公司制版
天津翔远印刷有限公司印刷

*

开本：787 毫米×1092 毫米　1/16　印张：22¼　字数：537 千字
2023 年 5 月第十六版　2023 年 5 月第一次印刷
定价：80.00 元（含增值服务）
ISBN 978-7-112-28587-7
（41000）

建工人 Advanced Plan A
进阶A计划
多一证，多一份保障！

LEARNING
MANUAL

学习手册

中国建筑出版传媒有限公司
China Architecture Publishing & Media Co.,Ltd
中国建筑工业出版社

中国城市出版社 有限公司
China City Press Co.,Ltd.

中国建筑出版传媒有限公司
China Architecture Publishing & Media Co.,Ltd.
中国建筑工业出版社

中国城市出版社 有限公司
China City Press Co.,Ltd.

中国建筑出版传媒有限公司（原中国建筑工业出版社）成立于 1954 年，作为隶属于住房和城乡建设部的中央一级科技出版单位，中国建筑工业出版社始终秉承"团结、敬业、诚信、创新"的社风，始终坚持正确的出版导向，把社会效益放在首位，服务中国特色住房和城乡建设事业高质量发展，大力推进出版业务提质增效，不断加强营销创新，积极践行出版"走出去"战略，推动出版融合发展转型升级形成了图书、期刊、音像制品、电子出版物和网络等多媒体融合的立体化出版格局。中国建筑工业出版社累计出版了近 4 万种出版物，培育了结构合理、素质优良的专业出版人才队伍，已经成为建设行业科技出版的主力军和品牌强社，并连续四届获评我国出版业最高荣誉"中国出版政府奖"先进出版单位，拥有"国家出版融合发展（建工）重点实验室"和"新闻出版业科技与标准重点实验室"两个国家级重点实验室，先后荣获"优秀图书出版单位""全国优秀出版社""全国百佳图书出版单位""数字出版转型示范单位""国家数字复合出版系统工程应用试点单位"等荣誉和称号。

中国城市出版社有限公司（原中国城市出版社）成立于 1987 年，出版方向立足于城市，集中为城市建设与城市发展服务，为我国广大城市管理与建设者奉献了大量优秀精品图书，以期为加速我国城市化进程，为构建和谐社会、建设可持续发展和创新型城市提供服务。

建知（北京）数字传媒有限公司是中国建筑出版传媒有限公司根据集团化发展战略和数字化出版转型战略成立的全资子公司，负责运营中国建筑出版在线、中国建筑数字图书馆、建标知网®等多个专业数字内容平台，是一家专业的新媒体内容生产集成和运营机构。成立以来，开发了多种形态的数字产品，获得优秀创新项目、数字出版创新作品、创新技术奖、数字出版平台十强等多项荣誉。

建知（北京）数字传媒有限公司主要业务范围包括：电子、音像出版物出版；数字出版重大项目和产品运营；国家级重点实验室建设与管理；广播电视节目制作与经营；出版物批发；互联网信息服务；软件开发；技术服务；广告业务；教育咨询。

建知（北京）数字传媒有限公司于 2020 年获批国家高新技术企业称号，于 2021 年获批中关村高新技术企业称号，为公司的高速发展创造了良好的环境。公司将进一步加强数字技术研发投入和知识产权积累，加强数字产品策划和运营，大力加强企业品牌建设和产业化经营，推进中国建筑出版传媒有限公司数字化转型升级和高质量融合发展。

一级注册建筑师考试科目

《建筑设计》《建筑材料与构造》《建筑经济、施工与设计业务管理》
《建筑结构、建筑物理与设备》《设计前期与场地设计》《建筑方案设计》
（作图题）。

中国建筑出版传媒有限公司 China Architecture Publishing & Media Co.,Ltd. 中国建筑工业出版社　中国城市出版社 有限公司 China City Press Co.,Ltd.

Date:　/　　/

一级注册建筑师报考条件（1）

（1）取得建筑学硕士以上学位或者相近专业工学博士学位，并从事建筑设计或者相关业务2年以上的。

（2）取得建筑学学士学位或者相近专业工学硕士学位，并从事建筑设计或者相关业务3年以上的。

中国建筑出版传媒有限公司
China Architecture Publishing & Media Co.,Ltd.
中国建筑工业出版社

中国城市出版社 有限公司
China City Press Co.,Ltd.

Date: / /

一级注册建筑师报考条件（2）

（3）具有建筑学专业大学本科毕业学历并从事建筑设计或者相关业务5年以上的，或者具有建筑学相近专业大学本科毕业学历并从事建筑设计或者相关业务7年以上的。

中国建筑出版传媒有限公司
China Architecture Publishing & Media Co.,Ltd.
中国建筑工业出版社

中国城市出版社 有限公司
China City Press Co.,Ltd.

Date: /   /

二级注册建筑师考试科目

《场地与建筑方案设计》《建筑设计、建筑材料与构造》《建筑结构、建筑物理与设备》《建筑经济、施工与设计业务管理》。

中国建筑出版传媒有限公司
China Architecture Publishing & Media Co.,Ltd.
中国建筑工业出版社

中国城市出版社 有限公司
China City Press Co.,Ltd.

Date: /   /

二级注册建筑师报考条件（1）

（1）具有建筑学或者相近专业大学本科毕业以上学历，从事建筑设计或者相关业务2年以上的。

（2）具有建筑设计技术专业或者相近专业大专毕业以上学历，并从事建筑设计或者相关业务3年以上的。

二级注册建筑师报考条件（2）

（3）具有建筑设计技术专业4年制中专毕业学历，并从事建筑设计或者相关业务5年以上的。

（4）具有建筑设计技术相近专业中专毕业学历，并从事建筑设计或者相关业务7年以上的。

（5）取得助理工程师以上技术职称，并从事建筑设计或者相关业务3年以上的。

中国建筑出版传媒有限公司
China Architecture Publishing & Media Co.,Ltd
中国建筑工业出版社

中国城市出版社 有限公司
China City Press Co.,Ltd.

Date:　　/　　/

注册城乡规划师考试介绍

注册城乡规划师前身是注册城市规划师，2017年正式更名，是指通过全国统一考试，取得注册城市规划师执业资格证书，并经注册登记后从事城市规划业务工作的专业技术人员。

全国统一大纲、统一命题、统一组织的考试制度。原则上每年举行一次考试。

中国建筑出版传媒有限公司
China Architecture Publishing & Media Co.,Ltd.
中国建筑工业出版社
中国城市出版社 有限公司
China City Press Co.,Ltd.

Date: /   /

注册城乡规划师报考条件（1）

（1）取得城乡规划专业大学专科学历，从事城乡规划业务工作满4年。
（2）取得城乡规划专业大学本科学历或学位，或取得建筑学学士学位
（专业学），从事城乡规划业务工作满3年。
（3）取得通过专业评估（认证）的城乡规划专业大学本科学历或学位，
从事城乡规划业务工作满2年。

中国建筑出版传媒有限公司
China Architecture Publishing & Media Co.,Ltd.
中国建筑工业出版社

中国城市出版社 有限公司
China City Press Co.,Ltd.

Date: /   /

注册城乡规划师报考条件（2）

（4）取得城乡规划专业硕士学位或建筑学硕士学位（专业学位），从事城乡规划业务工作满1年。

（5）取得通过专业评估（认证）的城乡规划专业硕士学位或城市规划硕士学位（专业学位），从事城乡规划业务工作满1年。

（6）取得城乡规划专业博士学位。

中国建筑出版传媒有限公司
China Architecture Publishing & Media Co.,Ltd.
中国建筑工业出版社

中国城市出版社 有限公司
China City Press Co.,Ltd.

Date: /   /

注册结构工程师考试介绍

注册结构工程师分一级注册结构工程师和二级注册结构工程师。注册结构工程师是指经全国统一考试合格，依法登记注册，取得中华人民共和国注册结构工程师执业资格证书和注册证书，从事房屋结构、桥梁结构及塔架结构等工程设计及相关业务的专业技术人员。

注册结构工程师报考条件

本专业或相近专业大学专科学历，累计从事结构工作专业设计工作满1年。
其他工科专业大学本科及以上学历或学位，累计从事结构工作专业设计
工作满1年（更多报考条件请扫码咨询建工社老师）。

中国建筑出版传媒有限公司
China Architecture Publishing & Media Co.,Ltd.
中国建筑工业出版社

中国城市出版社 有限公司
China City Press Co.,Ltd.

Date: /   /

注册道路工程师考试介绍

注册道路工程师即勘察设计注册土木工程师（道路工程），是从事道路（包括公路、城市道路、林区、厂矿及其他专用道路）工程专业设计及相关业务的专业技术人员，其从业范围主要包括：道路工程勘察设计；道路工程技术咨询；道路工程招标、采购咨询；道路工程的技术调查和鉴定；道路工程的项目管理业务，等等。

中国建筑出版传媒有限公司
China Architecture Publishing & Media Co.,Ltd.
中国建筑工业出版社

中国城市出版社 有限公司
China City Press Co.,Ltd.

注册道路工程师报考条件（基础考试）

（1）取得本专业（指土木工程，下同）或相近专业（指港口与航道工程、勘查技术与工程等专业，下同）大学本科及以上学历或学位。

（2）取得本专业或相近专业大学专科学历，累计从事道路工程专业设计工作满1年。

（3）取得其他专业大学本科及以上学历或学位，累计从事道路工程专业设计工作满1年（更多报考条件请扫码咨询建工社老师）。

一级造价工程师考试介绍

造价工程师，是指通过全国统一考试取得中华人民共和国造价工程师职业资格证书，并经注册后从事建设工程造价工作的专业人员。国家对造价工程师实行准入类职业资格制度，纳入国家职业资格目录。凡从事工程建设活动的建设、设计、施工、造价咨询等单位，必须在建设工程造价工作岗位配备造价工程师。

中国建筑出版传媒有限公司
China Architecture Publishing & Media Co.,Ltd.
中国建筑工业出版社

中国城市出版社 有限公司
China City Press Co.,Ltd.

Date: /   /

一级造价工程师报名条件

凡遵守中华人民共和国宪法、法律、法规，具有良好的业务素质和道德品行，具备下列条件之一者，可以申请参加一级造价工程师职业资格考试：
（1）具有工程造价专业大学专科（或高等职业教育）学历，从事工程造价、工程管理业务工作满4年；
具有土木建筑、水利、装备制造、交通运输、电子信息、财经商贸大类大学专科（或高等职业教育）学历，从事工程造价、工程管理业务工作满5年（更多报考条件请扫码咨询建工社老师）。

中国建筑出版传媒有限公司
China Architecture Publishing & Media Co.,Ltd.
中国建筑工业出版社

中国城市出版社 有限公司
China City Press Co.,Ltd.

Date: /   /

房地产经纪人/协理考试介绍

房地产经纪人,是指通过全国房地产经纪人资格考试或者资格互认,依法取得房地产经纪人资格,并经过注册,从事房地产经纪活动的专业人员。房地产经纪人协理,是指通过房地产经纪人协理职业资格考试,取得房地产经纪人职业资格证书的人员。

中国建筑出版传媒有限公司
China Architecture Publishing & Media Co.,Ltd.
中国建筑工业出版社

中国城市出版社 有限公司
China City Press Co.,Ltd.

Date: / /

房地产估价师考试介绍

房地产估价师执业资格实行全国统一考试制度。原则上每年举行一次。建设部和人事部共同负责全国房地产估价师执业资格制度的政策制定、组织协调、考试、注册和监督管理工作。房地产估价师执业资格考试合格者，由人事部或其授权的部门颁发人事部统一印制，人事部和建设部用印的房地产估价师《执业资格证书》，经注册后全国范围内有效。

中国建筑出版传媒有限公司
China Architecture Publishing & Media Co.,Ltd
中国建筑工业出版社

中国城市出版社 有限公司
China City Press Co.,Ltd.

Date: /   /

房地产估价师考试科目

所有考试科目均采用闭卷、纸笔考试。其中，《房地产制度法规政策》《房地产估价原理与方法》2个科目均为客观题，以填涂答题卡的方式作答；《房地产估价基础与实务》《土地估价基础与实务》2个科目为主客观题相结合，以填涂答题卡和在答题卡上书写的方式作答。

注册土木工程师（道路工程）
《VIP旗舰课》

6大实用优势，全程为你保驾护航

扫描二维码
免费学习

6大实用优势，全程为你保驾护航

4大阶段
层层突破

让你将重难点一网打尽

专业辅导
在线答疑

让你复习"不留死角"

核心资料
科学搭配

让你省心轻松复习

2年保障
不过重学

让你无后顾之忧

大咖老师
保驾护航

让你复习不走弯路

紧跟考纲
全新升级

让你过关更有把握

专业考试超强师资阵容，大咖一路带飞

张蕊
北京建筑大学教授，北京交通工程学会副秘书长，《交通工程》杂志副主编

张新天
北京建筑大学土木与交通工程学院教授，中国公路学会理事，北京公路学会荣誉理事

张志清
博士、教授、博士生导师，北京工业大学名师获奖得者，兼任中国公路学会养护与管理分会理事

焦驰宇
北京建筑大学桥梁与隧道工程学科方向教授，博士生导师

周晨静
交通运输规划与管理专业博士学位，北京建筑大学交通工程系副教授

屈小磊
北京建筑大学副教授，硕士研究生导师

金珊珊
北京建筑大学副教授，北京建筑大学土木与交通工程学院道桥系主任

房地产经纪人/协理 缺口大

近几年来，房地产经纪人已成为常年招聘但总是招聘不足的职业之一，在人力资源市场上是典型的供方市场，缺口较大，就业形势很好。

4阶课程 系统全面
让你层层突破无遗漏

快速入门
熟悉考试特点
明确学习方法
想清楚看明白
少走很多弯路

基础夯实
搭建基础知识体
系进行知识分类
提炼重难点让你
学透记牢

难点突破
以题带点强化
提升做题能力
重难点专项突破
学透、一做就对

临门点睛
覆盖高频知识点
模拟加强训练
提高做题技巧
临门查缺补漏

每一科都给你合理搭配
直击核心，知识点畅学无忧

录播课程 章节练习题 核心资料 精编讲义

房地产经纪人/协理

知识点畅学系统课

知识点层层突破无遗漏 畅学无忧

扫描二维码
免费学习

中国建筑出版传媒有限公司
China Architecture Publishing & Media Co.,Ltd
中国建筑工业出版社

中国城市出版社 有限公司
China City Press Co.,Ltd.

生活不一定很酷，
但一定要全力以赴，
这世上，只有一种成功叫做：
用自己喜欢的方式过一生！

扫码关注 获取更多资讯

3

第十六版前言

建设部和人事部决定自 2000 年起实施注册城市规划师执业资格考试制度，迄今已有二十余年（2015 年、2016 年停考）。2014 年，全国城市规划执业制度管理委员会公布了《全国城市规划师执业资格考试大纲（修订版）》，对考试大纲作了调整，对注册城市规划师执业提出了更高的要求，考试内容和题型也有新的变化。

2017 年 5 月 22 日，人力资源和社会保障部与住房和城乡建设部共同印发了《人力资源社会保障部住房城乡建设部关于印发〈注册城乡规划师职业资格制度规定〉和〈注册城乡规划师职业资格考试实施办法〉的通知》，文件将以往的"注册城市规划师""注册城市规划师执业资格"改称为"注册城乡规划师"与"注册城乡规划师职业资格"，并对注册和执业制度以及考试作了新的规定与安排。

2018 年年初，党的十九届三中全会审议通过《深化党和国家机构改革方案》。国务院第一次常务会议审议通过国务院部委管理的国家局设置方案，组建自然资源部，将住房和城乡建设部的城乡规划管理和其他部门职责整合入内。经过一年的努力，其内部机构设置尘埃落定，但新形势下空间规划相关的法律法规及规章规范尚未更新完善。2020 年，自然资源部国土空间规划局发布增补大纲内容的函。针对这种新旧交替之时考试所出现的新变化，中国建筑工业出版社组织成立了编委会，共同编写这套《全国注册城乡规划师职业资格考试辅导教材》。为方便考生在较短时间内达到好的复习效果以备应考，2023 年辅导教材共分五册：《第 1 分册　城乡规划原理》《第 2 分册　城乡规划相关知识》《第 3 分册　城乡规划管理与法规》《第 4 分册　城乡规划实务》和《第 5 分册　国土空间规划法律法规文件汇编》。辅导教材为适应考试的新变化，增加国土空间规划方面的内容，以 2019 年 5 月 23 日发布的《中共中央　国务院关于建立国土空间规划体系并监督实施的若干意见》为核心。

本书编写阵容齐整，分工合理，由多年从事北京市城乡规划管理实践工作的专家、复旦大学和上海复旦规划建筑设计研究院的专家编写第 3、4 分册，西安建筑科技大学城乡规划专业资深教授编写第 1、2 分册，新增的第 5 分册由多年从事北京市城乡规划管理实践工作的专家负责编写。编委会成员既有担任过全国注册规划师考试辅导班的教师，也有对全国注册城乡规划师职业资格考试研究颇深的专家。他们熟悉考试要点、难点，对题型尤其是近年新出现的多选题有深入的研究。其中，《第 1 分册　城乡规划原理》由惠劼、张洁璐主编，惠劼统稿；《第 2 分册　城乡规划相关知识》由王翠萍、王宇新、杜宛谦主编，王翠萍统稿；《第 3 分册　城乡规划管理与法规》由邱跃、苏海龙主编；《第 4 分册　城乡规划实务》由苏海龙、邱跃、郭鑫主编；《第 5 分册　国土空间规划法律法规文件汇编》由邱跃、栾景亮主编。

为与读者形成良好的互动，本丛书开设了一个微信服务号。读者可通过此号进入"建工社规划师考试答疑群"。答疑群的目的旨在解答读者在看书过程中所产生的问题，并收集读者发现的问题，从而对本丛书进行迭代优化。欢迎大家加群，在共同学习的过程中发现问题、解决问题，并相互促进和提升！

微信服务号
微信号：JZGHZX

《全国注册城乡规划师职业资格考试辅导教材》编委会
2023 年 2 月 28 日

配套增值服务说明

中国建筑工业出版社为更好地服务于考生、满足考生需求，除了出版纸质教材书籍外，还同步配套准备了注册城乡规划师职业资格考试增值服务内容。考生可以选择适宜的方式进行复习。

一、兑换增值服务将会获得什么？

增值服务包括如下两大部分内容：

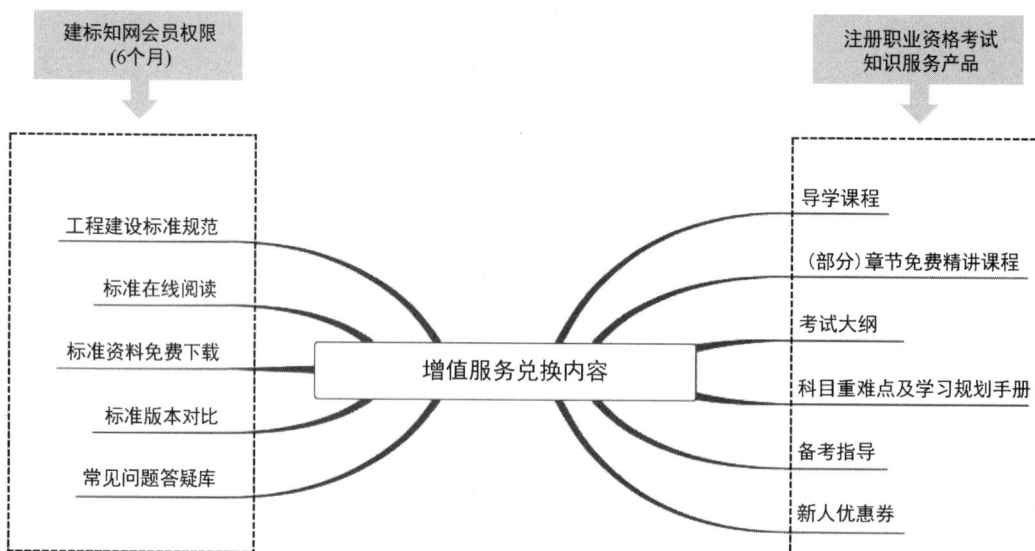

建标知网会员权限
（6个月）

注册职业资格考试
知识服务产品

工程建设标准规范

标准在线阅读

标准资料免费下载

标准版本对比

常见问题答疑库

增值服务兑换内容

导学课程

（部分）章节免费精讲课程

考试大纲

科目重难点及学习规划手册

备考指导

新人优惠券

二、如何兑换增值服务？

刮开扫码兑换
立享增值服务

兑换码：××××××

扫描封面二维码

刮开涂层输入兑换码

扫描封面二维码，刮开涂层，输入兑换码，即可轻松享有上述免费增值服务内容。

注：增值服务自激活成功之日起生效，如果无法兑换或兑换后无法使用，请及时与我社联系。

客服电话：4008-188-688（周一至周五 9：00-17：00）

目　录

微信扫码
免费听课
⇩

01

第一章　引言 ……………………………………………………………… 1
　一、关于试题题型 …………………………………………………… 2
　二、"城乡规划管理与法规"科目出题内容分析 ……………………… 2
　三、历年考试中存在问题的分析 …………………………………… 3
　四、"城乡规划管理与法规"科目应试建议 ………………………… 5

02

第二章　城乡规划行政法学基础 ……………………………………… 7
　一、新形势对依法行政的总体要求 ………………………………… 7
　二、行政法学有关知识 ……………………………………………… 10
　三、城乡规划法制建设 ……………………………………………… 19

03

第三章　城乡规划行政法律与规范标准框架 ………………………… 29
　一、《中华人民共和国城乡规划法》的基本内容 …………………… 29
　二、《中华人民共和国城乡规划法》的配套法规、规章 …………… 43
　三、城乡规划技术标准和技术规范 ………………………………… 81
　四、城乡规划相关法律、法规及文件 ……………………………… 117
　五、国土空间规划相关文件与规定 ………………………………… 168

04

第四章　城乡规划当前方针政策及职业道德 ………………………… 192
　一、城乡规划建设方针政策 ………………………………………… 192
　二、城乡规划行业职业道德 ………………………………………… 193

05

第五章　城乡规划管理 ………………………………………………… 194
　一、行政管理学有关知识 …………………………………………… 194
　二、城乡规划管理的基本知识 ……………………………………… 198
　三、新时期城乡规划管理的相关改革 ……………………………… 200
　四、依法编制与审批城乡规划 ……………………………………… 205
　五、依法管理城乡规划编制单位的资质 …………………………… 212
　六、依法进行城乡规划实施管理 …………………………………… 214
　七、历史文化遗产保护规划管理 …………………………………… 221
　八、风景名胜区规划管理 …………………………………………… 223

九、依法进行城乡规划行政监督检查 ·· 224

附录1 2022 年真题、参考答案及解析 ·· 227
附录2 模拟试题及参考答案（一～六） ·· 260
参考文献 ··· 344
后记 ··· 345

第一章　引言

　　自 2000 年始，注册城乡规划师考试已经历了 21 次（2015 年、2016 年停考）。在这二十多年的时间里，我国经济的快速发展及城市化进程的明显加快，对现阶段的城市规划工作提出了新的、更高的要求。随着《中华人民共和国城乡规划法》（简称《城乡规划法》）的颁布实施，城乡规划工作的理念、目标、基本概念、内容、方式方法都发生了深刻的变化。《城乡规划法》在城乡统筹发展、确立城乡规划体系、规划管理程序设定、监督制约行政权力等方面有很多重大突破。尤其是，从法律层面上明确了城乡规划由物质平面设计走向综合规划，由技术管制走向公共政策。城乡规划具有公共政策的属性，是促进经济社会全面协调发展的综合性部署，这是很大的转变，这个转变意味着城乡规划是政府的一个重要职能，并且体现在公共服务上。

　　由于《城乡规划法》在界定城乡规划编制上，更加注重前瞻性和科学性，规划管理和执法更加强调程序性和规范性，在理论上和实践上都出现了许多有益的探索和科学的创新，使城乡规划既提高了科学性，又增加了很强的适应性和可操作性。在这样的背景下，《全国城市规划师执业资格考试大纲》对注册规划师的专业技术知识和实际工作能力提出了更高的要求。考试大纲关于本科目的内容包括两个方面：一是城乡规划法规，含城乡规划行政法学基础、城乡规划法、城乡规划法配套法规、城乡规划技术标准与规范、城乡规划相关法律法规和方针政策；二是城乡规划管理，含城乡规划管理基础知识、城乡规划编制与审批管理、城乡规划实施管理、城乡规划监督检查和城乡规划行业职业道德。

　　人力资源和社会保障部与住房和城乡建设部于 2017 年 5 月 22 日共同印发了《人力资源社会保障部住房城乡建设部关于印发〈注册城乡规划师职业资格制度规定〉和〈注册城乡规划师职业资格考试实施办法〉的通知》，文件将以往的"注册城市规划师""注册城市规划师执业资格"改称为"注册城乡规划师""注册城乡规划师职业资格"，并对注册和执业制度以及考试作出了新的规定与安排。2018 年初自然资源部组建，将住房和城乡建设部的城乡规划管理和其他部门职责整合入内，但新形势下空间规划相关的法律法规及规章规范体系尚未完善。2020 年 8 月 3 日，为深入贯彻党中央国务院"多规合一"改革精神，进一步落实《中共中央 国务院关于建立国土空间规划体系并监督实施的若干意见》，推进注册城乡规划师职业资格考试与国土空间规划实践需求相适应，自然资源部国土空间规划局发布了《关于增补注册城乡规划师职业资格考试大纲内容的函》（自然资空间规划函〔2020〕190 号）。该函明确对注册城乡规划师职业资格考试大纲增补有关内容，有关内容已经人力资源和社会保障部专业技术人员管理司审定，并于 2020 年启用。根据考试大纲增补内容及相关文件清单，考试大纲增补内容有 4 项，分别为：①熟悉国土空间规划相关政策法规；②掌握国土空间规划相关技术标准；③了解国土空间规划与相关专项规划关系；④掌握国土空间规划编制审批及实施监督有关要求。增加的法规有十项，主要聚焦中共中央、国务院关于建立国土空间规划体系并监督实施的有关意见、建立以国家公园为主体的自然保护地体系、国土空间规划中统筹划定落实三条控制线的指导意见、加强村庄规划促进乡村振兴、以"多规合一"为基础推进规划用地"多审合一、多证合一"、国土空间规划编制及资质、资源环境承载能力和国土空间开发适宜性评价等方面的内容。本书的作用就是在此基础上与应试者共享复习、应考的有效方法，使应试者发挥出应有的水平。

一、关于试题题型

"城乡规划管理与法规"科目考试一直都是客观试题。题型从全部是单项选择题，变化为单项选择题和多项选择题两大类。单项选择题，每题 1 分，每题的备选项中，只有 1 个最符合题意；多项选择题，每题 1 分，每题的备选项中，有 2～4 个选项符合题意，少选、错选都不得分。答题采用在答题卡上将所选选项对应的字母涂黑的方式。

近几年，多项选择题的数量逐年减少到已基本稳定，目前所占比例保持在 20%，估计在今后几年内单项选择题和多项选择题的比例会稳定在 8：2 左右。到目前为止，注册规划师考试还没有采用不定项选择题的题型，但是不能保证今后不出现这种题型，尤其是在考试内容枯竭之后，就很有可能从题型上有所改变，以扩大题库的容量。

做好选择题，尤其是多项选择题，需要考生熟练掌握基本知识，理解考试题目所涉及的知识点，熟悉出题专家的习惯，并在此基础上进行分析选择。

二、"城乡规划管理与法规"科目出题内容分析

为了做到知己知彼，还需要对历年"城乡规划管理与法规"的试题作一番回顾。根据应试考生回访调查的统计分析结果，在"城乡规划管理与法规"科目试卷出题内容中，考试重点主要有行政法学基础（包括行政管理知识）、《城乡规划法》、国土空间规划体系、相关法律法规、标准规范以及历史文化和风景名胜的内容。近几年不同板块内容的考题分布如表 1-1 所示。

各板块内容考题分布情况表 表 1-1

	行政法学基础	《城乡规划法》及国土空间规划体系	标准规范	相关法律法规	历史文化、风景名胜等其他	时政考题
2012 年考题	14%	20%	20%	30%	15%	1%
2013 年考题	18%	17%	24%	31%	9%	1%
2014 年考题	13%	26%	28%	22%	10%	1%
2017 年考题	25%	25%	24%	16%	9%	1%
2018 年考题	12%	11%	49%	17%	8%	3%
2019 年考题	7%	10%	57%	16%	5%	5%
2021 年考题	23%	16%	34%	19%	5%	3%
2022 年考题	14%	21%	26%	27%	3%	9%

试题内容出现上述分布特征不是偶然现象，主要是由于以下几个方面的原因。

第一，行政法是政府行政管理和实施依法行政的主要法律依据，也是我国社会主义民主法治建设的重要保障，对规范公共权力的行使、保障公民合法权利、促进社会公平正义等具有重要意义。因此，这几年出题的比例中行政法学基础知识方面占有相当分量，应该是必然的。近几年，由于空间规划改革，原城乡规划机构进行了重组，因此近几年法规科目减少了行政法学的考试内容。但由于其在法规科目的基础地位，考生仍需牢牢掌握。

第二，虽然在国土空间相关法律出台前，《城乡规划法》依然是城乡规划制定和管理的基本法。但在自然资源部《自然资源部关于全面开展国土空间规划工作的通知》中，"各地不再新编和报批主体功能区规划、土地利用总体规划、城镇体系规划、城市（镇）总体规划、海洋功能区划等"。因此，推测未来法规考试将进一步减少《城乡规划法》的权重，与已颁布国土空间规划相关文件矛盾的部分也不会再考。

第三，2019年，《中共中央 国务院关于建立国土空间规划体系并监督实施的若干意见》发布，明确将"主体功能区规划、土地利用规划、城乡规划等空间规划融合为统一的国土空间规划"，实现"多规合一"，这是党中央、国务院作出的一项重大部署。在此之后，自然资源部又下发了关于加强国土空间规划编制、实施、监督、评估等方面的一系列文件和标准、指南。对应到我们注册规划师考试中，这些关于国土空间规划体系方面的内容都是近年来的考试重点，需要关注和掌握。

第四，近年来对于规章、标准、规范的题目不断增多，而且更加侧重于市政、环境、交通等领域。同时，对于规划相关法律法规，考生应关注近年新颁布的文件，重点熟悉自然资源相关的法律法规，例如修订后的《中华人民共和国土地管理法》《中华人民共和国土地管理法实施条例》《国土空间规划城市设计指南》《城乡用地评定标准》等。

第五，随着贯彻党的十九大精神的逐步深入，对生态文明建设的要求越来越高。在加强低碳生态和环境保护意识，提倡改善人居和发展环境，促进经济、社会、人口、资源、环境全面协调可持续发展的大背景下，对于自然保护、风景名胜、文化遗产保护等相关方面，也加大了出题比例和分量。尤其注意国家重要会议中领导人关于法制、经济、环境等方面的讲话内容。

第六，随着每年热点问题、时事政策等背景的变化，考题也会有相应的体现。尤其应对与城乡规划有关的时事及热点加以关注。此外还应着重关注空间规划改革的相关新文件、新政策。已发布的文件列表本书已整理完成，建议考生重点学习。以2022年考试为例，随着近几年对"三农"问题的关注，以及"乡村振兴""粮食安全""村庄规划"等方面系列政策的出台，乡村建设成为一个考点，2022年考题在集体土地、农用地、粮食问题方面均有涉及。

三、历年考试中存在问题的分析

1. 审题问题

历年"城乡规划管理与法规"的每道试题基本上都是由题干和选项两部分组成。单项选择题中，在给出的4个答案中只有1个是准确答案。题干是试题最重要的部分，出题专家们为了检验考生对基本概念掌握的程度，同时也考虑到适当拉开考生的分数，题干一般采取叙述、解释、提问、判断等方式。而在选项中，会出一些与准确答案相似、似是而非的干扰性答案。我们的许多考生，在没有看清题意的情况下，急于进行判断并进行选择，答非所问，往往丢掉了许多不该丢失的分数。

例题1：根据《城乡规划法》，设定行政许可的主要依据中不包括（　　）。

A. 社会规范　　　　　B. 道德规范　　　　　C. 法律规范　　　　　D. 技术规范

答案是"B. 道德规范"。应该说这道题是比较容易回答的，基本上是送分题，但这道题的答对率很低。从大多数考生选择"C. 法律规范"的结果来看，错误是出在没有认真审题上，一定是将题干看成"《城乡规划法》设定行政许可的主要依据中包括（　　）"。

例题2：根据《城市黄线管理办法》规定，（　　）不属于黄线管理的范畴。

A. 消防站　　　　　　　　　　　B. 气象预警中心

C. 高压送电走廊　　　　　　　　D. 墓地

这道题应选D。此题给出的4个选项中3个是市政设施，最后一个是墓地，这道题也明显是送分的题，本来蒙也能蒙对，但此题的正确率不到40%。其中，"城乡规划管理与法规"科目得分低于50分的考生此题正确率不到20%。所以，本科目考试得不了高分的首要问题出在审题方面，应认真审视答案，找出答题线索。应试的第一要务是冷静，其次要准确理解题干的考点，之后再进行选择。

2. 城乡规划管理基础知识不扎实的问题

城乡规划是一项重要的政府职能，依法批准的城乡规划具有法律效力。所以，全国注册城乡规划师职业资格考试，就是要求考生熟悉和掌握城乡规划的法律法规、政策方针，城乡规划管理的基础知识、基本概念、基本程序，以及城乡规划技术标准与规范的主要内容和强制性条文。

例题3：根据《城乡规划法》，城乡规划主管部门不得在（　　）作出规划许可。

A. 规划区范围外　　　　　　　　B. 文物保护单位的保护区范围内

C. 风景名胜区范围内　　　　　　D. 城乡规划确定的建设用地范围外

答案是D。

例题4：下列用地类型中，不属于《城市居住区规划设计标准》规定的城市居住区用地类别的是（　　）。

A. 城市居住区的配套设施　　　　B. 城市居住区的公共绿地

C. 非配套的公共设施用地　　　　D. 城市居住区的城市道路用地

答案是C。

这两道题全部是检查考生对城乡规划法规和城乡规划管理的基础知识掌握程度的，应该说都不是难题。只要逐条、逐句认真复习了法律法规和标准规范，就不容易丢分。这对考察城乡规划法规和管理的基础知识是否扎实很有效。

3. 答题技巧的问题

对一些概念或说法不是很清楚的时候，可以对给出的4个选项，通过使用排除法进行判定。

例题5：依据《中华人民共和国行政许可法》，下列有关听证程序的说法中，错误的是（　　）。

A. 听证应当公开举行

B. 行政机关应当指定审查该行政许可申请的工作人员为听证主持人

C. 举行听证时，审查该行政许可申请的工作人员应当提供审查意见的证据、理由，申请人、利害关系人可以提出证据，并进行申辩和质证

D. 听证应当制作笔录，听证笔录应当交听证参加人确认无误后签字或者盖章

从给出的4项答案中分析：A. 听证应当公开举行，肯定是正确的，排除掉；CD有一点法律常识的人，马上就能判断，肯定是正确的，排除掉。那么错误的说法肯定是选项B了。

例题6：下列说法中，不符合《中华人民共和国文物保护法》规定的是（　　）。

A. 非国有不可移动文物不得转让、抵押给外国人

B. 辟为游览场所的国有文物保护单位可作为企业资产经营

C. 使用不可移动文物，必须遵守不改变文物原状的原则

D. 不得损毁、改建、添建或者拆除不可移动文物

此题也可以使用排除法进行选择：通过日常常识，可以很容易判定选项A、C、D应该是准确的，那不符合《中华人民共和国文物保护法》的只能是B选项了。

四、"城乡规划管理与法规"科目应试建议

1. 不要丢掉"一法两条例"

根据近两年的考题分类统计，《城乡规划法》的相关考题正在逐步减少。但2019年法规考试中仍有十多分的题目。在国土空间规划的法律出台之前，相信《城乡规划法》的相关题目不会消失。而历史保护及风景名胜区从来都是必考内容，因此建议考生不可因规划改革而彻底丢掉"一法两条例"这些传统内容。

2. 行政法学基础依然重要

行政法学基础作为法规考试的基础架构，虽然这两年考试大幅减少题目，但无论规划如何变革，我国的行政体系及运作架构不会变化。掌握此部分内容相当于在考生脑海中搭起了填充法规其他内容的框架，而且在实务科目中这部分内容也是每年的必考内容，因此建议考生和往年一样重视行政法学基础的复习。

3. 规章、规定、办法、规范、标准

从近几年的考试趋势来看，在规划改革新老交接之时，一方面考题要淡化旧规划体系的内容，一方面又面临新体系尚未完善、无题可出的困境。因此，这几年的考试重点大幅转移到了对各种规章、规定、办法、规范、标准的考查上，所占分数甚至过半。因此，考生应将精力着重放在这一部分的内容上，尤其是环境、市政、道路方面。尽管内容庞杂，但若保持经常翻阅、复习，相信能够得到大部分分数。

4. 仔细审题

一般来说，"城乡规划管理与法规"的答卷时间还是充裕的，所以建议考生在答题的时候，不必紧张，认真审题。在审题时，首先应看清问题，除了要分清是叙述、解释、提问、判断类型等方式外，一定要看清楚题干的问题，是肯定的（符合的）选项，还是否定（不符合的）选项。同时辨明容易记混的关键字眼，防止掉入出题者的陷阱中。

5. 关注每年政策要点

规划管理是国家控制空间资源的直接手段，当前政策、形势会对管理理念及侧重点产

生方向性的影响。考生要注意新颁布和新修正的法律法规、相关新闻热点。每年的政策要点、核心关键内容也需要关注熟悉。近几年的城市双修、海绵城市建设、历史文化名城名镇名村保护以及党的二十大会议、机构改革都应是复习时的重点内容。尤其是配合国土空间规划体系建立而出台的一系列文件，更是必考。

6. 关注考试大纲最新内容

根据 2020 年考试大纲增补内容及相关文件清单，考生必须领会党中央国务院"多规合一"改革的精神，围绕中共中央、国务院、自然资源部等下发的一系列重要文件精神，熟悉对国土空间规划体系、国土空间规划编制、国土空间规划实施的政策内容，掌握"多规合一""多审合一""多证合一"改革、自然保护地体系构建、"生态保护红线、永久基本农田、城镇开发边界"三条控制线的划定与管理国土空间规划城市体检、城市设计、基础信息平台建设等。切实领会国家对注册城乡规划师与国土空间规划实践需求相适应的新要求。

第二章　城乡规划行政法学基础

一、新形势对依法行政的总体要求

1. 全面推进依法行政的重要性和迫切性

党的十一届三中全会以来，我国社会主义民主与法制建设取得了显著成绩。党的十五大确立依法治国、建设社会主义法治国家的基本方略，1999 年九届全国人民代表大会二次会议将其载入宪法。作为依法治国的重要组成部分，依法行政也取得了明显进展。1999 年 11 月，国务院发布了《国务院关于全面推进依法行政的决定》（国发〔1999〕23 号），要求各级政府及其工作部门加强制度建设，严格行政执法，强化行政执法监督，不断提高依法办事的能力和水平。党的十九大报告中强调，全面依法治国是国家治理的一场深刻革命，必须坚持厉行法治，推进科学立法、严格执法、公正司法、全民守法。建设法治政府，推进依法行政，严格规范公正文明执法。党的二十大报告首次单独把法治建设作为专章论述、专门部署，全面阐述了法治建设的地位作用、总体要求和重点工作，这充分体现了以习近平同志为核心的党中央对全面依法治国的高度重视。

与完善社会主义市场经济体制、建设社会主义政治文明以及依法治国的客观要求相比，依法行政还存在不小差距，主要是：行政管理体制与发展社会主义市场经济的要求还不相适应，依法行政面临诸多体制性障碍；制度建设反映客观规律不够，难以全面、有效解决实际问题；行政决策程序和机制不够完善；有法不依、执法不严、违法不究现象时有发生，人民群众反应比较强烈；对行政行为的监督制约机制不够健全，一些违法或者不当的行政行为得不到及时、有效的制止或者纠正，行政管理相对人的合法权益受到损害得不到及时救济；一些行政机关工作人员依法行政的观念还比较淡薄，依法行政的能力和水平有待进一步提高。这些问题在一定程度上损害了人民群众的利益和政府的形象，妨碍了经济社会的全面发展。解决这些问题，适应全面建成小康社会的新形势和依法治国的进程，必须全面推进依法行政，建设法治政府。

2. 依法行政的基本原则和基本要求

依法行政必须做到合法行政。行政机关实施行政管理，应当依照法律、法规、规章的规定进行；没有法律、法规、规章的规定，行政机关不得作出影响公民、法人和其他组织合法权益或者增加公民、法人和其他组织义务的决定。

依法行政必须做到合理行政。行政机关实施行政管理，应当遵循公平、公正的原则。要平等对待行政管理相对人，不偏私、不歧视。行使自由裁量权应当符合法律目的，排除不相关因素的干扰；所采取的措施和手段应当必要、适当；行政机关实施行政管理可以采用多种方式实现行政目的的，应当避免采用损害当事人权益的方式。

依法行政必须做到程序正当。行政机关实施行政管理，除涉及国家秘密和依法受到保护的商业秘密、个人隐私以外，应当公开，并注意听取公民、法人和其他组织的意见；要严格遵循法定程序，依法保障行政管理相对人、利害关系人的知情权、参与权和救济权。行政机关工作人员履行职责，与行政管理相对人存在利害关系时，应当回避。

依法行政必须做到高效便民。行政机关实施行政管理，应当遵守法定时限，积极履行法定职责，提高办事效率，提供优质服务，方便公民、法人和其他组织。

依法行政必须做到诚实守信。行政机关公布的信息应当全面、准确、真实。非因法定事由并经法定程序，行政机关不得撤销、变更已经生效的行政决定；因国家利益、公共利益或者其他法定事由需要撤回或者变更行政决定的，应当依照法定权限和程序进行，并对行政管理相对人因此而受到的财产损失依法予以补偿。

依法行政必须做到权责统一。行政机关依法履行经济、社会和文化事务管理职责，要由法律、法规赋予其相应的执法手段。行政机关违法或者不当行使职权，应当依法承担法律责任，实现权力和责任的统一。依法做到执法有保障、有权必有责、用权受监督、违法受追究、侵权须赔偿。

3. 理顺行政执法体制，加快行政程序建设，规范行政执法行为

依法行政要求各级人民政府不断深化行政执法体制改革，加快建立权责明确、行为规范、监督有效、保障有力的行政执法体制，继续开展相对集中行政处罚权工作，积极探索相对集中行政许可权，推进综合执法试点。要减少行政执法层次，适当下移执法重心；对与人民群众日常生活、生产直接相关的行政执法活动，主要由市、县两级行政执法机关实施。要逐步完善行政执法机关的内部监督制约机制。

各级人民政府应当严格按照法定程序行使权力、履行职责。行政机关做出对行政管理相对人、利害关系人不利的行政决定之前，应当告知行政管理相对人、利害关系人，并给予其陈述和申辩的机会；作出行政决定后，应当告知行政管理相对人依法享有申请行政复议或者提起行政诉讼的权利。对重大事项，行政管理相对人、利害关系人依法要求听证的，行政机关应当组织听证。行政机关行使自由裁量权的，应当在行政决定中说明理由。要切实解决行政机关违法行使权力侵犯人民群众切身利益的问题。

各级人民政府要健全行政执法案卷评查制度。行政机关应当建立有关行政处罚、行政许可、行政强制等行政执法的案卷。对公民、法人和其他组织的有关监督检查记录、证据材料、执法文书应当立卷归档。

各级人民政府应当建立健全行政执法主体资格制度。行政执法由行政机关在其法定职权范围内实施，非行政机关的组织未经法律、法规授权或者行政机关的合法委托，不得行使行政执法权；要清理、确认并向社会公告行政执法主体；实行行政执法人员资格制度，没有取得执法资格的不得从事行政执法工作。

要推行行政执法责任制。依法界定执法职责，科学设定执法岗位，规范执法程序。要建立公开、公平、公正的评议考核制和执法过错或者错案责任追究制，评议考核应当听取公众的意见。要积极探索行政执法绩效评估和奖惩办法。

4. 完善行政监督制度和机制，强化对行政行为的监督

各级人民政府应当自觉接受同级人大及其常委会的监督，向其报告工作、接受质询，依法向有关人大常委会备案行政法规、规章；自觉接受政协的民主监督，虚心听取其对政府工作的意见和建议。

各级人民政府应当自觉接受人民法院依照《中华人民共和国行政诉讼法》的规定对行政机关实施的监督。对人民法院受理的行政案件，行政机关应当积极出庭应诉、答辩。对人民法院依法做出的生效的行政判决和裁定，行政机关应当自觉履行。

各级人民政府应当自觉加强对规章和规范性文件的监督。规章和规范性文件应当依法报送备案。对报送备案的规章和规范性文件，政府法制机构应当依法严格审查，做到有件必备、有备必审、有错必纠。公民、法人和其他组织对规章和规范性文件提出异议的，制定机关或者实施机关应当依法及时研究处理。

各级人民政府应当自觉认真贯彻《中华人民共和国行政复议法》，加强行政复议工作。对符合法律规定的行政复议申请，必须依法受理；审理行政复议案件，要重依据、重证据、重程序，公正作出行政复议决定，坚决纠正违法、明显不当的行政行为，保护公民、法人和其他组织的合法权益。要完善行政复议工作制度，积极探索提高行政复议工作质量的新方式、新举措。对事实清楚、争议不大的行政复议案件，要探索建立简易程序解决行政争议。加强行政复议机构的队伍建设，提高行政复议工作人员的素质。完善行政复议责任追究制度，对依法应当受理而不受理行政复议申请，应当撤销、变更或者确认具体行政行为违法而不撤销、变更，或者确认具体行政行为违法，不在法定期限内作出行政复议决定，以及违反《中华人民共和国行政复议法》其他规定的，应当依法追究其法律责任。

各级人民政府应当自觉完善并严格执行行政赔偿和补偿制度。要按照《中华人民共和国国家赔偿法》实施行政赔偿。严格执行《国家赔偿费用管理办法》关于赔偿费用核拨的规定，依法从财政支取赔偿费用，保障公民、法人和其他组织依法获得赔偿。要探索在行政赔偿程序中引入听证、协商和和解制度。建立健全行政补偿制度。

各级人民政府应当自觉创新层级监督新机制，强化上级行政机关对下级行政机关的监督。上级行政机关要建立健全经常性的监督制度，探索层级监督的新方式，加强对下级行政机关具体行政行为的监督。

各级行政机关要积极配合监察、审计等专门监督机关的工作，自觉接受监察、审计等专门监督机关的监督决定。拒不履行监督决定的，要依法追究有关机关和责任人员的法律责任。监察、审计等专门监督机关要切实履行职责，依法独立开展专门监督。监察、审计等专门监督机关要与检察机关密切配合，及时通报情况，形成监督合力。

各级人民政府及其工作部门要依法保护公民、法人和其他组织对行政行为实施监督的权利，拓宽监督渠道，完善监督机制，为公民、法人和其他组织实施监督创造条件。要完善群众举报违法行为的制度。要高度重视新闻舆论监督，对新闻媒体反映的问题要认真调查、核实，并依法及时作出处理。

5. 不断提高行政机关工作人员依法行政的观念和能力

国务院要求各级人民政府不断提高领导干部依法行政的能力和水平。各级人民政府及其工作部门的领导干部要带头学习和掌握宪法、法律和法规的规定，不断增强法律意识，提高法律素养，提高依法行政的能力和水平，把依法行政贯穿于行政管理的各个环节，列入各级人民政府经济社会发展的考核内容。要实行领导干部的学法制度，定期或者不定期对领导干部进行依法行政知识培训。积极探索对领导干部任职前实行法律知识考试的制度。

各级人民政府要建立行政机关工作人员学法制度，增强法律意识，提高法律素质，强化依法行政知识培训。要采取自学与集中培训相结合、以自学为主的方式，组织行政机关工作人员学习通用法律知识以及与本职工作有关的专门法律知识。同时建立和完善行政机关工作人员依法行政情况考核制度。要把依法行政情况作为考核行政机关工作人员的重要内容，完善考核制度，制定具体的措施和办法。

各级人民政府要积极营造全社会遵法守法、依法维权的良好环境。要采取各种形式，加强普法和法制宣传，增强全社会尊重法律、遵守法律的观念和意识，积极引导公民、法人和其他组织依法维护自身权益，逐步形成与建设法治政府相适应的良好社会氛围。

二、行政法学有关知识

考试大纲对本部分的要求是：了解法律的本质、作用与法律渊源，熟悉行政法学的概念与原则，熟悉行政法律关系主体和行政行为的内涵，了解行政违法与行政责任，熟悉行政法制监督的内涵和基本要求，了解行政立法概念和我国的法律体系，熟悉行政立法权限与程序，熟悉行政立法的内涵和立法要求，了解行政许可的内涵和行政许可的设定，熟悉行政许可的基本内容与实施程序。

行政法学是一门独立的法学学科，以行政法为研究对象，范围比较广。行政法是政府行政管理的法律依据。我们主要学习一些与城乡规划管理工作有关的需要了解、熟悉和掌握的基本知识和内容。

1. 法的渊源

法的渊源又称法源，是指法的效力来源，包括法的创制方式和法律规范的外部表现形式。即一个行为规则通过什么方式产生、具有何种外部表现形式才被认为是法律规范，才具有法律效力，并且成为国家机关审理案件、处理问题的规范性依据。法的主要渊源形式大致可以分为：制定法、判例法、习惯法、学说和法理四种。

2. 法律的概念

法律从广义上说，泛指国家机关制定并由国家强制力保证实施的行为规范的总称；从狭义上说，专指国家立法机关制定的在全国范围内具有普遍约束力的规范性文件。由此可以看出，法律的外部特征是：法律是由国家制定和认可的；法律是通过规定社会关系参加者的权利和义务来确认、保护和发展一定社会关系的；法律是国家用来规范人们行为的；法律是由国家强制力来保证实施的，这一点是与其他社会规范的重大区别。

3. 法律规范的概念

法律规范是构成法律整体的基本要素和单位，法律条文是法律规范的文字表现形式，但不是唯一的表现形式。法律规范由假设（即规定适用法律的地点、时间和行为的条件）、处理（即规定当事人应享有的权利和承担的义务）、制裁（主体违反假设、处理应负的法律责任，即罚则）三个要素构成，三个要素紧密相联，缺一不可，否则就不能构成行政法律规范。而法律规范效力的等级可由制定机关的高低、制定程序的严格程度、后法优于前法、特殊法优于一般法以及授权制定的效力等同原则予以判定。法律规范的效力范围分为时间、空间和对人的效力。

4. 行政法

行政法是国家整个法律体系中的一个部门法，是关于行政权力的授予、行使以及对行政权力进行监督的法律规范的总称，是关于行政的法律制度。因此，行政法是为了规范国家对社会事务的行政管理规则，即规范公共权力的行使，保障和监督国家行政机关职权的有效行使，保护公民、法人和其他组织的合法权利。行政法调整的对象为行政关系，包括行政管理关系、行政法制监督关系、行政救济关系和内部行政关系。依法行政是城乡规划管理的一项基本原则，学习行政法基本知识的目的是推进我国城乡规划管理的科学化、现代化、法治化。

行政法产生的依据和来源及其外部表现形式称之为行政法的渊源，又称行政法的法源。"我国是成文法国家，行政法法源一般只限于成文法，我国香港、澳门特别行政区使用的法律渊源只适用于该特别行政区。"表 2-1 列出了 9 种我国行政法的主要法源。

行政法主要法源情况一览表

表 2-1

名 称	制 定 者	适 用 范 围	作 用
宪法	全国人民代表大会	全国范围	行政法最根本的渊源
法律	全国人民代表大会及其常务委员会		制定行政法律规范和其他法规、规章的依据
行政法规	国务院		制定地方性法规、自治条例及规章的依据
地方性法规	省自治区、直辖市的人民代表大会及其常务委员会；设区市的人民代表大会及其常务委员会	辖区内；辖区内城乡建设与管理、环境保护、历史保护等方面的事项	制定规章的依据
自治条例和单行条例	民族自治地方的人民代表大会		制定规章的依据
规章	国务院部门或特定的地方政府	职权范围内或辖区内	行政法源
法律解释	法定的有权解释单位	本法适用范围	行政法源
国际条约和协定	签约国	条约和协定涉及国内规定的范围	行政法源
规范性文件	国务院所属部门和各级人民代表大会、县级以上人民代表大会常委会、各级政府	职权范围和本辖区内	行政法源

5. 行政法治原则

行政法治原则是指导行政法的立法和实施的基本原则。一方面可以指导行政法的制定、修改、废止和实施，另一方面也可以弥补行政法规范的漏洞，直接作用于行政法的运用。具体可以分解为以下几个方面。

（1）行政合法性原则

行政合法性原则是行政法的首要原则，其他原则可以理解为这一原则的延伸。实行合法行政原则是行政活动区别于民事活动的主要标志。我国合法行政原则在结构上包括对现行法律的遵守和依照法律授权活动两个方面。

行政机关必须遵守现行有效的法律。即行政机关实施行政管理应当依照法律、法规、规章的规定进行，禁止行政机关违反现行有效的立法性规定。第一，行政机关的任何规定和决定都不得与法律相抵触。第二，行政机关有义务积极执行和实施现行有效法律规定的义务。行政机关不积极履行法定作为义务，将构成不作为违法。

行政机关应当依照法律授权活动。即在没有法律、法规、规章规定的情况下，行政机关不得作出影响公民、法人和其他组织合法权益或者增加其义务的决定。行政机关不遵守这一不作为义务，将构成行政违法。

（2）行政合理性原则

合理行政原则的主要含义是行政决定应当具有理性，该原则属于实质行政法治的范畴，尤其适用于裁量性行政活动。最低限度的理性，是指行政决定应当具有一个有正常理智的普通人所能够达到的合理与适当，并且能够符合科学公理和社会公德。

更为规范的行政理性表现为以下三个原则：第一，公平、公正原则，即要平等对待行政管理相对人，不偏私、不歧视。第二，考虑相关因素原则，即作出行政决定和进行行政裁量，只能考虑符合立法性规定授权目的的各种因素，不得考虑不相关因素。第三，符合比例原则，即行政机关采取的措施和手段应当必要、适当。行政机关实施行政管理可以采用多种方式实现行政目的的，应当避免采用损害当事人权益的方式。

行政合理性原则包含有行动的目的和动机合理、行政行为的内容和范围合理、行政的行为和方式合理、行政的手段和措施合理四项要点。

正确行使合理性原则，在城市规划管理工作中尤为重要。这是因为在规划管理实践中，遇到的情况不仅千变万化，而且千差万别，非常复杂，而现有的城乡规划法律、法规还不完善，即使完善了，恐怕也难以覆盖在城市规划管理工作中遇到的各种情况，这就使得在城市规划管理工作中不得不采取一些自由裁量行为。如何保证自由裁量行为的合法、合理并使被管理者理解和接受，是城市规划管理中一个十分重要同时又要慎重对待的问题。

（3）程序正当原则

程序正当是当代行政法的主要原则之一。它包括了以下几个原则：第一，行政公开原则。除涉及国家秘密和依法受到保护的商业秘密、个人隐私外，行政机关实施行政管理应当公开，以实现公民的知情权。第二，公众参与原则。行政机关作出重要规定或者决定，应当听取公民、法人和其他组织的意见，特别是在作出对其不利的决定时，要听取其陈述和申辩。第三，回避原则。行政机关工作人员履行职责，与行政管理相对人存在利害关系时，应当回避。

（4）高效便民原则

第一是行政效率原则。基本内容包括：首先是积极履行法定职责，禁止不作为或者不完全作为；其次是遵守法定时限，禁止超越法定时限或者不合理延迟。延迟是行政不公和行政侵权的表现。第二是便利当事人原则。在行政活动中增加当事人程序负担是法律禁止的行政侵权行为。

（5）诚实守信原则

第一是行政信息真实原则。行政机关公布的信息应当全面、准确、真实。无论是向普通公众公布的信息，还是向特定人或者组织提供的信息，行政机关都应当对其真实性承担法律责任。第二是保护公民信赖利益原则。非因法定事由并经法定程序，行政机关不得撤销、变更已经生效的行政决定；因国家利益、公共利益或者其他法定事由需要撤回或者变更行政决定的，应当依照法定权限和程序进行，并对行政管理相对人因此而受到的财产损失依法予以补偿。

（6）权责统一原则

第一是行政效能原则，行政机关依法履行经济、社会和文化事务管理职责，要由法律、法规赋予其相应的执法手段，保证政令有效。第二是行政责任原则，行政机关违法或者不当行使职权，应当依法承担法律责任。这一原则的基本要求是行政权力和法律责任的统一，即执法有保障、有权必有责、用权受监督、违法受追究、侵权须赔偿。

（7）行政应急性原则

行政应急性原则是在特殊的紧急的情况下，根据维护国家安全、社会秩序或公共利益的需要，经法律授权的特定的一级政府批准，行政机关可以采取没有法律依据或与法律依据相抵触的措施，但事后必须报法定国家机关予以确认。这是行政合法性原则和行政合理性原则的补充，是行政法治原则的重要内容。行政应急必须遵守以下原则：正常行政管理与应急行政管理协调发展的原则，行政应急的法治原则，人权保护原则和比例原则。

6. 行政法律关系与公务员

行政法律关系是国家行政机关依据行政法律规范在进行行政管理活动中与行政相对方所发生的各种社会关系。行政法律关系由主体（行政主体和行政相对方两方的当事人）、内容（双方主体依法享有的权利和承担的义务）和客体（行政法律关系所指向的对象或标的）三个要素构成。行政法律关系主体具有恒定性，其中行政主体是行政法主体的一部分，而行政相对人是同行政主体相对应的另一方当事人，包括外部相对人和内部相对人，在行政诉讼中处于原告地位。行政法律关系客体是主体存在的基础，是行政法律关系的重要组成部分。在行政法律关系中，主体双方处于不对等地位，行政机关一方对行政相对方处于领导、命令、单方面行为产生行政法律关系的地位。

公务员是指依法履行公职、纳入国家行政编制、由国家财政负担工资福利的工作人员。《公务员法》规定了公务员的八项权利和八项义务。当公务员不依法履行或不能履行法定义务时，必须承担一定的法律后果，称为公务员的责任。公务员的责任一般包括接受身份处分（例如被辞退、开除公职）、行政处分（例如警告、记过、记大过、降职、撤职和开除）、行政赔偿责任和刑事责任四种。

7. 行政行为

行政行为是国家行政机关（或者法律、法规授权的组织）依法行使国家行政权力，实施国家行政管理任务而产生的具有法律效力的行为。行政行为必须具备行为的主体、对象（客体）、内容、形式和结果五个要件。

对城市规划管理来说，将行政行为划分为抽象行政行为和具体行政行为比较有实际意义。抽象行政行为是国家行政机关不针对特定的人或事，制定具有普遍约束力的行为规则的行为，例如行政立法，制定其他行政规范性文件，制定城市规划等。具体行政行为是国家行政机关在行政管理过程中，针对特定的人或事所作的具体处理或对特定的争议进行裁决的行为，如核发建设工程规划许可证，处罚违法建设等。

行政行为一旦成立，便对行政主体和行政相对人产生法律上的效果和作用，表现为一种特定的法律约束力与强制力，包括确定力、拘束力、执行力和公定力四个方面。

行政行为生效的前提条件是行政行为的成立，其生效的原则有即时生效、受领生效、告知生效、附条件生效。

一个行政行为有没有法律效力，就看是不是具有法定的成立要件。只有具备法定要件，行政行为才能有效成立，才是合法的、适宜的。所以，为使行政行为产生法律效力，应具备的条件是：行为主体合法、行为权限合法、行为内容合法、行为程序合法。只有同时具备这四项条件，行政行为才是合法的。

行政行为的分类包括有：抽象行政行为与具体行政行为、内部行政行为（行政处分、行政命令）与外部行政行为（行政处罚、行政许可）、羁束行政行为与自由裁量行政行为、依职权行政行为与依申请行政行为、单方行政行为（行政处罚、行政监督）与双方行政行为（行政合同、行政协定、行政协议）、要式行政行为与非要式行政行为、作为行为与不作为行为、行政立法行政行为与行政执法行为。

其中具体行政行为的核心特征是行为对象的特定性与具体化，一般包括：行政许可与确认行为、行政奖励与给付行为、行政裁决行为等；抽象行政行为的核心特征是行政行为的对象具有不确定性或普遍性，包括：制定法规、规章，发布命令、决定等。编制城乡规划也属于抽象行为。而依职权行政行为一般包括行政处罚；依申请行政行为包括颁发营业执照，核发建设用地规划许可证、建设工程规划许可证等。

8. 行政违法与行政法律责任

行政违法是指行政法律关系主体违反行政法律规范，侵害受法律保护的行政关系，对社会造成一定程度的危害，尚未构成犯罪的行为。

行政违法可以表现为：行政机关违法和行政相对方违法；实体性违法和程序性违法；作为违法和不作为违法等形式。行政违法的法律后果是承担法律责任。行政违法一经确认，一般可溯及行政行为发生时即无效。

行政法律责任是指违反行政法律规范的当事人依法应当承担的责任。引起行政法律责任的原因是行政违法，承担行政法律责任的主体既可以是行政管理相对人，也可以是行政机关。行政违法可以是行政机关违法，也可以是行政相对方违法。

行政法律责任构成条件必须是行为人的行为客观上已构成违法、具备责任能力、主观有过错和以法定职责或者法定义务为前提。这四个条件缺少其中任何一个条件，都不能构成行政法律责任。因此，追究行政法律责任必须全面衡量，并且应遵循教育与惩罚相结合、责任法定、责任自负和主客观一致的原则。

9. 行政监督与行政法制监督

为保证国家行政机关依法行政，我国实行行政法制监督制度。行政管理法制监督与行政监督是不同的，行政监督是行政机关依申请和依职能对被管理者即行政相对方进行监督。而行政法制监督是中国共产党、国家机关、社会团体、企业、事业组织和公民依据宪法、法律、法规、政策和有关国家行政管理的规范性文件，对国家行政机关是否依法行政，对国家公务员是否廉洁奉公、遵纪守法所进行的监督。行政法制监督是对国家行政机关、法律法规授权组织及其公务人员的行政行为和职务行为依法作出监督、检查和纠正，是一项保证依法行政、忠于职守、遵纪守法、廉洁奉公和克服官僚主义重要的法律制度，同时也有利于及时清除腐败现象和惩治各种违法违纪的行为。

在行政法律关系中，行政机关居于主导地位，公民、组织处于相对"弱者"的地位，双方权利、义务不对等。与此相反，在监督行政法律关系中，监督主体通常居于主导地位，行政机关和公务员只是被监督对象，公民、组织有权通过监督主体撤销或者变更违法或不当的行政行为而获得救济。对于行政监察机关，审计机关既是行政监察主体也是行政法制监督主体。行政法制监督的体系中包括权力机关监督、司法机关监督、行政自我监督、政治监督和社会监督。

10. 行政立法

为实施行政行为，制定一些行政管理方面的规定和规章，国家行政机关依照法定权限与程序制定、修改和废止行政法规、规则等以及规范性文件的活动。这种活动在行政法学上称为行政立法。从广义上讲，行政立法是国家权力机关和国家行政机关依照法定权限和程序，制定有关行政管理方面的规范性文件的活动。从狭义上讲，是特定的国家行政机关，依照法定权限和程序，制定有关行政管理方面的行政法规和规章的行为。

行政立法除了要遵守社会主义、民主集中制、法制统一和以政策为指导的一般原则外，还特别要注意贯彻从实际出发、稳定性与适应性相结合、统一性与灵活性相结合的原则。

行政立法行为只有依法取得行政立法权，并且可以进行行政立法活动的行政机关，才可以行政立法。这样的行政机关就是行政立法行为的主体，包括国务院、国务院各部委和直属机构、省（自治区、直辖市）政府、省（自治区）政府所在地的市和经过国务院批准的较大的市的政府。

（1）国务院

国务院是我国最高的行政立法主体，具有依职权立法的权力和依照最高国家权力机关和法律授权立法的权力。国务院可以制定行政法规；依照最高国家权力机关授权制定某些具有法律效力的暂行规定或条例；具有对规章的批准权、改变权和撤销权。

（2）国务院各部委和直属机构

国务院各部委是国务院的职能部门，有根据法律和行政法规在本部门权限内制定规章的权力。其行政立法权来源于单项的法律、法规的授权。制定的规章要经过国务院批准后才能作为行政规章发表。

（3）有关地方人民政府

根据我国的组织法规定，省、自治区、直辖市人民政府基于依法授权，可以在其权限范围内进行行政立法。省、自治区人民政府所在地的市人民政府，在其权限范围内，可以根据法律、法规制定行政规章；经国务院批准的较大的城市的人民政府，可以根据法律、法规，就其职权范围内的行政事项制定行政规章。

行政立法应按一定的程序进行。行政立法的程序是国家行政机关根据法律、法规的规定，制定、修改和废止行政法规和规章所应遵循的活动方式和法定步骤。行政立法的一般程序包括编制立法规划、起草、征求意见、协商、审查、通过、审批、备案、公布。

11. 行政许可

《中华人民共和国行政许可法》第二条规定，"本法所称行政许可，是指行政机关根据公民、法人或其他组织的申请，经依法审查，准予其从事特定活动的行为。"

《中华人民共和国行政许可法》确立了行政许可必须遵守的六项原则：

（1）合法原则。

（2）公开、公平、公正、非歧视的原则。

（3）便民原则。

（4）救济原则。

（5）信赖保护原则。

（6）监督原则。

行政许可的内容有：

（1）普通许可。是运用最广的行政许可，指行政机关准予符合法定条件的公民、法人或其他组织从事特定活动的行为。

（2）特许。是指行政机关代表国家依法向相对人转让某种特定的权利的行为。

（3）认可。指行政机关对申请人是否具备特定技能的认定。

（4）核准。行政机关对某些事项是否达到特定技术标准、经济技术规范的判断、确定。

（5）登记。指行政机关确立行政相对人的特定主体资格的行为。

行政许可程序：

（1）申请与受理。

（2）审查。

（3）决定。

（4）核发证件。

《中华人民共和国行政许可法》规定了行政许可的一般期限是 20 个工作日；法律法规另有规定的，依照其规定。对于多个行政机关，实行统一办理或者联合办理、集中办理的时间最长不超过 45 个工作日。颁发、送达行政许可的期限为：作出行政许可决定后的 10 日内完成。

12. 行政复议

行政复议是行政相对人行使行政救济权的一项制度，是指当事人认为行政机关的具体行政行为侵犯其合法权益，或因国家行政机关及其工作人员的违法或不当行政致使行政相对人直接受到损害时，向行政机关提出行政复议申请，请求国家采取措施，使自己的权益得到维护的制度。行政复议就是上级行政机关对下级行政机关的具体行政行为根据申请进行的审查，也是国家行政机关内部自我纠错的一种重要监督制度。

行政复议应遵循有错必纠、合法性、公开性、及时性和便民性等原则。申请行政复议的范围限于具体行政行为及其所依据的各级"规定"（包括国务院有关部门、县级以上地方政府及其工作部门和乡镇人民政府的规定），但不包括政府部门的规章。

行政复议的主要管辖情况见表 2-2。

各类行政复议管辖情况一览表   表 2-2

行 为 单 位	管 辖 单 位
1. 县级以上政府部门	本级政府或上一级主管部门
2. 国务院各部门	本部门自行管辖
3. 地方政府	上一级政府

行 为 单 位	管 辖 单 位
4. 省、自治区、直辖市政府	本级政府自行管辖
5. 两个以上行政机关共同做出	它们的共同上一级行政机关
6. 地方政府或者政府部门的派出机关	地方政府或者政府部门、本级政府
7. 授权组织	管理该组织的地方政府或部门，或国务院部门
8. 受委托组织	委托机关的上一级机关
9. 需上级机关批准的行为	最终批准的机关
10. 被撤销的机关	继续行使职权的上一级机关

注：上述管辖范围，如法律、法规另有规定的除外。

行政复议机关受理行政复议申请后，应依法履行对具体行政行为进行审查并作出行政复议决定。其具体工作应由行政复议机关内设的负责有关行政复议工作的法制工作机构来做。

行政复议参加人包括：当事人（申请人、被申请人）、第三人和复议代理人。申请人：认为行政机关行政行为侵犯其合法权益的公民、法人或者其他组织；被申请人：申请人指控侵犯其合法权益、参加行政复议的机关；第三人：与申请行政复议的具体行政行为有利害关系、参加行政复议的公民、法人或者其他组织；复议代理人：以被代理的名义在代理权限内参加行政复议活动的人。

行政复议必须按照一定程序进行。行政复议程序包括行政复议的申请、受理、审理和决定四个环节。在具体操作时应注意申请复议时效（一般为60日），受理条件，行政复议机关要及时审查，全面审理，及时作出行政复议决定。复议决定分为维持决定、履行法定职责、撤销或者变更决定和确认具体行政行为违法四种情况。在撤销或确认具体行政行为违法时，可根据具体情况责令被申请人在规定期限内重新作出具体行政行为。

行政复议的期限应当自受理申请之日起60日内作出行政复议决定。但是法律、法规规定的行政复议期限少于60日内的除外。特殊情况下，经行政复议机关负责人的批准可以适当延长，但延长的期限不得超过30日，并告知申请人和被申请人。

13. 行政诉讼

行政诉讼是法院应公民、法人或者其他组织的请求，通过审查行政行为合法性的方式，解决特定范围内行政争议的活动。行政诉讼是我国国家诉讼制度的基本形式之一。

行政诉讼的基本原则有：人民法院依法独立行使行政审判权原则，以事实为依据、以法律为准绳原则，具体行政行为合法性审查原则，当事人法律地位平等原则，使用民族语言文字原则，当事人有权辩论原则，合议、回避、公开审判和两审终审原则，人民检察院实行法律监督原则。

行政诉讼的受案范围包括：行政处罚案件，行政强制措施案件，侵犯法律规定的经营自主权案件，行政许可案件，不履行法定职责案件，抚恤金案件，违法要求履行义务案件，其他侵犯人身权、财产权案件和法律、法规规定的其他行政案件。下列案件不属于行政诉讼的受案范围：国家行为、抽象行政行为、行政机关对其工作人员的奖惩任免等决定、法律规定由行政机关最终裁决的具体行政行为、公安和国家安全等机关依照刑事诉讼法明确实施的行为、行政机关调解和仲裁行为、不具有强制力的行政指导行为、驳回当事人对行政行为提起申诉的重复处理行为、对公民法人或其他组织的权利义务不产生实际影响的行为和司法解释规定的其他案件。

行政诉讼参加人是指在整个或部分诉讼过程中参加行政诉讼，对行政诉讼程序能够产生重大影响的人，包括当事人和诉讼代理人。行政诉讼中的原告是指认为具体行政行为侵犯其合法权益，而依法向法院提起诉讼的公民、法人或者其他组织。行政诉讼的被告是指由原告指控其具体行政行为违法，经人民法院通知应诉的行政机关或法律法规授权的组织。行政诉讼的第三人是指因与被提起行政诉讼的具体行政行为有利害关系，通过申请或法院通知形式，参加到诉讼中的当事人。共同诉讼人是指为两个以上，诉讼客体相同，并且诉讼主张一致的原告或者被告一方。诉讼代理人是指以当事人名义，在代理权限内，代理当事人进行诉讼活动的人。

行政诉讼程序分为起诉与受理、第一审程序、第二审程序、审判监督程序四个环节。当事人向法院提起行政诉讼的，应当在知道作出具体行政行为之日起 3 个月内提起；不服行政复议而起诉的应当在收到复议决定书之日起 15 日内提起；行政机关未告知诉权或起诉期的最长保护期，自知道或应当知道具体行政行为内容之日起 2 年内，同时对于涉及不动产的具体行政行为从作出之日起最长不超过 20 年，其他具体行政行为最长不超过 5 年。

在行政诉讼中，被告对作出的具体行政行为负有举证责任，应当在收到起诉状副本之日起 10 日内提供作出该具体行政行为的证据和所依据的规范性文件。但是，原告在起诉时要提供符合起诉条件的相应证据；在起诉不作为的案件中应当提供其在行政程序中曾经提出申请的证据材料；在行政赔偿诉讼中应当对被诉具体行政行为造成损害的事实提供证据。人民法院也可以依职权主动调取或者依申请调取证据。

根据行政诉讼判决的性质，一审判决分为维持判决、撤销判决、履行判决、变更判决、确认判决和驳回诉讼请求判决。维持判决指法院通过审理，认定具体行政行为合法有效，从而作出否定原告对被诉具体行政行为的指控，维持被诉具体行政行为的判决。撤销判决指法院经过对案件的审查，认定被诉具体行政行为部分或者全部违法，从而部分或全部撤销被诉行政行为的判决。履行判决指法院经过审理认定被告负有法律职责无正当理由而不履行，责令被告限期履行法定职责的判决。变更判决指法院经过审理认定行政处罚行为显失公正，运用国家审判权直接改变行政处罚行为的判决。驳回诉讼请求判决指法院经审理认为原告的诉讼请求依法不能成立，但又不适宜对被诉具体行政行为作出其他类型判决的全靠性，法院直接作出否定原告诉讼请求的一种判决形式。确认判决指法院经审查认为被诉具体行政行为合法或违法的一种判决形式。二审判决为终审判决，分为维持原判和改判两种类型。

14. 行政处罚

行政处罚是指行政机关或者其他行政主体依法对违反行政法但尚未构成犯罪的行政相对人实施的制裁。行政处罚的基本原则有：处罚法定原则、公正公开的原则、处罚与教育相结合的原则、受到处罚者的权利救济原则（陈述权、申辩权、行政复议、行政诉讼、依法提出赔偿）和行政处罚不能取代其他相关法律责任的原则。

根据 2021 年修订的《中华人民共和国行政处罚法》，行政处罚主要分为：①警告、通报批评；②罚款、没收违法所得、没收非法财物；③暂扣许可证件、降低资质等级、吊销许可证件；④限制开展生产经营活动、责令停产停业、责令关闭、限制从业；⑤行政拘留；⑥法律、行政法规规定的其他行政处罚。行政处罚适用于行政处罚与责令纠正并行；一事不再罚；行政处罚折抵刑罚；自违法行为终止之日起两年内未被发现，不予以处罚，法律另有规定的除外。

三、城乡规划法制建设

考试大纲对本部分的要求，一是了解我国城乡规划法制建设的历史演进；二是熟悉我国城乡规划法规体系；三是熟悉我国城乡规划技术标准与规范体系。

新中国诞生以来，城乡规划法制建设在国家各个时期的政治、经济形势影响下，随着城市建设的发展和法制建设的加强，城乡规划的作用被越来越多的领导所认识，经历了从无到有，从单一到配套，从不完善到逐步完善的过程。现在，已经基本形成了以《城乡规划法》为核心的城乡规划法规体系。

1. 我国城乡规划法制建设的历程

（1）国民经济恢复时期（1949～1952 年）

1949 年 10 月，中华人民共和国成立，社会主义新制度诞生，城市规划和城市建设进入了一个崭新的历史时期。如何建设城市和怎样管理城市列入了议事日程。

1951 年 2 月，中共中央在《政治局扩大会议决议要点》中指出："在城市建设计划中，应贯彻为生产、为工人阶级服务的观点。"明确规定了城市建设的基本方针。当年，主管全国基本建设和城市建设工作的中央财政经济委员会还发布了《基本建设工作程序暂行办法》，对基本建设的范围、组织机构、设计施工、计划的编制与批准等都作了明确规定。

1952 年 9 月，中央财政经济委员会召开了中华人民共和国第一次城市建设座谈会。提出城市建设要根据国家长期计划，分别对不同城市，有计划、有步骤地进行新建或改造，加强规划设计工作，加强统一领导，克服盲目性。会议决定：第一，从中央到地方建立和健全城市建设管理机构，统一管理城市建设工作；第二，开展城市规划工作；第三，划定城市建设范围；第四，对城市进行分类排队。城市建设纳入了统一领导，进入按规划进行建设的新阶段。

（2）第一个五年计划时期（1953～1957 年）

这个时期，我国进入大规模经济建设。城市建设由无计划、分散建设进入一个有计划、有步骤建设的新时期。

1953 年 3 月，在建筑工程部设城市建设局，主管全国的城市建设工作。

1953 年 5 月，中共中央发出通知，要求建立和健全各大区财委的城市建设局（处）及工业建设比重比较大的城市的城市建设委员会。1956 年，国务院撤销城市建设总局，成立城市建设部，内设城市规划局等城市建设方面的职能局，分别负责城建方面的政策研究及城市规划设计等业务工作的领导。

1954 年 6 月，建筑工程部在北京召开了第一次城市建设会议。明确了城市必须为工业化、为生产、为劳动人民服务，采取与工业建设相适应的"重点建设，稳步前进"的方针。

1955年11月，为适应市、镇建制的调整，国务院公布了城乡划分标准。

1956年，国家建委颁发《城市规划编制暂行办法》。这是中华人民共和国第一部重要的城市规划立法。这一时期，政务院还颁布了《国家基本建设征用土地办法》。

这一时期的新工业城市建设的特点，是加强生产设施和生活设施配套建设。

（3）"大跃进"和调整时期（1958～1965年）

这个时期，在"大跃进"的形势下，城市建设也出现了"大跃进"，城市发展失控。

1960年4月，建筑工程部在广西壮族自治区桂林市召开了第二次全国城市规划工作座谈会。

1961年，中共八届九中全会提出了"调整、巩固、充实、提高"的方针（简称"八字方针"）。

1962年10月，中共中央和国务院联合发布《关于当前城市工作若干问题的指示》。

1962年和1963年，中共中央和国务院召开了两次城市工作会议，在周恩来总理亲自主持下，比较全面地研究了调整期间城市经济工作。1962年国务院颁发的《关于编制和审批基本建设设计任务书的规定（草案）》，强调指出"厂址的确定，对工业布局和城市的发展有深远的影响"，必须进行调查研究，提出比较方案。

1964年国务院发布了《关于严格禁止楼堂馆所建设的规定》，要求严格控制国家基本建设规模。

这一时期，"左"的指导思想在城市建设中不但没有得到纠正，而且还有所发展，给全国城市合理布局、城市规划和城市建设的健康发展带来了极为严重的负面影响。

（4）"文化大革命"时期（1966～1976年）

1966年5月开始的"文化大革命"，无政府主义大肆泛滥，城市建设受到更大的冲击，造成了一场历史性的浩劫。

"文化大革命"后期，周恩来和邓小平同志主持工作期间，对各方面工作进行了整顿，城市规划工作有所转机。1972年，国务院批转国家计委、国家建委、财政部《关于加强基本建设管理的几项意见》。

1974年，国家建委下发《关于城市规划编制和审批意见》和《城市规划居住区用地控制指标（试行）》。

实际上，由于"四人帮"的破坏，这些文件并未得到真正执行，城市规划并未摆脱困境，造成了许多后遗症，难以挽救。

（5）社会主义现代化建设新时期（1977～1999年）

这个时期，我国进入了改革开放新阶段，城市规划和城市建设也步入了新时期，规划法制建设呈现了新局面。

① 第一阶段（1977～1989年）

1978年3月，国务院召开了第三次城市工作会议，中共中央批准下发会议制定的《关于加强城市建设工作的意见》。

1979年3月，国务院成立城市建设总局，开始起草《城市规划法》。

1980年10月国家建委召开全国城市规划工作会议，同年12月国务院批转《全国城市规划工作会议纪要》下发全国实施。

1980年12月国家建委正式颁发了《城市规划编制审批暂行办法》和《城市规划定额

指标暂行规定》两个部门规章。

1984年国务院颁发了《城市规划条例》。《城市规划条例》共分7章55条。

1987年10月，建设部在山东省威海市召开了全国首次城市规划管理工作会议。

1988年建设部在吉林召开了第一次全国城乡规划法规体系研讨会，提出建立我国包括有关法律、行政法规、部门规章、地方性法规和地方规章在内的城乡规划法规体系。

这一阶段的"拨乱反正"，有效地保证了城市建设按规划有序地进行，并进一步推动了城乡规划法制建设。

② 第二阶段（1990～1999年）

这一阶段，《中华人民共和国城市规划法》的施行，为我国城市规划确定了法律地位，为城市的科学、合理的建设和发展提供了法律保障。

1990年4月1日，中华人民共和国第一部城市规划专业法律《中华人民共和国城市规划法》（简称《城市规划法》）正式施行。

1990年建设部颁发《关于抓紧划定城市规划区和实行统一的"两证"的通知》。

1991年建设部、国家计委共同颁发《建设项目选址规划管理办法》。建设部颁发了《城市规划编制办法》。

1992年建设部颁发《关于统一实行建设用地规划许可证和建设工程规划许可证的通知》，建立了《城市规划法》所规范的在城市规划区内进行各类建设必须实行的"一书二证"制度。

1992年建设部颁行了《城市国有土地使用权出让转让规划管理办法》。

1992年国务院批转建设部《关于进一步加强城市规划工作的请示》。

1992年建设部颁发了《城市监察规定》（1996年重新发布，更名为《城建监察规定》）。

1994年建设部颁发了《关于加强城市地下空间规划管理的通知》和《城镇体系规划编制办法》。

1995年建设部颁发了《城市规划编制办法实施细则》。还有《城市用地分类与规划建设用地标准》《城市居住区规划设计规范》《城市道路交通设计规范》《居住小区技术规范》等技术标准与规范。

1996年国务院发出《关于加强城市规划工作的通知》。

这一阶段，城乡规划法制建设初步形成体系框架，并适应改革开放的需要，城市建设也取得了辉煌成就，促进了城市经济、文化和社会的协调发展。

（6）制度完善成熟时期（2000年至今）

2001年建设部颁布了《城市规划编制单位资质管理规定》。

2002年全国人民代表大会通过并颁布《中华人民共和国测绘法》。

2002年建设部颁布了《城市规划强制性内容暂行规定》，构筑了规划编制与实施的强制性内容体系。同年建设部颁布的《近期建设规划工作暂行办法》，将近期建设规划与总体规划的内容层次进行了分离。

2002年建设部颁布了《城市绿地分类标准》和《城市绿线管理办法》。

2003年建设部颁布了《城市规划制图标准》和《城市紫线管理办法》。

2005年建设部颁布了《城市黄线管理办法》。

2006 年建设部颁布的《城市规划编制办法》，奠定了我国城市规划制度的新基础。同年建设部颁布了《城市蓝线管理办法》。

2006 年国务院颁布《风景名胜区条例》和《历史文化名城名镇名村保护条例》。

2007 年全国人民代表大会通过并颁布的《中华人民共和国城乡规划法》（简称《城乡规划法》），标志着我国规划进入了新的里程。

2007 年全国人民代表大会通过并颁布的《中华人民共和国物权法》将我国法制进程推上了新的台阶。

2007 年建设部颁布了《镇规划标准》《城市抗震防灾规划标准》。

2008 年建设部颁布了《市政公用设施抗灾设防管理规定》和《城市公共设施规划规范》、《城镇老年人设施规划规范》。

2009 年国务院颁布了《规划环境影响评价条例》。

2009 年住房和城乡建设部颁布了《城市总体规划实施评估办法（试行）》。

2010 年住房和城乡建设部颁布了《省域城镇体系规划编制审批办法》《城市、镇控制性详细规划编制审批办法》《城市综合交通规划体系编制办法》《城市综合交通规划体系规划编制办法》。

2011 年住房和城乡建设部颁布了新版《城市用地分类与规划建设标准》。

2011 年全国人民代表大会通过并颁布《中华人民共和国行政强制法》。

2012 年住房和城乡建设部颁布了《建设用地容积率管理办法》《城乡规划编制单位资质管理规定》。

2013 年 12 月 12 日至 13 日中央城镇化工作会议在北京举行。会议提出了推进城镇化的主要任务：第一，推进农业转移人口市民化；第二，提高城镇建设用地利用效率；第三，建立多元可持续的资金保障机制；第四，优化城镇化布局和形态；第五，提高城镇建设水平；第六，加强对城镇化的管理。2013 年住房和城乡建设部颁布了《房屋建筑和市政基础设施工程施工图设计文件审查管理办法》。

2014 年《国家新型城镇化规划（2014—2020 年）》发布。该规划根据中国共产党第十八次全国代表大会报告、《中共中央关于全面深化改革若干重大问题的决定》、中央城镇化工作会议精神、《中华人民共和国国民经济和社会发展第十二个五年规划纲要》和《全国主体功能区规划》编制，按照走中国特色新型城镇化道路、全面提高城镇化质量的新要求，明确未来城镇化的发展路径、主要目标和战略任务，统筹相关领域制度和政策创新，是指导全国城镇化健康发展的宏观性、战略性、基础性规划。2014 年住房和城乡建设部颁布了《建筑工程施工许可管理办法》《历史文化名城名镇名村街区保护规划编制审批办法》。

2015 年 12 月 20 日至 21 日中央城市工作会议在北京举行。会议要求：第一，尊重城市发展规律；第二，统筹空间、规模、产业三大结构，提高城市工作全局性；第三，统筹规划、建设、管理三大环节，提高城市工作的系统性；第四，统筹改革、科技、文化三大动力，提高城市发展持续性；第五，统筹生产、生活、生态三大布局，提高城市发展的宜居性；第六，统筹政府、社会、市民三大主体，提高各方推动城市发展的积极性。2015 年全国人民代表大会对《城乡规划法》进行了修正。住房和城乡建设部颁布了《住房城乡建设行政复议办法》《国家级风景名胜区规划编制审批办法》，并对《市政公用设施抗灾设防管理规定》作出了修正。

2016年住房和城乡建设部对《城乡规划违法违纪行为处分办法》《城乡规划编制单位资质管理规定》进行了修正。

2017年住房和城乡建设部颁布了《城市管理执法办法》《城市设计管理办法》。

这一阶段，以《城乡规划法》为核心，奠定了我国较为成熟的规划管理体制，规划的层级系统、不同层级系统的法律框架、法理依据都具备了相当的基础。同时规划涉及的绿化、交通、历史文保、抗震防灾等专项内容也形成了较为完善的法规规范体系。相应的对建设用地、土地开发的规范化约束也进一步与当前的经济发展形势相适应。同时，也标志着城市设计工作开始步入法制化轨道。

2018年初，根据党的十九届三中全会审议通过的《深化党和国家机构改革方案》，自然资源部组建，并将住房和城乡建设部的城乡规划管理和其他部门职责整合入内。这标志着城乡规划相关工作将纳入空间规划体系并监督实施，相关的法律及规范等也将有相当幅度的调整。

截至本书出版之日，自然资源部尚未出台空间规划相关的法律法规。在此期间发布的相关文件将会在第三章第五节列出。

2. 我国城乡规划法规立法体系的构成及其框架

城乡规划法规体系主要是指城乡规划法律、法规的构成方式。按其构成特点可分为纵向体系和横向体系两大类。

（1）纵向体系。城乡规划法规文件的纵向体系，由各级人大和政府按其立法职权制定的法律、法规、规章和规范性文件四个层次的法规文件构成。我国的人民代表大会制度和政府的层面主要分为三个层次：国家、省（自治区、直辖市）、市（县）。纵向法规体系相应地也由全国人民代表大会制定的法律和国务院制定的行政法规，省、自治区、直辖市人大制定的地方性法规和同级政府制定的规章，一般市、县和城乡规划行政主管部门制定的规范性文件所组成。纵向法规体系构成的原则，是下一层次制定的法规文件必须符合上一层次法律、法规，如国务院制定的行政法规必须符合全国人民代表大会制定的法律；地方性法规文件必须符合全国人民代表大会和国务院制定的法律、法规，不允许违背上一层次法律、法规的精神和原则。

（2）横向体系。城乡规划法规文件的横向体系，由基本法（主干法），配套法（辅助法）和相关法组成。基本法是城乡规划法规体系的核心，具有纲领性和原则性的特征，不可能对行政细节作出具体规定，因而需要有相应的配套法来阐明基本法的有关条款的实施细则。相关法是指城乡规划领域之外，与城乡规划密切相关的法规。

我国现行的城乡规划法规框架和现行的城乡规划相关法规框架分别见表2-3、表2-4（均不含省、自治区、直辖市的地方性法规和规章）。

我国现行城乡规划法律规范框架 表2-3

分　类	内　容	法　律	行政法规	部门规章及规范性文件
城乡规划管理	综合	中华人民共和国城乡规划法	村庄和集镇规划建设管理条例	城市规划编制办法 城市抗震防灾规划管理规定 住房城乡建设行政复议办法

分　类	内　容	法　律	行政法规	部门规章及规范性文件
城乡规划编制审批管理	城市规划编制与审批	—	风景名胜区条例 历史文化名城名镇名村保护条例	省域城镇体系规划编制审批办法 城市总体规划实施评估办法（试行） 城市总体规划审查工作规则 城市总体规划修改工作规则 城市、镇控制性详细规划编制审批办法 城市、镇总体规划编制审批办法 城市绿化规划建设指标的规定 城市综合交通体系规划编制导则 城市综合交通体系规划编制办法 村镇规划编制办法（试行） 城市规划强制性内容暂行规定 近期建设规划工作暂行办法 城市绿线管理办法 城市紫线管理办法 城市黄线管理办法 城市蓝线管理办法 建制镇规划建设管理办法 市政公用设施抗灾设防管理规定 城市设计管理办法 国家级风景名胜区规划编制审批办法 历史文化名城名镇名村街区保护规划编制审批办法 建设用地容积率管理办法海绵城市专项规划编制暂行规定 城市绿地规划标准 绿色校园评价标准 居住绿地设计标准
城乡规划实施管理	土地使用	—	—	建设项目选址规划管理办法 城市国有土地使用权出让转让规划管理办法 城市地下空间开发利用管理规定
	市政公用设施	—	—	停车场建设和管理暂行规定 关于城市停车设施规划建设及管理的指导意见 海绵城市建设评价标准

分 类	内 容	法 律	行政法规	部门规章及规范性文件
城乡规划实施	监督检查管理	—	—	城乡规划违法违纪行为处分办法
	行政检查	—	—	城建监察规定
城乡规划行业管理	规划设计单位资格	—	—	城乡规划编制单位资质管理规定
	规划师执业资格	—	—	注册城乡规划师职业资格制度规定 注册城乡规划师职业资格考试实施办法

我国现行城乡规划相关法律规范框架 表 2-4

内容	法 律	行政法规	部门规章和技术规范
土地及自然资源	中华人民共和国土地管理法 中华人民共和国环境保护法 中华人民共和国节约能源法 中华人民共和国矿产资源法 中华人民共和国森林法 中华人民共和国水法 中华人民共和国环境影响评价法 中华人民共和国黑土地保护法 中华人民共和国海洋环境保护法	中华人民共和国土地管理法实施条例 基本农田保护条例 中华人民共和国自然保护区条例 建设项目环境保护管理条例 规划环境影响评价条例 交通建设项目环境保护管理办法 民用建筑节能条例	风景名胜区建设管理规定
历史文化遗产保护	中华人民共和国文物保护法	风景名胜区条例 历史文化名城名镇名村保护条例 中华人民共和国文物保护法实施条例	
市政建设与管理	中华人民共和国公路法 中华人民共和国广告法	城市道路管理条例 城市市容和环境卫生管理条例 城市绿化条例 城市供水条例 城镇燃气管理条例	城市生活垃圾管理办法 城市排水许可管理办法 城市地下水开发利用保护规定
建设工程与管理	中华人民共和国建筑法 中华人民共和国测绘法 中华人民共和国标准化法	基础测绘条例 中华人民共和国注册建筑师条例 公共机构节能条例 中华人民共和国标准化法实施条例 公共文化体育设施条例	建筑设计防火规范 建筑抗震设计规范 住宅建筑设计规范 工程建设标准化管理规定 城乡规划工程地质勘察规范 城镇老年人设施规划规范
房地产管理	中华人民共和国城市房地产管理法	城市房地产开发经营管理条例 国有土地上房屋征收与补偿条例	城市新建住宅小区管理办法
城市防灾	中华人民共和国人民防空法 中华人民共和国防震减灾法 中华人民共和国消防法	汶川地震灾后恢复重建条例	市政公用设施抗灾设防管理规定 防洪标准

内容	法　　律	行政法规	部门规章和技术规范
军事设施与保密管理	中华人民共和国军事设施保护法 中华人民共和国保守国家秘密法	中华人民共和国军事设施保护法实施办法 中华人民共和国保守国家秘密法实施条例	—
行政许可	中华人民共和国行政许可法	—	—
公务员法	中华人民共和国公务员法	—	—
行政执法与法制监督	中华人民共和国行政复议法 中华人民共和国行政诉讼法 中华人民共和国行政处罚法 中华人民共和国国家赔偿法 中华人民共和国行政监察法 中华人民共和国行政强制法	中华人民共和国行政复议法实施条例 中华人民共和国行政监察法实施条例	—
立法	中华人民共和国立法法	—	—
物权	中华人民共和国民法典	—	—
其他	—	信访工作条例 中华人民共和国信息公开条例	—

3. 城乡规划技术标准与规范体系

《城乡规划法》第二十四条规定："编制城乡规划必须遵守国家有关标准。"第六十二条规定："城乡规划编制单位违反国家有关标准编制城乡规划的，由所在地城市、县人民政府城乡规划主管部门责令限期改正，处合同约定的规划编制费一倍以上二倍以下的罚款；情节严重的，责令停业整顿，由原发证机关降低资质等级或者吊销资质证书；造成损失的，依法承担赔偿责任。"按照法律规定，城乡规划技术标准体系既是编制城乡规划的基础依据，又是依法规范城乡规划编制单位行为，以及政府和社会公众对规划制定和实施进行监督检查的重要依据。

城乡规划涉及的各项建设内容必须严格按照国家标准进行，规划中各项建设指标不得突破国家标准确定的指标控制值；政府和公众要通过与国家有关标准的对照，清晰判断规划内容是否合法，建设行为是否符合要求；承担城乡规划编制的单位违背国家有关标准编制城乡规划，依违法情节的严重程度，要承担被责令改正、罚款、停业整顿、降低资质等级或吊销资质证书、赔偿等法律后果。城乡规划标准建设工作逐步走上正轨，始于20世纪90年代初。2018年底，住房和城乡建设部标准定额司印发了《国际化工程建设规范标准体系表》，标志着城乡规划标准体系正式形成。

《国际化工程建设规范标准体系表》由工程建设规范、术语标准、方法类和引领性标准项目构成。工程建设规范部分为全文强制的国家工程建设规范项目，有关行业和地方工程建设规范，可在国家工程建设规范基础上补充、细化、提高；术语标准部分为推荐性国家标准项目；有关行业、地方和团体标准，可在推荐性国家标准基础上补充、完善。方法类和引领性标准部分为自愿采用的团体标准项目。现行国家标准和行业标准的推荐性内容，可转化为团体标准，或根据产业发展需要将现行国家标准转为行业标准。今后发布的推荐性国家标准与住房和城乡建设部推荐性行业标准可适时转化。表 2-5 列出了注册城乡规划师考试常涉及的标准。

我国现行城乡规划技术标准体系框架（2021 年）

表 2-5

标准层次	标准类型	标准名称	现行标准代号
基础标准	术语标准	城市规划基本术语标准	GB/T 50280—1998
		城市地下空间利用基本术语标准	JGJ/T 335—2014
		风景园林基本术语标准	CJJ/T 91—2017
	图形标准	城市规划制图标准	CJJ/T 97—2003
	分类标准	城市用地分类与规划建设用地标准	GB 50137—2011
		城市绿地分类标准	CJJ/T 85—2017
		城市规划基础资料搜集规范	GB/T 50831—2012
		镇（乡）村绿地分类标准	CJJ/T 168—2011
通用标准	城市规划	城乡用地评定标准	CJJ 132—2009
		城市环境规划标准	GB/T 51329—2018
		城乡规划工程地质勘察规范	CJJ 57—2012
		历史文化名城保护规划标准	GB 50357—2018
		城市水系规划规范（2016 年版）	GB 50513—2009
		城乡建设用地竖向规划规范	CJJ 83—2016
		城市综合管廊工程技术规范	GB 50838—2015
		城市综合防灾规划标准	GB/T 51327—2018
		城市规划数据标准	CJJ/T 199—2013
	村镇规划	镇规划标准	GB 50188—2007
专用标准	城市规划	城市居住区规划设计标准	GB 50180—2018
		居住绿地设计标准	CJJ/T 294—2019
		城市公共设施规划规范	GB 50442—2008
		城市环境卫生设施规划标准	GB 50337—2018
		绿色校园评价标准	GB/T 51356—2019
		城市消防规划规范	GB 51080—2015
		城市绿地规划标准	GB 51346—2019
		风景名胜区总体规划标准	GB/T 50298—2018
		水资源规划规范	GB/T 51051—2014
		城市抗震防灾规划标准	GB 50413—2007
		国家森林公园设计规范	GB/T 51046—2014
		公园设计规范	GB 51192—2016
		城市内涝防治技术规范	GB 51222—2017
		环境卫生技术规范	GB 51260—2017
		城市防洪规划规范	GB 51079—2016
		城市绿线制定技术规范	GB/T 51163—2016

标准层次	标准类型	标准名称	现行标准代号
专用标准	城市规划	老年人照料设施建筑设计标准	JGJ 450—2018
		城镇老年人设施规划规范（2018 年版）	GB 50437—2007
		城市给水工程规划规范	GB 50282—2016
		城市排水工程规划规范	GB 50318—2017
		海绵城市建设评价标准	GB/T 51345—2018
		城市电力规划规范	GB/T 50293—2014
		城市通信工程规划规范	GB/T 50853—2013
		城市供热规划规范	GB/T 51074—2015
		城镇燃气规划规范	GB/T 51098—2015
		城市综合交通体系规划标准	GB/T 51328—2018
		城市停车规划规范	GB/T 51149—2016
		城市轨道交通线网规划标准	GB/T 50546—2018
		城市对外交通规划规范	GB 50925—2013
		建设项目交通影响评价技术标准	CJJ/T 141—2010
	村镇规划	城市道路交叉口规划规范	GB 50647—2011
		镇（乡）村仓储用地规划规范	CJJ/T 189—2014
		乡镇集贸市场规划设计标准	CJJ/T 87—2000
		镇（乡）村给水工程规划规范	CJJ/T 246—2016
		村庄整治技术标准	GB 50445—2019

第三章 城乡规划行政法律与规范标准框架

一、《中华人民共和国城乡规划法》的基本内容

考试大纲对本部分的要求：一是了解《中华人民共和国城乡规划法》立法背景；二是熟悉《中华人民共和国城乡规划法》的重要意义与作用；三是掌握《中华人民共和国城乡规划法》的内容与说明。

1. 制定《城乡规划法》的背景和重要意义

《城市规划法》是在 1979 年由国家建委和国家城建总局开始起草的。1984 年 1 月 5 日，国务院颁布了《城市规划条例》。1989 年 12 月 26 日，七届全国人民代表大会常务委员会第十一次会议通过《中华人民共和国城市规划法》。2007 年 10 月 28 日，第十届全国人民代表大会常务委员会第三十次会议通过《中华人民共和国城乡规划法》，并于 2008 年 1 月 1 日起施行，《中华人民共和国城市规划法》同时废止。

《城乡规划法》全文共 7 章 70 条 9000 余字，它的颁布实施，有力地推动我国城乡规划和建设事业在法制的轨道上健康发展。

2.《城乡规划法》的基本框架

第一章"总则"包括：立法目的、适用范围、城乡规划和规划区的概念，制定和实施城乡规划的原则和要求，城乡规划与国民经济和社会发展规划、土地利用总体规划的关系，城乡规划编制和管理经费来源，单位和个人对于经依法批准的城乡规划的知情权、查询权和对违反城乡规划行为的举报和控告权，鼓励采用先进的科学技术以增强城乡规划科学性和实施监管的效能，城乡规划管理体制等。

第二章"城乡规划的制定"包括：全国城镇体系规划、省域城镇体系规划的编制和审批程序，城市、镇的总体规划的内容、强制性内容和期限，城市、镇的控制性详细规划的编制、审批和备案程序，乡规划、村庄规划编制的原则和主要内容，首都的总体规划、详细规划的特殊需要，城乡规划编制单位的资质条件，编制城乡规划的标准和基础资料，城乡规划草案的公告、公开征求意见及专家和有关部门审查等。

第三章"城乡规划的实施"包括：城乡规划实施的原则，城市、镇及乡、村庄的建设和发展原则，城市新区的开发和建设与旧城区的改建，历史文化名城、名镇、名村及风景名胜区的保护，城市地下空间的开发和利用，城市、镇的近期建设规划的制定、期限和备案，城乡规划确定的禁止擅自改变用途的基础设施、公共服务设施用地和生态环境用地，选址意见书、建设用地规划许可证、建设工程规划许可证、乡村建设规划许可证的核发及不得在城乡规划确定的建设用地范围以外作出规划许可，建设单位变更规划条件的批准程序，临时建设的批准程序，城乡规划主管部门对建设工程是否符合规划条件进行核实以及竣工验收后的档案报送。

第四章"城乡规划的修改"包括：城乡规划的实施评估，城乡规划修改的权限和程序，城市、镇的总体规划强制性内容修改的权限、程序，近期建设规划的修改备案，控制性详细规划的修改程序，修改规划给规划许可相对人的合法权益造成损失的补偿，修建性详细规划、建设工程设计方案的总平面图的修改以及因修改给利害关系人合法权益造成损失的补偿等。

第五章"监督检查"包括：县级以上人民政府及其城乡规划主管部门对城乡规划编制、审批、实施、修改的监督检查，地方人大常委会或者乡、镇人民代表大会对城乡规划的实施情况的监督，城乡规划主管部门对城乡规划的实施情况进行监督检查时有权采取的措施及监督检查情况和结果的处理，上级人民政府城乡规划主管部门对有关城乡规划主管部门的行政处罚的监督等。

第六章"法律责任"包括：有关人民政府及城乡规划主管部门在编制城乡规划方面的法律责任，城乡规划主管部门违法核发选址意见书、建设用地规划许可证、建设工程规划许可证、乡村建设规划许可证的法律责任，有关部门违法审批建设项目、出让或划拨国有土地使用权的法律责任，城乡规划编制单位超越资质等级许可的范围承揽规划编制工作的法律责任及违反国家有关标准编制城乡规划的法律责任，未取得建设工程规划许可证或者未按照许可证的规定进行建设的法律责任，违法进行临时建设的法律责任，建设单位未按时报送有关竣工验收资料等情况的法律责任，县级以上地方人民政府对违法建设的行政强制执行，构成犯罪的刑事责任等。

第七章"附则"规定了施行时间和对旧法的废止。

3. 《城乡规划法》的制定目的和适用范围

制定目的：加强城乡规划管理，协调城乡空间布局，改善人居环境，促进城乡经济社会全面协调可持续发展。

适用范围：《城乡规划法》适用范围有两方面内容，一是地域适用范围，二是行为适用范围。地域适用范围是城市、镇和村庄的建成区以及因城乡建设和发展需要，必须实行规划控制的区域。城市规划区地域范围包括陆地、水面和空间。行为适用范围是制定和实施城市规划，在规划区内使用土地和进行建设。也就是与城乡规划的编制、审批和实施有关的行为均适用本法。这些行为具体包括负责编制、审批、管理城乡规划的各级政府及其城乡规划行政主管部门和其他有关部门的行为；同规划编制工作有关的各单位行为；与建设活动有关的各单位和个人行为。

4. 规划区

在《城乡规划法》中，城乡规划区的概念有明确规定。

《城乡规划法》第二条规定："本法所称规划区，是指城市、镇和村庄的建成区以及因城乡建设和发展需要，必须实行规划控制的区域。"据此规定，城乡规划区由四部分组成。第一部分为城市，是指国家按行政建制设立的直辖市、市。第二部分为镇，一般是指国家按行政建制设立的镇。第三部分为村庄，一般是指农村村民居住和从事各种生产的聚居点。第四部分为规划控制区。这个区域一般为城乡区域内的水源地、市政设施用地、机场、铁路站场、港口岸线、风景名胜、文物古迹集中地区、各类开发区和政府认为需要实行规划控制的其他地区。

关于城乡规划区范围的具体确定，《城乡规划法》第二条规定："规划区的具体范围由有关人民政府在组织编制的城市总体规划、镇总体规划、乡规划和村庄规划中，根据城乡经济社会发展水平和统筹城乡发展的需要划定。"

5. 城乡规划的管理体制

《城乡规划法》第十一条规定："国务院城乡规划主管部门负责全国的城乡规划管理工作。县级以上地方人民政府城乡规划主管部门负责本行政区域内的城乡规划管理工作。"《国务院关于加强城乡规划监督管理的通知》规定："设区城市的市辖区原则上不设区级规划管理机构，如确有必要，可由市级规划部门在市辖区设置派出机构。"就现行体制来说，国务院城乡规划行政主管部门就是住房和城乡建设部。县级以上地方人民政府城乡规划行政主管部门是指省、市、县人民政府授权负责管理城乡规划工作的部门。

6. 城乡规划基本原则

（1）坚持城乡统筹。《城乡规划法》体现了党的十七大提出的"城乡、区域协调互动发展机制基本形成"的目标要求。各地在制定城乡规划的过程中应统筹考虑城市、镇、乡和村庄发展，根据各类规划的内容要求和特点，编制好相关规划。实施城乡规划时，要根据城乡特点，强化对乡村规划建设的管理，完善乡村规划许可制度，坚持便民利民和以人为本。

（2）节约资源、保护环境，坚持可持续发展。必须充分认识我国人口众多、人均资源短缺和环境容量压力大的基本国情。在制定城乡规划时，认真分析城乡建设发展的资源环境条件，明确为保护环境、资源需要严格控制的区域，合理确定发展规模、建设步骤和建设标准，推进城乡建设发展方式从粗放型向集约型转变，增强可持续发展能力。

（3）关注民生。要按照《城乡规划法》的有关要求，落实党的十七大提出的加快推进以改善民生为重点的社会建设的重要战略部署，在制定和实施城乡规划时进一步重视社会公正和改善民生。要有效配置公共资源，合理安排城市基础设施和公共服务设施，改善人居环境，方便群众生活。要关注中低收入阶层的住房问题，作好住房建设规划。要加强对公共安全的研究，提高城乡居民点的综合防灾减灾能力。

（4）提高规划的科学性和规划实施的依法行政。要进一步改进规划编制方法，充实规划内容，落实规划"四线"等强制性内容。要坚持"政府组织、专家领衔、部门合作、公众参与、科学决策"的规划编制组织方式。严格执行规划编制、审批、修改、备案的程序性要求。要按照《城乡规划法》的规定和要求，建立完善规划公开和公众参与的程序和制度。要依法作好城乡规划实施效果的评估和总结。规划的实施要严格按法定程序要求进行，保证规划许可内容和程序的合法性。

（5）先规划后建设。要按照《城乡规划法》的要求，依法编制城乡规划，包括近期建设规划、控制性详细规划、乡和村庄规划。坚持以经依法批准的上位规划为依据，编制下位规划不得违背上位规划的要求，编制城乡规划不得违背国家有关的技术标准、规范。各地及城乡规划主管部门必须依据经法定程序批准的规划实施规划管理。县级以上人民政府及其城乡规划主管部门应当按照《城乡规划法》规定的事权进行监督检查，查处、纠正违法行为。

7. 城乡规划的编制

城乡规划的编制机关：根据《城乡规划法》，各级人民政府组织编制城乡规划。

其职责是：

（1）国务院城乡规划行政主管部门组织编制全国城镇体系规划。

（2）省、自治区、直辖市人民政府组织编制省域城镇体系规划。

（3）城市人民政府负责组织编制城市总体规划和详细规划，可以组织编制重要地块的修建性详细规划。

（4）县级人民政府负责组织编制县级人民政府所在地镇的总体规划和详细规划，可以组织编制重要地块的修建性详细规划。

（5）镇人民政府负责组织编制县级人民政府所在地镇以外其他镇的总体规划和详细规划。

（6）乡、镇人民政府组织编制乡规划、村庄规划。

城乡规划制定和实施的基本原则：

制定和实施城乡规划必须遵循城乡建设和发展的客观规律，立足国情，面对现实，面向未来，因地制宜，统筹兼顾，综合部署；必须坚持以经济建设为中心，科学确定城市和村镇的性质、发展方向、规模和布局，统筹安排各项基础设施建设；必须坚持科学发展观和可持续发展战略，合理和节约利用土地资源；必须坚持先规划后建设，正确处理近期建设与长远发展、局部利益与整体利益、经济发展与环境保护、现代化建设与历史文化保护等关系；必须坚持依法管理，逐步实现城乡规划的法制化。

城乡规划的编制要求：

（1）编制城乡规划必须具备符合国家规定的勘察、测绘、气象、地震、水文、环境等必要的基础资料，符合国家关于城乡规划编制的技术规定。城乡规划编制的单位和人员必须符合国家关于城乡规划编制资格的规定。

（2）城乡规划的组织编制机关应当在规划报批前将草案予以公告，同时要采取论证会、听证会或者其他方式征求专家和公众的意见，并给予充分考虑，在报送审批的材料中应附具意见采纳情况及理由。

城乡规划的主要内容：

编制城乡规划一般分总体规划和详细规划两个阶段进行。

各阶段的主要内容是：

（1）城市和镇的总体规划的主要内容。包括：城市、镇的发展布局，功能分区，用地布局，综合交通体系，禁止、限制和适宜建设的地域范围，各类专项规划等。总体规划的期限一般为 20 年。

总体规划的文件包括规划文本、附件和图纸。规划文本是对规划的各项目标和内容提出规定性要求的文件，附件包括对规划文本具体解释的规划说明和基础资料。

（2）详细规划的主要内容。控制性详细规划是在城市总体规划的基础上，依据总体规划确定的原则，对需要开发建设地区的土地性质、开发强度、绿化建设、基础设施建设、历史文化保护等作出具体规定，详细规定建设用地的各项控制指标和规划管理要求，作为城市规划管理和综合开发、土地有偿使用的依据。详细规划的内容主要包括：规划地段各项建设的具体用地范围，建筑密度和高度等控制指标，总平面布置、工程管线综合规划和竖向规划。

详细规划的文件包括规划文本、附件和图纸。规划文本是对规划范围内土地使用及建设管理提出强制性规定和指导性规定的文件，附件包括对规划文本具体解释的规划说明和基础资料。

8. 城乡规划的审批

我国对城乡规划实行分级审批。

（1）城市总体规划

根据城市的大小及其重要性分别报国务院或省、自治区、直辖市、市、县人民政府审批。具体审批情况如下述。

直辖市城市总体规划由直辖市人民政府报国务院审批。省和自治区人民政府所在地城市，以及国务院确定的城市的总体规划，由省、自治区人民政府审查同意后报国务院审批。

其他城市的总体规划由城市人民政府报省、自治区人民政府审批。

县人民政府所在地镇的总体规划由县人民政府报上一级人民政府审批。其他镇的总体规划由镇人民政府报上一级人民政府审批。

乡规划、村规划由乡镇人民政府报上一级人民政府审批。

城市、县人民政府组织编制的总体规划，在报上一级人民政府审批前，应当先经本级人民代表大会常务委员会审议，常务委员会组成人员的审议意见交由本级人民政府研究处理。

镇人民政府组织编制的镇总体规划，在报上一级人民政府审批前，应当先经镇人民代表大会审议，代表的审议意见交由本级人民政府研究处理。

村庄规划在报送审批前，应当经村民会议或者村民代表会议讨论同意。

（2）城市详细规划

城市的控制性详细规划，由本级人民政府批准，批准后，报本级人民代表大会常务委员会和上一级人民政府备案。

镇的控制性详细规划，报上一级人民政府审批。县人民政府所在地镇的控制性详细规划，由县人民政府批准，批准后，报本级人民代表大会常务委员会和上一级人民政府备案。

（3）单独编制的专项规划的审批

由国务院审批总体规划的历史文化名城，其保护规划，由国务院审批；其他国家级历史文化名城的保护规划由住房和城乡建设部组织审查后，随同城市总体规划按程序上报审批；省、自治区、直辖市级历史文化名城的保护规划由省、自治区、直辖市人民政府审批。单独编制的城市人防建设规划，直辖市要报国家人民防空委员会和住房和城乡建设部审批；一类人防重点城市中的省会城市，要经省、自治区人民政府和大军区人民防空委员会审查同意后，报国家人民防空委员会和住房和城乡建设部审批；一类人防重点城市中的非省会城市以及二类人防重点城市须报省、自治区人民政府审批，并报国家人民防空委员会、住房和城乡建设部备案；三类人防重点城市报市人民政府审批，并报省、自治区人民防空办公室、住房和城乡建设厅备案。单独编制的其他专业规划，经当地城乡规划行政主管部门综合协调后，报城市人民政府审批。

9. 城乡规划的实施管理

城乡规划实施管理是城市人民政府对城市各项土地利用和建设活动进行控制和引导。城乡规划经批准后，城市人民政府应当公布以便开发单位和群众了解、参与和监督。各级人民政府应当根据当地经济社会发展水平，量力而行，尊重群众意愿，有计划、分步骤地组织实施城乡规划。

（1）城乡发展和建设的指导思想

城市的建设和发展，应当统筹兼顾周边农村经济社会发展、村民生产与生活的需要，应当优先考虑基础设施及公共服务设施建设，坚持新区开发与旧城改建的协调发展；镇的建设和发展，应当结合农村经济社会发展和产业结构调整，优先安排基础设施和公共服务设施的建设；乡、村庄的建设和发展，应当从实际出发，因地制宜。

（2）新区开发和旧区改建必须注意的一些问题

①新区开发，是指在城市建成区外围进行集中成片的开发建设，内容包括：各类经济技术区的开发建设、居住区的开发建设和新工矿区的开发建设。新区开发是城市建设和发展的重要组成部分，是伴随城市经济社会发展、城市规模扩大，为满足城市生产、生活日益增长的需要，逐步实现城市预期的发展目标而进行的。

新区开发建设。为了解决城市建成区布局混乱、密度过高、负荷过重造成的弊端，或为了保护古城的传统风貌，在建成区外围进行集中成片的开发建设，疏解旧区人口、调整旧区用地结构、完善旧区功能和改善旧区环境。

开发区建设。改革开放以来，各地设立了经济技术开发区、高新技术开发区等各类开发区，成为开展国际经济技术合作与交流，发展外向型经济的重要基地。开发区建设是在划定的区域范围内，集中建设基础设施，创造吸引外商投资的良好环境，引进外资和先进的工业项目。

卫星城镇开发建设。为了有效控制大城市市区的人口和用地规模，按照总体规划要求，将市区需要搬迁的项目或新建的大、中型项目安排到小城镇去，有计划、有重点地开发建设小城镇，逐步形成以大城市为中心的、比较完善的城镇体系。

新工矿区的开发建设。国家或地方政府根据矿产资源开采和加工的需要，在城市郊区或郊县建设大、中型工矿企业，并逐步形成相对独立的工矿区，在统一规划的指导下，配套建设。

②旧区改建，是指在城市建成区内进行的各项经济、社会、文化设施等建设活动和旧住宅的改建。城市旧区是城市在长期历史发展和演变过程中逐步形成的政治、经济、文化和社会活动的居民集聚区。城市旧区既显示了不同历史阶段的发展轨迹，也积累了历史遗留下来的各种矛盾和弊端。我国不少城市旧区不同程度地存在布局混乱、房屋破旧、居住拥挤、交通阻塞、环境污染、市政和公共设施短缺等问题，不能适应城市经济社会发展、人民日益增长的物质生活和精神文化生活的需要。必须按照统一的规划，根据各城市的实际情况，有计划、有步骤、有重点地对旧区进行保护、利用、充实和更新。旧区改建的概念包含对旧区保护、利用、充实和更新四个方面。

③城市新区开发的主要原则按《城乡规划法》第三十条规定："应当合理确定建设规模和时序，充分利用现有市政基础设施和公共服务设施，严格保护自然资源和生态环境，体现地方特色。在城市总体规划、镇总体规划确定的建设用地范围以外，不得设立各类开发区和城市新区。"城市新区开发包括开发区的选址，应当尽量依托现有市区，充分考虑利用现有设施的可能性。要从实际出发，预先搞好规划，确定适当的开发规模和开发程序，有计划、分期分批地实施，提高开发的综合效益。为防止大城市市区人口规模的过度

膨胀，要有计划、有重点地开发建设卫星城镇。新建大、中型工业项目应当尽量安排在卫星城镇。要适当提高卫星城镇的建设标准和设施水平，促使市区的工业和人口向外疏散。卫星城镇和市区应当有方便的交通和通信联系。国家和地方安排大、中型工业项目，应当尽量依托现有中、小城市进行建设，由城市人民政府统一组织制定城市规划，协调发展目标，统一部署，兼顾生产和生活的要求，使城市建设和工业生产的发展相适应。需要独立开发建设的新工矿区，应当按照逐步形成工矿城镇的要求，统一制定城市规划。工矿城镇的建设和发展，应当注意工业项目和产业结构的合理配置，开辟多种就业门路，逐步形成比较完善的经济结构和社会结构。城市新区开发应当在统一规划的指导下，组织基础设施和公共设施的建设。建设项目需要配套的外部市政、公共设施，应当尽量纳入城市统一的系统。

旧区改建应遵循"保护历史文化遗产和传统风貌，合理确定拆迁和建设规模，有计划地对危房集中、基础设施落后等地段进行改建，历史文化名城、名镇、名村的保护以及受保护建筑物的维护和使用，应当遵守有关法律、行政法规和国务院的规定"的原则，统一规划，分期实施，并逐步改善居住和交通运输条件、加强基础设施和公共设施建设，提高城市的综合功能。城市旧区改建的重点是对危房棚户、设施简陋、交通阻塞、污染严重地区进行综合整治，有的需要集中成片地拆除重建；部分建筑质量低劣、设施短缺、需要填空补齐和提高质量的地区，应当进行局部的调整改建，使各项设施逐步配套完善；房屋和各项设施基本完好的地区，应当充分利用并加强维护，保证各项设施正常运行。城市旧区的改建应当同产业结构的调整和工业企业的技术改造紧密结合，改善用地结构，优化城市布局。尤其要适应经济社会发展的需要，促进经济结构的调整，大力发展城市第三产业。要按照规划迁出有严重危害和污染环境的项目，充分利用腾出和闲置的土地，扩展文教卫生和商业服务等公共设施，增加居住用地、城市绿地和文化体育活动场地，加强基础设施和公共设施建设，改善城市环境和市容景观，提高城市的综合功能。城市旧区尤其是历史文化名城和少数民族地区城市的旧区改建应当充分体现传统风貌、民族特点和地方特色。城市（县）人民政府应当采取有效措施，切实保护具有重要历史意义、革命纪念意义、文化艺术和科学价值的文物古迹和风景名胜；有选择地保护一定数量代表城市传统风貌的街区、建筑物和构筑物，划定保护区和建设控制地区。

④城市各项建设合理布局的基本要求。关键是城市各项建设的选址、定点要符合城乡规划，不得妨碍城市的发展，危害城市的安全，污染和破坏城市环境，影响城市各项功能的协调。

合理布局是城乡规划的核心，建设项目选址、定点不当，将给城市发展和人民群众生产生活造成长期的影响和损失，甚至给国家带来巨大的经济损失，必须慎重对待。建设项目选址、定点的基本要求是：

a. 城市新区开发和各项建设的选址，应当保证有可靠的水源、能源、交通防灾等建设条件，避开有开采价值的地下矿藏、有保护价值的地下文物古迹，避开工程地质、水文地质条件不宜修建的地段。

b. 居住区应当优先安排在自然环境良好的地段，相邻地段的土地利用不得妨碍居住区安全、卫生和安宁等。

c. 工业项目应当考虑专业化和协作要求，合理组织，统筹安排；产生有毒、有害废弃物的工业和其他建设项目不应布置在市区主导风向的上风和水源地段，避免通过大气和水体向城市及邻近城市的下游地区扩散污染物，也不得安排在文物古迹和风景名胜保护区内。

d. 城市道路选线、道路网的组织应当同对外交通设施相互衔接、协调，形成合理的综合交通运输体系。港口设施的建设必须综合考虑城市岸线的合理分配和利用，并保证留有足够的城市生活岸线。

e. 城市铁路编组站、铁路货运干线、过境公路、机场、供电高压走廊及重要军事设施等应当避开居民密集的市区，以免割裂城市、妨碍城市发展，造成城市有关功能的相互干扰。

f. 生产或储存易燃、易爆、剧毒物的工厂和仓库以及严重影响环境卫生的建设项目，应当避开居民密集的市区，以免损害居民健康影响城市安全。

g. 建设产生放射危害的设施必须设置防护工程，妥善考虑事故和废弃物处理措施，并避开城市市区和其他居民密集区。

h. 城市人防工程的规划、建设必须和城乡规划、建设密切结合，在满足使用功能的前提下，应当充分考虑合理开发和综合利用城市地下空间的要求。

（3）地下空间的开发和利用

在城镇规划建设中，加强地下空间的合理开发和统筹利用，是坚持节约用地、集约用地、实现可持续发展的重要途径。

合理开发和利用地下空间要坚持规划先行的原则。城镇地下空间的开发利用是一项系统工程，需要统筹考虑轨道交通、地下停车设施、人民防空工程、市政管线工程、生产储存设施、公共服务设施以及城市防洪的要求，综合考虑地面土地的使用性质和建筑功能，才能做到地上地下协调。

合理开发和利用地下空间要坚持量力而行的原则。城镇地下空间的开发利用应考虑城市的社会经济发展的实际情况和开发能力，要制定规划实施的步骤和计划，合理确定建设时序和规模，防止盲目攀比。对于历史文化遗存丰富的城市要注意对文物遗址的保护。

合理开发和利用地下空间要坚持安全第一的原则。城镇地下空间的开发利用要注意防止火灾、水患及其他各种意外事故的发生，要做好各项防护措施。

合理开发和利用地下空间要注重考虑对周边物权的保护。对于在地表、地上和地下分别设置建设用地使用权的，应当处理好其中的权益关系，避免引发矛盾。

（4）近期建设规划

近期建设规划是城市总体规划、镇总体规划的分阶段实施安排和行动计划，是落实城市、镇总体规划的重要步骤。近期建设规划还是近期土地出让和开发建设的重要依据，是城镇发展和建设健康进行的重要保证。

近期建设规划编制的依据是城市总体规划、镇总体规划、土地利用总体规划和年度计划以及国民经济和社会发展规划；编制机关为城市、县、镇人民政府，编制完成后需要报总体规划审批机关备案；期限一般为五年，其内容以重要基础设施、公共服务设施和中低收入居民住房建设以及生态环境保护为重点，明确近期建设的时序、发展方向和空间布局。

（5）禁止擅自改变用途的用地

禁止擅自改变用途的用地有：城乡规划确定的铁路、公路、港口、机场、道路、绿地、输配电设施及输电线路走廊、通信设施、广播电视设施、管道设施、河道、水库、水源地、自然保护区、防汛通道、消防通道、核电站、垃圾填埋场及焚烧厂、污水处理厂和公共服务设施的用地以及其他需要依法保护的用地。

这些用地是城乡建设和发展重要的物质基础，是保障人民生产生活的必备条件，注重保护和合理利用各种资源有利于创造良好的人居环境，促进城市健康可持续发展。

（6）城乡规划实施管理基本法律制度

城乡规划实施管理实行"一书三证"制度，即建设项目选址意见书、建设用地规划许可证、建设工程规划许可证和乡村建设规划许可证制度。

①建设项目选址意见书。在城市规划区内建设工程的选址和布局，必须符合城乡规划。按照国家规定需要有关部门批准或者核准的建设项目，以划拨方式提供国有土地使用权的，建设单位在报送有关部门批准或者核准前，应当向城乡规划主管部门申请核发选址意见书。建设项目与城市的自然环境、功能布局、空间形态以及基础设施等关系密切。建设项目特别是大型项目的选址不仅决定建设项目的成败，而且对城市发展直接产生深远的影响。合理选择建设项目地址，是保障城乡规划实施的关键。建设项目选址的内容如下。

a. 选择建设用地地址。建设项目选址应当考虑以下因素：一是掌握建设项目对选址的要求，了解建设项目的基本情况，包括名称、性质、用地和建设规模、供水与能源的需求量、采取的运输方式和运输量，以及"三废"的排放方式和排放量；二是研究建设项目与城乡规划布局是否协调，建设项目的选址必须按照批准的城乡规划进行；三是必须与城市交通、通信、能源、市政、防灾规划和用地现状条件衔接，有能够配套建设的可能性，要避免选址对城市基础设施规划用地造成危害；四是必须考虑配套生活设施与城市居住区及公共服务设施规划的衔接和协调，有利生产，方便生活；五是要充分注意与城市环境保护规划和风景名胜、文物古迹保护规划、历史风貌区保护规划等相协调。

b. 控制土地使用性质。为保证各类建设项目按照土地使用性质的相容性原则进行安排，应严格依据批准的详细规划控制土地使用性质，选择建设项目建设地址。

c. 核定土地使用强度。土地使用强度的高低，对建设活动有直接影响，甚至会引起一定范围内社会、经济和环境的变化。土地使用强度的控制，主要是控制建筑容积率和建筑密度两个指标。

②建设用地规划许可证。在城市、镇规划区内以划拨方式提供国有土地使用权的建设项目，经有关部门批准、核准、备案后，建设单位应当向城市、县人民政府城乡规划主管部门提出建设用地规划许可申请，由城市、县人民政府城乡规划主管部门依法为其核发建设用地规划许可证，建设单位在取得建设用地规划许可证后，方可向土地部门申请划拨土地。

以出让方式取得国有土地使用权的建设项目，建设单位在取得建设项目的批准、核准、备案文件和签订国有土地使用权出让合同后，向城市、县人民政府城乡规划主管部门领取建设用地规划许可证，城市、县人民政府城乡规划主管部门不得在建设用地规划许可证中，擅自改变作为国有土地使用权出让合同组成部分的规划条件。需要强调的是：在国有土地使用权出让前，城乡规划主管部门应当依据控制性详细规划，提出出让地块的位置、使用性质、开发强度等规划条件，作为国有土地使用权出让合同的组成部分。未确定规划条件的地块，不得出让国有土地使用权，规划条件未纳入国有土地使用权出让合同的，该国有土地使用权出让合同无效。

建设用地规划管理是建设项目选址规划管理的继续，是城乡规划行政主管部门依据城乡规划确定建设用地面积和范围、提出土地使用规划要求，并核发建设用地规划许可证的行政管理工作。建设用地规划许可证是建设单位向土地管理部门申请用地前，经城乡规划行政主管部门确认建设项目位置和范围符合城乡规划的法定凭证。土地管理部门在办理用地过程中，若需改变建设用地规划许可证核定的用地位置、界限等内容，必须取得城乡规划行政主管部门的同意，保证改变后的用地位置和范围等符合城乡规划的要求。对未取得建设用地规划许可证的建设单位批准用地的，由县级以上人民政府撤销有关批准文件；占用土地的，应当及时退回；给当事人造成损失的，应当依法给予赔偿。

建设用地规划管理的内容包括：

a. 控制土地使用性质和土地使用强度。土地使用性质、容积率和建筑密度已在建设项目选址规划管理阶段核定，在建设用地规划管理阶段，通过审核设计方案控制土地使用性质和土地使用强度。

b. 确定建设用地范围。主要是通过审核建设工程设计总平面图确定建设用地范围。

c. 核定土地使用其他规划管理要求。除土地使用性质和土地使用强度外，还应根据城乡规划对土地使用提出的其他规划要求，如是否有规划道路穿越，是否设置绿化隔离带等。

d. 调整城市用地布局，也是建设用地规划管理的重要内容。许多城镇存在布局混乱、各类用地混杂、市政公用设施不足，道路通行能力差等问题，严重影响了城市功能的发挥。城乡规划对城市生产、生活用地进行调整，以促进经济的发展，改善城市的环境质量，节约城市用地。

③建设工程规划许可证。在城市、镇规划区内进行建筑物、构筑物、道路、管线和其他工程建设的，建设单位或者个人应当向城市、县人民政府城乡规划主管部门或者省、自治区、直辖市人民政府确定的镇人民政府申请办理建设工程规划许可证。建设单位或个人只有在取得上述证件后，方可办理开工手续。

依法对建设工程实行统一的规划管理，是城乡规划行政主管部门的重要行政职能。建设工程规划许可证是判断建设工程是否符合城市规划要求的法律凭证。建设工程规划管理的主要内容包括：

a. 建筑管理。按照城市规划要求对各项建筑工程（包括各类建筑物、构筑物）的性质、规模、标高、高度、体量、体形、朝向、间距、建筑密度、容积率、建筑色彩和风格等进行审查和规划控制。

b. 道路管理。按照城市规划要求对各类道路走向、坐标和标高、道路宽度、道路等级、交叉口设计、横断面设计、道路附属设施等进行审查和规划控制。

c. 管线管理。按照城市规划要求对管线工程（包括地下埋设和地上架设的给水、雨水、污水、电力、通信、燃气、热力及其他管线）的性质、断面、走向、坐标、标高、架埋方式、架设高度、埋置深度、管线相互间的水平距离与垂直距离及交叉点的处理等进行审查和规划控制，管线管理要充分考虑不同性质和类型管线各自的技术规范要求，以及管线与地面建筑物、构筑物、道路、行道树和地下各类建设工程的关系，进行综合协调。

城乡规划行政主管部门对上述建设工程的初步设计方案进行审查，确认符合规划要求后，建设单位可以进行施工图设计；在确认施工图设计符合规划要求后，城乡规划行政主管部门核发建设工程规划许可证。

④乡村建设规划许可证。在乡、村庄规划区内进行乡镇企业、乡村公共设施和公益事业建设的，建设单位或者个人应当向乡、镇人民政府提出申请，由乡、镇人民政府报城市、县人民政府城乡规划主管部门核发乡村建设规划许可证。

在乡、村庄规划区内使用原有宅基地进行农村村民住宅建设的规划管理办法，由省、自治区、直辖市制定。

在乡、村庄规划区内进行乡镇企业、乡村公共设施和公益事业建设以及农村村民住宅建设，不得占用农用地；确需占用农用地的，应当依照《中华人民共和国土地管理法》有关规定办理农用地转用审批手续后，由城市、县人民政府城乡规划主管部门核发乡村建设规划许可证。

建设单位或者个人在取得乡村建设规划许可证后，方可办理用地审批手续。

（7）规划条件变更必须遵循的原则

建设单位应当按照规划条件进行建设，确需变更的，必须向城乡规划主管部门提出申请，变更内容不符合控制性详细规划的不得批准。城乡规划主管部门应当及时将依法变更后的规划条件通报同级土地主管部门并公示，建设单位应当及时将依法变更后的规划条件报土地主管部门备案。

（8）关于临时建设和临时用地

对临时建设（指限期拆除、结构简易的临时性建、构筑物或道路工程管线设施等），必须在城乡规划部门批准的使用期限内拆除；临时建设影响近期建设规划或者控制性详细规划的实施以及交通、市容、安全等的，不得批准；省、自治区、直辖市人民政府可以制定临时建设和临时用地规划管理的具体办法。

（9）关于竣工验收和城市建设竣工档案

县级以上地方人民政府城乡规划主管部门按照国务院规定对建设工程是否符合规划条件予以核实。未经核实或者经核实不符合规划条件的，建设单位不得组织竣工验收。

建设单位应当在竣工验收 6 个月内，向城乡规划行政主管部门报送有关竣工档案资料。

10. 城乡规划的修改

经依法批准的城乡规划，是城乡建设和规划管理的依据，未经法定程序不得修改。其修改必须依法定程序，按法定权限进行。

（1）省域城镇体系规划、城市总体规划、镇总体规划的组织编制机关，应当组织有关部门和专家定期对规划实施情况进行评估，并采取论证会、听证会或者其他方式征求公众意见。组织编制机关应当向本级人民代表大会常务委员会、镇人民代表大会和原审批机关提出评估报告并附具征求意见的情况。修改省域城镇体系规划、城市总体规划、镇总体规划前，组织编制机关应当对原规划的实施情况进行总结，并向原审批机关报告；修改涉及城市总体规划、镇总体规划强制性内容的，应当先向原审批机关提出专题报告，经同意后，方可编制修改方案。

（2）修改省域城镇体系规划、城市总体规划、镇总体规划的，应具备下列情形之一：

①上级人民政府制定的城乡规划发生变更，提出修改规划要求的；

②行政区划调整确需修改规划的；

③因国务院批准重大建设工程确需修改规划的；

④经评估确需修改规划的；

⑤城乡规划的审批机关认为应当修改规划的其他情形。

（3）修改控制性详细规划，组织编制机关应当对修改的必要性进行论证，征求规划地段内利害关系人的意见，并向原审批机关提出专题报告，经原审批机关同意后，方可编制修改方案。控制性详细规划修改涉及城市总体规划、镇总体规划的强制性内容的，应当先修改总体规划。

（4）修改乡规划、村庄规划也应依法定程序报批。

（5）修改近期建设规划，应当将修改后的近期建设规划报总体规划审批机关备案。

（6）在选址意见书、建设用地规划许可证、建设工程规划许可证或者乡村建设规划许可证发放后，因依法修改城乡规划给被许可人合法权益造成损失的，应当依法给予补偿。

经依法审定的修建性详细规划、建设工程设计方案的总平面图不得随意修改，确需修改的，城乡规划主管部门应当采取听证会等形式，听取利害关系人的意见，因修改给利害关系人合法权益造成损失的，应当依法给予补偿。

11. 城乡规划实施的监督检查

监督检查是城市规划实施管理工作的重要组成部分，它贯穿于城乡规划实施的全过程。《城乡规划法》规定的监督检查主要包括：

（1）行政监督。县级以上人民政府及其城乡规划主管部门有责任对辖区范围内城市的总体规划的实施情况进行监督检查，有责任对内部机构和工作人员的执法情况进行监督检查，防止玩忽职守、滥用职权、徇私舞弊等违法违规行为的发生，有责任对下级政府及城乡规划主管部门规划编制、审批、实施、修改进行监督检查，有责任对规划管理相对人的建设行为进行监督检查。

（2）人民代表大会对城乡规划工作的监督。本级人民代表大会常务委员会或者乡、镇人民代表大会，有权对城乡规划的实施情况进行定期或不定期的检查，就规划实施进展情况、实施管理的执法情况提出批评和意见，督促城市人民政府加以改进或完善。城市人民政府有责任就城乡规划实施情况向同级人民代表大会或其常务委员会提出报告。

（3）社会公众对城乡规划工作的监督。城乡规划行政主管部门有责任将城乡规划实施管理的各个环节予以公开，接受社会的监督。单位和个人有权监督、检举和控告违反城乡规划的行为和随意侵犯其基本权利的行为。城乡规划行政主管部门应制定具体办法，保障公民的监督权，并及时对检举和控告涉及的有关违法行为进行查处。单位和个人有权检举、控告城乡规划行政主管部门及工作人员执法过程中的各种违法行为。城乡规划行政主管部门有责任建立切实有效的制度，听取意见、检举和控告，对有关违法行为作出处理。

城乡规划主管部门对相对人的监督，这项工作主要包括以下内容：

（1）验证有关土地使用和建设申请的申报条件是否符合法定要求，有无弄虚作假。对不符合要求的，不予受理并及时退回。

（2）复验有关用地坐标、面积等与建设用地规划许可证规定是否相符。如不符，应责令改正或重新补办手续。

（3）对已领取建设工程规划许可证并放线的建设工程，履行验线手续。若其坐标、标高、平面布局形式等与建设工程规划许可证的规定不符，城乡规划行政主管部门应责令其改正。

（4）建设单位或个人在施工过程中，城乡规划行政主管部门有权对其建设活动（包括在城市规划区内挖取砂石、土方等活动）进行现场检查。被检查者应如实提供情况和必要的资料。城乡规划行政主管部门有责任为被检查者保守技术秘密和业务秘密。

（5）规划条件的核实。县级以上地方人民政府城乡规划主管部门按照国务院规定对建设工程是否符合规划条件予以核实。未经核实或者经核实不符合规划条件的，建设单位不得组织竣工验收。

12. 法律责任

违反《城乡规划法》有关规定的，必须承担法律责任，如表3-1所示。

城乡规划管理中的行政违法与法律责任承担 表 3-1

违法行为的主体	违法行为	处罚内容
城乡规划的组织编制、审批、修改部门	（一）依法应当编制城乡规划而未组织编制； （二）未按法定程序编制、审批、修改城乡规划； （三）委托不具有相应资质等级的单位编制城乡规划	由上级人民政府责令改正，通报批评；对有关人民政府负责人和其他直接责任人员依法给予处分
镇人民政府或者县级以上人民政府城乡规划主管部门	（一）未依法组织编制城市的控制性详细规划、县人民政府所在地镇的控制性详细规划的； （二）超越职权或者对不符合法定条件的申请人核发选址意见书、建设用地规划许可证、建设工程规划许可证、乡村建设规划许可证的； （三）对符合法定条件的申请人未在法定期限内核发选址意见书、建设用地规划许可证、建设工程规划许可证、乡村建设规划许可证的； （四）未依法对经审定的修建性详细规划、建设工程设计方案的总平面图予以公布的； （五）同意修改修建性详细规划、建设工程设计方案的总平面图前未采取听证会等形式听取利害关系人的意见的； （六）发现未依法取得规划许可或者违反规划许可的规定在规划区内进行建设的行为，而不予以查处或者接到举报后不依法处理的	由本级人民政府、上级人民政府城乡规划主管部门或者监察机关依据职权责令改正，通报批评；对直接负责的主管人员和其他直接责任人员依法给予处分
县级以上人民政府有关部门	（一）对未依法取得选址意见书的建设项目核发建设项目批准文件的； （二）未依法在国有土地使用权出让合同中确定规划条件或者改变国有土地使用权出让合同中依法确定的规划条件的； （三）对未依法取得建设用地规划许可证的建设单位划拨国有土地使用权的	由本级人民政府或者上级人民政府有关部门责令改正，通报批评；对直接负责的主管人员和其他直接责任人员依法给予处分

违法行为的主体	违法行为	处罚内容
城乡规划编制单位	（一）超越资质等级许可的范围承揽城乡规划编制工作的； （二）违反国家有关标准编制城乡规划的	由所在地城市、县人民政府城乡规划主管部门责令限期改正，处合同约定的规划编制费1倍以上2倍以下的罚款；情节严重的，责令停业整顿，由原发证机关降低资质等级或者吊销资质证书；造成损失的，依法承担赔偿责任
	未依法取得资质证书承揽城乡规划编制工作的	由县级以上地方人民政府城乡规划主管部门责令停止违法行为，依照上述的规定处以罚款；造成损失的，依法承担赔偿责任
	以欺骗手段取得资质证书承揽城乡规划编制工作的	由原发证机关吊销资质证书，依照上述的规定处以罚款；造成损失的，依法承担赔偿责任
	城乡规划编制单位取得资质证书后，不再符合相应的资质条件的，又逾期不改正的	降低资质等级或者吊销资质证书
规划管理相对人（建设单位）	未取得建设工程规划许可证或者未按照建设工程规划许可证的规定进行建设的	由县级以上地方人民政府城乡规划主管部门责令停止建设；尚可采取改正措施消除对规划实施的影响的，限期改正，处建设工程造价5%以上10%以下的罚款；无法采取改正措施消除影响的，限期拆除，不能拆除的，没收实物或者违法收入，可以并处建设工程造价10%以下的罚款
	在乡、村庄规划区内未依法取得乡村建设规划许可证或者未按照乡村建设规划许可证的规定进行建设的	由乡、镇人民政府责令停止建设、限期改正；逾期不改正的，可以拆除
建设单位或者个人	（一）未经批准进行临时建设的； （二）未按照批准内容进行临时建设的； （三）临时建筑物、构筑物超过批准期限不拆除的	由所在地城市、县人民政府城乡规划主管部门责令限期拆除，可以并处临时建设工程造价1倍以下的罚款
建设单位	未在建设工程竣工验收后6个月内向城乡规划主管部门报送有关竣工验收资料的	由所在地城市、县人民政府城乡规划主管部门责令限期补报；逾期不补报的，处1万元以上5万元以下的罚款
有关当事人	城乡规划主管部门作出责令停止建设或者限期拆除的决定后，当事人不停止建设或者逾期不拆除的	建设工程所在地县级以上地方人民政府可以责成有关部门采取查封施工现场、强制拆除等措施
有关人员	违反《城乡规划法》规定，构成犯罪的	依法追究刑事责任

二、《中华人民共和国城乡规划法》的配套法规、规章

考试大纲对本部分的要求：熟悉城乡规划编制与审批现行法规的适用条件，掌握城乡规划编制与审批现行法规的主要内容，熟悉城乡规划实施与监督检查现行法规的适用条件，掌握城乡规划实施与监督检查现行法规的主要内容。下面介绍一些需要重点掌握的配套法规和规章。

1. 《村庄和集镇规划建设管理条例》

1993年6月29日国务院以第116号令发布了《村庄和集镇规划建设管理条例》，并于同年11月1日起施行。

（1）立法目的

为了加强村庄、集镇的规划建设管理，改善村庄、集镇的生产、生活环境，促进农村经济和社会发展，制定了本条例。制定和实施村庄、集镇规划，在村庄、集镇规划区内进行居民住宅、乡（镇）村企业、乡（镇）村公共设施和公益事业等的建设，必须遵守本条例。但是，国家征用集体所有的土地进行的建设除外。

（2）基本概念

本条例所称村庄，是指农村村民居住和从事各种生产的聚居点。

本条例所称集镇，是指乡、民族乡人民政府所在地和经县级人民政府确认由集市发展而成的作为农村一定区域经济、文化和生活服务中心的非建制镇。

本条例所称村庄、集镇规划区，是指村庄、集镇建成区和因村庄、集镇建设及发展需要实行规划控制的区域。村庄、集镇规划区的具体范围，在村庄、集镇总体规划中划定。

（3）村庄、集镇规划的编制，应当遵循下列原则

①根据国民经济和社会发展计划，结合当地经济发展的现状和要求，以及自然环境、资源条件和历史情况等，统筹兼顾，综合部署村庄和集镇的各项建设；

②处理好近期建设与远景发展、改造与新建的关系，使村庄、集镇的性质和建设的规模、速度和标准，同经济发展和农民生活水平相适应；

③合理用地，节约用地，各项建设应当相对集中，充分利用原有建设用地，新建、扩建工程及住宅应当尽量不占用耕地和林地；

④有利生产，方便生活，合理安排住宅、乡（镇）村企业、乡（镇）村公共设施和公益事业等的建设布局，促进农村各项事业协调发展，并适当留有发展余地；

⑤保护和改善生态环境，防治污染和其他公害，加强绿化和村容镇貌、环境卫生建设。

（4）《城乡规划法》对本条例的调整

规划目标与原则。《城乡规划法》明确乡规划和村庄规划应当以服务农业、农村和农民为基本目标。坚持因地制宜、循序渐进、统筹兼顾、协调发展的基本原则。规定"乡规划、村庄规划应当从农村实际出发，尊重村民意愿，体现地方和农村特色。"

规划名称及内容。第一，将本条例中村庄、集镇总体规划和建设规划改称乡规划、村庄规划；第二，将规划内容规定为：规划范围，住宅、道路、供水、排水、供电、垃圾收集、畜禽养殖场所等农村生产、生活服务设施、公益事业等各项建设的用地布局、建设要

43

求，以及对耕地等自然资源和历史文化遗产保护、防灾减灾等的具体安排。乡规划还应当包括本行政区域内的村庄发展布局。

规划编制与审批。规定由乡、镇人民政府组织编制乡规划、村庄规划，报上一级人民政府审批。村庄规划在报送审批前，应当经村民会议或者村民代表会议讨论同意。

2. 《历史文化名城名镇名村保护条例》

《历史文化名城名镇名村保护条例》经 2008 年 4 月 2 日国务院第 3 次常务会议通过，自 2008 年 7 月 1 日起施行。根据 2017 年 10 月 7 日国务院令第 687 号公布，自公布之日起施行《国务院关于修改部分行政法规的决定》修改的《历史文化名城名镇名村保护条例（2017 年修正本）》。

（1）立法目的

为了加强历史文化名城、名镇、名村的保护与管理，继承中华优秀历史文化遗产，制定了本条例。

（2）历史文化名城、名镇、名村的保护应遵循的原则

历史文化名城、名镇、名村的保护应当遵循科学规划、严格保护的原则，保持和延续其传统格局和历史风貌，维护历史文化遗产的真实性和完整性，继承和弘扬中华优秀传统文化，正确处理经济社会发展和历史文化遗产保护的关系。

（3）申报历史文化名城、名镇、名村的条件

具有以下条件的，可以申报历史文化名城、名镇、名村：保存文物特别丰富；历史建筑集中成片；保留着传统格局和历史风貌；历史上曾经作为政治、经济、文化、交通中心或者军事要地，或者发生过重要历史事件，或者其传统产业、历史上建设的重大工程对本地区的发展产生过重要影响，或者能够集中反映本地区建筑的文化特色、民族特色。申报历史文化名城的，在所申报的历史文化名城保护范围内还应当有 2 个以上的历史文化街区。

（4）历史文化名城、名镇、名村的批准程序

申报历史文化名城，由省、自治区、直辖市人民政府提出申请，经国务院建设主管部门会同国务院文物主管部门组织有关部门、专家进行论证，提出审查意见，报国务院批准公布。申报历史文化名镇、名村，由所在地县级人民政府提出申请，经省、自治区、直辖市人民政府确定的保护主管部门会同同级文物主管部门组织有关部门、专家进行论证，提出审查意见，报省、自治区、直辖市人民政府批准公布。

（5）历史文化名城、名镇、名村保护规划的有关规定

编制单位和编制时间。历史文化名城批准公布后，历史文化名城人民政府应当组织编制历史文化名城保护规划。历史文化名镇、名村批准公布后，所在地县级人民政府应当组织编制历史文化名镇、名村保护规划。保护规划应当自历史文化名城、名镇、名村批准公布之日起 1 年内编制完成。

保护规划的内容。保护规划应当包括下列内容：

①保护原则、保护内容和保护范围；

②保护措施、开发强度和建设控制要求；

③传统格局和历史风貌保护要求；

④历史文化街区、名镇、名村的核心保护范围和建设控制地带；

⑤保护规划分期实施方案。

保护规划的期限。历史文化名城、名镇保护规划的规划期限应当与城市、镇总体规划的规划期限相一致；历史文化名村保护规划的规划期限应当与村庄规划的规划期限相一致。

保护规划报批前的公众参与工作。保护规划报送审批前，保护规划的组织编制机关应当广泛征求有关部门、专家和公众的意见；必要时，可以举行听证。保护规划报送审批文件中应当附具意见采纳情况及理由；经听证的，还应当附具听证笔录。

保护规划的批准单位和备案机关。保护规划由省、自治区、直辖市人民政府审批。保护规划的组织编制机关应当将经依法批准的历史文化名城保护规划和中国历史文化名镇、名村保护规划，报国务院建设主管部门和国务院文物主管部门备案。

保护规划的公布。保护规划的组织编制机关应当及时公布经依法批准的保护规划。

保护规划的修改。经依法批准的保护规划，不得擅自修改；确需修改的，保护规划的组织编制机关应当向原审批机关提出专题报告，经同意后，方可编制修改方案。修改后的保护规划，应当按照原审批程序报送审批。

（6）保护范围内禁止进行的活动

在历史文化名城、名镇、名村保护范围内禁止进行的活动有：

①开山、采石、开矿等破坏传统格局和历史风貌的活动；

②占用保护规划确定保留的园林绿地、河湖水系、道路等；

③修建生产、储存爆炸性、易燃性、放射性、毒害性、腐蚀性物品的工厂、仓库等；

④在历史建筑上刻画、涂污。

（7）保护范围内经批准方可进行的活动

在历史文化名城、名镇、名村保护范围内进行下列活动，应当保护其传统格局、历史风貌和历史建筑；制定保护方案，并依照有关法律、法规的规定办理相关手续：

①改变园林绿地、河湖水系等自然状态的活动；

②在核心保护范围内进行影视摄制、举办大型群众性活动；

③其他影响传统格局、历史风貌或者历史建筑的活动。

（8）历史文化街区、名镇、名村核心保护范围内建筑、构筑物的管理

对历史文化街区、名镇、名村核心保护范围内的建筑物、构筑物，应当区分不同情况，采取相应措施，实行分类保护。历史文化街区、名镇、名村核心保护范围内的历史建筑，应当保持原有的高度、体量、外观形象及色彩等。核心保护范围内，不得进行新建、扩建活动，新建、扩建必要的基础设施和公共服务设施除外。

审批程序。新建、扩建必要的基础设施和公共服务设施的，城市、县人民政府城乡规划主管部门核发建设工程规划许可证、乡村建设规划许可证前，应当征求同级文物主管部门的意见。在历史文化街区、名镇、名村核心保护范围内，拆除历史建筑以外的建筑物、构筑物或者其他设施的，应当经城市、县人民政府城乡规划主管部门会同同级文物主管部门批准。在审批过程中，审批机关应当组织专家论证，并将审批事项予以公示，征求公众意见，告知利害关系人有要求举行听证的权利。公示时间不得少于 20 日。利害关系人要求听证的，应当在公示期间提出，审批机关应当在公示期满后及时举行听证。

消防安全问题。历史文化街区、名镇、名村核心保护范围内的消防设施、消防通道，应当按照有关的消防技术标准和规范设置。确因历史文化街区、名镇、名村的保护需要，

无法按照标准和规范设置的，由城市、县人民政府公安机关消防机构会同同级城乡规划主管部门制定相应的防火安全保障方案。

（9）对历史建筑的保护要求

城市、县人民政府应当对历史建筑设置保护标志，建立历史建筑档案。历史建筑的所有权人应当按照保护规划的要求，负责历史建筑的维护和修缮。任何单位或者个人不得损坏或者擅自迁移、拆除历史建筑。建设工程选址，应当尽可能避开历史建筑；因特殊情况不能避开的，应当尽可能实施原址保护；实施原址保护的，建设单位应当事先确定保护措施，报城市、县人民政府城乡规划主管部门会同同级文物主管部门批准。因公共利益需要进行建设活动，对历史建筑无法实施原址保护、必须迁移异地保护或者拆除的，应当由城市、县人民政府城乡规划主管部门会同同级文物主管部门，报省、自治区、直辖市人民政府确定的保护主管部门会同同级文物主管部门批准。对历史建筑进行外部修缮装饰、添加设施以及改变历史建筑的结构或者使用性质的，应当经城市、县人民政府城乡规划主管部门会同同级文物主管部门批准，并依照有关法律、法规的规定办理相关手续。

3.《风景名胜区条例》

为了加强对风景名胜区的管理，更好地保护、利用和开发风景名胜区资源，国务院于1985年6月7日发布了《风景名胜区管理暂行条例》，自发布之日起施行。2006年9月6日国务院第149次常务会议通过了《风景名胜区条例》，自2006年12月1日起施行，同时废止了1985年6月7日国务院发布的《风景名胜区管理暂行条例》。根据2016年1月13日国务院第119次常务会议通过，2016年2月6日国务院令第666号公布，自公布之日起施行《国务院关于修改部分行政法规的决定》修改的《风景名胜区条例（2016年修正本）》。

（1）适用范围

风景名胜区的设立、规划、保护、利用和管理，适用本条例。本条例所称风景名胜区，是指具有观赏、文化或者科学价值，自然景观、人文景观比较集中，环境优美，可供人们游览或者进行科学、文化活动的区域。

（2）风景名胜区的分级

风景名胜区划分为国家级风景名胜区和省级风景名胜区。自然景观和人文景观能够反映重要自然变化过程和重大历史文化发展过程，基本处于自然状态或者保持历史原貌，具有国家代表性的，可以申请设立国家级风景名胜区；具有区域代表性的，可以申请设立省级风景名胜区。

（3）管理机构

风景名胜区所在地县级以上地方人民政府设置的风景名胜区管理机构，负责风景名胜区的保护、利用和统一管理工作。国务院建设主管部门负责全国风景名胜区的监督管理工作。国务院其他有关部门按照国务院规定的职责分工，负责风景名胜区的有关监督管理工作。省、自治区人民政府建设主管部门和直辖市人民政府风景名胜区主管部门，负责本行政区域内风景名胜区的监督管理工作。省、自治区、直辖市人民政府其他有关部门按照规定的职责分工，负责风景名胜区的有关监督管理工作。

（4）规划的内容

风景名胜区规划分为总体规划和详细规划。风景名胜区总体规划应当包括：风景资源评价；生态资源保护措施、重大建设项目布局、开发利用强度；风景名胜区的功能结构和空间布局；禁止开发和限制开发的范围；风景名胜区的游客容量；有关专项规划。风景名胜区详细规划应当根据核心景区和其他景区的不同要求编制，确定基础设施、旅游设施、文化设施等建设项目的选址、布局与规模，并明确建设用地范围和规划设计条件。风景名胜区详细规划，应当符合风景名胜区总体规划。

（5）规划的编制与审批

国家级风景名胜区规划由省、自治区人民政府建设主管部门或者直辖市人民政府风景名胜区主管部门组织编制，省级风景名胜区规划由县级人民政府组织编制。国家级风景名胜区的总体规划，由省、自治区、直辖市人民政府审查后，报国务院审批，国家级风景名胜区的详细规划，由省、自治区人民政府建设主管部门或者直辖市人民政府风景名胜区主管部门报国务院建设主管部门审批。省级风景名胜区的总体规划，由省、自治区、直辖市人民政府审批，报国务院建设主管部门备案，省级风景名胜区的详细规划，由省、自治区人民政府建设主管部门或者直辖市人民政府风景名胜区主管部门审批。

（6）风景名胜区的保护

风景名胜区内的景观和自然环境，应当根据可持续发展的原则，严格保护，不得破坏或者随意改变。风景名胜区管理机构应当建立健全风景名胜资源保护的各项管理制度。

风景名胜区内的居民和游览者应当保护风景名胜区的景物、水体、林草植被、野生动物和各项设施。风景名胜区管理机构应当对风景名胜区内的重要景观进行调查、鉴定，并制定相应的保护措施。

在风景名胜区内禁止进行下列活动：①开山、采石、开矿、开荒、修坟立碑等破坏景观、植被和地形地貌的活动；②修建储存爆炸性、易燃性、放射性、毒害性、腐蚀性物品的设施；③在景物或者设施上刻画、涂污；④乱扔垃圾。

禁止违反风景名胜区规划，在风景名胜区内设立各类开发区和在核心景区内建设宾馆、招待所、培训中心、疗养院以及与风景名胜资源保护无关的其他建筑物；已经建设的，应当按照风景名胜区规划，逐步迁出。

在风景名胜区内从事禁止范围以外的建设活动，应当经风景名胜区管理机构审核后，依照有关法律、法规的规定办理审批手续。在国家级风景名胜区内修建缆车、索道等重大建设工程，项目的选址方案应当报省、自治区人民政府建设主管部门和直辖市人民政府风景名胜区主管部门核准。

在风景名胜区内进行下列活动，应当经风景名胜区管理机构审核后，依照有关法律、法规的规定报有关主管部门批准：①设置、张贴商业广告；②举办大型游乐等活动；③改变水资源、水环境自然状态的活动；④其他影响生态和景观的活动。

风景名胜区内的建设项目应当符合风景名胜区规划，并与景观相协调，不得破坏景观、污染环境、妨碍游览。在风景名胜区内进行建设活动的，建设单位、施工单位应当制定污染防治和水土保持方案，并采取有效措施，保护好周围景物、水体、林草植被、野生动物资源和地形地貌。

国家建立风景名胜区管理信息系统，对风景名胜区规划实施和资源保护情况进行动态监测。国家级风景名胜区所在地的风景名胜区管理机构应当每年向国务院建设主管部门报送风景名胜区规划实施和土地、森林等自然资源保护的情况；国务院建设主管部门应当将土地、森林等自然资源保护的情况，及时抄送国务院有关部门。

4.《城市规划编制办法》

为了使城市规划的编制规范化，提高城市规划的科学性，结合城市规划的实际情况，《城市规划编制办法》经建设部 1991 年 9 月正式发布实施。2005 年 12 月建设部对该编制办法进行了修订，于 2005 年 12 月 31 日发布，2006 年 4 月 1 日起施行。《城市规划编制办法》分 5 章，共 47 条。

（1）适用范围

适用于按国家行政建制设立的市编制城市规划。与原编制办法相比取消了镇。

（2）城市规划编制的阶段

编制城市规划一般分为总体规划和详细规划两个阶段。根据实际需要，在编制总体规划前可以编制城市总体规划纲要。大、中城市可以在总体规划的基础上编制分区规划。

（3）城市规划的组织编制主体

国务院建设主管部门组织编制全国城镇体系规划和省、自治区人民政府组织编制省域城镇体系规划。城市人民政府负责组织编制城市总体规划和城市分区规划。具体工作由城市人民政府建设主管部门（城乡规划主管部门）承担。控制性详细规划由城市人民政府建设主管部门（城乡规划主管部门）依据已经批准的城市总体规划或者城市分区规划组织编制。修建性详细规划可以由有关单位依据控制性详细规划及建设主管部门（城乡规划主管部门）提出的规划条件，委托城市规划编制单位编制。承担城市规划编制的单位，应当取得城市规划编制资质证书，并在资质等级许可的范围内从事城市规划编制工作。

（4）城市规划编制的要求

编制城市规划，应当以科学发展观为指导，以构建社会主义和谐社会为基本目标，坚持五个统筹，坚持中国特色的城镇化道路，坚持节约和集约利用资源，保护生态环境，保护人文资源，尊重历史文化，坚持因地制宜确定城市发展目标与战略，促进城市全面协调可持续发展。编制城市规划，应当考虑人民群众需要，改善人居环境，方便群众生活，充分关注中低收入人群，扶助弱势群体，维护社会稳定和公共安全。编制城市规划，应当坚持政府组织、专家领衔、部门合作、公众参与、科学决策的原则。

编制城市规划，要妥善处理城乡关系，引导城镇化健康发展，体现布局合理、资源节约、环境友好的原则，保护自然与文化资源、体现城市特色，考虑城市安全和国防建设需要。编制城市规划，对涉及城市发展长期保障的资源利用和环境保护、区域协调发展、风景名胜资源管理、自然与文化遗产保护、公共安全和公众利益等方面的内容，应当确定为必须严格执行的强制性内容。

城市规划成果的表达应当清晰、规范，成果文件、图件与附件中说明、专题研究、分析图纸等表达应有区分。城市规划成果文件应当以书面和电子文件两种方式表达。城市规划编制单位应当严格依据法律、法规的规定编制城市规划，提交的规划成果应当符合本办法和国家有关标准。

（5）总体规划的编制

编制城市总体规划，应当先组织编制总体规划纲要，研究确定总体规划中的重大问题，作为编制规划成果的依据。编制城市总体规划，应当以全国城镇体系规划、省域城镇体系规划以及其他上层次法定规划为依据，从区域经济社会发展的角度研究城市定位和发展战略，按照人口与产业、就业岗位的协调发展要求，控制人口规模、提高人口素质，按照有效配置公共资源、改善人居环境的要求，充分发挥中心城市的区域辐射和带动作用，合理确定城乡空间布局，促进区域经济社会全面、协调和可持续发展。

城市总体规划的期限一般为 20 年，同时可以对城市远景发展的空间布局提出设想。确定城市总体规划具体期限，应当符合国家有关政策的要求。总体规划纲要应当包括市域城镇体系规划纲要，提出城市规划区范围，分析城市职能，提出城市性质和发展目标，提出禁建区、限建区、适建区范围，预测城市人口规模，研究中心城区空间增长边界，提出建设用地规模和建设用地范围，提出交通发展战略及主要对外交通设施布局原则，提出重大基础设施和公共服务设施的发展目标，提出建立综合防灾体系的原则和建设方针。

（6）近期建设规划

编制城市近期建设规划，应当依据已经依法批准的城市总体规划，明确近期内实施城市总体规划的重点和发展时序，确定城市近期发展方向、规模、空间布局、重要基础设施和公共服务设施选址安排，提出自然遗产与历史文化遗产的保护、城市生态环境建设与治理的措施。近期建设规划的期限原则上应当与城市国民经济和社会发展规划的年限一致，并不得违背城市总体规划的强制性内容。近期建设规划到期时，应当依据城市总体规划组织编制新的近期建设规划。

近期建设规划的内容应当包括：确定近期人口和建设用地规模，确定近期建设用地范围和布局，确定近期交通发展策略，确定主要对外交通设施和主要道路交通设施布局，确定各项基础设施，公共服务和公益设施的建设规模和选址，确定近期居住用地安排和布局，确定历史文化名城、历史文化街区、风景名胜区等的保护措施，城市河湖水系、绿化、环境等保护、整治和建设措施，确定控制和引导城市近期发展的原则和措施。

近期建设规划的成果应当包括规划文本、图纸，以及包括相应说明的附件。在规划文本中应当明确表达规划的强制性内容。

（7）分区规划的编制

编制分区规划，应当综合考虑城市总体规划确定的城市布局、片区特征、河流道路等自然和人工界限，结合城市行政区划，划定分区的范围界限。分区规划应当包括下列内容：确定分区的空间布局、功能分区、土地使用性质和居住人口分布、确定绿地系统、河湖水面、供电高压线走廊、对外交通设施用地界线和风景名胜区、文物古迹、历史文化街区的保护范围，提出空间形态的保护要求，确定市、区、居住区级公共服务设施的分布、用地范围和控制原则，确定主要市政公用设施的位置、控制范围和工程干管的线路位置、管径，进行管线综合，确定城市干道的红线位置、断面、控制点坐标和标高，确定支路的走向、宽度，确定主要交叉口、广场、公交站场、交通枢纽等交通设施的位置和规模，确定轨道交通线路走向及控制范围，确定主要停车场规模与布局。分区规划的成果应当包括规划文本、图件，以及包括相应说明的附件。

（8）详细规划的编制

控制性详细规划应当包括下列内容：确定规划范围内不同性质用地的界线，确定各类用地内适建、不适建或者有条件的允许建设的建筑类型；确定各地块建筑高度、建筑密度、容积率、绿地率等控制指标；确定公共设施配套要求、交通出入口方位、停车泊位、建筑后退红线距离等要求；提出各地块的建筑体量、体形、色彩等城市设计指导原则；根据交通需求分析，确定地块出入口位置、停车泊位、公共交通场站用地范围和站点位置、步行交通以及其他交通设施。规定各级道路的红线、断面、交叉口形式及渠化措施、控制点坐标和标高；根据规划建设容量，确定市政工程管线位置、管径和工程设施的用地界线，进行管线综合。确定地下空间开发利用具体要求；制定相应的土地使用与建筑管理规定。控制性详细规划确定的各地块的主要用途、建筑密度、建筑高度、容积率、绿地率、基础设施和公共服务设施配套规定应当作为强制性内容。

修建性详细规划应当包括下列内容：建设条件分析及综合技术经济论证；建筑、道路和绿地等的空间布局和景观规划设计，布置总平面图；对住宅、医院、学校和托幼等建筑进行日照分析；根据交通影响分析，提出交通组织方案和设计；市政工程管线规划设计和管线综合；竖向规划设计；估算工程量、拆迁量和总造价，分析投资效益。修建性详细规划成果应当包括规划说明书、图纸。

5.《历史文化名城名镇名村街区保护规划编制审批办法》

为了规范历史文化名城、名镇、名村、街区保护规划编制和审批工作，根据《中华人民共和国城乡规划法》和《历史文化名城名镇名村保护条例》等法律法规，2014年10月15日住房和城乡建设部令第20号公布《历史文化名城名镇名村街区保护规划编制审批办法》，自2014年12月29日起施行。

（1）适用范围

历史文化名城、名镇、名村、街区保护规划的编制和审批。

（2）基本要求

对历史文化名城、名镇、名村、街区实施保护管理，在历史文化名城、名镇、名村、街区保护范围内从事建设活动，改善基础设施、公共服务设施和居住环境，应当符合保护规划。编制保护规划，应当保持和延续历史文化名城、名镇、名村、街区的传统格局和历史风貌，维护历史文化遗产的真实性和完整性，继承和弘扬中华优秀传统文化，正确处理经济社会发展和历史文化遗产保护的关系。

历史文化名城、名镇、街区保护规划的规划期限应当与城市、镇总体规划的规划期限相一致。历史文化名村保护规划的规划期限应当与村庄规划的规划期限相一致。

（3）编制要求

历史文化街区所在地的城市、县已被确定为历史文化名城的，该历史文化街区保护规划应当依据历史文化名城保护规划单独编制。历史文化街区所在地的城市、县未被确定为历史文化名城的，应当单独编制历史文化街区保护规划，并将保护原则和保护内容；保护措施、开发强度和建设控制要求；传统格局和历史风貌保护要求；核心保护范围和建设控制地带及需要纳入的其他内容纳入城市、镇总体规划。编制历史文化名城、名镇、街区控制性详细规划的，应当符合历史文化名城、名镇、街区保护规划。历史文化街区保护规划的规划深度应当达到详细规划深度，并可以作为该街区的控制性详细规划。历史文化名城、名镇、街区保护范围内建设项目的规划许可，不得违反历史文化名城、名镇、街区保护规划。

历史文化名城批准公布后，历史文化名城人民政府应当组织编制历史文化名城保护规划。历史文化名镇、名村批准公布后，所在地的县级人民政府应当组织编制历史文化名镇、名村保护规划。历史文化街区批准公布后，所在地的城市、县人民政府应当组织编制历史文化街区保护规划。保护规划应当自历史文化名城、名镇、名村、街区批准公布之日起1年内编制完成。

（4）历史文化名城保护规划的编制

历史文化名城保护规划内容应当包括：评估历史文化价值、特色和存在问题；确定总体保护目标和保护原则、内容和重点；提出总体保护策略和市（县）域的保护要求；划定文物保护单位、地下文物埋藏区、历史建筑、历史文化街区的核心保护范围和建设控制地带界线，制定相应的保护控制措施；划定历史城区的界限，提出保护名城传统格局、历史风貌、空间尺度及其相互依存的地形地貌、河湖水系等自然景观和环境的保护措施；描述历史建筑的艺术特征、历史特征、建设年代、使用现状等情况，对历史建筑进行编号，提出保护利用的内容和要求；提出继承和弘扬传统文化、保护非物质文化遗产的内容和措施；提出完善城市功能、改善基础设施、公共服务设施、生产生活环境的规划要求和措施；提出展示、利用的要求和措施；提出近期实施保护内容；提出规划实施保障措施。

（5）历史文化名镇名村保护规划的编制

历史文化名镇名村保护规划内容应当包括：评估历史文化价值、特色和存在问题；确定保护原则、内容和重点；提出总体保护策略和镇域保护要求；提出与名镇名村密切相关的地形地貌、河湖水系、农田、乡土景观、自然生态等景观环境的保护措施；确定保护范围，包括核心保护范围和建设控制地带界线，制定相应的保护控制措施；提出保护范围内建筑物、构筑物和环境要素的分类保护整治要求，对历史建筑进行编号，分别提出保护利用的内容和要求；提出继承和弘扬传统文化、保护非物质文化遗产的内容和措施；提出改善基础设施、公共服务设施、生产生活环境的规划方案；保护规划分期实施方案；提出规划实施保障措施。

（6）历史文化街区保护规划的编制

历史文化街区保护规划内容应当包括：评估历史文化价值、特点和存在问题；确定保护原则和保护内容；确定保护范围，包括核心保护范围和建设控制地带界线，制定相应的保护控制措施；提出保护范围内建筑物、构筑物和环境要素的分类保护整治要求，对历史建筑进行编号，分别提出保护利用的内容和要求；提出延续继承和弘扬传统文化、保护非物质文化遗产的内容和规划措施；提出改善交通等基础设施、公共服务设施、居住环境的规划方案；提出规划实施保障措施。

（7）规划成果

保护规划成果应当包括规划文本、图纸和附件，以书面和电子文件两种形式表达。规划成果的表达应当清晰、规范，符合城乡规划有关的技术标准和技术规范。

6.《省域城镇体系规划编制审批办法》

住房和城乡建设部 2010 年 4 月 25 日第 3 号令发布《省域城镇体系规划编制审批办法》，自 2010 年 7 月 1 日起施行，1994 年 8 月 15 日建设部发布的《城镇体系规划编制审批办法》（建设部令第 36 号）同时废止。

（1）城镇体系规划的原则

编制省域城镇体系规划，应当以科学发展观为指导，坚持城乡统筹规划，促进区域协调发展；坚持因地制宜，分类指导；坚持走有中国特色的城镇化道路，节约、集约利用资源、能源，保护自然人文资源和生态环境。

（2）城镇体系规划的组织编制

省、自治区人民政府负责组织编制省域城镇体系规划。省、自治区人民政府城乡规划主管部门负责省域城镇体系规划组织编制的具体工作。省、自治区人民政府城乡规划主管部门应当委托具有城乡规划甲级资质证书的单位承担省域城镇体系规划的具体编制工作。

（3）城镇体系规划的审批与工作指导

省域城镇体系规划由省、自治区人民政府报国务院审批。省域城镇体系规划报送审批前，省、自治区人民政府应当将规划成果予以公告，并征求专家和公众的意见。公告时间不得少于30日。省、自治区人民政府在省域城镇体系规划报国务院审批前，应当将规划成果提请省、自治区人民代表大会常务委员会审议。上报国务院的规划成果应当附具省域城镇体系规划说明书、规划编制工作的说明、征求意见和意见采纳的情况、人大常务委员会组成人员的审议意见和根据审议意见修改规划的情况等。

省域范围内的区域性专项规划和跨下一级行政单元的规划，报省、自治区人民政府审批。

国务院城乡规划主管部门应当加强对省域城镇体系规划编制工作的指导。在规划纲要编制和规划成果编制阶段，国务院城乡规划主管部门应当分别组织对规划纲要和规划成果进行审查，并出具审查意见。省、自治区人民政府城乡规划主管部门向国务院城乡规划主管部门提交审查规划纲要和规划成果时，应当附专题研究报告、规划协调论证的说明和对各方面意见的采纳情况。

（4）城镇体系规划的编制成果

省域城镇体系规划编制工作一般分为编制省域城镇体系规划纲要和编制省域城镇体系规划成果两个阶段。

省域城镇体系规划纲要应包括以下内容：分析评价现行省域城镇体系规划实施情况，明确规划编制原则、重点和应当解决的主要问题；按照全国城镇体系规划的要求，提出本省、自治区在国家城镇化与区域协调发展中的地位和作用；综合评价土地资源、水资源、能源、生态环境承载能力等城镇发展支撑条件和制约因素，提出城镇化进程中重要资源、能源合理利用与保护、生态环境保护和防灾减灾的要求；综合分析经济社会发展目标和产业发展趋势、城乡人口流动和人口分布趋势、省域内城镇化和城镇发展的区域差异等影响本省、自治区城镇发展的主要因素，提出城镇化的目标、任务及要求；按照城乡区域全面协调可持续发展的要求，综合考虑经济社会发展与人口资源环境条件，提出优化城乡空间格局的规划要求，包括省域城乡空间布局，城乡居民点体系和优化农村居民点布局的要求；提出省域综合交通和重大市政基础设施、公共设施布局的建议；提出需要从省域层面重点协调、引导的地区，以及需要与相邻省（自治区、直辖市）共同协调解决的重大基础设施布局等相关问题；按照保护资源、生态环境和优化省域城乡空间布局的综合要求，研究提出适宜建设区、限制建设区、禁止建设区的划定原则和划定依据，明确限制建设区、禁止建设区的基本类型。

规划成果应当包括下列内容：明确全省、自治区城乡统筹发展的总体要求；明确资源利用与资源生态环境保护的目标、要求和措施；明确省域城乡空间和规模控制要求；明确与城乡空间布局相协调的区域综合交通体系；明确城乡基础设施支撑体系；明确空间开发管制要求；明确对下层次城乡规划编制的要求；明确规划实施的政策措施。

省、自治区人民政府城乡规划主管部门根据本省、自治区实际，可以在省域城镇体系规划中提出与相邻省、自治区、直辖市的协调事项，近期行动计划等规划内容。必要时可以将本省、自治区分成若干区，深化和细化规划要求。

（5）省域城镇体系规划的强制性内容

包括限制建设区、禁止建设区的管制要求，重要资源和生态环境保护目标，省域内区域性重大基础设施布局等。

（6）城镇体系规划的期限

省域城镇体系规划的规划期限一般为 20 年，还可以对资源生态环境保护和城乡空间布局等重大问题作出更长远的预测性安排。

7.《城市总体规划审查工作规则》

1999 年 4 月，国务院办公厅批准了建设部拟定的《城市总体规划审查工作规则》，以规范城市总体规划审查工作。

（1）审查的组织形式

由建设部牵头建立有关部、委、局组成的部际联席会议。

（2）审查的主要依据

党和国家有关方针政策；《城市规划法》和建设部制定的《城市规划编制办法》，相关的法律、法规、标准规范；国家国民经济和社会发展规划，国务院批准的其他与总体规划相关的规划；全国城镇体系规划和省域城镇体系规划；当地经济、社会和自然历史情况、现状特点和发展条件。

（3）审查的重点内容

性质；发展目标；规模；空间布局和功能分区；交通；基础设施建设和环境保护；协调发展；实施；是否达到《城市规划编制办法》要求和国务院要求的其他审查事项。

（4）审查的程序与时限

审查的前期工作，适时组织部际联席会议有关部门进行必要的协调和指导，城市政府在修编和调整总体规划前上报建设部认定，总体规划纲要和文本完成后，建设部会同主管部门组织专家复核，提出审查意见，并进一步修改；申报工作，城市政府将总体规划报省（区）政府审查同意后，由省（区）政府报国务院审批，申报材料包括：总体规划（文本、附件、图纸）专家评审意见、省（区）有关部门协调意见和省（区、市）政府审查意见；审查工作，建设部接国务院交办件后，分送部际联席会议成员，并在 5 周内书面反馈建设部，建设部综合后送有关地方政府对总体规划和有关材料进行修改，3 周内将修改后的总体规划和有关材料报建设部，然后召开部际联席会议进行协调，并审议批复的主要内容，工作周期为 3 周；报批工作，根据部际联席会议意见有关城市政府对总体规划和有关材料进行修改后报建设部，建设部将部际联席会议意见起草审查意见和批复代拟稿，总体规划和有关材料一并报国务院，工作周期为 3 周；总体规划审查报批工作周期一般不超过 5 个月。

8.《城市总体规划修改工作规则》

2010 年 3 月 12 日国务院办公厅下发了《城市总体规划修改工作规则》。

（1）适用范围

报经国务院审批的城市总体规划修改适用本工作规则。其他城市总体规划修改工作规则，由省、自治区、直辖市人民政府参照本工作规则制定。

（2）城市总体规划修改原则

城市总体规划修改，要贯彻落实科学发展观，维护人民群众合法权益，正确处理局部与整体、近期与长远、需要与可能、发展与保护的关系，促进城市经济社会与生态资源环境全面协调可持续发展。

（3）可修改城市总体规划的情形

有下列情形之一的，组织编制机关可按照规定的权限和程序修改城市总体规划。

①上级人民政府制定的城乡规划发生变更，提出修改规划要求的；

②行政区划调整确需修改规划的；

③因国务院批准重大建设工程确需修改规划的；

④经评估确需修改规划的；

⑤国务院认为应当修改规划的其他情形。

（4）修改前的评估报告

拟修改城市总体规划的城市人民政府，应根据《城乡规划法》的要求，结合城市发展和建设的实际，对原规划的实施情况进行评估。评估报告要明确原规划实施中遇到的新情况、新问题，深入分析论证修改的必要性，提出拟修改的主要内容，以及是否涉及强制性内容。

（5）修改总体规划强制性内容的有关要求

拟修改城市总体规划涉及强制性内容的，城市人民政府除按规定实施评估外，还应就修改强制性内容的必要性和可行性进行专题论证，编制专题论证报告。

修改城市总体规划，应按下述程序进行：

①省、自治区人民政府所在地的城市人民政府以及国务院确定的城市人民政府，向省、自治区人民政府报送要求修改城市总体规划的请示，经审查同意后，由省、自治区人民政府向国务院报送要求修改规划的请示。直辖市要求修改城市总体规划，由直辖市人民政府向国务院报送要求修改规划的请示。原规划实施评估报告和修改强制性内容专题论证报告，应作为报送国务院请示的附件，一并上报。

②国务院办公厅将省、自治区、直辖市人民政府要求修改规划的请示转住房和城乡建设部商有关部门研究办理。住房和城乡建设部应及时对申报材料进行核查，提出是否同意修改及修改工作要求的审查意见，函复有关省、自治区、直辖市人民政府，并将复函抄送国务院办公厅。其中，对拟修改城市总体规划涉及强制性内容的，住房和城乡建设部应组织有关部门和专家，对原规划实施评估报告和修改强制性内容专题论证报告进行审查，提出审查意见报国务院同意后，函复有关省、自治区、直辖市人民政府。

③城市人民政府根据住房和城乡建设部复函组织修改城市总体规划，编制规划修改方案，进行公告、公示，征求专家和公众意见，并报本级人民代表大会常务委员会审议。修改后的直辖市城市总体规划，由直辖市人民政府报国务院审批；修改后的省、自治区人民政府所在地城市总体规划以及国务院确定的城市的总体规划，由省、自治区人民政府审核并报国务院审批。报批材料包括：城市总体规划文本图纸、修改方案专题论证报告、专家评审意见及采纳情况、公众意见及采纳情况、城市人民代表大会常务委员会审议意见及采纳情况和省、自治区、直辖市人民政府审查意见。

④国务院办公厅将省、自治区、直辖市人民政府的请示转住房和城乡建设部商有关部门研究办理。住房和城乡建设部应及时对报批材料进行初步审核，对有关材料不齐全或内容不符合要求的，应要求有关方面补充完善。

⑤住房和城乡建设部组织专家和有关部门召开审查会，对修改后的城市总体规划提出审查意见。有关城市人民政府按照审查意见对城市总体规划进行修改完善后，由住房和城乡建设部报国务院审批。

9.《村镇规划编制办法（试行)》

根据《城市规划法》和《村庄和集镇规划建设管理条例》，建设部于2000年2月发布了《村镇规划编制办法（试行)》，自发布之日起施行。

（1）适用范围

适用于村庄、集镇。县城以外的建制镇、农场、林场、基层居民点的规划可以按照该办法执行。

（2）规划阶段

村镇规划一般分为村镇总体规划和村镇建设规划两个阶段，由乡（镇）人民政府负责组织编制。编制村镇总体规划前可以先制定村镇总体规划纲要，经乡（镇）人民政府批准，作为编制村镇总体规划的依据。村镇总体规划纲要内容包括：确定乡（镇）的性质和发展方向，明确长远发展目标，原则确定村镇体系的结构与布局，预测人口的规模与结构变化，富余劳动力空间转移速度、流向与城镇化水平，提出各项基础设施与主要公共建筑的配置建议，原则确定建设用地标准与主要用地指标，选择建设发展用地，提出镇区的规划范围和用地的大体布局。

（3）总体规划

村镇总体规划的主要任务是：综合评价乡（镇）发展条件，确定乡（镇）的性质和发展方向；预测乡（镇）行政区域内的人口规模和结构；拟定所辖各村镇的性质与规模；布置基础设施和主要公共建筑；指导镇区和村庄建设规划的编制。村镇总体规划内容应包括：对现有居民与生产基地进行布局调整，并确定其性质和发展方向，在体系中的职能分工，确定乡（镇）域及规划范围内主要居民点的人口发展规模和建设用地规模，安排交通、供水、排水、供电、电信等基础设施，确定工程管网走向和技术选型，安排卫生院、学校、文化站、商店、农业生产服务中心等主要公共建筑，提出实施规划的政策措施。村镇总体规划的成果包括：图纸和文字资料。图纸包括：乡（镇）域现状分布图、村镇总体规划图。文字资料包括：规划文本（主要对规划的各项目标和内容提出规划要求）、批准的规划纲要、规划说明书、基础资料汇编。村镇总体规划的期限一般为10～20年。

（4）建设规划

村镇的建设规划可分为镇区建设规划和村庄建设规划。村镇建设规划的任务是：以村镇总体规划为依据，确定镇区或村庄的性质和发展方向，预测人口和用地规模、结构，进行用地布局，合理配置各项基础设施和主要公共建筑，安排主要建设项目的时间顺序，并具体落实近期建设项目。

镇区建设规划内容应包括：确定人均建设用地指标，计算用地总量，进行用地布局，确定居住、公共建筑和公共设施用地空间布局，划清各项不同使用性质用地的界线，对规划范围内的供水、排水等设施和工程管线进行具体安排，确定旧镇改造和用地调整的原则、方法、步骤，确定道路红线宽度、断面形式、控制点坐标标高，竖向设计，综合安排环保和防灾等方面设施，编制镇区近期建设规划。镇区近期建设规划要达到直接指导建设和工程设计的深度。近期建设项目较集中时，可以采用较大比例尺编制详细规划图；近期建设项目较分散时，可以将近期建设项目表示在建设规划图上，不另画图纸。镇区建设规划的成果应当包括图纸和方案资料。图纸包括：镇区现状分析图、镇区建设规划图、镇区工程规划图、镇区近期建设规划图。文字资料包括：规划文本、说明书、基础资料。

村镇建设规划的期限一般为 10～20 年，宜与总体规划一致。近期建设规划的期限为 3～5 年。

10.《城市、镇控制性详细规划编制审批办法》

为了规范城市、镇控制性详细规划编制和审批工作，2010 年 12 月 1 日，住房和城乡建设部发布了《城市、镇控制性详细规划编制审批办法》。

（1）控规的地位

控制性详细规划是城乡规划主管部门作出规划行政许可、实施规划管理的依据。国有土地使用权的划拨、出让应当符合控制性详细规划。

（2）控规的组织编制及审批机关

城市、县人民政府所在地镇的控制性详细规划由城市、县人民政府城乡规划主管部门组织编制，经县人民政府批准后，报本级人民代表大会常务委员会和上一级人民政府备案。其他镇的控制性详细规划由镇人民政府组织编制，报上一级人民政府审批。

（3）控制性详细规划的基本内容

①土地使用性质及其兼容性等用地功能控制要求；

②容积率、建筑高度、建筑密度、绿地率等用地指标；

③基础设施、公共服务设施、公共安全设施的用地规模、范围及具体控制要求，地下管线控制要求；

④基础设施用地的控制界线（黄线）、各类绿地范围的控制线（绿线）、历史文化街区和历史建筑的保护范围界线（紫线）、地表水体保护和控制的地域界线（蓝线）等“四线”及控制要求。

（4）规划控制单元的规定

编制大城市和特大城市的控制性详细规划，可以根据本地实际情况，结合城市空间布局、规划管理要求，以及社区边界、城乡建设要求等，将建设地区划分为若干规划控制单元，组织编制单元规划。

镇控制性详细规划可以根据实际情况，适当调整或者减少控制要求和指标。规模较小的建制镇的控制性详细规划，可以与镇总体规划编制相结合，提出规划控制要求和指标。

（5）控规档案管理与动态维护制度

控制性详细规划组织编制机关应当建立控制性详细规划档案管理制度，逐步建立控制性详细规划数字化信息管理平台。

控制性详细规划组织编制机关应当建立规划动态维护制度，有计划、有组织地对控制性详细规划进行评估和维护。

（6）控规修改程序

①控制性详细规划组织编制机关应当组织对控制性详细规划修改的必要性进行专题论证；

②控制性详细规划组织编制机关应当采用多种方式征求规划地段内利害关系人的意

见，必要时应当组织听证；

③控制性详细规划组织编制机关提出修改控制性详细规划的建议，并向原审批机关提出专题报告，经原审批机关同意后，方可组织编制修改方案；

④修改后应当按法定程序审查报批，报批材料中应当附具规划地段内利害关系人意见及处理结果。

控制性详细规划修改涉及城市总体规划、镇总体规划强制性内容的，应当先修改总体规划。

11.《城市国有土地使用权出让转让规划管理办法》

按照土地所有权和使用权分离的原则，实行城市国有土地使用权出让、转让制度。为了加强城市国有土地使用权出让、转让的规划管理，保证城市规划实施，建设部根据《城市规划法》《土地管理法》和《城镇国有土地使用权出让和转让暂行条例》于1992年12月发布了《城市国有土地使用权出让转让规划管理办法》并于1993年1月1日起施行。

（1）适用范围

在城市规划区内城市国有土地使用权出让、转让必须符合城市规划，有利于城市经济社会的发展。

（2）主管部门

国务院和省、自治区、直辖市的城市规划行政主管部门负责全国和本行政区域内的城市国有土地使用权的出让、转让的规划管理的指导工作。直辖市、市、县的城市规划行政主管部门负责城市规划区内土地使用权出让、转让的规划管理工作。

（3）规划和计划

城市规划行政主管部门和有关部门要根据城市规划实施的步骤要求，编制城市国有土地使用权出让规划和计划，包括地块数量、用地面积、地块位置、出让步骤等，保证城市国有土地使用权的出让有规划、有步骤、有计划地进行。城市国有土地使用权出让的投放量应当与城市土地资源、经济社会发展和市场需求相适应，并与建设项目相结合。

（4）规划控制

城市国有土地使用权出让前，应当制定控制性详细规划。出让的地块，必须具有城市规划行政主管部门提出的规划设计要求和附图，出让、转让合同必须附具规划设计条件和附图。城市国有土地使用权出让规划设计条件包括：地块面积，土地使用性质，容积率，建筑密度，建筑高度，停车泊位，主要出入口，绿地比例，须配置的公共设施、工程设施，建筑界线，开发期限以及其他要求。附图包括：地块区位和现状，地块坐标、标高，道路红线坐标、标高，出入口位置，建筑界线以及地块周围地区环境与基础设施条件。

土地出让金的测算应当把出让地块的规划设计条件作为重要依据之一。在城市政府的统一组织下，城市规划行政主管部门应当与有关部门进行城市用地分等定级和土地出让金的测算。

（5）用地规划许可

已取得土地出让合同的，受让方应当持出让合同依法向城市规划行政主管部门申请建设用地规划许可证后，方可办理土地使用权属证明。通过出让获得的土地使用权转让时，受让方应当遵守原出让合同附具的规划设计条件，并由受让方向城市规划行政主管部门办理登记手续。受让方如需改变原规划设计条件，应当先经城市规划行政主管部门批准。受让方经城市规划行政主管部门批准变更规划设计条件而获得的收益，应当按比例上缴城市政府。

（6）规划监督

城市规划行政主管部门有权对城市国有土地使用权出让、转让过程中是否符合城市规划进行监督检查。凡持未附城市规划行政主管部门提供规划设计条件及附图的出让、转让合同的，擅自变更的，城市规划行政主管部门不得批准建设用地规划许可证。凡未取得或擅自变更建设用地规划许可证而办理土地使用权属证明的，土地权属证明无效。

12.《建设项目选址规划管理办法》

建设部和国家计委根据《城市规划法》和国家基本建设程序的有关规定，于1991年8月发布了《建设项目选址规划管理办法》，自发布之日起施行。

（1）适用范围

在城市规划区内新建、扩建、改建工程项目，编制、审批项目建议书和设计任务书，必须遵守该办法。

（2）主管部门

县级以上人民政府城市规划行政主管部门负责本行政区域内的建设项目选址和布局的规划管理工作。城市规划行政主管部门应当了解建设项目建议书阶段的选址工作，应当参加建设项目设计任务书阶段（可行性研究报告）的选址工作。

（3）主要内容

建设项目选址意见书的内容：一是建设项目的基本情况，主要是建设项目名称、性质、用地与建设规模，供水与能源需求量，采取的运输方式与运输量，废水、废气、废渣的排放方式和排放量。二是建设项目规划选址的主要依据，经批准的项目建议书、建设项目与城市规划布局的协调；建设项目与城市交通、通信、能源、市政、防灾规划的衔接与协调，建设项目配套的生活设施与城市生活居住及公共设施规划的衔接与协调，建设项目对城市环境可能造成的污染影响，与城市规划和风景名胜、文物古迹保护规划的协调。三是建设项目选址、用地范围、具体规划设计和管理要求等。

对符合城市规划和基建程序手续的建设项目，规划行政主管部门应在规定的审批权限内核发选址意见书，不得无故拖延。

13.《建制镇规划建设管理办法》

根据《城乡规划法》《中华人民共和国城市房地产管理法》等法律、行政法规的规定，建设部于1995年6月发布了《建制镇规划建设管理办法》，自1995年7月1日起施行。

（1）适用范围

制定和实施建制镇规划，在建制镇规划区内进行建设和房地产、市政公用设施、镇容环境卫生等管理，必须遵守该办法。该办法所称建制镇，是指国家按行政建制设立的镇，不含县城关镇。建制镇规划区，是指镇政府驻地的建成区和因建设及发展需要实行规划控制的区域。建制规划区的具体范围，在建制镇总体规划中划定。

（2）主管部门

国务院建设行政主管部门主管全国建制镇规划建设管理工作。县级以上地方人民政府建设行政主管部门主管本行政区域内建制镇规划建设管理工作。建制镇人民政府的建设行政主管部门负责建制镇的规划建设管理工作。建制镇建设行政主管部门主要职责是：贯彻和执行国家及地方有关法律、行政法规、规章负责编制建制镇的规划，并负责组织和监督规划的实施；负责授权的建设工程项目的设计管理与施工管理；负责授权的房地产管理；负责镇容和环境卫生、园林绿化管理、市政公用设施的维护与管理；负责建筑市场、建筑队伍和个体工匠的管理；负责技术服务和技术咨询；负责建设统计、建设档案管理及法律、法规规定的其他职责。

（3）规划管理

规划编制审批，建制镇规划由建制镇人民政府负责组织编制，建制镇在设市城市规划区内的，其规划应服从设市城市的总体规划，建制镇的总体规划报县级人民政府审批，详细规划报建制镇人民政府审批，建制镇人民政府在向县级人民政府报请审批建制镇总体规划前，须经建制镇人民代表大会审查同意。项目审批，建制镇规划区内的建设工程项目在报请计划部门批准时，必须附有县级以上建设行政主管部门的选址意见书。用地审批，在建制镇规划区内进行建设需要申请用地的，必须持建设项目的批准文件，向建制镇行政主管部门申请定点，由建制镇建设行政主管部门根据规划核定其用地位置和界限，并提出规划设计条件的意见，报县级人民政府建设行政主管部门审批，县级人民政府建设行政主管部门审核批准的，发给建设用地规划许可证，建设单位和个人在取得建设用地规划许可证后，方可依法申请办理用地批准手续。建设工程审批，在建制镇规划区内新建、扩建和改建建筑物、构筑物、道路、管线和其他工程设施必须持有关批准文件向建制镇建设行政主管部门提出建设工程规划许可证的申请，由建制镇建设行政主管部门对工程项目施工图进行审查，并提出是否发给建设工程规划许可证的意见，报县级人民政府建设行政主管部门审批，县级人民政府建设行政主管部门审核批准的，发给建设工程规划许可证。建设单位和个人在取得建设工程许可证和其他有关批准文件后，方可申请办理开工手续。

（4）规划监督

建制镇建设行政主管部门有权对建制镇规划区内的建设工程是否符合规划要求进行检查。检查者有责任为被检查者保守技术秘密和业务秘密。

在建制镇规划区内房产转让时，房屋的所有权和该房屋占用范围内的土地使用权同时转让。

14.《城建监察规定》

为保证国家和地方城市规划、建设和管理的法律、法规、规章的正确实施，建设部于1992年11月施行，1996年9月重新颁布《城建监察规定》。

（1）适用范围

适用于国家按行政建制设立的直辖市、市、镇。

（2）主管部门

国务院建设行政主管部门负责全国城建监察工作。县级以上地方人民政府建设行政主管部门负责本行政区域内的城建监察工作。其职责是：负责对城市规划、市政工程、公用事业、园林绿化、市容环境卫生等行业的城建监察的业务指导；依据国家和地方有关法律、法规和规章，制定城建监察规定和办法等；按照城建监察的需要，制订不同时期的工作目标和政策；负责组织制定城建监察人员的考核标准，提出培训计划和内容，对城建监察人员进行培训，提高执法水平；负责对受委托的城建监察队伍实施行政处罚的行为进行监督，并对该行为的后果承担法律责任；负责与有关部门的工作协调。

（3）监察队伍

城建监察队伍的基本职责之一是依据《城乡规划法》及有关法规和规章，对城市规划区内的建筑用地和建设行为进行监察。城建监察人员必须具备的条件：一是必须是国家正式职工。二是具有中等以上文化程度，经过法律基础知识和业务知识培训并考核合格。三是作风正派、遵纪守法、廉洁奉公。对城建监察人员进行监察活动的要求是：实施城建监察时，应该严格执行法律、法规和规章，贯彻以事实为依据，以法律为准绳和教育与处罚相结合的原则，秉公执法，服从组织纪律，保守国家秘密。在上岗时应当持城建监察证、佩戴标志，自觉接受监督，不得滥用职权，徇私舞弊。

15.《城市绿化规划建设指标的规定》

根据《城市绿化条例》，建设部于1993年11月发布了《城市绿化规划建设指标的规定》，自1994年1月1日起实施。

（1）规划指标

城市绿化规划指标包括人均公共绿地面积、城市绿化覆盖率和城市绿地率。

（2）公共绿地

人均公共绿地面积的概念与计算。人均公共绿地面积是指城市中每个居民平均占有公共绿地的面积。其计算公式是：人均公共绿地面积（m^2）＝城市公共绿地面积÷城市非农业人口。（说明：公共绿地指向公众开放的市级、区级、居住区级公园，小游园、街道广场绿地、植物园、动物园、特种公园等）

人均建设用地指标不足$75m^2$的城市，人均公共绿地面积到2010年应不少于$6m^2$。

人均建设用地指标$75\sim105m^2$的城市，人均公共绿地面积到2010年应不少于$7m^2$。

人均建设用地指标超过$105m^2$的城市，人均公共绿地面积到2010年应不少于$8m^2$。

（3）绿化覆盖率

城市绿化覆盖率是指城市绿化覆盖面积占城市面积的比率。其计算公式是：城市绿化覆盖率（％）＝（城市内全部绿化种植垂直投影面积÷城市面积）×100％。（说明：城市建成区内绿化覆盖率面积应包括各类绿地——公共绿地、居住区绿地、单位附属绿地、防护绿地、生产绿地、风景林地六类绿地的实际绿地种植面积，包含被绿化包围的水面、街道绿化覆盖面积、屋顶绿化覆盖面积以及零散树木的覆盖面积。这些面积数据可以通过遥感、普查、抽样调查、估算等办法获得。）

城市绿化覆盖率到2010年应不少于35％。

（4）绿地率

城市绿地率是指城市各类绿地（含公共绿地、居住区绿地、单位附属绿地、防护绿地、生产绿地、风景林地六类）总面积占城市面积的比率。其计算公式是：城市绿地率（％）＝（城市六类绿地面积之和÷城市总面积）×100％。

城市绿地率到2010年应不少于30％。

（5）绿地指标

各类绿地指标为：新建居住区绿地占居住区总用地比率不低于30％；城市主干道绿带面积占道路总用地比率不低于20％，次干道绿带面积不低于15％；城市内河、海、湖等水体及铁路旁的防护林带宽度应不少于30m；单位附属绿地面积占单位总用地面积比率不低于30％，其中工业企业、交通枢纽、仓储、商业中心等不低于20％，产生有害气体及污染物的工厂不低于30％，并设立不少于50m的防护林带，学校、医院、疗养院等机关团体、公共文化设施，部队等不低于 35%；生产绿地面积占城市建成区总面积比率不低于 2%。

16.《城市绿线管理办法》

为建立并严格实行绿线管理制度，加强城市生态环境建设，创造良好的人居环境，促进城市可持续发展，根据《城市规划法》《城市绿化条例》等法律法规，建设部于 2002 年 9 月发布了《城市绿线管理办法》，并于同年 11 月 1 日起施行。

（1）适用范围

城市绿线的划定和监督管理，适用该办法。该办法所称城市绿线，是指城市各类绿地范围的控制线。该办法所称城市，是指国家按行政建制设立的直辖市、市、镇。

（2）主管部门

国务院建设行政主管部门负责全国城市绿线管理工作。省、自治区人民政府建设行政主管部门负责本行政区域内的城市绿线管理工作。城市人民政府规划、园林绿化行政主管部门，按照职责分工负责城市绿线的监督和管理工作。

（3）规划的编制与控制

城市人民政府规划、园林绿化行政主管部门应密切合作，组织编制城市绿地系统规划。城市绿地系统规划是城市总体规划的组成部分，应当确定城市绿化目标和布局，规定城市各类绿地的控制原则，按照规定标准确定绿化用地面积，分层次合理布局公共绿地，确定防护绿地、大型公共绿地等的绿线。控制性详细规划应当提出不同类型用地的界线、规定绿化率控制指标和绿化用地界线的具体坐标。修建性详细规划应当根据控制性详细规划，明确绿地布局，提出绿化配置的原则或者方案，划定绿地界线。城市绿线的审批、调整，按照《城乡规划法》《城市绿化条例》的规定进行。批准的城市绿线要向社会公布，接受公众监督。任何单位和个人都有保护城市绿地、服从城市绿线管理的义务，有监督城市绿线管理、对违反城市绿线管理行为进行检举的权利。城市绿线范围内的公共绿地、防护绿地、生产绿地、居住区绿地、单位附属绿地、道路绿地、风景林地等，必须按照《城市用地分类与规划建设用地标准》《公园设计规范》等标准，进行绿地建设。

（4）绿线内用地控制

城市绿线内的用地，不得改作他用，不得违反法律法规、强制性标准以及批准的规划进行开发建设。有关部门不得违反规定，批准在城市绿线范围内进行建设。因建设或者其他特殊情况，需临时占用城市绿线内用地的，必须依法办理相关审批手续。在城市绿线范围内，不符合规划要求的建筑物、构筑物及其他设施应当限期迁出。任何单位和个人不得在城市绿地范围内进行拦河截溪、取土采石、设置垃圾堆场、排放污水以及其他对生态环境构成破坏的活动。近期不进行绿化建设的规划绿地范围内的建设活动，应当进行生态环境影响分析，并按照《城乡规划法》的规定，予以严格控制。居住区绿化、单位绿化及建设项目的配套绿化都要达到《城市绿化规划建设指标的规定》的标准。各类建设工程要与其配套的绿化工程同步设计，同步施工，同步验收。达不到规定标准的，不得投入使用。

（5）监督与检查

城市人民政府规划、园林绿化行政主管部门按照分工，对城市绿线的控制和实施情况进行检查，并向同级人民政府和上级行政主管部门报告。省、自治区人民政府建设行政主管部门应当定期对本行政区域内城市绿线的管理情况进行监督检查，对违法行为，及时纠正。违反该办法规定，擅自改变城市绿线内土地用途、占用或者破坏城市绿地的，当地的城市规划、园林绿化行政主管部门，按照《城乡规划法》《城市绿化条例》的有关规定进行处罚。违反该办法规定，在已划定的城市绿线范围内违反规定审批建设项目的，对有关责任人员由有关机关给予行政处分，构成犯罪的，依法追究刑事责任。城镇体系规划所确定的，城市规划区外防护绿地、绿化隔离带等的绿线划定、监督和管理，参照该办法执行。

17.《城市紫线管理办法》

为了加强对城市历史文化街区和历史建筑的保护，根据《城乡规划法》《中华人民共和国文物保护法》和国务院有关规定，建设部于 2003 年 12 月发布了《城市紫线管理办法》，并于 2004 年 2 月 1 日起施行。

（1）适用范围

划定城市紫线和对城市紫线范围内的建设活动实施监督、管理，适用该办法。该办法所称城市紫线，是指国家历史文化名城内的历史文化街区和省、自治区、直辖市人民政府公布的历史文化街区的保护范围界线，以及历史文化街区外经县级以上人民政府公布保护的历史建筑的保护范围界线。

（2）主管部门

国务院建设行政主管部门负责全国城市紫线管理工作。省、自治区人民政府建设行政主管部门负责本行政区域内的城市紫线管理工作。城市人民政府城乡规划行政主管部门，按照职责分工负责城市紫线的监督和管理工作。

（3）规划的编制与调整

划定保护历史文化街区和历史建筑的紫线应当遵循下列原则：

①历史文化街区的保护范围应当包括历史建筑物、构筑物和其风貌环境所组成的核心地段，以及为确保该地段的风貌、特色完整性而必须进行建设控制的地区。

②历史建筑的保护范围应当包括历史建筑本身和必要的风貌协调区。

③控制范围清晰，附有明确的地理坐标及相应的界址地形图。城市紫线范围内文物保护单位保护范围的划定，依据国家有关文物保护的法律、法规。

编制历史文化名城和历史文化街区保护规划，应当包括征求公众意见的程序。审查历史文化名城和历史文化街区保护规划，应当组织专家进行充分论证，并作为法定审批程序的组成部分。市、县人民政府批准保护规划前，必须报经上一级人民政府主管部门审查同意。

历史文化名城和历史文化街区保护规划一经批准，原则上不得调整。因改善和加强保护工作的需要，确需调整的，由所在城市人民政府提出专题报告，经省、自治区、直辖市人民政府城乡规划行政主管部门审查同意后，方可组织编制调整方案。调整后的保护规划在审批前，应当将规划方案公示，并组织专家论证。审批后应当报历史文化名城批准机关备案，其中国家历史文化名城报国务院建设行政主管部门备案。

市、县人民政府应当在批准历史文化街区保护规划后的一个月内，将保护规划报省、自治区人民政府建设行政主管部门备案。其中国家历史文化名城内的历史文化街区保护规划还应当报国务院建设行政主管部门备案。历史文化名城、历史文化街区和历史建筑保护规划一经批准，有关市、县人民政府城乡规划行政主管部门必须向社会公布，接受公众监督。

历史文化街区和历史建筑已经破坏，不再具有保护价值的，有关市、县人民政府应当向所在省、自治区、直辖市人民政府提出专题报告，经批准后方可撤销相关的城市紫线。撤销国家历史文化名城中的城市紫线，应当经国务院建设行政主管部门批准。

（4）紫线内用地控制

历史文化街区内的各项建设必须坚持保护真实的历史文化遗存，维护街区传统格局和风貌，改善基础设施、提高环境质量的原则。历史建筑的维修和整治必须保持原有外形和风貌，保护范围内的各项建设不得影响历史建筑风貌的展示。市、县人民政府应当依据保护规划，对历史文化街区进行整治和更新，以改善人居环境为前提，加强基础设施、公共设施的改造和建设。

在城市紫线范围内禁止进行违反保护规划的大面积拆除、开发，对历史文化街区传统格局和风貌构成影响的大面积改建，损坏或者拆毁保护规划确定保护的建筑物、构筑物和其他设施，修建破坏历史文化街区传统风貌的建筑物、构筑物和其他设施，占用或者破坏保护规划确定保留的园林绿地、河湖水系、道路和古树名木等和其他对历史文化街区和历史建筑的保护构成破坏性影响的活动。

在城市紫线范围内确定各类建设项目，必须先由市、县人民政府城乡规划行政主管部门依据保护规划进行审查，组织专家论证并进行公示后核发选址意见书。在城市紫线范围内进行新建或者改建各类建筑物、构筑物和其他设施，对规划确定保护的建筑物、构筑物和其他设施进行修缮和维修以及改变建筑物、构筑物的使用性质，应当依照相关法律、法规的规定，办理相关手续后方可进行。

城市紫线范围内各类建设的规划审批，实行备案制度。省、自治区、直辖市人民政府公布的历史文化街区，报省、自治区人民政府建设行政主管部门或者直辖市人民政府城乡规划行政主管部门备案。其中国家历史文化名城内的历史文化街区报国务院建设行政主管部门备案。

（5）监督与检查

省、自治区建设行政主管部门和直辖市城乡规划行政主管部门，应当定期对保护规划执行情况进行检查监督，并向国务院建设行政主管部门提出报告。对于监督中发现的擅自调整和改变城市紫线，擅自调整和违反保护规划的行政行为，或者由于人为原因，导致历史文化街区和历史建筑遭受局部破坏的，监督机关可以提出纠正决定，督促执行。

国务院建设行政主管部门，省、自治区人民政府建设行政主管部门和直辖市人民政府城乡规划行政主管部门根据需要可以向有关城市派出规划监督员，对城市紫线的执行情况进行监督。

违反该办法规定，未经市、县人民政府城乡规划行政主管部门批准，在城市紫线范围内进行建设活动的，由市、县人民政府城乡规划行政主管部门按照《城乡规划法》等法律、法规的规定处罚。违反该办法规定，擅自在城市紫线范围内审批建设项目和批准建设的，对有关责任人员给予行政处分；构成犯罪的，依法追究刑事责任。

18.《城市蓝线管理办法》

为了加强对城市水系的保护与管理，保障城市供水、防洪防涝和通航安全，改善城市人居生态环境，提升城市功能，促进城市健康、协调和可持续发展，建设部于2005年12月制定并公布了《城市蓝线管理办法》，于2006年3月1日起施行。

（1）适用范围

城市蓝线，是指城市规划确定的江、河、湖、库、渠和湿地等城市地表水体保护和控制的地域界线。城市蓝线的划定和管理，应当遵守该办法。

（2）主管部门

国务院建设主管部门负责全国城市蓝线管理工作。县级以上地方人民政府建设主管部门（城乡规划主管部门）负责本行政区域内的城市蓝线管理工作。

（3）规划的编制与调整

编制各类城市规划，应当划定城市蓝线。城市蓝线由直辖市、市、县人民政府在组织编制各类城市规划时划定。城市蓝线应当与城市规划一并报批。在城市总体规划阶段，应当确定城市规划区范围内需要保护和控制的主要地表水体，划定城市蓝线，并明确城市蓝线保护和控制的要求。在控制性详细规划阶段，应当依据城市总体规划划定的城市蓝线，规定城市蓝线范围内的保护要求和控制指标，并附有明确的城市蓝线坐标和相应的界址地形图。城市蓝线一经批准，不得擅自调整。因城市发展和城市布局结构变化等原因，确实需要调整城市蓝线的，应当依法调整城市规划，并相应调整城市蓝线。调整后的城市蓝线，应当随调整后的城市规划一并报批。调整后的城市蓝线应当在报批前进行公示，但法律、法规规定不得公开的除外。

（4）蓝线内用地控制

在城市蓝线内禁止进行违反城市蓝线保护和控制要求的建设活动，擅自填埋、占用城市蓝线内水域，影响水系安全的爆破、采石、取土，擅自建设各类排污设施和其他对城市水系保护构成破坏的活动。在城市蓝线内进行各项建设，必须符合经批准的城市规划。在城市蓝线内新建、改建、扩建各类建筑物、构筑物、道路、管线和其他工程设施，应当依法向建设主管部门（城乡规划主管部门）申请办理城市规划许可，并依照有关法律、法规办理相关手续。需要临时占用城市蓝线内的用地或水域的，应当报经直辖市、市、县人民政府建设主管部门（城乡规划主管部门）同意，并依法办理相关审批手续；临时占用后，应当限期恢复。县级以上地方人民政府建设主管部门（城乡规划主管部门）应当定期对城市蓝线管理情况进行监督检查。

19.《城市黄线管理办法》

为了加强城市基础设施用地管理，保障城市基础设施的正常、高效运转，保证城市经济、社会健康发展，建设部于2005年12月颁布了《城市黄线管理办法》，于2006年3月1日起施行。

（1）适用范围

城市黄线，是指对城市发展全局有影响的、城市规划中确定的、必须控制的城市基础设施用地的控制界线。城市黄线的划定和规划管理，适用本办法。城市基础设施包括：城市公共汽车首末站、出租汽车停车场、大型公共停车场；城市轨道交通线、站、场、车辆段、保养维修基地；城市水运码头；机场；城市交通综合换乘枢纽；城市交通广场等城市公共交通设施。取水工程设施（取水点、取水构筑物及一级泵站）和水处理工程设施等城市供水设施。排水设施；污水处理设施；垃圾转运站、垃圾码头、垃圾堆肥厂、垃圾焚烧厂、卫生填埋场（厂）；环境卫生车辆停车场和修造厂；环境质量监测站等城市环境卫生设施。城市气源和燃气储配站等城市供燃气设施。城市热源、区域性热力站、热力线走廊等城市供热设施。城市发电厂、区域变电所（站）、市区变电所（站）、高压线走廊等城市供电设施。邮政局、邮政通信枢纽、邮政支局；电信局、电信支局；卫星接收站、微波站；广播电台、电视台等城市通信设施。消防指挥调度中心、消防站等城市消防设施。防洪堤墙、排洪沟与截洪沟、防洪闸等城市防洪设施。避震疏散场地、气象预警中心等城市抗震防灾设施。

（2）主管部门

国务院建设主管部门负责全国城市黄线管理工作。县级以上地方人民政府建设主管部门（城乡规划主管部门）负责本行政区域内城市黄线的规划管理工作。

（3）规划编制与调整

城市黄线应当在制定城市总体规划和详细规划时划定。直辖市、市、县人民政府建设主管部门（城乡规划主管部门）应当根据不同规划阶段的规划深度要求，负责组织划定城市黄线的具体工作。城市黄线的划定，应当遵循以下原则：与同阶段城市规划内容及深度保持一致；控制范围界定清晰；符合国家有关技术标准、规范。

编制城市总体规划，应当根据规划内容和深度要求，合理布置城市基础设施，确定城市基础设施的用地位置和范围，划定其用地控制界线。编制控制性详细规划，应当依据城市总体规划，落实城市总体规划确定的城市基础设施的用地位置和面积，划定城市基础设施用地界线，规定城市黄线范围内的控制指标和要求，并明确城市黄线的地理坐标。修建性详细规划应当依据控制性详细规划，按不同项目具体落实城市基础设施用地界线，提出城市基础设施用地配置原则或者方案，并标明城市黄线的地理坐标和相应的界址地形图。城市黄线应当作为城市规划的强制性内容，与城市规划一并报批。城市黄线上报审批前，应当进行技术经济论证，并征求有关部门意见。城市黄线经批准后，应当与城市规划一并由直辖市、市、县人民政府予以公布；但法律、法规规定不得公开的除外。城市黄线一经批准，不得擅自调整。因城市发展和城市功能、布局变化等，需要调整城市黄线的，应当组织专家论证，依法调整城市规划，并相应调整城市黄线。调整后的城市黄线，应当随调整后的城市规划一并报批。调整后的城市黄线应当在报批前进行公示，但法律、法规规定不得公开的除外。

（4）用地控制

在城市黄线内进行建设活动，应当贯彻安全、高效、经济的方针，处理好近远期关系，根据城市发展的实际需要，分期有序实施。在城市黄线范围内禁止进行违反城市规划要求，建设建筑物、构筑物及其他设施；未经批准，改装、迁移或拆毁原有城市基础设施和其他损坏城市基础设施或影响城市基础设施安全和正常运转的行为。

在城市黄线内进行建设，应当符合经批准的城市规划。在城市黄线内新建、改建、扩建各类建筑物、构筑物、道路、管线和其他工程设施，应当依法向建设主管部门（城乡规划主管部门）申请办理城市规划许可，并依据有关法律、法规办理相关手续。迁移、拆除城市黄线内城市基础设施的，应当依据有关法律、法规办理相关手续。因建设或其他特殊情况需要临时占用城市黄线内土地的，应当依法办理相关审批手续。县级以上地方人民政府建设主管部门（城乡规划主管部门）应当定期对城市黄线管理情况进行监督检查。

20.《城市抗震防灾规划管理规定》

为了提高城市的综合抗震防灾能力，减轻地震灾害，根据《城市规划法》《中华人民共和国防震减灾法》等有关法律、法规，建设部于 2003 年 9 月制定了《城市抗震防灾规划管理规定》，并于同年 11 月 1 日起施行。

（1）适用范围

在抗震设防区的城市，编制与实施城市抗震防灾规划，必须遵守该规定。该规定所称抗震设防区，是指地震基本烈度 6 度及 6 度以上地区（地震动峰值加速度≥0.05g 的地区）。

（2）主管部门

国务院建设行政主管部门负责全国的城市抗震防灾规划综合管理工作。省、自治区人民政府建设行政主管部门负责本行政区域内的城市抗震防灾规划的管理工作。直辖市、市、县人民政府城乡规划行政主管部门会同有关部门组织编制本行政区域内的城市抗震防灾规划，并监督实施。

（3）规划目标

城市抗震防灾规划编制应当达到下列基本目标：

①当遭受多遇地震时，城市一般功能正常；

②当遭受相当于抗震设防烈度的地震时，城市一般功能及生命线系统基本正常，重要工矿企业能正常或者很快恢复生产；

③当遭受罕遇地震时，城市功能不瘫痪，要害系统和生命线工程不遭受严重破坏，不发生严重的次生灾害。

（4）规划内容

城市抗震防灾规划应当包括下列内容：

①地震的危害程度估计，城市抗震防灾现状、易损性分析和防灾能力评价，不同强度地震下的震害预测等。

②城市抗震防灾规划目标、抗震设防标准。

③建设用地评价与要求。其中包括城市抗震环境综合评价，包括发震断裂、地震场地破坏效应的评价等；抗震设防区划，包括场地适宜性分区和危险地段、不利地段的确定，提出用地布局要求；各类用地上工程设施建设的抗震性能要求。

④抗震防灾措施。其中包括市、区级避震通道及避震疏散场地（如绿地、广场等）和避难中心的设置与人员疏散的措施；城市基础设施的规划建设要求：城市交通、通信、给水排水、燃气、电力、热力等生命线系统，及消防、供油网络、医疗等重要设施的规划布局要求；防止地震次生灾害要求：对地震可能引起水灾、火灾、爆炸、放射性辐射、有毒物质扩散或者蔓延等次生灾害的防灾对策；重要建（构）筑物、超高建（构）筑物、人员密集的教育、文化、体育等设施的布局、间距和外部通道要求和其他必要的措施。

城市抗震防灾规划应当按照城市规模、重要性和抗震防灾的要求，分为甲、乙、丙三种模式。位于地震基本烈度 7 度及 7 度以上地区（地震动峰值加速度≥0.10g 的地区）的大城市应当按照甲类模式编制；中等城市和位于地震基本烈度 6 度地区（地震动峰值加速度等于 0.05g 的地区）的大城市按照乙类模式编制；其他在抗震设防区的城市按照丙类模式编制。甲、乙、丙类模式抗震防灾规划的编制深度应当按照有关的技术规定执行。规划成果应当包括文本、说明、有关图纸和软件。

抗震防灾规划应当由省、自治区建设行政主管部门或者直辖市城乡规划行政主管部门组织专家评审，进行技术审查。专家评审委员会的组成应当包括规划、勘察、抗震等方面的专家和省级地震主管部门的专家。甲、乙类模式抗震防灾规划评审时应当有 3 名以上建设部全国城市抗震防灾规划审查委员会成员参加。全国城市抗震防灾规划审查委员会委员由国务院建设行政主管部门聘任。

（5）控制措施

抗震设防区城市的各项建设必须符合城市抗震防灾规划的要求。在城市抗震防灾规划所确定的危险地段不得进行新的开发建设，已建的应当限期拆除或者停止使用。重大建设工程和各类生命线工程的选址与建设应当避开不利地段，并采取有效的抗震措施。地震时可能发生严重次生灾害的工程不得建在城市人口稠密地区，已建的应当逐步迁出；正在使用的，迁出前应当采取必要的抗震防灾措施。任何单位和个人不得在抗震防灾规划确定的避震疏散场地和避震通道上搭建临时性建（构）筑物或者堆放物资。重要建（构）筑物、超高建（构）筑物、人员密集的教育、文化、体育等设施的外部通道及间距应当满足抗震防灾的原则要求。

直辖市、市、县人民政府城乡规划行政主管部门应当建立举报投诉制度，接受社会和舆论的监督。省、自治区人民政府建设行政主管部门应当定期对本行政区域内的城市抗震防灾规划的实施情况进行监督检查。任何单位和个人从事建设活动违反城市抗震防灾规划的，按照《城乡规划法》等有关法律、法规和规章的有关规定处罚。

21. 《城市地下空间开发利用管理规定》

为了加强对城市地下空间开发利用的管理，合理开发城市地下空间资源，适应城市现代化和城市可持续发展建设的需要，建设部根据《城市规划法》及有关法规，于1997年10月发布了《城市地下空间开发利用管理规定》，自1997年12月1日起施行。其后，根据2001年11月20日建设部令第108号公布的《建设部关于修改〈城市地下空间开发利用管理规定〉的决定》第一次修正，并根据2011年1月26日住房和城乡建设部令第9号公布施行的《住房和城乡建设部关于废止和修改部分规章的决定》第二次修正。

（1）适用范围

编制城市地下空间规划，对城市规划区范围内的地下空间进行利用，必须遵守该规定。城市地下空间是指城市规划区内地表以下的空间。

（2）开发利用的原则

城市地下空间的开发利用应贯彻统一规划、综合开发、合理利用、依法管理的原则，坚持社会效益、经济效益、环境效益相结合，考虑防灾和人民防空等需要。

（3）主管部门

国务院建设行政主管部门负责全国城市地下空间的开发利用管理工作。省、自治区人民政府建设行政主管部门负责本行政区域内城市地下空间的开发利用管理工作。直辖市、市、县人民政府建设行政主管部门和城市规划行政主管部门按照职责分工，负责本行政区域内城市地下空间的开发利用管理工作。

（4）规划的编制原则

城市地下空间规划是城市规划的重要组成部分。各级人民政府在组织编制城市总体规划时，应根据城市发展的需要，编制城市地下空间开发利用规划。各级人民政府在编制城市详细规划时，应当依据城市地下空间开发利用规划对城市地下空间开发利用作出具体规定。城市地下空间的规划编制应注意保护和改善城市的生态环境，科学预测城市发展的需要，坚持因地制宜、远近兼顾、全面规划、分步实施，使城市地下空间的开发利用同国家和地方的经济技术发展水平相适应。城市地下空间规划应实行竖向分层立体综合开发，横向相关空间互相连通，地面建筑与地下工程协调配合。

（5）规划的主要内容

城市地下空间开发利用规划的主要内容包括：地下空间现状及发展预测，地下空间开发战略，开发层次、内容、期限、规模与布局，以及地下空间开发实施步骤等。

（6）规划的审批

城市地下空间规划作为城市规划的组成部分，根据《城乡规划法》的规定进行审批和调整。城市地下空间建设规划由城市人民政府城市规划行政主管部门负责审查后，报城市人民政府批准。城市地下空间规划需要变更的，须经原批准机关审批。

（7）工程建设的规划管理

城市地下空间的工程建设必须符合城市地下空间规划，服从规划管理。附着地面建筑进行地下工程建设，应随地面建筑一并向城市规划行政主管部门申请办理选址意见书、建设用地规划许可证、建设工程规划许可证。独立开发的地下交通、商业、仓储、能源、通信、管线、人防工程等设施，应持有关批准文件、技术资料，依据《城乡规划法》的有关规定，向城市规划行政主管部门申请办理选址意见书、建设用地规划许可证、建设工程规划许可证。进行城市地下空间的开发建设，违反城市地下空间的规划及法定实施管理程序规定的，由县级以上人民政府城市规划行政主管部门依法处罚。

22.《停车场建设和管理暂行规定》

为了加强停车场的建设和管理，公安部和建设部于1988年10月发布了《停车场建设和管理暂行规定》，自1989年1月1日起施行。

（1）适用范围

适用于城市、重点旅游区停车场的建设和管理。

（2）停车场的概念

停车场是指供各种机动车和非机动车停放的露天或室内场所。分为专用停车场和公共停车场。专用停车场是指主要供本单位车辆停放的场地和私人停车场地，公共停车场是指主要为社会车辆提供服务的停车场所。

（3）停车场的建设要求

停车场的建设必须符合城市规划和保障道路交通安全畅通的要求，其规划设计必须遵守《停车场规划设计规则（试行）》。新建、改建、扩建各类公共建筑，公共设施和商业街区必须按规定配建或增建停车场，并应与主体工程同时设计、同时施工、同时使用。规划和建设居民住宅区应配建相应的停车场。应当配建停车场而未配建或不足的，应逐步补建或扩建。改变停车场的使用性质，须经当地公安交通管理部门和城市规划管理部门的批准。

（4）主管部门

公安交通管理部门应当协同城市规划部门制订停车场的规划，并对停车场的建设和管理实行监督。

（5）法律责任

对违反该规定者，公安交通管理部门和城市规划部门予以制止纠正，并视情节轻重，根据有关规定，予以处罚。

23.《关于城市停车设施规划建设及管理的指导意见》

为了贯彻落实国务院《汽车产业调整和振兴规划》，改善城市交通环境，构建现代化城市综合交通体系，引导城市停车设施发展，加强城市停车管理，规范停车收费，缓解城市停车难和交通拥堵矛盾，促进城市全面协调发展，2010 年 5 月 19 日，住房和城乡建设部、公安部、国家发展和改革委员会联合下发该文件。

（1）城市停车设施规划建设及管理工作的原则

各地要按照政府主导、因地制宜、统筹规划、协调发展的要求，以保障交通畅通有序、资源优化配置、群众出行方便为目的，认真解决城市停车设施规划建设及管理中存在的问题。坚持节约利用资源原则，在规划的指导下，综合利用城市土地资源，鼓励开发利用地下空间建设停车设施；坚持符合道路交通安全、畅通的原则，规划、设计、建设停车设施，应当有利于缓解交通拥堵，减少交通安全隐患；坚持设施差别供给原则，按照城市中不同区域的功能要求和城市综合交通发展策略，合理确定停车设施规模和管理政策；坚持停车需求调控管理原则，运用政策法规和停车价格调控，降低城市中心区停车需求压力；坚持高新技术引领原则，推广应用城市停车领域的新设备、新技术和新方法，以及适应电动汽车发展的停车场附属充电设施。

（2）城市停车设施专项规划编制工作

城市停车设施专项规划要依据城市总体规划、城市综合交通体系规划确定的城市交通发展战略和目标进行制定。在摸清停车矛盾现状、科学预测停车需求的基础上，按照差别设施供给和停车需求调控管理的原则，研究确定城市停车总体发展策略、停车设施供给体系及引导政策、社会公共停车设施布局和规模，明确建设时序和对策。要充分考虑城市停车设施系统与城市交通枢纽、城市轨道交通换乘站紧密衔接，大、中以上城市应规划建设城市停车换乘体系，引导人们转变出行方式，缓解城市中心区交通拥堵。

（3）加快制订建设项目停车设施配建标准

结合城市自身的发展条件和趋势，兼顾当前、立足长远、因地制宜地组织研究制订地方性城市建设项目停车设施配建标准。根据各类建设项目的性质和停车需求，以及城市停车总体发展策略，合理确定停车设施配建指标。

（4）科学合理建设城市停车设施

城市规划管理部门在开展建设项目的规划审批管理时，加强新建大型建设项目交通影响评价，防止出现新的交通拥堵节点。按照停车配建标准合理配置停车设施，鼓励建设项目利用地下空间配建停车设施，按配建标准建设的地下停车场面积，不纳入容积率计算范围。加强对建设项目配建停车设施建设使用情况的监督检查，禁止配建停车设施挪作他用。

城市停车设施建设不能占用城市绿化用地。对既有小区要采取有效措施，在城市园林绿化主管部门的指导下，优化小区绿化模式，推广应用绿化与停车相兼容的方法和技术。

城市公共停车设施是城市市政公用基础设施，要完善公共停车设施规划建设的用地供给、资金支持和政策扶持等保障机制及措施，其建设应列入政府年度计划。要加大路外公共停车设施建设力度，积极推动地下停车场建设，以及立体停车和机械式停车设施建设。各地应采取优惠政策，鼓励社会投资建设各种类型的路外公共停车场，实现投资主体多元化。

各城市应结合公共交通系统建设，在城市中心区外围规划建设与公共交通枢纽相匹配的停车设施，形成完善的停车换乘系统，引导驾车者换乘公共交通进入城市中心区，减少城市中心区道路交通压力。鼓励社会单位开放内部停车场，实行错时停车，为周边居民提供停车服务。在规划和建设停车设施时，要充分考虑电动汽车等新能源汽车普及和推广的需要，建设、改造或预留充电等相关配套设施，以适应新能源汽车发展要求。

24.《城乡规划编制单位资质管理规定》

为了加强对城乡规划编制单位的管理，规范城乡规划编制工作，保证城乡规划编制质量，2012年7月2日住房和城乡建设部令第12号公布《城乡规划编制单位资质管理规定》，自2012年9月1日起施行。

其后，根据2015年5月4日住房和城乡建设部令第24号《住房和城乡建设部关于修改〈房地产开发企业资质管理规定〉等部门规章的决定》第一次修正，并根据2016年1月11日住房和城乡建设部令第28号《住房城乡建设部关于修改〈城乡规划编制单位资质管理规定〉的决定》第二次修正。根据2016年9月13日住房和城乡建设部令第32号《住房城乡建设部关于修改〈勘察设计注册工程师管理规定〉等11个部门规章的决定》第三次修正，自公布之日起施行。

按照《城市规划编制单位资质管理规定》的内容，我国城乡规划编制单位的资质分为甲、乙、丙三级，编制单位的资质审核分别按照不同的标准，承担的任务范围有不同的要求，详细内容参考本书第五章第四节内容。

25.《注册城乡规划师职业资格制度规定》

为加强城乡规划师队伍建设，保障规划工作质量，维护国家、社会和公共利益，根据《城乡规划法》和国家职业资格证书制度有关规定，人力资源和社会保障部和住房和城乡建设部于2017年5月22日发布本规定，并于发布之日起施行。

（1）总则

国家对注册城乡规划师实行准入类职业资格制度，纳入全国专业技术人员职业资格证书制度统一规划。本规定所称的注册城乡规划师，是指通过全国统一考试取得注册城乡规划师职业资格证书，并依法注册后，从事城乡规划编制及相关工作的专业人员。从事城乡规划实施、管理、研究工作的国家工作人员及相关人员，可以通过考试取得注册城乡规划师职业资格证书。人力资源社会保障部、住房城乡建设部共同负责注册城乡规划师职业资格制度的政策制定，并按职责分工对制度的实施进行指导、监督和检查。各省、自治区、直辖市人力资源社会保障行政主管部门和城乡规划行政主管部门，按照职责分工负责本行政区域内注册城乡规划师职业资格制度实施的监督管理。

（2）考试

注册城乡规划师职业资格实行全国统一大纲、统一命题、统一组织的考试制度。原则上每年举行一次考试。住房和城乡建设部负责拟定注册城乡规划师职业资格考试科目、考试大纲，组织命审题工作，提出考试合格标准建议。人力资源社会保障部组织专家审定考试科目和考试大纲，会同住房和城乡建设部确定考试合格标准，并对考试工作进行指导、监督和检查。凡中华人民共和国公民，遵守国家法律、法规，恪守职业道德，并符合相应条件的，均可申请参加注册城乡规划师职业资格考试。注册城乡规划师职业资格考试合格，由各省、自治区、直辖市人力资源社会保障行政主管部门，颁发人力资源社会保障部统一印制，人力资源社会保障部、住房和城乡建设部共同用印的《中华人民共和国注册城乡规划师职业资格证书》（以下简称注册城乡规划师职业资格证书）。该证书在全国范围有效。对以不正当手段取得注册城乡规划师职业资格证书的，按照国家专业技术人员资格考试违纪违规行为处理规定进行处理。

（3）注册

国家对注册城乡规划师职业资格实行注册执业管理制度。取得注册城乡规划师职业资格证书且从事城乡规划编制及相关工作的人员，经注册方可以注册城乡规划师名义执业。中国城市规划协会负责注册城乡规划师注册及相关工作。申请注册的人员必须具备相应条件。经批准注册的申请人，由中国城市规划协会核发该协会用印的《中华人民共和国注册城乡规划师注册证书》。以不正当手段取得注册证书的，由发证机构撤销其注册证书，3年内不予重新注册；构成犯罪的，依法追究刑事责任。出租出借注册证书的，由发证机构撤销其注册证书，不再予以重新注册；构成犯罪的，依法追究刑事责任。注册证书的每一注册有效期为3年。注册证书在有效期内是注册城乡规划师的执业凭证，由注册城乡规划师本人保管、使用。申请初始注册的，应当自取得注册城乡规划师职业资格证书之日起3年内提出申请。逾期申请初始注册的，应符合继续教育有关要求。中国城市规划协会应当及时向社会公告注册城乡规划师注册有关情况，并于每年年底将注册人员信息报住房和城乡建设部备案。继续教育是注册城乡规划师延续注册、重新注册和逾期初始注册的必备条件。在每个注册有效期内，注册城乡规划师应当按照规定完成相应的继续教育。注册城乡规划师初始注册、延续注册、变更注册、重新注册、注销注册和不予注册等注册管理，以及继续教育的具体办法，由中国城市规划协会另行制定，并报住房和城乡建设部备案。住房和城乡建设部及地方各级城乡规划行政主管部门发现注册城乡规划师违法违规行为的，或发现不能履行注册城乡规划师职责情形的，应通知中国城市规划协会，协会须依据有关规定进行处理，并将处理结果报住房和城乡建设部备案。

（4）执业

住房和城乡建设部及地方各级城乡规划行政主管部门依法对注册城乡规划师执业活动实施监管。中国城市规划协会受住房和城乡建设部委托，在职责范围内承担相关工作。住房和城乡建设部及地方各级城乡规划行政主管部门在注册城乡规划师执业活动监管工作中，可按权限查询、调取注册城乡规划师注册管理信息系统的相关数据，中国城市规划协会应予支持和配合。注册城乡规划师的执业范围包括：①城乡规划编制；②城乡规划技术政策研究与咨询；③城乡规划技术分析；④住房和城乡建设部规定的其他工作。注册城乡规划师的执业能力包括：①熟悉相关法律、法规及规章；②熟悉我国城乡规划相关技术标准与规范体系，并能熟练运用；③具有良好的与社会公众、相关管理部门沟通协调的能力；④具有较强的科研和技术创新能力；⑤了解国际相关标准和技术规范，及时掌握技术前沿发展动态。《中华人民共和国城乡规划法》要求编制的城镇体系规划、城市规划、镇规划、乡规划和村庄规划的成果应有注册城乡规划师签字。注册城乡规划师在执业活动中，须对所签字的城乡规划编制成果中的图件、文本的图文一致、标准规范的落实等负责，并承担相应责任。

（5）权利和义务

注册城乡规划师享有下列权利：①使用注册城乡规划师称谓；②对违反相关法律、法规和技术规范的要求及决定提出劝告，并可在拒绝执行的同时向注册管理机构或者上级城乡规划主管部门报告；③接受继续教育；④获得与执业责任相应的劳动报酬；

⑤对侵犯本人权利的行为进行申诉；⑥其他法定权利。注册城乡规划师履行下列义务：①遵守法律、法规和有关管理规定，恪守职业道德和从业规范；②执行城乡规划相关法律、法规、规章及技术标准、规范；③履行岗位职责，保证执业活动质量，并承担相应责任；④不得同时受聘于两个或两个以上单位执业，不得允许他人以本人名义执业，严禁"证书挂靠"；⑤不断更新专业知识，提高技术能力；⑥保守在工作中知悉的国家秘密和聘用单位的商业、技术秘密；⑦协助城乡规划主管部门及注册管理机构开展相关工作。

（6）附则

对通过考试取得注册城乡规划师职业资格证书，且符合《工程技术人员职务试行条例》规定的工程师职务任职条件的人员，用人单位可根据工作需要聘任工程师技术职务。城乡规划编制单位配备注册城乡规划师的数量、注册城乡规划师签字的文件种类、执业活动等的具体要求和管理办法，由住房和城乡建设部另行规定。本规定施行前，依据《人事部建设部关于印发〈注册城市规划师执业资格制度暂行规定〉及〈注册城市规划师执业资格认定办法〉的通知》（人发〔1999〕39号）等有关规定，取得的注册城市规划师执业资格证书，与按照本规定要求取得的注册城乡规划师职业资格证书的效用等同。

26.《建设用地容积率管理办法》

2012年2月17日，住房和城乡建设部下发《建设用地容积率管理办法》（建规〔2012〕22号），以规范性文件的形式对建设用地容积率管理进行了相应规定，该办法自2012年3月1日起施行。

（1）适用范围

在城市、镇规划区内以划拨或出让方式提供国有土地使用权的建设用地的容积率管理，适用该办法。

（2）定义

容积率是指一定地块内，总建筑面积与建筑用地面积的比值。

（3）容积率调整原则和程序

国有土地使用权一经出让或划拨，任何建设单位或个人都不得擅自更改确定的容积率。符合下列情形之一的，方可进行调整：①因城乡规划修改造成地块开发条件变化的；②因城乡基础设施、公共服务设施和公共安全设施建设需要导致已出让或划拨地块的大小及相关建设条件发生变化的；③国家和省、自治区、直辖市的有关政策发生变化的；④法律、法规规定的其他条件。

国有土地使用权划拨或出让后，拟调整的容积率不符合划拨或出让地块控制性详细规划要求的，应当符合以下程序要求：①建设单位或个人向控制性详细规划组织编制机关提出书面申请并说明变更理由；②控制性详细规划组织编制机关应就是否需要收回国有土地使用权征求有关部门意见，并组织技术人员、相关部门、专家等对容积率修改的必要性进行专题论证；③控制性详细规划组织编制机关应当通过本地主要媒体和现场进行公示等方式征求规划地段内利害关系人的意见，必要时应进行走访、座谈或组织听证；④控制性详细规划组织编制机关提出修改或不修改控制性详细规划的建议，向原审批机关专题报告，并附有关部门意见及论证、公示等情况。经原审批机关同意修改的，方可组织编制修改方案；⑤修改后的控制性详细规划应当按法定程序报城市、县人民政府批准。报批材料中应当附具规划地段内利害关系人意见及处理结果；⑥经城市、县人民政府批准后，城乡规划主管部门方可办理后续的规划审批，并及时将变更后的容积率抄告土地主管部门。

国有土地使用权划拨或出让后，拟调整的容积率符合划拨或出让地块控制性详细规划要求的，应当符合以下程序要求：①建设单位或个人向城市、县城乡规划主管部门提出书面申请报告，说明调整的理由并附拟调整方案，调整方案应表明调整前后的用地总平面布局方案、主要经济技术指标、建筑空间环境、与周围用地和建筑的关系、交通影响评价等内容；②城乡规划主管部门应就是否需要收回国有土地使用权征求有关部门意见，并组织技术人员、相关部门、专家对容积率修改的必要性进行专题论证；专家论证应根据项目情况确定专家的专业构成和数量，从建立的专家库中随机抽取有关专家，论证意见应当附专家名单和本人签名，保证专家论证的公正性、科学性。专家与申请调整容积率的单位或个人有利害关系的，应当回避；③城乡规划主管部门应当通过本地主要媒体和现场进行公示等方式征求规划地段内利害关系人的意见，必要时应进行走访、座谈或组织听证；④城乡规划主管部门依法提出修改或不修改建议并附有关部门意见、论证、公示等情况报城市、县人民政府批准；⑤经城市、县人民政府批准后，城乡规划主管部门方可办理后续的规划审批，并及时将变更后的容积率抄告土地主管部门。

（4）规划核验

县级以上地方人民政府城乡规划主管部门对建设工程进行核实时，要严格审查建设工程是否符合容积率要求。未经核实或经核实不符合容积率要求的，建设单位不得组织竣工验收。

27. 《城市总体规划实施评估办法（试行）》

为了作好城市总体规划实施评估工作，依据《城乡规划法》有关规定，住房和城乡建设部于 2009 年 4 月 16 日发布了《城市总体规划实施评估办法（试行）》（建规〔2009〕59号），各地结合实际情况执行。

（1）编制原则

城市人民政府应当按照政府组织、部门合作、公众参与的原则，建立相应的评估工作机制和工作程序，推进城市总体规划实施的定期评估工作。

（2）主管部门

城市人民政府是城市总体规划实施评估工作的组织机关。城市人民政府可以委托规划编制单位或者组织专家组承担具体评估工作。城市总体规划的审批机关可以根据实际需要，决定对其审批的城市总体规划实施情况进行评估。评估的具体组织方式，由总体规划的审批机关决定。城市人民政府应当及时将规划评估成果上报本级人民代表大会常务委员会和原审批机关备案。国务院审批城市总体规划的城市的评估成果，由省级城乡规划行政主管部门审核后，报住房和城乡建设部备案。

省级城乡规划行政主管部门负责本行政区域内的城市总体规划实施评估管理工作，对相关城市的城市总体规划实施评估工作机制的建立、评估工作的开展、评估成果的落实等情况进行监督和检查。

住房和城乡建设部负责国务院审批城市总体规划的实施评估管理工作，根据需要，可以决定对国务院审批城市总体规划的实施评估工作的情况进行抽查。

（3）评估内容

城市总体规划实施评估报告的内容应当包括：①城市发展方向和空间布局是否与规划一致；②规划阶段性目标的落实情况；③各项强制性内容的执行情况；④规划委员会制度、信息公开制度、公众参与制度等决策机制的建立和运行情况；⑤土地、交通、产业、环保、人口、财政、投资等相关政策对规划实施的影响；⑥依据城市总体规划的要求，制定各项专业规划、近期建设规划及控制性详细规划的情况；⑦相关的建议。城市人民政府可以根据城市总体规划实施的需要，提出其他评估内容。城市总体规划实施情况评估工作，原则上应当每2年进行一次。

（4）评估方法

进行城市总体规划实施评估，要将依法批准的城市总体规划与现状情况进行对照，采取定性和定量相结合的方法，全面总结现行城市总体规划各项内容的执行情况，客观评估规划实施的效果。

（5）评估成果

规划评估成果由评估报告和附件组成。评估报告主要包括城市总体规划实施的基本情况、存在问题、下一步实施的建议等。附件主要是征求和采纳公众意见的情况。

28.《近期建设规划工作暂行办法》

近期建设规划是落实城市总体规划的重要步骤，是城市近期建设项目安排的依据。为了切实做好近期建设规划的制定和实施，根据《国务院关于加强城乡规划监督管理的通知》的规定，制定本办法（建规〔2002〕218号），自2002年8月19日起执行。

（1）基本任务

明确近期内实施城市总体规划的发展重点和建设时序；确定城市近期发展方向、规模和空间布局，自然遗产与历史文化遗产保护措施；提出城市重要基础设施和公共设施、城市生态环境建设安排的意见。

（2）主管部门

设市城市人民政府负责组织制定近期建设规划。近期建设规划编制完成后，由城乡规划行政主管部门负责组织专家进行论证并报城市人民政府。城市人民政府批准近期建设规划前，必须征求同级人民代表大会常务委员会意见。批准后的近期建设规划应当报总体规划审批机关备案，其中国务院审批总体规划的城市，报住房和城乡建设部备案。

（3）编制原则

①处理好近期建设与长远发展，经济发展与资源环境条件的关系，注重生态环境与历史文化遗产的保护，实施可持续发展战略；②与城市国民经济和社会发展计划相协调，符合资源、环境、财力的实际条件，并能适应市场经济发展的要求；③坚持为最广大人民群众服务，维护公共利益，完善城市综合服务功能，改善人居环境；④严格依据城市总体规划，不得违背总体规划的强制性内容。

（4）规划期限

近期建设规划的期限为5年，原则上与城市国民经济和社会发展计划的年限一致。

（5）强制性内容

①确定城市近期建设重点和发展规模。②依据城市近期建设重点和发展规模，确定城市近期发展区域。对规划年限内的城市建设用地总量、空间分布和实施时序等进行具体安排，并制定控制和引导城市发展的规定。③根据城市近期建设重点，提出对历史文化名

城、历史文化保护区、风景名胜区等相应的保护措施。

（6）指导性内容

①根据城市建设近期重点，提出机场、铁路、港口、高速公路等对外交通设施，城市主干道、轨道交通、大型停车场等城市交通设施，自来水厂、污水处理厂、变电站、垃圾处理厂以及相应的管网等市政公用设施的选址、规模和实施时序的意见；②根据城市近期建设重点，提出文化、教育、体育等重要公共服务设施的选址和实施时序；③提出城市河湖水系、城市绿化、城市广场等的治理和建设意见；④提出近期城市环境综合治理措施。

（7）规划成果

近期建设规划成果包括规划文本，以及必要的图纸和说明。

（8）其他

城乡规划行政主管部门向规划设计单位和建设单位提供规划设计条件，审查建设项目，核发建设项目选址意见书、建设用地规划许可证、建设工程规划许可证，必须符合近期建设规划。

29.《城市规划强制性内容暂行规定》

城市规划强制性内容是对城市规划实施进行监督检查的基本依据。为了突出强调城市规划强制性内容的重要性，根据《国务院关于加强城乡规划监督管理的通知》的规定，制定本办法（建规〔2002〕218号），自2002年8月19日起执行。

（1）适用范围

本规定所称强制性内容，是指省域城镇体系规划、城市总体规划、城市详细规划中涉及区域协调发展、资源利用、环境保护、风景名胜资源管理、自然与文化遗产保护、公众利益和公共安全等方面的内容。

（2）省域城镇体系规划的强制性内容

①省域内必须控制开发的区域。包括：自然保护区、退耕还林（草）地区、大型湖泊、水源保护区、分滞洪地区，以及其他生态敏感区；②省域内的区域性重大基础设施的布局。包括：高速公路、干线公路、铁路、港口、机场、区域性电厂和高压输电网、天然气门站、天然气主干管、区域性防洪、滞洪骨干工程、水利枢纽工程、区域引水工程等；③涉及相邻城市的重大基础设施布局。包括：城市取水口、城市污水排放口、城市垃圾处理场等。

（3）城市总体规划的强制性内容

①市域内必须控制开发的地域。包括：风景名胜区，湿地、水源保护区等生态敏感区，基本农田保护区，地下矿产资源分布地区。②城市建设用地。包括：规划期限内城市建设用地的发展规模、发展方向，根据建设用地评价确定的土地使用限制性规定；城市各类园林和绿地的具体布局。③城市基础设施和公共服务设施。包括：城市主干道的走向、城市轨道交通的线路走向、大型停车场布局；城市取水口及其保护区范围、给水和排水主管网的布局；电厂位置、大型变电站位置、燃气储气罐站位置；文化、教育、卫生、体育、垃圾和污水处理等公共服务设施的布局。④历史文化名城保护。包括：历史文化名城保护规划确定的具体控制指标和规定；历史文化保护区、历史建筑群、重要地下文物埋藏区的具体位置和界线。⑤城市防灾工程。包括：城市防洪标准、防洪堤走向；城市抗震与

消防疏散通道；城市人防设施布局；地质灾害防护规定。⑥近期建设规划。包括：城市近期建设重点和发展规模；近期建设用地的具体位置和范围；近期内保护历史文化遗产和风景资源的具体措施。

（4）城市详细规划的强制性内容

①规划地段各个地块的土地主要用途；②规划地段各个地块允许的建设总量；③对特定地区地段规划允许的建设高度；④规划地段各个地块的绿化率、公共绿地面积规定；⑤规划地段基础设施和公共服务设施配套建设的规定；⑥历史文化保护区内重点保护地段的建设控制指标和规定，建设控制地区的建设控制指标。

（5）调整与审批

调整省域城镇体系规划强制性内容的，省（自治区）人民政府必须组织论证，就调整的必要性向规划审批机关提出专题报告，经审查批准后方可进行调整。调整后的省域城镇体系规划按照《城镇体系规划编制审批办法》规定的程序重新审批。

调整城市总体规划强制性内容的，城市人民政府必须组织论证，就调整的必要性向原规划审批机关提出专题报告，经审查批准后方可进行调整。调整后的总体规划，必须依据《城市规划法》规定的程序重新审批。

调整详细规划强制性内容的，城乡规划行政主管部门必须就调整的必要性组织论证，其中直接涉及公众权益的，应当进行公示。调整后的详细规划必须依法重新审批后方可执行。历史文化保护区详细规划强制性内容原则上不得调整。因保护工作的特殊要求确需调整的，必须组织专家进行论证，并依法重新组织编制和审批。

30. 《市政公用设施抗灾设防管理规定》

为了加强对市政公用设施抗灾设防的监督管理，提高市政公用设施的抗灾能力，保障市政公用设施的运行安全，保护人民生命财产安全，根据《中华人民共和国城乡规划法》《中华人民共和国防震减灾法》《中华人民共和国突发事件应对法》《建设工程质量管理条例》等法律、行政法规，2008年10月7日住房和城乡建设部颁布了《市政公用设施抗灾设防管理规定》，并于同年12月1日起施行。建设部1994年11月10日发布的《建设工程抗御地震灾害管理规定》（建设部令第38号）同时废止。2015年1月22日中华人民共和国住房和城乡建设部令第23号《住房和城乡建设部关于修改〈市政公用设施抗灾设防管理规定〉等部门规章的决定》对相关条文进行了修正。

（1）适用范围

市政公用设施的抗灾设防，适用本规定。

（2）定义

本规定所称市政公用设施，是指规划区内的城市道路（含桥梁）、城市轨道交通、供水、排水、燃气、热力、园林绿化、环境卫生、道路照明等设施及附属设施。

本规定所称抗灾设防是指针对地震、台风、雨雪冰冻、暴雨、地质灾害等自然灾害所采取的工程和非工程措施。

本规定所称重大市政公用设施，包括快速路、主干道、对抗灾救灾有重要影响的城镇道路上的大型桥梁（含大型高架桥、立交桥）、隧道工程、城市广场、防灾公园绿地，公共地下停车场工程、城市轨道交通工程、城镇水源工程、水厂、供水排水主干管、高压和次高压城镇燃气热力枢纽工程、城镇燃气热力管道主干管、城镇排水工程、大型污水处理中心、大型垃圾处理设施等。

本规定所称可能发生严重次生灾害的市政公用设施，是指遭受破坏后可能引发强烈爆炸或者大面积的火灾、污染、水淹等情况的市政公用设施。

本规定所称抗震设防区，是指地震基本烈度六度及六度以上地区（地震动峰值加速度≥0.05g 的地区）。

（3）主管部门

国务院住房和城乡建设主管部门（以下简称国务院住房城乡建设主管部门）依法负责全国市政公用设施抗灾设防的监督管理工作。县级以上地方人民政府住房城乡建设主管部门依法负责本行政区域内市政公用设施抗灾设防的具体管理工作。

（4）规划编制与调整

①城乡规划中的防灾专项规划应当包括以下内容：

a. 在对规划区进行地质灾害危险性评估的基础上，对重大市政公用设施和可能发生严重次生灾害的市政公用设施，进行灾害及次生灾害风险、抗灾性能、功能失效影响和灾时保障能力评估，并制定相应的对策；

b. 根据各类灾害的发生概率、城镇规模以及市政公用设施的重要性、使用功能、修复难易程度、发生次生灾害的可能性等，提出市政公用设施布局、建设和改造的抗灾设防要求和主要措施；

c. 避开可能产生滑坡、塌陷、水淹危险或者周边有危险源的地带，充分考虑人们及时、就近避难的要求，利用广场、停车场、公园绿地等设立避难场所，配备应急供水、排水、供电、消防、通信、交通等设施。

②城乡规划中的市政公用设施专项规划应当满足下列要求：

a. 快速路、主干道以及对抗灾救灾有重要影响的道路应当与周边建筑和设施设置足够的间距，广场、停车场、公园绿地、城市轨道交通应当符合发生灾害时能尽快疏散人群和救灾的要求；

b. 水源、气源和热源设置，供水、燃气、热力干线的设计以及相应厂站的布置，应当满足抗灾和灾后迅速恢复供应的要求，符合防止和控制爆炸、火灾等次生灾害的要求，重要厂站应当配有自备电源和必要的应急储备；

c. 排水设施应当充分考虑下沉式立交桥下、地下工程和其他低洼地段的排水要求，防止次生洪涝灾害；

d. 生活垃圾集中处理和污水处理设施应当符合灾后恢复运营和预防二次污染的要求，环境卫生设施配置应当满足灾后垃圾清运的要求；

e. 法律、法规、规章规定的其他要求。

③市政公用设施的选址和建设应当符合城乡规划以及防灾专项规划、市政公用设施各项专业规划和有关工程建设标准的要求。位于抗震设防区、洪涝易发区或者地质灾害易发区内的市政公用设施的选址和建设还应当分别符合城市抗震防灾、洪涝防治和地质灾害防治等专项规划的要求。

④新建、改建和扩建市政公用设施应当按照有关工程建设标准进行抗灾设防。任何单位和个人不得擅自降低抗灾设防标准。

⑤新建、改建和扩建市政公用设施应当按照国家有关标准设置安全监测、健康监测、

应急自动处置和防灾设施，并与主体工程同时设计、同时施工、同时投入使用。安全监测、健康监测、应急自动处置和防灾设施投资应当纳入建设项目预算。

（5）规划管理

县级以上地方人民政府住房城乡建设主管部门应当加强对市政公用设施抗灾设防质量的监督管理，并对本行政区域内市政公用设施执行抗灾设防的法律、法规和工程建设强制性标准情况，定期进行监督检查，并可以采取下列措施：a. 要求被检查的单位提供有关市政公用设施抗灾设防的文件和资料；b. 发现有影响市政公用设施抗灾设防质量的问题时，责令相关责任人委托具有资质的专业机构进行必要的检测、鉴定，并提出整改措施。

①违反本规定，擅自使用没有国家技术标准又未经审定的新技术、新材料的，由县级以上地方人民政府住房城乡建设主管部门责令限期改正，并处以1万元以上3万元以下罚款。

②违反本规定，擅自变动或者破坏市政公用设施的防灾设施、抗震抗风构件、隔震或者振动控制装置、安全监测系统、健康监测系统、应急自动处置系统以及地震反应观测系统等设施的，由县级以上地方人民政府住房城乡建设主管部门责令限期改正，并对个人处以1000元以下罚款，对单位处以1万元以上3万元以下罚款。

③违反本规定，未对经鉴定不符合抗震要求的市政公用设施进行改造、改建或者抗震加固，又未限制使用的，由县级以上地方人民政府住房城乡建设主管部门责令限期改正，逾期不改的，处以1万元以上3万元以下罚款。

31.《城市综合交通体系规划编制办法》

为了规范城市综合交通体系规划编制工作，根据《中华人民共和国城乡规划法》等法律法规，我国住房和城乡建设部组织制定了《城市综合交通体系规划编制办法》，自2010年2月2日起施行。

（1）适用范围

按照国家行政建制设立的市，应当组织编制城市综合交通体系规划并遵守本办法。

（2）城市综合交通体系规划的内涵

城市综合交通体系规划是城市总体规划的重要组成部分，是政府实施城市综合交通体系建设，调控交通资源，倡导绿色交通、引导区域交通、城市对外交通、市区交通协调发展，统筹城市交通各子系统关系，支撑城市经济与社会发展的战略性专项规划，是编制城市交通设施单项规划、客货运系统组织规划、近期交通规划、局部地区交通改善规划等专业规划的依据。

（3）主管部门

国务院住房和城乡建设主管部门指导和监督全国城市综合交通体系规划编制工作。

（4）编制要求

城市综合交通体系规划应当与城市总体规划同步编制，与区域规划、土地利用总体规划、重大交通基础设施规划等相衔接，规划期限和地域范围应当与城市总体规划相一致。应当以建设集约化城市和节约型社会为目标，遵循资源节约、环境友好、社会公平、城乡协调发展的原则，贯彻优先发展城市公共交通战略，优化交通模式与土地使用的关系，保护自然与文化资源，考虑城市应急交通建设需要，处理好长远发展与近期建设的关系，保障各种交通运输方式协调发展。

（5）城市综合交通体系规划应当包括下列主要内容主要有：调查分析、发展战略、交通系统功能组织、交通场站、道路系统、停车系统、近期建设、保障措施。

（6）成果要求。城市综合交通体系规划的成果应当包括规划文本、规划说明书、规划图纸及基础资料汇编。城市综合交通体系规划编制完成后，应当组织技术审查。规划成果在技术审查前，应当采取多种形式征求社会公众和相关部门意见。直辖市的城市综合交通体系规划编制完成后，报送国务院住房城乡建设主管部门，由住房和城乡建设部城市综合交通体系规划专家委员会进行技术审查。其他城市的城市综合交通体系规划，由省、自治区住房城乡建设主管部门进行技术审查。

32. 《城市综合交通体系规划编制导则》（建城〔2010〕80号）

为了指导各城市做好城市综合交通体系规划编制工作，中华人民共和国住房和城乡建设部特制定了《城市综合交通体系规划编制导则》，并于2010年5月26日颁布。

（1）目的

城市综合交通体系规划旨在科学配置交通资源，发展绿色交通，合理安排城市交通各子系统关系，统筹城市内外、客货、近远期交通发展，形成支撑城市可持续发展的综合交通体系。

（2）原则

应以建设集约化城市和节约型社会为目标，贯彻科学发展观，促进资源节约、环境友好、社会公平、城乡协调发展、保护自然与文化资源。

应贯彻落实优先发展城市公共交通的战略，优化交通模式与土地使用的关系，统筹各交通子系统协调发展。

应遵循定量分析与定性分析相结合的原则，在交通需求分析的基础上，科学判断城市交通的发展趋势，合理制定城市综合交通体系规划方案。

应统筹兼顾城市规模和发展阶段，结合主要交通问题和发展需求，处理好长远发展与近期建设的关系。规划方案应有针对性、前瞻性和可实施性，且满足城市防灾减灾、应急救援的交通要求。

（3）规划范围与期限

城市综合交通体系规划范围应当与城市总体规划相一致。城市综合交通体系规划期限应当与城市总体规划相一致。城市重大交通基础设施规划布局应考虑城市远景发展要求。

（4）工作阶段

编制城市综合交通体系规划的工作过程，一般可划分为现状调研、专题研究、纲要成果、规划成果四个阶段。纲要成果编制应与城市总体规划纲要成果编制相衔接。规划成果编制应与城市总体规划成果编制相衔接。

（5）规划编制的主要内容

交通发展战略，综合交通体系组织，对外交通系统，城市道路系统，公共交通系统，步行与自行车系统，客运枢纽，城市停车系统，货运系统，交通管理与交通信息化，近期规划，规划实施保障措施。

（6）规划的技术要点

①现状调研

资料收集内容主要包括：城市社会经济、城市土地使用、交通工具、交通设施、交通运行与管理、公共交通、对外交通、交通政策与法规、交通投资、交通环境、交通研究成果及相关规划等方面的统计数据、政府文件、调查成果、相关规划文本与图纸等。

反映现状的数据资料宜采用规划起始年的前一年资料，特殊情况下可采用前两年的资料。反映发展历程的数据资料不宜少于5年，且最近的年份不宜早于规划起始年的前两年。相关规划资料应收集最新批复的规划成果和在编的各项规划草案。5年之内的居民出行调查等起讫点交通调查资料可以应用于现状与发展趋势分析，5年以上的调查资料可作为参考，需要经过补充调查修正后方可应用。

②交通调查

应根据城市基础资料状况，结合规划编制要求确定具体交通调查内容。一般包括：居民出行、车辆出行、道路交通运行、公交运行、出入境交通、停车、吸引点、货运等调查项目。主要方式有：全样调查、抽样调查、典型调查等。

交通小区是研究分析居民、车辆出行及分布的空间最小单元。应结合城市交通调查和交通分析将规划范围内的地域划分为若干交通小区，交通小区划分应保持延续性。

③现状分析

现状分析应包括：城市概况，城市经济与产业，城市空间结构与土地使用，城市交通需求，城市对外交通，城市道路交通，公共交通，步行、自行车交通，城市停车，交通管理，交通信息化，城市综合交通体系总体评价。以调查数据和相关资料为基础，切实反映城市综合交通体系的现状特征和存在问题，提出发展思路。

④需求分析

应综合运用交通调查数据、统计数据、相关规划定量指标，建立交通分析模型，形成科学的交通需求分析方法。

⑤方案制定

规划方案应以交通发展需求预测为基础，结合城市地形、地貌和规划的城市空间形态及功能布局进行编制。规划方案应体现城市综合交通体系发展的总体目标和相关要求。交通网络布局、重大交通基础设施布局应进行多方案比较。重大交通基础设施选址应避让环境敏感点、地质灾害地区、历史文化保护区和风景名胜区，规划布局方案须满足专业技术规定的要求。方案形成过程中，应采取多种方式征求相关部门和公众意见。

⑥方案评价

规划方案评价应采用定量与定性相结合的方法，评价内容需包括经济、社会、环境、交通运行效果等方面。

⑦强制性内容

应包括城市总体规划的强制性内容：城市干路系统网络、城市轨道交通网络、交通枢纽布局。指导各交通子系统规划的控制性指标应列入强制性内容。可以根据城市的具体情况，增加强制性规划内容。一般情况下，对外交通设施和交通场站规划宜列为强制性内容。

(7) 规划成果形式和要求

①成果形式

规划成果由规划文本、规划说明书、规划图纸、基础资料汇编组成。成果形式为纸质文档和电子文档。

②规划文本

规划文本应当以条文方式表述规划结论，内容明确简练，具有指导性和可操作性。强制性规划内容采用与其他规划内容有明显区别的字体或格式进行表述。规划成果文本编写大纲。

③规划说明书

规划说明书由正文和附录两部分组成。规划说明书正文应当与规划文本的条文相对应，对规划文本条文作出详细说明。规划说明书附录主要包括：现状分析评价报告，交通调查分析报告，交通模型报告，其他专题研究报告，相关部门建议，公众意见。

④规划图纸

规划图纸所表达的内容应当清晰、准确，与规划文本内容相符。现状图、规划图和分析图应保持图例一致。规划图集应按现状图、规划图、分析图的顺序排列。规划图纸比例一般采用：大中城市为 1/25000～1/10000，小城市为 1/10000～1/5000。分析图视需要绘制。

主要现状图、规划图有：市域交通现状图，城市综合交通体系现状图，市域交通规划图，城市综合交通体系规划图，对外交通规划图，城市道路系统规划图，城市公共交通系统规划图，自行车、步行系统规划图，城市客运枢纽规划图，停车系统规划图，货运系统规划图，近期规划图。

⑤基础资料汇编

基础资料汇编应当包括规划涉及的相关基础资料、参考资料及文件。按文件、基础资料和参考资料的顺序进行编排。

三、城乡规划技术标准和技术规范

考试大纲对本部分的要求：了解城乡规划技术标准与规范的知识；熟悉城乡规划技术标准与规范的主要内容；掌握城乡规划技术标准与规范中的强制性条文。下面介绍一些需要重点掌握的或近年新颁布的技术标准和技术规范供读者熟悉。对于历年考试中出现过的相关标准，要熟练掌握标准原文全文。

1.《城市规划基本术语标准》GB/T 50280—1998

为了科学地统一和规范城市规划术语，建设部于 1998 年 8 月批准发布了推荐性国家标准《城市规划基本术语标准》，自 1999 年 2 月 1 日起施行。

（1）适用范围

适用于城市规划的设计、管理、教学、科研及其他相关领域。但城市规划使用的术语，除应符合标准的规定外，还应符合国家有关强制性标准、规范的规定。

（2）基本内容

正文共列出 151 条基本术语，分为五部分：总则、城市和城市化、城市规划概述、城市规划编制（又分 17 项内容：发展战略、城市人口、城市用地、城市总体布局、居住区规划、城市道路交通、城市给水工程、城市排水工程、城市电力工程、城市通信工程、城市供热工程、城市燃气工程、城市绿地系统、城市环境保护、城市历史文化地区保护、城市防灾、竖向规划和工程管线综合）和城市规划管理。

（3）条文说明

为便于使用本标准时能正确理解和执行本标准，按《城市规划基本术语标准》的章、节、条的顺序，编制了条文说明。条文说明供参考仅供使用，不得翻印。

（4）附录

附有汉语拼音对照索引、附加说明。

2.《城市用地分类与规划建设用地标准》GBJ 50137—2011

为统一全国城市用地分类，科学地编制、审批、实施城乡规划，合理经济地使用土地，保证城市正常发展。建设部组织编制并于 1990 年 7 月颁布《城市用地分类与规划建设用地标准》为国家标准，自 1991 年 3 月 1 日起施行，2011 年住房和城乡建设部组织对该标准进行了修订发布新的标准，并自 2012 年 1 月 1 日起实施。

（1）适用范围

城市、县人民政府所在地镇和其他具备条件的镇的总体规划和控制性详细规划的编制、用地统计和用地管理工作。

（2）主要内容

本标准分为四章：总则、术语、用地分类、规划建设用地标准。另有两项附录。

（3）城市用地分类

用地分类包括城乡用地分类、城市建设用地分类两部分，应按土地使用的主要性质进行划分。城乡用地共分为 2 大类、9 中类，14 小类，如表 3-2 所示：

城乡用地分类及代码 表 3-2

类别代码			类别名称
大类	中类	小类	
H			建设用地
	H1		城乡居民点建设用地
		H11	城市建设用地
		H12	镇建设用地
		H13	乡建设用地
		H14	村庄建设用地
	H2		区域交通设施用地
		H21	铁路用地
		H22	公路用地
		H23	港口用地
		H24	机场用地
		H25	管道运输用地
	H3		区域公用设施用地
	H4		特殊用地
		H41	军事用地
		H42	安保用地
	H5		采矿用地
	H9		其他建设用地

类别代码			类别名称
大类	中类	小类	
E			非建设用地
	E1		水域
		E11	自然水域
		E12	水库
		E13	坑塘沟渠
	E2		农林用地
	E9		其他非建设用地

其中的城市建设用地共分为 8 大类、35 中类、42 小类（表 3-3）。

城市建设用地分类及代码 表 3-3

类别代码			类别名称
大类	中类	小类	
R			居住用地
	R1		一类居住用地
		R11	住宅用地
		R12	服务设施用地
	R2		二类居住用地
		R21	住宅用地
		R22	服务设施用地
	R3		三类居住用地
		R31	住宅用地
		R32	服务设施用地
A			公共管理与公共服务设施用地
	A1		行政办公用地
	A2		文化设施用地
		A21	图书展览用地
		A22	文化活动用地
	A3		教育科研用地
		A31	高等院校用地
		A32	中等专业学校用地
		A33	中小学用地
		A34	特殊教育用地
		A35	科研用地
	A4		体育用地
		A41	体育场馆用地
		A42	体育训练用地
	A5		医疗卫生用地
		A51	医院用地
		A52	卫生防疫用地
		A53	特殊医疗用地
		A59	其他医疗卫生用地
	A6		社会福利用地
	A7		文物古迹用地
	A8		外事用地
	A9		宗教用地

类别代码			类别名称
大类	中类	小类	
B			商业服务业设施用地
	B1		商业用地
		B11	零售商业用地
		B12	批发市场用地
		B13	餐饮用地
		B14	旅馆用地
	B2		商务用地
		B21	金融保险用地
		B22	艺术传媒用地
		B29	其他商务用地
	B3		娱乐康体用地
		B31	娱乐用地
		B32	康体用地
	B4		公用设施营业网点用地
		B41	加油加气站用地
		B49	其他公用设施营业网点用地
	B9		其他服务设施用地
M			工业用地
	M1		一类工业用地
	M2		二类工业用地
	M3		三类工业用地
W			物流仓储用地
	W1		一类物流仓储用地
	W2		二类物流仓储用地
	W3		三类物流仓储用地
S			道路与交通设施用地
	S1		城市道路用地
	S2		城市轨道交通用地
	S3		交通枢纽用地
	S4		交通场站用地
		S41	公共交通场站用地
		S42	社会停车场用地
	S9		其他交通设施用地

类别代码			类别名称
大类	中类	小类	
U			公用设施用地
	U1		供应设施用地
		U11	供水用地
		U12	供电用地
		U13	供燃气用地
		U14	供热用地
		U15	通信用地
		U16	广播电视用地
	U2		环境设施用地
		U21	排水用地
		U22	环卫用地
	U3		安全设施用地
		U31	消防用地
		U32	防洪用地
	U9		其他公用设施用地
G			绿地与广场用地
	G1		公园绿地
	G2		防护绿地
	G3		广场用地

（4）规划人均城市建设用地面积标准

新建城市（镇）的规划人均城市建设用地面积指标应在85.1～105.0m²/人内确定。首都的规划人均城市建设用地面积指标应在105.1～115.0m²/人内确定。边远地区、少数民族地区城市（镇），以及部分山地城市（镇）、人口较少的工矿业城市（镇）、风景旅游城市（镇）等，不符合规定时，应专门论证确定规划人均城市建设用地面积指标，且上限不得大于150.0m²/人。编制和修订城市（镇）总体规划应以本标准作为规划城市建设用地的远期控制标准。

（5）规划人均单项城市建设用地指标

人均居住用地面积在不同的气候区域有不同规定，其中第Ⅰ、Ⅱ、Ⅵ、Ⅶ气候区，为28～38m²/人，Ⅲ、Ⅳ、Ⅴ气候区为23～36m²/人。规划人均公共管理与公共服务设施用地面积不应小于5.5m²/人。规划人均道路与交通设施用地面积不应小于12.0m²/人。规划人均绿地与广场用地面积不应小于10.0m²/人，其中人均公园绿地面积不应小于8.0m²/人。

（6）规划城市建设用地结构

居住用地25.0%～40.0%，公共管理与公共服务设施用地5.0%～8.0%，工业用地15.0%～30.0%，道路与交通设施用地10.0%～25.0%，绿地与广场用地10.0%～15.0%。

本标准中，城市用地分类与代号、规划人均城市建设用地面积指标、规划人均单项城市建设用地指标、规划建设用地结构是强制性内容。

3.《城市环境规划标准》GB/T 51329—2018

为落实生态文明建设要求，规范城市环境规划编制工作，提高城市环境规划质量水平，住房和城乡建设部于 2018 年 9 月 11 日批准《城市环境规划标准》为国家标准，自 2019 年 3 月 1 日起实施。

（1）适用范围

本标准适用于城市总体规划层面以生态、环境为主要对象的相关规划以及城市环境专项规划。

（2）基本原则

城市环境规划应体现尊重自然、顺应自然、保护自然的生态文明理念，严格生态空间管控；遵循保护优先、预防为主、优化布局、综合治理、公众参与的原则，加强环境保护；全方位、全地域、全过程贯彻落实生态管控、环境保护的要求。

（3）基本规定

城市环境规划主要包括城市生态空间规划和城市环境保护规划，应综合研究城市生态条件和环境质量现状、资源承载力和发展趋势，合理确定城市生态空间布局和环境保护目标，划定生态控制线、规划各类环境功能区，优化城市布局，提出生态空间保护、控制、修复和污染防治措施。城市环境规划范围应包括市域、城市规划区或城镇开发边界两个层次范围。

（4）城市生态空间规划的主要内容

依据土地资源、水资源等影响城乡持续发展的资源承载力及其空间分布特征，提出资源保护与利用的目标和要求；进行生态功能重要性评价，提出生态空间分布特征、管控要素和管控措施；结合已确定的生态保护红线和永久基本农田保护红线，在城市规划区或城镇开发边界内划定生态控制线，确定需要进行生态保护和修复的区域范围，构建城市生态安全格局；提出城市生态保护、修复和建设的措施和要求。

城市生态空间规划应确定生态空间的范围和主要生态功能，可进行单要素和综合要素生态功能重要性评价。城市生态空间规划应保护市域、城市规划区或城镇开发边界内山水林田湖草等生态系统的统一性和连续性，构建生态安全格局。城市生态空间规划应明确生态空间保护和修复的范围、策略和主要措施。

（5）城市环境保护规划的主要内容

环境功能分析和现状环境质量评价，提出环境保护总体目标以及具体的水环境、大气环境、声环境和土壤环境保护目标，提出固体废弃物处理与处置、其他环境污染防治要求；划定城市水环境、环境空气质量、声环境和土壤环境功能区，对各类功能区提出保护要求；优化确定环境保护基础设施布局；提出达到环境保护目标的规划措施，包括优化城市用地布局和功能分区、节能减排措施、污染防治措施等。

水环境目标应包括水环境质量目标、水环境保护目标和水环境整治目标三类。水环境质量目标应根据水环境功能制定，同一水域兼有多类使用功能的，执行最高功能类别对应的标准值，并不应低于水域的现状水质类别，水环境保护目标应包括饮用水水源水质达标率、地表水质达到功能区要求的比例、近岸海域水质达到功能区要求的比例、城市规划区黑臭水体比例等；水环境整治目标应包括城市污水集中处理率、再生水回用率、工业废水处理达标率等。

大气环境保护目标应包括城市环境空气质量目标和大气环境综合整治目标。环境空气功能区可根据用地性质划为一类区和二类区。环境空气功能区之间应设置缓冲带，缓冲带的宽度应根据区划面积、污染源分布、大气扩散能力确定，且不宜小于300m。

对城市声环境，规划应结合城市用地布局、人口分布、敏感群体等变化，确定城市声环境保护与防治目标。声环境功能区规划应以城市规划为指导，按规划用地的主导功能和用地现状确定。

对城市土壤环境，用地规划中应实施基于用地土壤环境质量的建设用地注入管理，严格控制拟收回土地使用权的有色金属冶炼、石油加工、化工、焦化、电镀、制革等行业的企业用地，以及用途拟变更为居住、商业和学校、幼儿园、医疗、疗养机构、养老机构等公共设施的上述企业用地。

城市固体废物按来源和特殊性质可分为生活垃圾、建筑垃圾、一般工业固体废物和危险废物四类。城市固体废物处理与处置应推行减量化、资源化、无害化原则，逐步实现分类收集、分类运输、分类贮存和分类处置；收集储运和处理处置设施建设应遵循统筹规划、分期实施、区域协调和共建共享的原则。

规划应根据各类产生电场、磁场、电磁场的设施的辐射强度和影响半径，加强空间管控，降低公众曝露，并应提出逐步建立电磁辐射环境监测体系的要求。

（6）生态控制线

生态控制线应覆盖市域、城市规划区或城镇开发边界内各类具有生态保护功能的法定保护空间。市域范围的生态控制线除法定保护空间外，还应包含各类需要保护的重要生态用地。市域划定的生态控制线应以生态保护红线、永久基本农田保护红线为基础，将具有重要生态价值的山地、森林、河流、湖泊、湿地、海岸等现状生态用地和水源保护区、自然保护区、风景名胜区等法定保护空间划入生态控制线。城市规划区或城镇开发边界内的生态控制线宜在明确各类需要保护的重要生态用地基础上，提出改善人居环境、提高城市安全水平需要保护和修复的生态空间。

（7）城市生态修复

城市生态空间规划应对受损的山体、绿地、水体、岸线和滨水空间进行生态修复，应对城市废弃地和污染场地进行生态修复和合理利用。

4.《城乡建设用地竖向规划规范》CJJ 83—2016

为规范城乡建设用地竖向规划，提高城乡规划编制和管理水平，住房和城乡建设部于2016年6月28日批准《城乡建设用地竖向规划规范》为行业标准，编号为CJJ 83—2016，自2016年8月1日起实施。原《城市用地竖向规划规范》CJJ 83—99同时废止。

（1）适用范围

本规范适用于城市、镇、乡和村庄的规划建设用地竖向规划。

（2）基本原则

城乡建设用地竖向规划应遵循下列原则：安全、适用、经济、美观；充分发挥土地潜力，节约集约用地；尊重原始地形地貌，合理利用地形、地质条件，满足城乡各项建设用地的使用要求；减少土石方及防护工程量；保护城乡生态环境、丰富城乡环境景观；保护历史文化遗产和特色风貌。

（3）城乡建设用地竖向规划应包括下列主要内容

制定利用与改造地形的合理方案；确定城乡建设用地规划地面形式、控制高程及坡度；结合原始地形地貌和自然水系，合理规划排水分区，组织城乡建设用地的排水、土石方工程和防护工程；提出有利于保护和改善城乡生态、低影响开发和环境景观的竖向规划要求；提出城乡建设用地防灾和应急保障的竖向规划要求。

（4）基本规定

城乡建设用地竖向规划应与城乡建设用地选择及用地布局同时进行，使各项建设在平面上统一和谐、竖向上相互协调；有利于城乡生态环境保护及景观塑造；有利于保护历史文化遗产和特色风貌。城乡建设用地竖向规划应符合下列规定：低影响开发的要求；城乡道路、交通运输的技术要求和利用道路路面纵坡排除超标雨水的要求；各项工程建设场地及工程管线敷设的高程要求；建筑布置及景观塑造的要求；城市排水防涝、防洪以及安全保护、水土保持的要求；历史文化保护的要求；周边地区的竖向衔接要求。

（5）竖向与用地布局及建筑布置

城乡建设用地选择及用地布局应充分考虑竖向规划的要求，并应符合下列规定：城镇中心区用地应选择地质、排水防涝及防洪条件较好且相对平坦和完整的用地，其自然坡度宜小于20%，规划坡度宜小于15%；居住用地宜选择向阳、通风条件好的用地，其自然坡度宜小于25%，规划坡度宜小于25%；工业、物流用地宜选择便于交通组织和生产工艺流程组织的用地，其自然坡度宜小于15%，规划坡度宜小于10%；超过8m的高填方区宜优先用作绿地、广场、运动场等开敞空间；应结合低影响开发的要求进行绿地、低洼地、滨河水系周边空间的生态保护、修复和竖向利用；乡村建设用地宜结合地形，因地制宜，在场地安全的前提下，可选择自然坡度大于25%的用地。

（6）竖向与道路、广场

道路竖向规划应符合下列规定：

与道路两侧建设用地的竖向规划相结合，有利于道路两侧建设用地的排水及出入口交通联系，并满足保护自然地貌及塑造城市景观的要求；与道路的平面规划进行协调；结合用地中的控制高程、沿线地形地物、地下管线、地质和水文条件等作综合考虑；道路跨越江河、湖泊或明渠时，道路竖向规划应满足通航、防洪净高要求；道路与道路、轨道及其他设施立体交叉时，应满足相关净高要求；应符合步行、自行车及无障碍设计的规定。广场竖向规划除满足自身功能要求外，尚应与相邻道路和建筑物相协调。广场规划坡度宜为0.3%~3%。地形困难时，可建成阶梯式广场。

（7）竖向与排水

城乡建设用地竖向规划应结合地形、地质、水文条件及降水量等因素，并与排水防涝、城市防洪规划及水系规划相协调；依据风险评估的结论选择合理的场地排水方式及排水方向，重视与低影响开发设施和超标径流雨水排放设施相结合，并与竖向总体方案相适应。

（8）竖向与防灾

城乡建设用地竖向规划应满足城乡综合防灾减灾的要求。城乡建设用地防洪（潮）应符合下列规定：应符合现行国家标准《防洪标准》GB 50201—2014 的规定；建设用地外围设防洪（潮）堤时，其用地高程应按排涝控制高程加安全超高确定；建设用地外围不设防洪（潮）堤时，其用地地面高程应按设防标准的规定所推算的洪（潮）水位加安全超高确定。有内涝威胁的城乡建设用地应结合风险评估采取适宜的排水防涝措施。城乡建设用地竖向规划应控制和避免次生地质灾害的发生；减少对原地形地貌、地表植被、水系的扰动和损毁；严禁在地质灾害高、中易发区进行深挖高填。城乡防灾设施、基础设施、重要公共设施等用地竖向规划应符合设防标准，并应满足紧急救灾的要求。重大危险源、次生灾害高危险区及其影响范围的竖向规划应满足灾害蔓延的防护要求。

（9）土石方与防护工程

竖向规划中的土石方与防护工程应遵循满足用地使用要求、节省土石方和防护工程量的原则进行多方案比较，合理确定。土石方工程包括用地的场地平整、道路及室外工程等的土石方估算与平衡。土石方平衡应遵循"就近合理平衡"的原则，根据规划建设时序，分工程或分地段充分利用周围有利的取土和弃土条件进行平衡。街区用地的防护应与其外围道路工程的防护相结合。

（10）城乡建设用地竖向规划应贯穿景观规划设计理念，并符合下列规定

保留城乡建设用地范围内具有景观价值或标志性的制高点、俯瞰点和有明显特征的地形、地貌；结合低影响开发理念，保持和维护城镇生态、绿地系统的完整性，保护有自然景观或人文景观价值的区域、地段、地点和建（构）筑物；保护城乡重要的自然景观边界线，塑造城乡建设用地内部的景观边界线。滨水地区的竖向规划应结合用地功能保护滨水区生态环境，形成优美的滨水景观。乡村竖向建设宜注重使用当地材料、采用生态建设方式和传统工艺。

（11）其他

除本规范用词说明和引用标准名录外，为便于使用本规范时能正确理解和执行条文规定，还附有按规范章、节、条顺序的条文说明。

本规范中，坐标和高程系统、挡土墙最小水平净距、重要设施的紧急救灾要求及重大危险源、次生灾害高危险区及其影响范围的灾害蔓延防护要求属于强制性内容。

5. 《城市居住区规划设计标准》GB 50180—2018

为确保居住生活环境宜居，科学合理、经济有效地利用土地和空间，保障城市居住区规划设计质量，规范城市居住区的规划、建设与管理，住房和城乡建设部于 2018 年 7 月 10 日批准《城市居住区规划设计标准》为国家标准，编号为 GB 50180—2018，自 2018 年 12 月 1 日起实施，原国家标准《城市居住区规划设计规范》GB 50180—93 同时废止。

（1）适用范围

本标准适用于城市规划的编制以及城市居住区的规划设计。城市居住区规划设计除应符合本标准外，尚应符合国家现行有关标准的规定。

（2）基本原则

城市居住区规划设计应遵循创新、协调、绿色、开放、共享的发展理念，营造安全、卫生、方便、舒适、美丽、和谐以及多样化的居住生活环境。

（3）基本规定

居住区规划设计应坚持以人为本的基本原则，遵循适用、经济、绿色、美观的建筑方针，并应符合城市总体规划及控制性详细规划；应符合所在地气候特点与环境特点、经济社会发展水平和文化习俗；应遵循统一规划、合理布局，节约土地、因地制宜，配套建

设、综合开发的原则；应为老年人、儿童、残疾人的生活和社会活动提供便利的条件和场所；应延续城市的历史文脉、保护历史文化遗产并与传统风貌相协调；应采用低影响开发的建设方式，并应采取有效措施促进雨水的自然积存、自然渗透与自然净化；应符合城市设计对公共空间、建筑群体、园林景观、市政等环境设施的有关控制要求。

居住区应选择在安全、适宜居住的地段进行建设，并不得在有滑坡、泥石流、山洪等自然灾害威胁的地段进行建设；与危险化学品及易燃易爆品等危险源的距离，必须满足有关安全规定；存在噪声污染、光污染的地段，应采取相应的降低噪声和光污染的防护措施；土壤存在污染的地段，必须采取有效措施进行无害化处理，并应达到居住用地土壤环境质量的要求。

居住区按照居民在合理的步行距离内满足基本生活需求的原则，可分为十五分钟生活圈居住区、十分钟生活圈居住区、五分钟生活圈居住区及居住街坊四级。各级标准控制规模为：十五分钟生活圈居住区（步行距离 800～1000m；居住人口 50000～100000 人；住宅数量 17000～32000 套）、十分钟生活圈居住区（步行距离 800m；居住人口 15000～25000 人；住宅数量 5000～8000 套）、五分钟生活圈居住区（步行距离 300m；居住人口 5000～12000 人；住宅数量 1500～4000 套）、居住街坊（居住人口 1000～3000 人；住宅数量 300～1000 套）。居住区应根据分级控制规模，对应规划建设配套设施和公共绿地，并应符合新建居住区，满足统筹规划、同步建设、同期投入使用的要求；旧区可遵循规划匹配、建设补缺、综合达标、逐步完善的原则进行改造。

（4）用地与建筑

新建各级生活圈居住区应配套规划建设公共绿地，并应集中设置具有一定规模，且能开展休闲、体育活动的居住区公园；公共绿地控制指标应符合十五分钟生活圈居住区（人均公共绿地面积 2m²/人）；十分钟生活圈居住区（人均公共绿地面积 1m²/人）；五分钟生活圈居住区（人均公共绿地面积 1m²/人）的标准。居住街坊内集中绿地的规划建设，应符合新区建设不应低于 0.50 m²/人，旧区改建不应低于 0.35m²/人；宽度不应小于 8m；在标准的建筑日照阴影线范围之外的绿地面积不应少于 1/3，其中应设置老年人、儿童活动场地。

住宅建筑与相邻建、构筑物的间距应在综合考虑日照、采光、通风、管线埋设、视觉卫生、防灾等要求的基础上统筹确定，并应符合现行国家标准《建筑设计防火规范》GB 50016 的有关规定。住宅建筑的间距等特定情况，还应符合老年人居住建筑日照标准不低于冬至日日照时数 2h；在原设计建筑外增加任何设施不应使相邻住宅原有日照标准降低，既有住宅建筑进行无障碍改造加装电梯除外；旧区改建项目内新建住宅建筑日照标准不应低于大寒日照时数 1h。

（5）配套设施

配套设施应遵循配套建设、方便使用、统筹开放、兼顾发展的原则进行配置，其布局应遵循集中和分散兼顾、独立和混合使用并重的原则，并应符合十五分钟和十分钟生活圈居住区配套设施，应依照其服务半径相对居中布局。十五分钟生活圈居住区配套设施中，文化活动中心、社区服务中心（街道级）、街道办事处等服务设施宜联合建设并形成街道综合服务中心，其用地面积不宜小于 1hm²。五分钟生活圈居住区配套设施中，社区服务站、文化站（含青少年、老年活动站）、老年人日间照料中心（托老所）、社区卫生服务站、社区商业网点等服务设施，宜集中布局、联合建设，并形成社区综合服务中心，其用地面积不宜小于0.3hm²。旧区改建项目应根据所在居住区各级配套设施的承载能力和合理确定居住人口规模与住宅建筑容量；当不匹配时，应增补相应的配套设施或对应控制住宅建筑增量。

（6）道路

居住区内道路的规划设计应遵循安全便捷、尺度适宜、公交优先、步行友好的基本原则，并应符合现行国家标准《城市综合交通体系规划标准》GB/T 51328的有关规定。居住区的路网系统应与城市道路交通系统有机衔接，并应符合居住区应采取"小街区、密路网"的交通组织方式，路网密度不应小于8km/km²；城市道路间距不应超过300m，宜为150～250m，并应与居住街坊的布局相结合；居住区内的步行系统应连续、安全、符合无障碍要求，并应便捷连接公共交通站点；在适宜自行车骑行的地区，应构建连续的非机动车道；旧区改建，应保留和利用有历史文化价值的街道、延续原有的城市肌理。

居住区内各级城市道路应突出居住使用功能特征与要求，并应符合两侧集中布局了配套设施的道路，应形成尺度宜人的生活性街道；道路两侧建筑退线距离，应与街道尺度相协调；支路的红线宽度，宜为14～20m；道路断面形式应满足适宜步行及自行车骑行的要求，人行道宽度不应小于2.5m；支路应采取交通稳静化措施，适当控制机动车行驶速度。

（7）居住环境

居住区规划设计应尊重气候及地形地貌等自然条件，并应塑造舒适宜人的居住环境。居住区规划设计应统筹庭院、道路、公园及小广场等公共空间形成连续、完整的公共空间系统，并应符合宜通过建筑布局形成适度围合、尺度适宜的庭院空间；应结合配套设施的布局塑造连续、宜人、有活力的街道空间；应构建动静分区合理、边界清晰连续的小游园、小广场；宜设置景观小品美化生活环境。居住区建筑的肌理、界面、高度、体量、风格、材质、色彩应与城市整体风貌、居住区周边环境及住宅建筑的使用功能相协调，并应体现地域特征、民族特色和时代风貌。

居住区内绿地的建设及其绿化应遵循适用、美观、经济、安全的原则，并应符合宜保留并利用已有的树木和水体；应种植适宜当地气候和土壤条件、对居民无害的植物；应采用乔、灌、草相结合的复层绿化方式；应充分考虑场地及住宅建筑冬季日照和夏季遮阴的需求；适宜绿化的用地均应进行绿化，并可采用立体绿化的方式丰富景观层次、增加环境绿量；有活动设施的绿地应符合无障碍设计要求并与居住区的无障碍系统相衔接；绿地应结合场地雨水排放进行设计，并宜采用雨水花园、下凹式绿地、景观水体、干塘、树池、植草沟等具备调蓄雨水功能的绿化方式。

6.《风景名胜区总体规划标准》GB/T 50298—2018

为有效保护风景名胜资源，全面发挥风景名胜区的功能和作用，服务美丽中国建设和风景区可持续发展，提高风景区的规划、管理水平和规范化程度，住房和城乡建设部于2018年9月11日批准《风景名胜区总体规划标准》为国家标准，编号为GB/T 50298—2018，自2019年3月1日起实施，原国家标准《风景名胜区规划规范》GB 50298—1999同时废止。

（1）适用范围

本标准适用于我国风景区的总体规划。风景区总体规划除应符合本标准外，尚应符合国家现行有关标准的规定。

（2）基本规定

风景区按用地规模可分为小型风景区（20km²以下）、中型风景区（21～100km²）、大型风景区（101～500km²）、特大型风景区（500km²以上）。基础资料调查应依据风景区的类型、特征和规划需要，提出相应的调查提纲和指标。现状分析应包括：自然和历史人文特点分析；各种资源的类型、特征、分布及其多重性分析；资源利用的方向、潜力、条件与利弊分析；土地利用结构、布局、矛盾和适宜性分析；风景区的生态、环境、社会与区域因素分析；游人现状与旅游服务设施现状分析等内容。

生态分区应主要依据生态价值、生态系统敏感性、生态状况等评估结论综合确定，并应符合以下规定：生态价值评估应包括生物多样性价值和生态系统价值等；生态系统敏感性评估可包括水土流失敏感性、沙漠化敏感性、石漠化敏感性等；生态状况评估应包括环境空气质量、地表水环境质量、土壤环境质量等。风景区应依据规划对象的属性、特征及其存在环境进行合理分区，并遵循同一区内的规划对象的特性及其存在环境应基本一致；同一区内的规划原则、措施及其成效特点应基本一致；规划分区应保持原有的自然、人文、线状等单元界限的完整性。

风景区结构或模型应依据规划目标和规划对象的性能、作用及其构成规律进行整体组织；风景区整体布局应依据规划对象的地域分布、空间关系和内在联系进行综合部署，并应合理、完善而又有自身特点。风景区职能结构规划，应遵循兼顾外来游人、服务人员和当地居民三者的需求与利益；风景游览欣赏职能应有独特的吸引力和承受力；旅游接待服务职能应有相应的效能和发展动力；居民社会管理职能应有可靠的约束力和时代活力；各职能结构应自成系统并有机组成风景的综合职能结构网络。

（3）风景名胜资源评价

应包括景源分类筛选、景源等级评价、评价指标与分级标准、综合价值评价、评价结论等内容。风景名胜资源评价原则应符合必须在真实资料的基础上，将现场踏勘与资料分析相结合，实事求是地进行；应采取景源等级评价和综合价值评价相结合的方法，综合确定风景区的价值与特征；景源等级评价应采取定性概括与定量分析相结合的方法。应以景源分类调查与筛选为基础，选择适当的评价指标对景点进行等级评价；根据风景区资源特点对景群进行等级评价；提出级别数量统计表。对独特或濒危景源，宜单独评价。

（4）分级标准

风景名胜资源分级标准应符合景源评价分级应分为特级、一级、二级、三级、四级这五级；景源等级应根据景源特征，及其不同层次的评价指标分值和吸引力范围确定；特级景源应具有珍贵、独特、世界遗产价值和意义，有世界奇迹般的吸引力；一级景源应具有名贵、罕见、国家级保护价值和国家代表性作用，在国内外著名和有国际吸引力；二级景源应具有重要、特殊、省级保护价值和地方代表性作用，在省内外闻名和有省际吸引力；三级景源应具有一定价值和游线辅助作用，有市县级保护价值和相关地区的吸引力；四级景源应具有一般价值和构景作用，有本风景区或当地的吸引力。

（5）规划范围

确定风景区范围及其外围保护地带，应符合确保景源特征与生态环境的完整性；保持历史文化与社会发展的连续性；应满足地域单元的相对独立性；应有利于保护、利用、管理的必要性与可行性。风景区范围及其外围保护地带界线划定必须符合有明确的地形标志物为依托，既能在地形图上标出，又能在现场立桩标界；地形图上的标界范围，应是风景区面积的计量依据；规划阶段的所有面积计量，均应以同精度地形图的投影面积为准。

（6）性质与分区

风景区的性质应明确表述风景特征、主要功能、风景区级别等三方面内容，可表述风景区类型，定型用词应突出重点、准确精练。功能分区规划应包括：明确具体对象与功能特征，划定功能区范围，确定管理原则和措施。功能分区应划分为特别保存区、风景游览区、风景恢复区、发展控制区、旅游服务区等。

（7）容量与人口

风景区总人口容量应包括外来游人、服务人口、当地居民三类人口容量。风景区游人容量应根据该地区的生态允许标准、功能技术标准、游览心理等因素进行计算以及采取多种方法校核后综合确定。游人容量应由一次性游人容量、日游人容量、年游人容量三个层次表示。游人容量计算结果应与当地的淡水供水、用地、相关设施及环境质量等条件进行校核与综合平衡，以确定合理的游人容量。风景区总人口容量测算应包括外来游人、服务职工、当地居民三类人口容量。当规划地区的居住人口密度超过100人/km²时，必须测定用地的居民容量。

（8）专项规划

包括保护培育规划、风景游赏规划、典型景观规划、游览解说系统规划、旅游服务设施规划、道路交通规划、综合防灾避险规划、基础工程规划、居民社会调控规划、经济发展引导规划、土地利用协调规划、分期发展规划。每项规划都有具体要求和内容。

（9）其他

本规范附有条文说明，以便准确理解和执行。

7.《城市道路绿化规划与设计规范》CJJ 75—97

为发挥道路绿化在改善城市生态环境和丰富城市景观中的作用，避免绿化影响交通安全，保证绿化植物的生存环境，使道路绿化规划设计规范化、提高道路绿化规划设计水平，建设部于1997年10月批准发布了《城市道路绿化规划与设计规范》，为行业标准，自1998年5月1日起施行。

（1）适用范围

适用于城市主干路、次干路、支路、广场和社会停车场的绿地规划与设计。并且尚应符合国家现行有关标准的规定。

（2）基本原则

道路绿化应以乔木为主，乔木、灌木、地被植物相结合，不得裸露土壤；道路绿化应符合行车视线和行车净空要求；绿化树木与市政公用设施的相互位置应统筹安排，并应保证树木有需要的立地条件与生长空间。植物种植应适地适树，并符合植物间伴生的生态习性；修建道路时，宜保留有价值的原有树木，对古树名木应予以保护；道路绿地应根据需要配备灌溉设施；道路绿地的坡向、坡度应符合排水要求，并与城市排水系统结合，防止绿地内积水和水土流失。

（3）道路绿带设计

分车绿带的植物配置应形式简洁、树形整齐、排列一致。中间分车绿带应阻挡相向行驶车辆的眩光，在距相邻机动车道路面高度 0.6m 至 1.5m 之间的范围内，配置植物的树冠应常年枝叶茂密，其株距不得大于冠幅的 5 倍。行道树带种植宜乔木、灌木、地被植物相结合，形成连续的绿带。行道树定植株距，应以其树种壮年期树冠为准，最小种植株距应为 4m。行道树树干中心至路缘石外侧最小距离宜为 0.75m。道路护坡绿化应结合工程措施栽植地被植物或攀缘植物。

（4）交通岛、广场和停车场绿地设计

交通岛周边的植物配置宜增强导向作用，在行车视距范围内应采用通透式配置。立体交叉绿岛应种植草坪等地被植物。公共活动广场周边宜种植高大乔木。集中成片绿地不应小于广场总面积的 25%，并宜设计成开放式绿地。车站、码头、机场的集散广场绿化应选择具有地方特色的树种。集中成片绿地不应小于广场总面积的 10%。停车场周边也应种植高大庇荫乔木，在停车场内宜结合停车间隔带种植高大庇荫乔木。停车场种植的庇荫乔木可选择行道树种。其树木枝下高度应符合停车位净高度的规定：小型汽车为 2.5m；中型汽车为 3.5m；载货汽车为 4.5m。

（5）道路绿化与有关设施

道路绿化与架空电力线路、地下各类管线及其他设施的最小垂直距离或水平距离应符合规范的有关规定。

（6）其他

本规范附有条文说明。本规范中，道路绿地率，绿带宽度，树木与架空电力线路导线的最小垂直距离，树木与其他设施最小水平距离等属于强制性内容。

8.《城市综合交通体系规划标准》GB/T 51328—2018

为保障城市的宜居与可持续发展，规范城市综合交通体系规划的编制与实施，住房和城乡建设部于 2018 年 9 月 11 日批准《城市综合交通体系规划标准》为国家标准，编号为 GB/T 51328—2018，自 2019 年 3 月 1 日起实施，国家标准《城市道路交通规划设计规范》GB 50220—95、行业标准《城市道路绿化规划与设计规范》CJJ 75—97 的第 3.1 节和第 3.2 节同时废止。

（1）适用范围

本标准适用于城市总体规划中城市综合交通体系规划编制和单独的城市综合交通体系规划编制。

（2）基本原则

城市综合交通体系应以人为中心，遵循安全、绿色、公平、高效、经济可行和协调的原则，因地制宜进行规划。

（3）基本规定

城市综合交通应包括出行的两端都在城区内的城市内部交通，和出行至少有一端在城区外的城市对外交通。按照城市综合交通的服务对象可划分为城市客运与货运交通。城市综合交通体系规划的范围与年限应与城市总体规划一致。城市综合交通体系应优先发展绿色、集约的交通方式，引导城市空间合理布局和人与物的安全、有序流动，并应充分发挥市场在交通资源配置中的作用，保障城市交通的效率与公平，支撑城市经济社会活动正常运行。

规划的城市道路与交通设施用地面积应占城市规划建设用地面积的 15%～25%，人均道路与交通设施面积不应小于 $12m^2$。城市综合交通体系规划应符合城市内部客运交通中由步行与集约型公共交通、自行车交通承担的出行比例不应低于 75%；应为规划范围内所有出行者提供多样化的出行选择，并应保障其交通可达性，满足无障碍通行要求；城市内部出行中，95% 的通勤出行的单程时耗，规划人口规模 100 万及以上的城市应控制在 60min 以内（规划人口规模超过 1000 万的超大城市可适当提高），100 万以下城市应控制在 40min 以内；应通过交通需求管理与交通设施建设保障城市道路运行的服务水平，城市中心区的快速路高峰时段机动车平均行程车速低限为 30km/h、其他地区为 40km/h，城市中心区的主干路高峰时段机动车平均行程车速低限为 20km/h、其他地区为 30km/h。

（4）综合交通与城市空间布局

城市综合交通体系应与城市空间协同规划，通过用地布局优化引导城市职住空间的匹配、合理布局城市各级公共与生活服务设施，将居民出行距离控制在合理范围内，并应符合规划人口规模超过 500 万人的城区居民通勤出行平均出行距离小于等于 9km，规划人口规模超过 1000 万人及以上的超大城市可适当提高；城区内生活出行，采用步行与自行车交通的出行比例不宜低于 80%。

城市综合交通体系应有效引导城市空间布局与优化，协调交通系统在承载城市活动、引导城市集约高效开发、塑造城市特色风貌、提升城市环境质量等方面的功能，并应符合综合交通网络布局，应与城市空间结构、交通走廊分布契合；城市公共交通骨干系统应串联城市活动联系密切的城市功能地区。应利用城市公共交通引导城市开发，依托城市公共交通走廊、城市客运交通枢纽布局城市的高强度开发。城市综合交通设施与服务应根据土地使用强度差异化提供，城市土地使用高强度地区应提高城市道路与公共交通设施的密度，加密步行与非机动车交通网络。

（5）城市交通体系协调

城市交通体系协调对象应为城市各交通子系统，应包括城市公共交通，小客车、摩托车等个体机动化客运交通方式，步行、自行车等非机动化客运交通方式，以及机动化与非机动化货运交通方式。城市综合交通体系规划应根据不同城市和城市不同地区的交通特征，差异化确定交通体系内不同交通方式的功能定位、优先规则、组织方式和资源配置。城市客源交通体系应优先保障步行、城市公共交通和自行车等绿色交通方式的运行空间与环境，引导小客车、摩托车等个体机动化交通方式有序发展、合理使用。

（6）规划实施评估

城市综合交通体系规划的编制和实施计划的制定，应进行城市综合交通体系规划的实施评估，并应以城市综合交通体系规划的实施评估结论为依据。城市综合交通体系规划实施评估应采取定量与定性相结合的方法，对城市综合交通的发展目标、策略、政策，城市的空间布局与交通系统相协调，综合交通体系各组成部分的组织与协调，交通设施投资与建设、交通系统运行与管理等方面进行评估，并对规划编制与实施提出建议。

（7）城市对外交通

城市对外交通衔接应符合城市的各主要功能区对外交通组织均高效、便捷；各类对外客货运系统，应优先衔接可组织联运的对外交通设施，再布局上结合或邻近布置；规划人口规模 100 万及以上城市的重要功能区、主要交通集散点，以及规划人口规模 50 万～100万的城市，应能 15min 到达高、快速路网，30min 到达邻近铁路、公路枢纽，并至少有一种交通方式可在60min内到达邻近机场。

（8）客运枢纽

城市客运枢纽按其承担的交通功能、客流特征和组织形式分为城市综合客运枢纽和城市公共交通枢纽两类。城市综合客运枢纽服务于航空、铁路、公路、水运等对外客流集散与转换，可兼顾城市内部交通的转换功能。城市公共交通枢纽服务于以城市公共交通为主的多种城市客运交通之间的转换。城市综合客运枢纽应依据城市空间布局布置，应便于连接城市对外联系通道，服务城市主要活动中心。城市综合客运枢纽宜与城市公共交通枢纽结合设置。城市综合客运枢纽必须设置城市公共交通衔接设施，规划有城市轨道交通的城市，主要的城市综合客运枢纽应有城市轨道交通衔接。枢纽内主要换乘交通方式出入口之间旅客步行距离不宜超过200m。

（9）城市公共交通

城市应提供与其经济社会发展相适应的多样化、高品质、有竞争力的城市公共交通服务。中心城区集约型公共交通服务应符合集约型公共交通站点500m服务半径覆盖的常住人口和就业岗位，在规划人口规模100万以上的城市不应低于90%；规划人口规模超过500万人的城市采用集约型公交95%的通勤出行时间最大值为60min。城市公共交通不同方式、不同路线之间的换乘距离不宜大于200m，换乘时间宜控制在10min以内。城市公共交通走廊按照单峰小时单向客流量或客流强度可分为高、大、中与普通客流走廊四个层级。城市公共汽电车线路宜分为干线、普线和支线三个层级，策划过年时可根据公交客流特征选择线路层级构成。城市公共汽电车的车站服务区域，以300m半径计算，不应小于规划城市建设用地面积的50%；以500m半径计算，不应小于90%。高峰期95%的乘客在轨道交通系统内部（轨道交通站间）单程出行时间不宜大于45min。城市轨道交通线路分为快线和干线，快线宜进入城市中心区，并应加强与城市轨道交通干线的换乘衔接。

（10）步行与非机动车交通

步行与非机动车交通系统由各级城市道路的人行道、非机动车道、过街设施，步行与非机动车专用路（含绿道）及其他各类专用设施（如：楼梯、台阶、坡道、电扶梯、自动人行道等）构成。步行交通与非机动车交通系统应安全、连续、方便、舒适。步行交通是城市最基本的出行方式。除城市快速路主路外，城市快速路辅路及其他各级城市道路红线内均应优先布置步行交通空间。根据地形条件、城市用地布局和街区情况，宜设置独立于城市道路系统的人行道、步行专用通道与路径。人行道最小宽度不应小于2.0m，且应与车行道之间设置物理隔离。非机动车交通是城市中、短距离出行的重要方式，是接驳公共交通的主要方式，并承担物流末端配送的重要功能。适宜自行车骑行的城市和城市片区，除城市快速路主路外，城市快速路辅路及其他各级城市道路均应设置连续的非机动车道。并宜根据道路条件、用地布局与非机动车交通特征设置非机动车专用路。

（11）城市货运交通

城市货运交通系统包括城市对外货运枢纽及其集疏运交通、城市内部货运、过境货运和特殊货运交通。城市货运交通系统布局应保障城市生产、生活及商业活动的正常运转，并能适应技术发展、产业组织和商业模式改变带来的货运需求变化。重大件货物、危险品货物以及海关监管等特殊货物应根据货物属性、运输特征和货运需求规划专用货运通道。城市对外货运枢纽包括各类对外运输方式的货运枢纽，及其延伸的地区性货运中心和内陆港。其布局应依托港口、铁路和机场货运枢纽或者仓储物流用地设置。城市内部货运交通包括生产性货运交通与生活性货运交通。生活性货运交通包括城市应急、救援品储备中心、生活性货运集散点以及城市货运配送网络。

（12）城市道路

城市道路系统应保障城市正常经济社会活动所需的步行、非机动车和机动车交通的安全、便捷与高效运行。城市道路系统规划应结合城市的自然地形、地貌与交通特征，因地制宜进行规划，并符合与城市交通发展目标相一致，符合城市的空间组织和交通特征；道路网络布局和道路空间分配应体现以人为本、绿色交通优先，以及窄马路、密路网、完整街道的理念；城市道路的功能、布局应与两侧城市的用地特征、城市用地开发状况相协调；体现历史文化传统，保护历史城区的道路格局，反映城市风貌；为工程管线和相关市政公用设施布设提供空间；满足城市救灾、避难和通风的要求。承担城市通勤交通功能的公路应纳入城市道路系统统一规划。中心城区内道路系统的密度不宜小于 8km/km²。

按照城市道路所承担的城市活动特征，城市道路应分为干线道路、支线道路，以及联系两者的集散道路三个大类；城市快速路、主干路、次干路和支路四个中类和八个小类。不同城市应根据城市规模、空间形态和城市活动特征等因素确定城市道路类别的构成。

（13）停车站与公共加油加气站

停车场是调节机动车拥有与使用的主要交通设施，停车位的供给应结合交通需求管理与城市建设情况，分区域差异化供给。停车场按停放车辆类型可分为非机动车停车场和机动车停车场；按用地属性可分为建筑物配建停车场和公共停车场。停车位按停车需求可分为基本车位和出行车位。停车场规划布局与规模应符合城市综合交通体系发展战略，与城市用地相协调，集约、节约用地。机动车停车场应规划电动汽车充电设施。公共建筑配建停车场、公共停车场应设置不少于总停车位 10% 的充电停车位。

（14）交通调查与需求分析

应采用交通分析模型对城市交通发展战略、政策和规划方案进行多方案测试和评价，对城市发展的不确定性进行分析。测试和评价指标除交通运行外，还宜包括经济、环境、社会公平等方面的指标。交通调查和需求分析可采用新的技术方法与工具，但应对调查数据的准确性和分析结果的可靠性进行评价，分析精度不得低于传统"四阶段"等方法。

（15）交通信息化

交通信息化规划应提出支持综合交通体系实施评估、建模分析等的交通信息采集、传输与处理要求，以及交通信息共享、发布的机制与设施、系统要求。交通信息采集、存储包括城市和交通地理信息、土地使用与空间规划信息、交通参与者信息、交通出行信息、交通运行信息、交通事件和交通环境信息等。交通信息应整合政府与民间的信息资源、定期更新。

9.《城市停车规划规范》GB/T 51149—2016

为科学合理安排停车设施，构建有序的停车环境，规范城市停车规划，支持新能源汽车发展，住房和城乡建设部于 2016 年 6 月发布了《城市停车规划规范》，自 2017 年 2 月 1 日起实施。

（1）适用范围

适用于城市总体规划、详细规划以及相关专项规划所涵盖的停车规划。

（2）城市停车规划应综合考虑人口规模和密度、土地开发强度、道路交通承载能力、公共交通服务水平等因素，采取停车位总量控制和区域差别化的供给原则，划分城市停车分区，提出差别化的分区停车规划策略。差别化的分区机动车停车规划应符合下列规定：城市中心区的人均机动车停车位供给水平不应高于城市外围地区；公共交通服务水平较高的地区的人均机动车停车位供给水平不应高于公共交通服务水平较低的地区。

（3）城市停车规划的内容与深度

总体规划阶段的城市停车规划应包括下列内容：制定城市停车发展战略和发展目标；确定区域差别化的停车供给策略和停车分区划分原则；提出差别化的停车分区规划指引。

控制性详细规划阶段的停车规划应包括下列内容：核算各地块内建筑物配建停车位规模；确定城市公共停车场用地布局控制指标和建筑设计原则。

修建性详细规划阶段的停车规划应包括下列内容：确定停车场平面布局和停车位规模；提出交通组织及出入口设置方案；估算工程量、拆迁量和总造价；分析建设条件，开展综合技术经济论证。城市停车设施专项规划应以综合交通体系规划为指导，应作为详细规划阶段城市停车规划的依据。

城市停车设施专项规划分近、远期规划；近期规划期限应与城市国民经济和社会发展规划的年限一致，远期规划期限应与城市总体规划的年限一致。城市停车设施专项规划应包括下列内容：现状停车调查和资料收集；估算现状停车位供需关系；预测规划年停车（位）需求总量；深化和细化城市停车发展战略和发展目标；提出区域差别化的分区停车位供应总量；确定城市公共停车场规模和分布；研究建筑物配建停车位指标；提出临时设置路内停车位的规划要求；提出近期建设规划和规划实施保障政策。

专项规划中涉及的停车规划内容和深度应与专项规划所属规划阶段的要求一致。

（4）停车场规模

规划范围内各地块的建筑物配建停车场规模应依据土地使用性质、容积率等用地指标和城市建筑物配建停车位指标确定。城市公共停车场规划用地控制指标应考虑服务对象、建筑形式、停放方式等因素，依据规划确定的城市公共停车场规模和分布，选取标准车停放面积或停放建筑面积进行确定。城市公共停车场应重视停车资源共享和高效利用，停车场设置的管理用房、停车辅助设施等建筑面积应按照不高于 $1m^2$/机动车停车位的标准设置，且管理用房、停车辅助设施的占地面积不应大于城市公共停车场总用地面积的 5%。地面机动车停车场标准车停放面积宜采用 25～30m^2，地下机动车停车库与地上机动车停车楼标准车停放建筑面积宜采用 30～40m^2，机械式机动车停车库标准车停放建筑面积宜采用 15～25m^2。非机动车单个停车位建筑面积宜采用 1.5～1.8m^2。

（5）停车场规划要求

停车场规划应综合考虑环境保护、防灾减灾和应急避难等因素，宜选择停车楼、机械式停车库等形式，不宜布设特大型停车场。停车场应建设信息管理系统，提供停车位分布、规模、收费标准、交通组织、利用率等信息，可建设智能化管理和诱导标识系统，提升信息化服务水平。停车场应结合电动车辆发展需求、停车场规模及用地条件，预留充电设施建设条件，具备充电条件的停车位数量不宜小于停车位总数的 10%。采用地面停车形式的停车场应采用高大乔木、绿植作为与周边其他性质用地的隔离，在满足停车要求的条件下应在停车场内种植高大乔木，形成树阵，创造绿荫停车环境。除管理用房、停车辅助设施、停车位及通道外的场地应实现绿化，停车位应采用绿化渗水铺装。

非居住类建筑物配建停车场应具备面向社会公众开放的规划建设条件。建筑物配建停车场需设置机械停车设备的，居住类建筑其机械停车位数量不得超过停车位总数的90%。采用二层升降式或二层升降横移式机械停车设备的停车设施，其净空高度不得低于3.8m。

停车供需矛盾突出地区的新建、扩建、改建的建筑物在满足建筑物配建停车位指标要求下，可增加独立占地的或者由附属建筑物的不独立占地的面向公众服务的城市公共停车场。城市公共停车场分布应在停车需求预测的基础上，以城市不同停车分区的停车位供需关系为依据，按照区域差别化策略原则确定停车场的分布和服务半径，应因地制宜地选择停车场形式，可结合城市公园、绿地、广场、体育场馆及人防设施修建地下停车库。城市公共停车场宜布置在客流集中的商业区、办公区、医院、体育场馆、旅游风景区及停车供需矛盾突出的居住区，其服务半径不应大于300m。同时，应考虑车辆噪声、尾气排放等对周边环境的影响。

机动车换乘停车场应结合城市中心区以外的轨道交通车站、公交枢纽站和公交首末站布设，机动车换乘停车场停车位供给规模应综合考虑接驳站点客流特征和周边交通条件确定，其中与轨道交通结合的机动车换乘停车场停车位的供给总量不宜小于轨道交通线网全日客流量的1‰，且不宜大于3‰。非机动车停车场布局应考虑停车需求、出行距离因素，结合道路、广场和公共建筑布置，其服务半径宜小于100m，不应大于200m，并应满足使用方便、停放安全的要求。非机动车换乘停车场应考虑换乘需求、换乘条件等因素，在轨道交通车站、公交枢纽站和公交车站等地区就近设置。建筑物配建非机动车停车场应采用分散与集中相结合的原则就近设置在建筑物出入口附近，且地面停车位规模不应小于总规模的50%。

10. 《城市工程管线综合规划规范》GB 50289—2016

为合理利用城市用地，统筹安排工程管线在地上和地下的空间位置，协调工程管线之间以及工程管线与其他相关工程设施之间的关系，并为工程管线综合规划编制和管理提供依据，住房和城乡建设部于2016年4月15日批准的《城市工程管线综合规划规范》为国家标准，编号为GB 50289—2016，自2016年12月1日起实施。原国家标准《城市工程管线综合规划规范》GB 50289—98同时废止。

（1）适用范围

适用于城市规划中的工程管线综合规划和工程管线综合专项规划。城市工程管线综合规划除应符合本规范外，尚应符合国家现行有关标准的规定。

（2）主要内容

城市工程管线综合规划的主要内容应包括：协调各工程管线布局；确定工程管线的敷设方式；确定工程管线敷设的排列顺序和位置，确定相邻工程管线的水平间距、交叉工程管线的垂直间距；确定地下敷设的工程管线控制高程和覆土深度等。

（3）管线综合规划要求

城市工程管线综合规划应能够指导各工程管线的工程设计，并应满足工程管线的施工、运行和维护的要求。城市工程管线宜地下敷设，当架空敷设可能危及人身财产安全或对城市景观造成严重影响时应采取直埋、保护管、管沟或综合管廊等方式地下敷设。工程管线的平面位置和竖向位置均应采用城市统一的坐标系统和高程系统。工程管线综合规划应符合下列规定：工程管线应按城市规划道路网布置；各工程管线应结合用地规划优化布局；工程管线综合规划应充分利用现状管线及线位；工程管线应避开地震断裂带、沉陷区以及滑坡危险地带等不良地质条件区。区域工程管线应避开城市建成区，且应与城市空间布局和交通廊道相协调，在城市用地规划中控制管线廊道。编制工程管线综合规划时，应减少管线在道路交叉口处交叉。当工程管线竖向位置发生矛盾时，宜按相关规定处理。

（4）地下敷设

直埋、保护管及管沟敷设：严寒或寒冷地区给水、排水、再生水、直埋电力及湿燃气等工程管线应根据土壤冰冻深度确定管线覆土深度；非直埋电力、通信、热力及干燃气等工程管线以及严寒或寒冷地区以外地区的工程管线应根据土壤性质和地面承受荷载的大小确定管线的覆土深度。工程管线应根据道路的规划横断面布置在人行道或非机动车道下面。位置受限制时，可布置在机动车道或绿化带下面。工程管线在道路下面的规划位置宜相对固定，分支线少、埋深大、检修周期短和损坏时对建筑物基础安全有影响的工程管线应远离建筑物。工程管线从道路红线向道路中心线方向平行布置的次序宜为：电力、通信、给水（配水）、燃气（配气）、热力、燃气（输气）、给水（输水）、再生水、污水、雨水。工程管线在庭院内由建筑线向外方向平行布置的顺序，应根据工程管线的性质和埋设深度确定，其布置次序宜为：电力、通信、污水、雨水、给水、燃气、热力、再生水。沿城市道路规划的工程管线应与道路中心线平行，其主干线应靠近分支管线多的一侧。工程管线不宜从道路一侧转到另一侧。道路红线宽度超过 40m 的城市干道宜两侧布置配水、配气、通信、电力和排水管线。各种工程管线不应在垂直方向上重叠敷设。沿铁路、公路敷设的工程管线应与铁路、公路线路平行。工程管线与铁路、公路交叉时宜采用垂直交叉方式布置；受条件限制时，其交叉角宜大于 60°。河底敷设的工程管线应选择在稳定河段，管线高程应按不妨碍河道的整治和管线安全的原则确定，并应符合相应规定。工程管线之间及其与建（构）筑物之间的最小水平净距应符合本规范的规定。当受道路宽度、断面以及现状工程管线位置等因素限制难以满足要求时，应根据实际情况采取安全措施后减少其最小水平净距。大于 1.6MPa 的燃气管线与其他管线的水平净距应按现行国家标准《城镇燃气设计规范》GB 50028 执行。工程管线与综合管廊最小水平净距应按现行国家标准《城市综合管廊工程技术规范》GB 50838 执行。对于埋深大于建（构）筑物基础的工程管线，其与建（构）筑物之间的最小水平距离，应按下式计算，并折算成水平净距后与表 4.1.9 的数值比较，采用较大值。当工程管线交叉敷设时，管线自地表面向下的排列顺序宜为：通信、电力、燃气、热力、给水、再生水、雨水、污水。给水、再生水和排水管线应按自上而下的顺序敷设。工程管线交叉点高程应根据排水等重力流管线的高程确定。工程管线交叉时的最小垂直净距，应符合本规范表 4.1.14 的规定。当受现状工程管线等因素限制难以满足要求时，应根据实际情况采取安全措施后减少其最小垂直净距。

综合管廊敷设：当遇下列情况之一时，工程管线宜采用综合管廊敷设：交通流量大或地下管线密集的城市道路以及配合地铁、地下道路、城市地下综合体等工程建设地段；高强度集中开发区域、重要的公共空间；道路宽度难以满足直埋或架空敷设多种管线的路段；道路与铁路或河流的交叉处或管线复杂的道路交叉口；不宜开挖路面的地段。综合管廊内可敷设电力、通信、给水、热力、再生水、天然气、污水、雨水管线等城市工程管线。干线综合管廊宜设置在机动车道、道路绿化带下，支线综合管廊宜设置在绿化带、人行道或非机动车道下。综合管廊覆土深度应根据道路施工、行车荷载、其他地下管线、绿化种植以及设计冰冻深度等因素综合确定。

（5）架空敷设

沿城市道路架空敷设的工程管线，其线位应根据规划道路的横断面确定，并不应影响道路交通、居民安全以及工程管线的正常运行。架空敷设的工程管线应与相关规划结合，节约用地并减小对城市景观的影响。架空线线杆宜设置在人行道上距路缘石不大于 1.0m 的位置，有分隔带的道路，架空线线杆可布置在分隔带内，并应满足道路建筑限界要求。架空电力线与架空通信线宜分别架设在道路两侧。架空电力线及通信线同杆架设应符合相应规定。架空金属管线与架空输电线、电气化铁路的馈电线交叉时，应采取接地保护措施。工程管线跨越河流时，宜采用管道桥或利用交通桥梁进行架设，并应符合相应规定。架空管线之间及其与建（构）筑物之间的最小水平净距应符合本规范的规定。架空管线之间及其与建（构）筑物之间的最小垂直净距应符合本规范的规定。高压架空电力线路规划走廊宽度可按本规范确定。架空燃气管线敷设除应符合本规范外，还应符合现行国家标准《城镇燃气设计规范》GB 50028 的规定。架空电力线敷设除应符合本规范外，还应符合现行国家标准《66kV 及以下架空电力线路设计规范》GB 50061 及《110kV～750kV 架空输电线路设计规范》GB 50545 的规定。

（6）其他

本规范附有条文说明。本规范中，河底敷设的工程管线高程、架空金属管线与架空输电线、电气化铁路的馈电线交叉时的相关规定、架空管线之间及其与建（构）筑物之间的最小净距属于强制性内容。

11. 《城市给水工程规划规范》GB 50282—2016

为适应城市建设发展和给水工程技术进步的需要，更好地贯彻执行国家有关城市给水工程的法律法规和技术经济政策，提高城市给水工程规划的科学性和合理性，保障城市供水安全，住房和城乡建设部于 2016 年 8 月 18 日批准《城市给水工程规划规范》为国家标准，编号为 GB 50282—2016，自 2017 年 4 月 1 日起实施。原国家标准《城市给水工程规划规范》GB 50282—98 同时废止。

（1）适用范围

适用于城市总体规划、控制性详细规划和给水工程专项规划。

（2）主要内容

城市给水工程规划的主要内容应包括：预测城市用水量，进行城市水资源与城市用水量之间的供需平衡分析，选择给水水源和水源地，确定给水系统布局，明确主要给水工程设施的规模、位置及用地控制，设置应急水源和备用水源，提出水源保护、节约用水和安全保障等措施。

城市给水工程规划中的生活饮用水水质应符合现行国家标准《生活饮用水卫生标准》GB 5749 的规定，其他类别用水水质应符合国家现行相应水质标准的规定。城市给水工程规划中的水压应根据城市供水分区布局特点确定，并满足城市直接供水建筑层数的最小服务水头。城市给水工程规划的阶段与期限应与城市规划的阶段与期限相一致。城市给水工程规划应近、远期结合，并应适应城市远景发展的需要。城市给水工程规划范围应与相应的城市规划范围一致。当城市给水工程规划中的水源地位于城市规划区以外时，水源地和输水管道应纳入城市给水工程规划范围；当输水管道途经的城镇需由同一水源供水时，应对取水和输水工程规模进行统一规划。

（3）城市用水量及水源

城市用水量应结合水资源状况、节水政策、环保政策、社会经济发展状况及城市规划等要求预测。用水量指标应根据城市的地理位置、水资源状况、城市性质和规模、产业结构、国民经济发展和居民生活水平、工业用水重复利用率等因素，在一定时期用水量和现状用水量调查基础上，结合节水要求，综合分析确定。

在城市水资源配置时，应综合分析城市各类用水对水量、水质的要求及供水保证程度，结合技术经济可行性，提出不同规划年限的配置方案。在城市水资源的供需平衡分析时，应提出保持水资源平衡的对策及保护水资源的措施，合理确定城市规模及产业结构。常规水资源不足的城市应限制高耗水产业，提出利用非常规水资源的措施。城市水资源和城市用水量之间应保持平衡。在几个城市共享同一水源或水源在城市规划区以外时，应进行市域或区域、流域范围的水资源供需平衡分析。

城市给水水源应根据当地城市水资源条件和给水需求进行技术经济分析，按照优水优用的原则合理选择。以地表水为城市给水水源时，取水量应符合流域水资源开发利用规划的规定，供水保证率宜达到 90％～97％。地下水为城市给水水源时，取水量不得大于允许开采量。当非常规水资源为城市给水的补充水源时，应综合分析用途、需求量和可利用量，合理确定非常规水资源给水规模。缺水城市应加强污水收集、处理，再生水利用率不应低于 20％。

当选用地表水为水源时，水源地应位于水体功能区划规定的取水段，且水质符合相应国家现行标准的区域。当水源为高浊度江河时，水源地应选在浊度相对较低的河段或有条件设置避砂峰调蓄设施的河段，并应符合现行行业标准《高浊度水给水设计规范》CJJ 40 的规定。当水源为感潮江河时，水源地应选在氯离子含量符合国家现行有关标准规定的河段，或有条件设置避咸潮调蓄设施的河段。当水源为湖泊或水库时，水源地应选在藻类含量较低、有足够水深和水域开阔的位置，并应符合现行行业标准《含藻水给水处理设计规范》CJJ 32 的规定。当选用地下水为水源时，水源地应设在不易受污染的富水区域。水源地确定时，应同时明确卫生防护要求和安全保障措施。水源地用地面积应根据取水规模和水源特性、取水方式、调节设施大小等因素确定。

（4）城市给水系统、水厂、输配水、应急供水

城市给水系统应满足城市的水量、水质、水压及安全供水要求，并应根据城市地形、城乡统筹、规划布局、技术经济等因素，经综合评价后确定。城市给水工程规划应对给水系统中的水源地、取水位置、输水管走向、水厂、主要配水管网及加压泵站等进行统筹布局。现状给水系统中存在自备水源的城市，应分析自备水源的形成原因和变化趋势，合理确定规划期内自备水源的供水能力、供水范围和供水用户，并与公共给水系统协调。以生活用水为主的自备水源，应逐步改由公共给水系统供水。城市给水系统中的工程设施不应设置在易发生滑坡、泥石流、塌陷等不良地质地区，洪水淹没及低洼内涝地区。地表水取水构筑物应设置在河岸及河床稳定的地段。工程设施的防洪及排涝等级不应低于所在城市设防的相应等级。

地表水水厂的位置应根据给水系统的布局确定。应选择在不受洪水威胁、有良好的工程地质条件、供电安全可靠、交通便捷和水厂生产废水处置方便的地方。地下水水厂的位置应根据水源地的地点和取水方式确定，选择在取水构筑物附近。非常规水源水厂的位置宜靠近非常规水资源或用户集中区域。

城市应采用管道或暗渠输送原水。当采用明渠时，应采取保护水质和防止水量流失的措施。输水管（渠）的根数及管径（尺寸）应满足给水规模要求。宜沿现有或规划道路铺设，并应缩短线路长度，减少跨越障碍次数。城市配水干管应根据给水规模并结合城市规划布局确定，其走向应沿现有或规划道路布置，并宜避开城市交通主干道。管道在城市道路中的管位应符合现行国家标准《城市工程管线综合规划规范》GB 50289 的规定。对供水距离较长或地形起伏较大的城市，宜在配水管网中设置加压泵站。加压泵站的位置应进行技术经济比较后确定，其位置宜为配水管网水压较低处，并靠近用水集中区域。

城市应根据可能出现的供水风险设置应急水源和备用水源，并按可能发生应急供水事件的影响范围、影响程度等因素进行综合分析，确定应急水源和备用水源规模。应急水源地和备用水源地宜纳入城市总体规划范围，并设置相应措施保证供水水质安全。

（5）其他

本规范附有用词说明及引用标准名录。本规范中，地下水为城市给水水源允许开采量及自备水源或非常规水源给水系统相关规定属于强制性内容。

12. 《城市排水工程规划规范》GB 50318—2017

住房和城乡建设部于 2017 年 1 月 21 日批准《城市排水工程规划规范》为国家标准，编号为 GB 50318—2017，自 2017 年 7 月 1 日起实施。原国家标准《城市排水工程规划规范》GB 50318—2000 同时废止。

（1）适用范围

适用于城市规划的排水工程规划和城市排水工程专项规划的编制，同时尚应符合国家现行有关标准的规定。

（2）主要内容

城市排水工程规划的主要内容应包括：确定规划目标与原则，划定城市排水规划范围，确定排水体制、排水分区和排水系统布局，预测城市排水量，确定排水设施的规模与用地、雨水滞蓄空间用地、初期雨水与污水处理程度、污水再生利用和污水处理厂污泥的处理处置要求。城市排水工程规划期限宜与城市总体规划期限一致。城市排水工程规划应近、远期结合，并兼顾城市远景发展的需要。

城市排水工程规划应与城市道路、竖向、防洪、河湖水系、给水、绿地系统、环境保护、管线综合、综合管廊、地下空间等规划相协调。城市建设应根据气候条件、降雨特点、下垫面情况等，因地制宜地推行低影响开发建设模式，削减雨水径流、控制径流污染、调节径流峰值、提高雨水利用率、降低内涝风险。

（3）排水范围

城市排水工程规划范围，应与相应层次的城市规划范围一致。城市雨水系统的服务范围，除规划范围外，还应包括其上游汇流区域。城市污水系统的服务范围，除规划范围外，还应兼顾距离污水处理厂较近、地形地势允许的相邻地区，包括乡村或独立居民点。

（4）排水体制

城市排水体制应根据城市环境保护要求、当地自然条件（地理位置、地形及气候）、受纳水体条件和原有排水设施情况，经综合分析比较后确定。同一城市的不同地区可采用不同的排水体制。除干旱地区外，城市新建地区和旧城改造地区的排水系统应采用分流制；不具备改造条件的合流制地区可采用截流式合流制排水体制。

（5）污水量

城市污水量应包括城市综合生活污水量和工业废水量。地下水位较高的地区，污水量还应计入地下水渗入量。城市污水量可根据城市用水量和城市污水排放系数确定。各类污水排放系数应根据城市历年供水量和污水量资料确定。当资料缺乏时，城市分类污水排放系数可根据城市居住和公共设施水平以及工业类型等分为城市污水、城市综合生活污水、城市工业废水三类，城市污水的排放系数为 0.70～0.85，城市综合生活污水的排放系数为 0.80～0.90，城市工业废水的排放系数为 0.60～0.80。

（6）雨水量

雨水设计流量应采用数学模型法进行校核，并同步确定相应的径流量、不同设计重现期的淹没范围、水流深度及持续时间等。当汇水面积不超过 2km² 时，雨水设计流量可采用推理公式法按下式计算。

$$Q = q \times \psi \times F \tag{3-1}$$

式中：Q——雨水设计流量（L/s）；

q——设计暴雨强度 [L/（s·hm²）]；

ψ——综合径流系数；

F——汇水面积（hm²）。

按照区域情况分为城市建筑密集区、城市建筑较密集区和城市建筑稀疏区。综合径流系数 ψ 的取值在城市建筑密集区中，雨水排放系统为 0.60～0.70，在防涝系统中为 0.80～1.00；城市建筑较密集区中雨水排放系统为 0.45～0.60，防涝系统中为 0.60～0.80；城市建筑稀疏区中雨水排放系统为 0.20～0.45，防涝系统中为 0.40～0.60。

设计重现期应根据地形特点、气候条件、汇水面积、汇水分区的用地性质（重要交通干道及立交桥区、广场、居住区）等因素综合确定，在同一排水系统中可采用不同设计重现期，重现期的选择应考虑雨水管渠的系统性；主干系统的设计重现期应按总汇水面积进行复核。设计重现期取值，按现行国家标准《室外排水设计规范》GB 50014 中关于雨水管渠、内涝防治设计重现期的相关规定执行。

（7）合流水量

进入合流制污水处理厂的合流水量应包括城市污水量和截流的雨水量。合流制排水系统截流倍数宜采用 2～5，具体数值应根据受纳水体的环境保护要求确定；同一排水系统中可采用不同的截流倍数。

（8）污水系统

城市污水分区与系统布局应根据城市的规模、用地规划布局，结合地形地势、风向、受纳水体位置与环境容量、再生利用需求、污泥处理处置出路及经济因素等综合确定。城市污水处理厂可按集中、分散或集中与分散相结合的方式布置，新建污水处理厂应含污水再生系统。独立建设的再生水利用设施布局应充分考虑再生水用户及生态用水的需要。再生水利用于景观环境、河道、湿地等生态补水时，污水处理厂宜就近布置。污水收集系统应根据地形地势进行布置，降低管道埋深。

（9）雨水系统

雨水的排水分区应根据城市水脉格局、地势、用地布局，结合道路交通、竖向规划及城市雨水受纳水体位置，遵循高水高排、低水低排的原则确定，宜与河流、湖泊、沟塘、洼地等天然流域分区相一致。立体交叉下穿道路的低洼段和路堑式路段应设独立的雨水排水分区，严禁分区之外的雨水汇入，并应保证出水口安全可靠。城市新建区排入已建雨水系统的设计雨水量，不应超出下游已建雨水系统的排水能力。源头减排系统应遵循源头、分散的原则构建，措施宜按自然、近自然和模拟自然的优先序进行选择。雨水排放系统应按照分散、就近排放的原则，结合地形地势、道路与场地竖向等进行布局。

（10）合流制排水系统

合流制排水系统的分区与布局应综合考虑污水的收集、处理与再生回用，以及雨水的排除与利用等方面的要求。合流制排水系统的分区应根据城市的规模与用地布局，结合地形地势、道路交通、竖向规划、风向、受纳水体位置与环境容量、再生利用需求、污泥处理处置出路及经济因素等综合确定，并宜与河流、湖泊、沟塘、洼地等的天然流域分区相一致。合流制收集系统应根据地形地势进行布置，降低管道埋深。

（11）污水处理厂

城市污水处理厂的规模应按规划远期污水量和需接纳的初期雨水量确定。城市污水处理厂选址，宜根据下列因素综合确定：便于污水再生利用，并符合供水水源防护要求；城市夏季最小频率风向的上风侧；与城市居住及公共服务设施用地保持必要的卫生防护距离；工程地质及防洪排涝条件良好的地区；有扩建的可能。

13.《镇规划标准》GB 50188—2007

2007年建设部第553号公告发布了《镇规划标准》，原《村镇规划标准》GB 50188—2006同时废止。

（1）适用范围

本标准适用于全国县级人民政府驻地以外的镇规划，乡规划可按本标准执行。

（2）主要内容

包括总则、术语、镇村体系和人口预测、用地分类和计算、规划建设用地标准、居住用地规划、公共设施用地规划、生产设施和仓储用地规划、道路交通规划、公用工程设施规划、防灾减灾规划、环境规划、历史文化保护规划、规划制图14部分的内容。

（3）用地分类

镇用地应按土地使用的主要性质划分为：居住用地、公共设施用地、生产设施用地、仓储用地、对外交通用地、道路广场用地、工程设施用地、绿地、水域和其他用地9大类、30小类。

（4）规划范围

《镇规划标准》中所指的规划范围应为建设用地以及因发展需要实行规划控制的区域，包括规划确定的预留发展、交通设施、工程设施等用地，以及水源保护区、文物保护区、风景名胜区、自然保护区等。

（5）建设用地

建设用地应包括本标准表4.1.3用地分类中的居住用地、公共设施用地、生产设施用地、仓储用地、对外交通用地、道路广场用地、工程设施用地和绿地八大类用地之和。对各类用地标准，建筑规模等规划要求，应符合标准中的各项要求。

（6）各类用地规划内容摘要

居住用地的规划应按照镇区用地布局的要求，综合考虑相邻用地的功能、道路交通等因素进行规划，应根据不同的住户需求和住宅类型，宜相对集中布置。

公共设施按其使用性质分为行政管理、教育机构、文体科技、医疗保健、商业金融和集贸市场六类，其项目的配置应符合规定。

道路交通规划主要应包括镇区内部的道路交通、镇域内镇区和村庄之间的道路交通以及对外交通的规划。镇区的道路应分为主干路、干路、支路、巷路四级。

公用工程设施规划主要应包括给水、排水、供电、通信、燃气、供热、工程管线综合和用地竖向规划。

防灾减灾规划主要应包括消防、防洪、抗震防灾和防风减灾的规划。

环境规划主要应包括生产污染防治、环境卫生、环境绿化和景观的规划。

镇、村历史文化保护规划应依据县域规划的基本要求和原则进行编制。镇、村历史文化保护规划应纳入镇、村规划。镇区的用地布局、发展用地选择、各项设施的选址、道路与工程管网的选择，应有利于镇、村历史文化的保护。

本标准中用地分类与代号，人均建设用地指标分级，均建设用地指标，镇区道路规划技术指标，规划规模分级，公共设施项目配置以及就地避洪安全设施的安全超高属于强制性内容。

14. 《城市综合防灾规划标准》GB/T 51327—2018

为贯彻执行《中华人民共和国城乡规划法》《中华人民共和国突发事件应对法》等有关法律法规，规范城市综合防灾规划编制，住房和城乡建设部于 2018 年 9 月 11 日批准《城市综合防灾规划标准》为国家标准，编号为 GB/T 51327—2018，自 2019 年 3 月 1 日起实施。

（1）适用范围

本标准适用于城市规划中的防灾规划和城市综合防灾专项规划。城市综合防灾规划，除应符合本标准规定外，尚应符合国家现行有关标准的规定。

（2）基本原则

城市综合防灾规划应与城市总体规划的范围、期限一致。城市综合防灾专项规划应与城市总体规划中的防灾规划相衔接，统筹、协调并指导各专业的防灾规划。城市其他规划应符合城市综合防灾规划要求，落实城市综合防灾部署。

（3）基本规定

城市综合防灾规划应贯彻落实"预防为主，防、抗、避、救相结合"的方针，坚持以人为本、尊重生命、保障安全、因地制宜、平灾结合，科学论证及全面评估城市灾害风险，整合协调城市防灾资源，坚守防灾安全底线，统筹防灾战略与任务，综合落实防灾要求，建立健全具备多道防线的城市防灾体系。城市综合防灾规划宜以主要灾害防御为主线，综合考虑其他灾害和突发事件影响，统筹考虑公共安全应对、人防工程建设，建立完善城市防灾和应急体系。

（4）综合防灾评估

综合防灾评估应依据城市各类基础资料和防灾规划成果，在相关专业部门工作的基础上，进行城市防灾、减灾和应急措施现状分析，评估各类防灾规划实施情况，开展重大危险源调查评估、灾害风险评估、用地安全评估、应急保障和服务能力评估，并应确定防御灾种及重点内容。综合防灾评估可划分评估空间单元进行，评估空间单元划分和调整应凸显和准确识别灾害高风险区、用地有条件适宜地段及不适宜地段、可能发生特大灾难性事故影响的设施与地区、应急保障服务能力薄弱区等城市防灾薄弱环节，分析重点防护保障片区和工程对象的防灾能力存在的主要问题。

（5）城市防灾安全布局

城市防灾安全布局规划应以用地安全使用为原则，以形成有利于增强城市防灾能力、提高城市安全水平、可有效应对重大或特大灾害的城市防灾体系为目标。城市综合防灾规划应以"平灾结合、多灾共用、分区互助、联合保障"为原则，统筹协调和综合安排防灾设施，保障城市用地安全，应对防灾设施进行空间整治和有效整合，满足灾害防御和应急救灾的需求。城市应急保障基础设施和应急服务设施体系的构建应分析评估城市要害系统、重要工程设施、关键空间节点、防灾分区划分和应急保障服务需求，形成点、线、面相互结合、相互支撑的工程体系。

（6）应急保障基础设施

城市综合防灾规划应结合城市基础设施建设情况及相关专业的规划，提出规划布局和防灾措施。并应符合规划时应分析城市需提供应急功能保障的各类设施等应急功能保障对象，确定应急供水、供电、通信等设施的报站规模和布局，明确应急功能保障级别，灾害设防标准和防灾措施；规划时应确定城市疏散救援出入口、应急通道布局和防灾空间整治措施；规划时应提出防灾适宜性差地段应急保障基础设施的限制建设条件和保障对策；规划时应明确应急保障基础设施中需要加强安全的重要建筑工程，并针对其薄弱环节，提出规划和建设改造要求。

（7）应急服务设施

城市综合防灾规划应确定应急指挥、避难、医疗卫生、物资保障等应急服务设施的服务范围和布局，分析确定其建设规模、建设指标、灾害设防标准和防灾措施，进行建设改造安排，提出消防规划建设指引，制定可能影响应急服务设施功能发挥的周边设施和用地空间的规划控制要求，提出避难指引标识系统的建设要求。

15.《历史文化名城保护规划标准》GB/T 50357—2018

为保护和弘扬中华优秀传统文化，延续城市历史文脉，保留中华文化基因，切实保护城乡历史文化遗产，确保历史文化名城保护规划工作科学、合理、有效进行，住房和城乡建设部于2018年11月1日批准《历史文化名城保护规划标准》为国家标准，编号为GB/T 50357—2018，自2019年4月1日起实施。原国家标准《历史文化名城保护规划规范》GB 50357—2005同时废止。

（1）适用范围

适用于历史文化名城、历史文化街区、文物保护单位及历史建筑的保护规划，以及非历史文化名城的历史城区、历史地段、文物古迹等的保护规划。

（2）基本原则

保护规划必须应保尽保，并遵循保护历史真实载体的原则；保护历史环境的原则；合理利用、永续发展的原则；统筹规划、建设、管理的原则。保护规划应全面深入调查历史文化名城的历史与现状，深入挖掘历史文化资源，研究分析其文化内涵、价值和特色，确定保护目标，坚持整体保护原则，建立历史文化名城保护体系。

（3）历史文化名城及规划

历史文化名城是指经国务院批准公布的保存文物特别丰富并且具有重大历史价值或者革命纪念意义的城市。历史文化名城保护应包括：城址环境及与之相互依存的山川形胜；历史城区的传统格局与历史风貌；历史文化街区和其他历史地段；需要保护的建筑，包括文物保护单位、历史建筑、已登记尚未核定公布为文物保护单位的不可移动文物、传统风貌建筑等；历史环境要素；非物质文化遗产以及优秀传统文化。历史文化名城保护规划应坚持整体保护的理念，建立历史文化名城、历史文化街区与文物保护单位三个层次的保护体系。历史文化名城保护规划应确定名城保护目标和保护原则，确定名城保护内容和保护重点，提出名城保护措施。历史文化名城保护规划应包括城址环境保护；传统格局与历史风貌的保持与延续；历史地段的维修、改善与整治；文物保护单位和历史建筑的保护和修缮。历史文化名城保护规划应划定历史城区、历史文化街区和其他历史地段、文物保护单位、历史建筑和地下文物埋藏区的保护界限，并应提出相应的规划控制和建设要求。

（4）历史文化街区及规划

历史文化街区应具备比较完整的历史风貌；构成历史风貌的历史建筑和历史环境要素应是历史存留的原物；历史文化街区核心保护范围面积不应小于1hm²；历史文化街区核心保护范围内的文物保护单位、历史建筑、传统风貌建筑的总用地面积不应小于核心保护范围内建筑总用地面积的60%。历史文化街区保护规划应达到详细规划深度要求。历史文化街区保护规划应对保护范围内的建筑物、构筑物提出分类保护与整治要求。对核心保护范围应提出建筑的高度、体量、风格、色彩、材质等具体控制要求和措施，并应保护历史风貌特征。建设控制地带应与核心保护范围的风貌协调，至少应提出建筑高度、体量、色彩等控制要求。历史文化街区保护规划应包括改善居民生活环境、保持街区活力、延续传统文化的内容。

（5）文物保护单位与历史建筑。

历史文化名城保护规划应依据文物保护规划和文物保护的相关规定，对文物保护单位提出必要的保护措施。应对具有一定历史价值、科学价值、艺术价值的建筑物、构筑物进行全面普查、整理、确定，并应提出可入历史建筑保护名录的建议。历史建筑应保持和延续原有的使用功能；确需改变功能的，应保护和提示原有的历史文化特征，并不得危害历史建筑的安全。

16.《城镇老年人设施规划规范》GB 50437—2007（2018年版）

建设部第746号令批准了《城镇老年人设施规划规范》，自2008年6月1日起实施。住房和城乡建设部于2018年12月27日批准《城镇老年人设施规划标准》GB 50437—2007局部修订的条文，自2019年5月1日起实施。

（1）制定目的

为适应我国人口结构老龄化，加强老年人设施的规划，为老年人提供安全、方便、舒适、卫生的生活环境，满足老年人日益增长的物质与精神文化需要，制定本规范。

（2）适用范围

本规范适用于城镇老年人设施的新建、扩建或改建的规划。

（3）老年人设施的规划编制原则

符合城镇总体规划及其他相关规划的要求，符合"统一规划、合理布局、因地制宜、综合开发、配套建设"的原则，符合老年人生理和心理的需求，并综合考虑日照、通风、防寒、采光、防灾及管理等要求，符合社会效益、环境效益和经济效益相结合的原则。

（4）主要内容

分为总则，术语，分级、规模和内容，布局与选址，场地规划五个部分。

（5）分类标准

老年活动中心，老年学校（大学）按服务范围分为市级、区级。老年学校（大学）宜结合市级、区级文化馆统筹建设。老年人设施应按服务人口规模设置，并各自规定有配建要求及具体指标。

（6）布局与选址要求

老年人设施布局应符合当地老年人口的分布特点，并宜靠近居住人口集中的地区布局。老年养护院、养老院用地宜独立设置。建制镇老年人设施宜与镇区公共中心集中设置，统一安排，并宜靠近医疗设施与公共绿地。

老年人设施应选择在地形平坦、自然环境较好、阳光充足、通风良好、具有良好基础设施条件、交通便捷、方便可达的地段，应避开对外公路、快速路及交通量大的交叉路口等地段，应远离污染源、噪声源及危险品的生产储运等用地。

（7）场地规划要求

老年人设施的建筑应根据当地纬度及气候特点选择较好的朝向布置。日照要求应满足相关标准的规定。独立占地的老年人设施的建筑密度不宜大于30％，场地内建筑宜以多层为主。老年人设施室外活动场地应平整防滑排水畅通，坡度不应大于2.5％。老年人设施场地内应人车分行，并应设置公共停车位。老年人设施场地范围内的绿地率：新建不应低于40％，扩建和改建不应低于35％。集中绿地内可统筹设置少量老年人活动场地。室外设施应满足老年人安全需要，临水和临空的活动场所、踏步及坡道等设施应设置安全护栏、扶手及照明设施。

17.《城市规划制图标准》CJJ/T 97—2003

为规范城市规划的制图，提高城市规划制图的质量，正确表达城市规划图的信息，2003年8月建设部公布了《城市规划制图标准》，于2003年12月1日起实施。

（1）适用范围

本标准适用于城市总体规划、城市分区规划。城市详细规划可参照使用。本标准未规定的内容，可参照其他专业标准的制图规定执行，也可由制图者在本标准的基础上进行补充，但不得与本标准中的内容相矛盾。城市规划图纸，应完整、准确、清晰、美观。

（2）一般规定

城市规划图纸可分为现状图、规划图、分析图三类。城市规划的现状图应是记录规划工作起始的城市状态的图纸，并应包括城市用地现状图与各专项现状。城市规划的规划图应是反映规划意图和城市规划各阶段规划状态的图纸。本标准不对分析图的制图作出规定。

本标准规定城市总体规划图应共同具备的基本内容有图题、图界、指北针、风向玫瑰、比例、比例尺、规划期限、图例、署名、编制日期、图标等。本标准对这些基本内容分别作了具体规定（第 2.2～2.10 节）。

此外，本标准对城市规划图上的文字与说明、图幅规格、图号顺序、图纸数量与图纸的合并绘制、定位、地形图等内容作了具体规定（第 2.11～2.16 节）。

（3）图例与符号

用地图例表示地块的使用性质。用地图例分彩色图例、单色图例两种。彩色图例应用于彩色图；单色图例应用于双色图，黑、白图，复印或晒蓝的底图或彩色图的底纹、要素图例与符号等。城市规划图中用地图例的选用和绘制应符合表 3.1.3 的规定，彩色用地图例按用地类别分为十类，对应于现行国家标准《城市用地分类与规划建设用地标准》GBJ 137 中的大类。中类、小类彩色用地图例在大类主色调内选色，在大类主色调内选择有困难时应按本标准第 3.1.5 条的规定执行。城市规划图中，单色用地图例的选用和绘制应符合表 3.1.4 的规定。单色用地图例按用地类别分为十类，对应现行国家标准《城市用地分类与规划建设用地标准》GBJ 137 中的十大类。中类、小类用地图例应按本标准 3.1.5 条规定执行。总体规划图中需要表示到中类、小类用地时，可在相应的大类图式中加绘圆圈，并在圆圈内加注用地类别代号（图 3.1.5）。

城市规划的规划要素图例应用于各类城市规划图中表示城市现状、规划要素与规划内容。城市规划图中规划要素图例的选用宜符合表 3.2.2 的规定。规划要素图例与符号为单色图例。

18.《城市绿地分类标准》CJJ/T 85—2017

为统一城市绿地分类，根据《中华人民共和国城乡规划法》，科学地编制、审批、实施城市绿地系统规划，规范绿地的保护、建设和管理，改善城乡生态环境，促进城乡的可持续发展，住房和城乡建设部于 2017 年 11 月 28 日批准《城市绿地分类标准》为行业标准，编号为 CJJ/T 85—2017，自 2018 年 6 月 1 日起实施。原行业标准《城市绿地分类标准》CJJ/T 85—2002 同时废止。

（1）适用范围

本标准适用于绿地的规划、设计、建设、管理和统计等工作。

（2）城市绿地分类

绿地按主要功能进行分类，并与城市用地分类相对应。绿地分类采用大类、中类、小类三个层次。绿地类别采用英文字母组合表示，或采用英文字母和阿拉伯数字组合表示。

本标准将绿地分为 5 大类、15 中类、11 小类，以反映绿地的实际情况以及绿地与城市其他各类用地之间的层次关系，满足绿地的规划设计、建设管理、科学研究和统计等工作使用的需要。城市绿地具体分类详见本标准 2.0.4 的规定。

（3）城市绿地的计算原则与方法

计算城市现状绿地和规划绿地的指标时，应分别采用相应的人口数据和用地数据；规划年限、城市建设用地面积、人口统计口径应与城市总体规划一致，统一进行汇总计算。

用地面积应按平面投影计算，每块用地只应计算一次。用地计算的所用图纸比例，计算单位和统计数字精确度应与城市规划相应阶段的要求一致。本标准提出了绿地率、人均绿地面积、城乡绿地率四项主要绿地统计指标的计算公式。

19.《城市抗震防灾规划标准》GB 50413—2007

为规范城市抗震防灾规划，提高城市的综合抗震防灾能力，最大限度地减轻城市地震灾害，2007年4月建设部批准了《城市抗震防灾规划标准》，于2007年11月1日起实施。规定其中，第1.0.5、3.0.1、3.0.2（1）、3.0.4、3.0.6、4.1.4、4.2.2、4.2.3、5.2.6（1、2、3）、6.2.1、6.2.2、7.1.2、8.2.6、8.2.7、8.2.8条（款）为强制性条文，必须严格执行。

（1）适用范围

本标准适用于地震动峰值加速度大于或等于0.05g（地震基本烈度为6度及以上）地区的城市抗震防灾规划。

（2）基本防御目标

按照本标准进行城市抗震防灾规划，应达到以下基本防御目标：①当遭受多遇地震影响时，城市功能正常，建设工程一般不发生破坏；②当遭受相当于本地区地震基本烈度的地震影响时，城市生命线系统和重要设施基本正常，一般建设工程可能发生破坏但基本不影响城市整体功能，重要工矿企业能很快恢复生产或运营；③当遭受罕遇地震影响时，城市功能基本不瘫痪，要害系统、生命线系统和重要工程设施不遭受严重破坏，无重大人员伤亡，不发生严重的次生灾害（第1.0.5条）。

（3）基本规定

城市抗震防灾规划应包括下列内容：①总体抗震要求：a. 城市总体布局中的减灾策略和对策；b. 抗震设防标准和防御目标；c. 城市抗震设施建设、基础设施配套等抗震防灾规划要求与技术指标。②城市用地抗震适宜性划分，城市规划建设用地选择与相应的城市建设抗震防灾要求和对策。③重要建筑、超限建筑，新建工程建设，基础设施规划布局、建设与改造，建筑密集或高易损性城区改造，火灾、爆炸等次生灾害源，避震疏散场所及疏散通道的建设与改造等抗震防灾要求和措施。④规划的实施和保障（第3.0.1条）。

城市抗震防灾规划中的抗震设防标准、城市用地评价与选择、抗震防灾措施应根据城市的防御目标、抗震设防烈度和《建筑抗震设计规范》CB 50011—2010（2016年版）等国家现行标准确定［第3.0.2（1）条］。

城市抗震防灾规划编制模式应符合下述规定：①位于地震烈度7度及以上地区的大城市编制抗震防灾规划应采用甲类模式；②中等城市和位于地震烈度6度地区的大城市应不低于乙类模式；③其他城市编制城市抗震防灾规划应不低于丙类模式（第3.0.4条）。

城市规划区的规划工作区划分应满足下列规定：①甲类模式城市规划区内的建成区和近期建设用地应为一类规划工作区；②乙类模式城市规划区内的建成区和近期建设用地应不低于二类规划工作区；③丙类模式城市规划区内的建成区和近期建设用地应不低于三类规划工作区；④城市的中远期建设用地应不低于四类规划工作区（第3.0.6条）。

（4）城市用地

进行城市用地抗震性能评价时所需钻孔资料，应满足本标准所规定的评价要求，并符合下述规定：①对一类规划工作区，每平方公里不少于1个钻孔；②对二类规划工作区，每两平方公里不少于1个钻孔；③对三、四类规划工作区，不同地震地质单元不少于1个钻孔（第4.1.4条）。

城市用地地震破坏及不利地形影响应包括对场地液化、地表断错、地质滑坡、震陷及不利地形等影响的估计，划定潜在危险地段（第4.2.2条）。

城市用地抗震适宜性评价应按表3-4进行分区，综合考虑城市用地布局、社会经济等因素，提出城市规划建设用地选择与相应城市建设抗震防灾要求和对策（第4.2.3条）。

城市用地抗震适宜性评价要求 表3-4

类别	适宜性地质、地形、地貌描述	城市用地选择抗震防灾要求
适宜	不存在或存在轻微影响的场地地震破坏因素。一般无须采取整治措施： （1）场地稳定； （2）无或轻微地震破坏效应； （3）用地抗震防灾类型Ⅰ类或Ⅱ类； （4）无或轻微不利地形影响	应符合国家相关标准要求
较适宜	存在一定程度的场地地震破坏因素。可采取一般整治措施满足城市建设要求： （1）场地存在不稳定因素； （2）用地抗震防灾类型Ⅲ类或Ⅳ类； （3）软弱土或液化土发育。可能发生中等及以上液化或震陷。可采取抗震措施消除； （4）条状突出的山嘴，高耸孤立的山丘，非岩质的陡坡，河岸和边坡的边缘。平面分布上成因、岩性、状态明显不均匀的土层（如古河道、疏松的断层破碎带、暗埋的塘滨沟谷和半填半挖地基）等地质环境条件复杂，存在一定程度的地质灾害危险性	工程建设应考虑不利因素影响，应按照国家相关标准采取必要的工程治理措施，对于重要建筑尚应采取适当的加强措施
有条件适宜	存在难以整治场地地震破坏因素的潜在危险性区域或其他限制使用条件的用地，由于经济条件限制等各种原因尚未查明或难以查明： （1）存在尚未明确的潜在地震破坏威胁的危险地段； （2）地震次生灾害可能有严重威胁； （3）存在其他方面对城市用地的限制使用条件	作为工程建设用地时，应查明用地危险程度，属于危险地段时，应按照不适宜用地相应规定执行；危险性较低时，可按照较适宜用地规定执行
不适宜	存在场地地震破坏因素。但通常难以整治： （1）可能发生滑塌、崩塌、地陷、地裂、泥石流等的用地； （2）地震断裂带上可能发生地表位错的部位； （3）其他难以整治和防御的灾害高危害影响区	不应作为工程建设用地。基础设施管线工程无法避开时，应采取有效措施减轻场地破坏作用，满足工程建设要求

（5）基础设施

基础设施的抗震防灾要求和措施应包括：①应针对基础设施各系统的抗震安全和在抗震救灾中的重要作用提出合理有效的抗震防御标准和要求；②应提出基础设施中需要加强抗震安全的重要建筑和构筑物；③对不适宜基础设施用地，应提出抗震改造和建设对策与要求［第5.2.6（1、2、3）条］。

（6）城区建筑

应提出城市中需要加强抗震安全的重要建筑；对本标准第6.1.2条第2款规定的重要建筑应进行单体抗震性能评价，并针对重要建筑和超限建筑提出进行抗震建设和抗震加固的要求和措施（第 6.2.1 条）。

对城区建筑抗震性能评价应划定高密度、高危险性的城区，提出城区拆迁、加固和改造的对策和要求；应对位于不适宜用地上的建筑和抗震性能薄弱的建筑进行群体抗震性能评价，结合城市的发展需要，提出城区建设和改造的抗震防灾要求和措施（第 6.2.2 条）。

（7）地震次生灾害防御

在进行抗震防灾规划时，应按照次生灾害危险源的种类和分布，根据地震次生灾害的潜在影响，分类分级提出需要保障抗震安全的重要区域和次生灾害源点。

（8）避震疏散

避震疏散场所不应规划建设在不适宜用地的范围内（第 8.2.6 条）。

避震疏散场所距次生灾害危险源的距离应满足国家现行重大危险源和防火的有关标准规范要求；四周有次生火灾或爆炸危险源时，应设防火隔离带或防火树林带。避震疏散场所与周围易燃建筑等一般地震次生火灾源之间应设置不小于 30m 的防火安全带；距易燃易爆工厂仓库、供气厂、储气站等重大次生火灾或爆炸危险源距离应不小于 1000m。避震疏散场所内应划分避难区块，区块之间应设防火安全带。避震疏散场所应设防火设施、防火器材、消防通道、安全通道（第 8.2.7 条）。

避震疏散场所每位避震人员的平均有效避难面积，应符合：①紧急避震疏散场所人均有效避难面积不小于 $1m^2$，但起紧急避震疏散场所作用的超高层建筑避难层（间）的人均有效避难面积不小于 $0.2m^2$；②固定避震疏散场所人均有效避难面积不小于 $2m^2$（第 8.2.8 条）。

20. 《城市公共设施规划规范》GB 50442—2008

为提高城市公共设施规划的科学性，合理配置和布局城市各项公共设施用地，集约和节约用地，创建和谐、优美的城市环境，2008 年 2 月建设部批准了《城市公共设施规划规范》，于 2008 年 7 月 1 日起实施。规定其中，第 1.0.5、3.0.1、5.0.1、5.0.3、6.0.1、7.0.2、8.0.1、9.0.1、9.0.3 条为强制性条文，必须严格执行。

（1）适用范围

本规范适用于设市城市的城市总体规划及大、中城市的城市分区规划编制中的公共设施规划。

（2）城市公共设施用地

城市公共设施用地分类应与城市用地分类相对应，分为：行政办公、商业金融、文化娱乐、体育、医疗卫生、教育科研设计和社会福利设施用地。

城市公共设施规划用地综合（总）指标应符合表 3-5 的规定。

城市公共设施规划用地综合（总）指标　　　　表 3-5

分项 ＼ 城市规模	小城市	中等城市	大城市		
			Ⅰ	Ⅱ	Ⅲ
占中心城区规划用地比例（%）	8.6～11.4	9.2～12.3	10.3～13.8	11.6～15.4	13.0～17.5
人均规划用地（m²/人）	8.8～12.0	9.1～12.4	9.1～12.4	9.5～12.8	10.0～13.2

113

（3）行政办公

行政办公设施规划用地指标应符合表3-6的规定。

行政办公设施规划用地指标 表3-6

分项 城市规模	小城市	中等城市	大城市		
			Ⅰ	Ⅱ	Ⅲ
占中心城区规划用地比例（%）	0.8～1.2	0.8～1.3	0.9～1.3	1.0～1.4	1.0～1.5
人均规划用地（m²/人）	0.8～1.3	0.8～1.3	0.8～1.2	0.8～1.1	0.8～1.1

（4）文化娱乐

文化娱乐设施规划用地指标应符合表3-7的规定。

文化娱乐设施规划用地指标 表3-7

分项 城市规模	小城市	中等城市	大城市		
			Ⅰ	Ⅱ	Ⅲ
占中心城区规划用地比例（%）	0.8～1.0	0.8～1.1	0.9～1.2	1.1～1.3	1.1～1.5
人均规划用地（m²/人）	0.8～1.1	0.8～1.1	0.8～1.0	0.8～1.0	0.8～1.0

具有公益性的各类文化娱乐设施的规划用地比例不得低于表3-8的规定。

公益性的各类文化娱乐设施规划用地比例 表3-8

设施类别	广播电视、出版类	图书展览类	影剧院、游乐、文化艺术类
占文化娱乐设施规划用地比例（%）	10	20	50

（5）体育

体育设施规划用地指标应符合表3-9的规定，并保障具有公益性的各类体育设施规划用地比例。

体育设施规划用地指标 表3-9

分项 城市规模	小城市	中等城市	大城市		
			Ⅰ	Ⅱ	Ⅲ
占中心城区规划用地比例（%）	0.6～0.9	0.5～0.7	0.6～0.8	0.5～0.8	0.6～0.9
人均规划用地（m²/人）	0.6～1.0	0.5～0.7	0.5～0.7	0.5～0.8	0.5～0.8

（6）医疗卫生

医疗卫生设施规划用地指标应符合表 3-10 的规定。

医疗卫生设施规划用地指标 表 3-10

分项 \ 城市规模	小城市	中等城市	大城市		
			I	II	III
占中心城区规划用地比例（%）	0.7～0.8	0.6～0.8	0.7～1.0	0.9～1.1	1.0～1.2
人均规划用地（m²/人）	0.6～0.7	0.6～0.8	0.6～0.9	0.8～1.0	0.9～1.1

（7）教育科研

教育科研设计设施规划用地指标应符合表 3-11 的规定。

教育科研设计设施规划用地指标 表 3-11

分项 \ 城市规模	小城市	中等城市	大城市		
			I	II	III
占中心城区规划用地比例（%）	2.4～3.0	2.9～3.6	3.4～4.2	4.0～5.0	4.8～6.0
人均规划用地（m²/人）	2.5～3.2	2.9～3.8	3.0～4.0	3.2～4.5	3.6～4.8

（8）社会福利

社会福利设施规划用地指标应符合表 3-12 的规定。

社会福利设施规划用地指标 表 3-12

分项 \ 城市规模	小城市	中等城市	大城市		
			I	II	III
占中心城区规划用地比例（%）	0.2～0.3	0.3～0.4	0.3～0.5	0.3～0.5	0.3～0.5
人均规划用地（m²/人）	0.2～0.3	0.2～0.4	0.2～0.4	0.2～0.4	0.2～0.4

残疾人康复设施应在交通便利，且车流、人流干扰少的地带选址，其规划用地指标应符合表 3-13 的规定。

残疾人康复设施规划用地指标 表 3-13

城市规模	小城市	中等城市	大城市		
			I	II	III
规划用地（hm²）	0.5～1.0	1.0～1.8	1.8～3.5	3.5～5	＞5

21.《城市绿地规划标准》GB/T 51346—2019

为推动生态文明建设，创造良好的城乡人居环境，提升城市绿地规划建设水平，提高城市绿地规划的科学性，制定本标准。

（1）适用范围

本标准适用于城市规划、城市绿地专项规划的编制与管理工作。

（2）基本规定

城市总体规划中的绿地系统规划和单独编制的绿地系统专项规划的内容宜包括市域和城区两个层次；城市绿地系统的发展目标和指标应近、远期结合，与城市定位、经济社会及园林绿化发展水平相适应。

城市总体规划中的绿地系统规划应明确发展目标，布局重要区域绿地，确定城区绿地率、人均公园绿地面积等指标，明确城区绿地系统结构和公园绿地分级配置要求，布局大型公园绿地、防护绿地和广场用地，确定重要公园绿地、防护绿地的绿线等；城市绿地系统专项规划期限应与城市总体规划保持一致，并应对城市绿地系统的发展远景提出规划构想。

（3）系统规划

市域绿色生态空间统筹应以保护市域重要生态资源、维护城市生态安全、统筹生态保护和城乡建设格局为目标，识别绿色生态空间要素，明确生态控制线划定方案和管控要求，保护各类绿色生态空间；市域绿色生态空间统筹应与主体功能区规划、土地利用规划、环境保护规划、生态保护红线、永久基本农田保护红线、城镇开发边界等相协调；市域绿色生态空间统筹应根据绿色生态空间要素及其空间分布，提出生态控制线划定方案和分级分类管控策略，并根据管控需求在生态控制线内明确严格管控范围。

市域绿地系统规划应明确规划原则和目标，确定市域绿地系统布局，构建兼有生态保育、风景游憩和安全防护功能的绿地生态网络，明确市域绿色生态空间管控措施；可提出重要区域绿地规划指引，以及下一级行政单元的绿地系统规划重点。

城区绿地系统规划应布局组团隔离绿带和通风廊道，构建公园体系，布置防护绿地，优化城市空间结构。

（4）分类规划

公园绿地、防护绿地、广场用地、附属绿地的规划应符合标准内的相关要求细则。

（5）专业规划

城市绿地系统专业规划应包括道路绿化规划、树种规划、古树名木保护规划、防灾避险功能绿地规划。根据城市建设需要，可以增加绿地景观风貌规划、绿道规划、生态修复规划、生物多样性保护规划、立体绿化规划等专业规划。

22.《海绵城市建设评价标准》GB/T 51345—2018

海绵城市是落实生态文明建设理念、绿色发展要求的重要举措，有利于推进城市基础建设的系统性，有利于将城市建成人与自然和谐共生的生命共同体。为推进海绵城市建设、改善城市生态环境质量、提升城市防灾减灾能力、扩大优质生态产品供给、增强群众获得感和幸福感、规范海绵城市建设效果的评价，制定本标准。

（1）适用范围

本标准适用于海绵城市建设效果的评价。

（2）基本规定

海绵城市建设的评价应以城市建成区为评价对象，对建成区范围内的源头减排项目、排水分区及建成区整体的海绵效应进行评价。海绵城市建设评价的结果应为按排水分区为单元进行统计，达到本标准要求的城市建成区面积占城市建成区总面积的比例。海绵城市建设的评价内容由考核内容和考查内容组成，达到本标准要求的城市建成区应满足所有考核内容要求，考查内容应进行评价但结论不影响评价结果的判定。

（3）评价内容

海绵城市建设效果应从项目建设与实施的有效性、能否实现海绵效应等方面进行评价，评价内容与要求应符合本标准相关要求。其中年径流总量控制率及径流体积控制、源头减排项目实施有效性、路面积水控制与内涝防治、城市水体环境质量、自然生态格局管控与水体生态性岸线保护应为考核内容，地下水埋深变化趋势、城市热岛效应缓解应为考查内容。

（4）评价方法

年径流总量控制率及径流体积控制应采用设施径流体积控制规模核算、监测、模型模拟与现场检查相结合的方法进行评价；建筑小区项目实施有效性评价、道路广场及停车场项目实施有效性评价及符合标准内的相关规定，同时灰色设施和绿色设施的衔接、自然生态格局管控应采用设计施工资料查阅与现场检查相结合的方法进行评价；应监测城市建成区地下水（潜水）水位变化情况，海绵城市建设前的监测数据应至少为近5年的地下水（潜水）水位，海绵城市建设后的监测数据应至少为1年的地下水（潜水）水位；应监测城市建成区内与周边郊区的气温变化情况，气温监测应符合现行国家标准《地面气象观测规范 空气温度和湿度》GB/T 35226—2017 的规定。

四、城乡规划相关法律、法规及文件

考试大纲对本部分的要求：熟悉主要相关法律、行政法规的内容，了解其他相关法律、行政法规的内容。大纲列举的法律法规我们在第三章已经有列表介绍，下面介绍一些需要重点掌握的相关法律法规。

1.《中华人民共和国土地管理法》（简称《土地管理法》）

为了加强土地管理，维护土地的社会主义公有制，保护、开发土地资源，合理利用土地，切实保护耕地，促进社会经济的可持续发展，根据宪法，制定本法。1986年6月25日第六届全国人民代表大会常务委员会第十六次会议通过；根据2019年8月26日第十三届全国人民代表大会常务委员会第十二次会议《关于修改〈中华人民共和国土地管理法〉〈中华人民共和国城市房地产管理法〉的决定》第三次修正。

（1）主要内容

包括总则，土地的所有权和使用权，土地利用总体规划，耕地保护，建设用地，监督检查，法律责任等。

（2）有关规定

中华人民共和国实行土地的社会主义公有制，即全民所有制和劳动群众集体所有制。

全民所有，即国家所有土地的所有权由国务院代表国家行使。任何单位和个人不得侵占、买卖或者以其他形式非法转让土地。土地使用权可以依法转让。国家为了公共利益的需要，可以依法对土地实行征收或者征用并给予补偿。国家依法实行土地有偿使用制度。国家在法律规定的范围内划拨国有土地使用权的除外。

（3）基本国策

十分珍惜、合理利用土地和切实保护耕地是我国的基本国策。各级人民政府应当采取措施，全面规划，严格管理，保护、开发土地资源，制止非法占用土地的行为。

（4）管制制度

国家实行土地用途管制制度。国家编制土地利用总体规划，规定土地用途，将土地分为农用地、建设用地和未利用地。严格限制农用地转为建设用地，控制建设用地的总量，对耕地实行特殊保护。使用土地的单位和个人必须严格按照土地利用总体规划确定的用途使用土地。城市市区的土地属于国家所有。

（5）规划

各级人民政府应当依据国民经济和社会发展规划、国土整治和资源环境保护的要求、土地供给能力以及各项建设对土地的需求，组织编制土地利用总体规划。土地利用总体规划的规划期限由国务院规定。下级土地利用总体规划应当依据上一级土地利用总体规划编制。国家建立国土空间规划体系。编制国土空间规划应当坚持生态优先，绿色、可持续发展，科学有序统筹安排生态、农业、城镇等功能空间，优化国土空间结构和布局，提升国土空间开发、保护的质量和效率。经依法批准的国土空间规划是各类开发、保护、建设活动的基本依据。已经编制国土空间规划的，不再编制土地利用总体规划和城乡规划。

（6）用地控制

各级人民政府应当加强土地利用计划管理，实行建设用地总量控制。城市建设用地规模应当符合国家规定的标准，充分利用现有建设用地，不占或者尽量少占农用地。

（7）审批手续

建设占用土地，涉及农用地转为建设用地的，应当办理农用地转用审批手续。永久基本农田转为建设用地的，由国务院批准。在土地利用总体规划确定的城市和村庄、集镇建设用地规模范围内，为实施该规划而将永久基本农田以外的农用地转为建设用地的，按土地利用年度计划分批次按照国务院规定由原批准土地利用总体规划的机关或者其授权的机关批准。在已批准的农用地转用范围内，具体建设项目用地可以由市、县人民政府批准。在土地利用总体规划确定的城市和村庄、集镇建设用地规模范围外，将永久基本农田以外的农用地转为建设用地的，由国务院或者国务院授权的省、自治区、直辖市人民政府批准。为了公共利益的需要，有下列情形之一，确需征收农民集体所有的土地的，可以依法实施征收：军事和外交需要用地的；由政府组织实施的能源、交通、水利、通信、邮政等基础设施建设需要用地的；由政府组织实施的科技、教育、文化、卫生、体育、生态环境和资源保护、防灾减灾、文物保护、社区综合服务、社会福利、市政公用、优抚安置、英烈保护等公共事业需要用地的；由政府组织实施的扶贫搬迁、保障性安居工程建设需要用地的；在土地利用总体规划确定的城镇建设用地范围内，经省级以上人民政府批准由县级以上地方人民政府组织实施的成片开发建设需要用地的；法律规定为公共利益需要可以征收农民集体所有的土地的其他情形。

2. 《中华人民共和国环境保护法》（简称《环境保护法》）

为保护和改善环境，防治污染和其他公害，保障公众健康，推进生态文明建设，促进经济社会可持续发展，1989 年 12 月 26 日第七届全国人民代表大会常务委员会第十一次会议通过了《中华人民共和国环境保护法》。2014 年 4 月 24 日第十二届全国人民代表大会常务委员会第八次会议修订，2014 年 4 月 24 日中华人民共和国主席令第 9 号公布，自 2015 年 1 月 1 日起施行。

（1）主要内容

包括总则、监督管理、保护和改善环境、防治污染和其他公害、信息公开和公众参与、法律责任和附则。

（2）适用范围

本法所称环境，是指影响人类生存和发展的各种天然的和经过人工改造的自然因素的总体，包括大气、水、海洋、土地、矿藏、森林、草原、湿地、野生生物、自然遗迹、人文遗迹、自然保护区、风景名胜区、城市和乡村等。本法适用于中华人民共和国领域和中华人民共和国土地管辖的其他海域。

（3）有关规定

保护环境是国家的基本国策。国家采取有利于节约和循环利用资源、保护和改善环境、促进人与自然和谐的经济、技术政策和措施，使经济社会发展与环境保护相协调。环境保护坚持保护优先、预防为主、综合治理、公众参与、损害担责的原则。一切单位和个人都有保护环境的义务。

（4）主管部门

国务院环境保护主管部门，对全国环境保护工作实施统一监督管理；县级以上地方人民政府环境保护主管部门，对本行政区域环境保护工作实施统一监督管理。县级以上人民政府有关部门和军队环境保护部门，依照有关法律的规定对资源保护和污染防治等环境保护工作实施监督管理。

（5）监督管理

县级以上人民政府应当将环境保护工作纳入国民经济和社会发展规划。环境保护规划的内容应当包括生态保护和污染防治的目标、任务、保障措施等，并与主体功能区规划、土地利用总体规划和城乡规划等相衔接。

国务院环境保护主管部门制定国家环境质量标准。省、自治区、直辖市人民政府对国家环境质量标准中未作规定的项目，可以制定地方环境质量标准；对国家环境质量标准中已作规定的项目，可以制定严于国家环境质量标准的地方环境质量标准。地方环境质量标准应当报国务院环境保护主管部门备案。

国务院环境保护主管部门根据国家环境质量标准和国家经济、技术条件，制定国家污染物排放标准。省、自治区、直辖市人民政府对国家污染物排放标准中未作规定的项目，可以制定地方污染物排放标准；对国家污染物排放标准中已作规定的项目，可以制定严于国家污染物排放标准的地方污染物排放标准。地方污染物排放标准应当报国务院环境保护主管部门备案。

国家建立、健全环境监测制度。国务院环境保护主管部门制定监测规范，会同有关部门组织监测网络，统一规划国家环境质量监测站（点）的设置，建立监测数据共享机制，加强对环境监测的管理。省级以上人民政府应当组织有关部门或者委托专业机构，对环境状况进行调查、评价，建立环境资源承载能力监测预警机制。

编制有关开发利用规划，建设对环境有影响的项目，应当依法进行环境影响评价。未依法进行环境影响评价的开发利用规划，不得组织实施；未依法进行环境影响评价的建设项目，不得开工建设。

（6）保护和改善规划

地方各级人民政府应当根据环境保护目标和治理任务，采取有效措施，改善环境质量。国家在重点生态功能区、生态环境敏感区和脆弱区等区域划定生态保护红线，实行严格保护。县级、乡级人民政府应当提高农村环境保护公共服务水平，推动农村环境综合整治。城乡建设应当结合当地自然环境的特点，保护植被、水域和自然景观，加强城市园林、绿地和风景名胜区的建设与管理。

（7）防治污染和其他公害

国家促进清洁生产和资源循环利用。国务院有关部门和地方各级人民政府应当采取措施，推广清洁能源的生产和使用。国家实行重点污染物排放总量控制制度。国家依照法律规定实行排污许可管理制度。各级人民政府及其有关部门和企业事业单位，应当依照《中华人民共和国突发事件应对法》的规定，做好突发环境事件的风险控制、应急准备、应急处置和事后恢复等工作。县级人民政府负责组织农村生活废弃物的处置工作。

（8）信息公开和公众参与

各级人民政府环境保护主管部门和其他负有环境保护监督管理职责的部门，应当依法公开环境信息、完善公众参与程序，为公民、法人和其他组织参与和监督环境保护提供便利。对依法应当编制环境影响报告书的建设项目，建设单位应当在编制时向可能受影响的公众说明情况，充分征求意见。

（9）法律责任

建设单位未依法提交建设项目环境影响评价文件或者环境影响评价文件未经批准，擅自开工建设的，由负有环境保护监督管理职责的部门责令停止建设，处以罚款，并可以责令恢复原状。环境影响评价机构、环境监测机构以及从事环境监测设备和防治污染设施维护、运营的机构，在有关环境服务活动中弄虚作假，对造成的环境污染和生态破坏负有责任的，除依照有关法律法规规定予以处罚外，还应当与造成环境污染和生态破坏的其他责任者承担连带责任。

3.《中华人民共和国环境影响评价法》（简称《环境影响评价法》）

2002年10月28日，第九届全国人民代表大会常务委员会第三十次会议通过了《中华人民共和国环境影响评价法》，自2003年9月1日起施行。根据2016年7月2日中华人民共和国主席令第48号《全国人民代表大会常务委员会关于修改〈中华人民共和国节约能源法〉等六部法律的决定》第一次修正，自2016年9月1日起施行。

（1）立法目的

为了实施可持续发展战略，预防因规划和建设项目实施后对环境造成不良影响，促进经济、社会和环境的协调发展，制定本法。

（2）环境影响评价的定义

是指对规划和建设项目实施后可能造成的环境影响进行分析、预测和评估，提出预防或者减轻不良环境影响的对策和措施，进行跟踪监测的方法与制度。

（3）规划环境影响评价

国务院有关部门、设区的市级以上地方人民政府及其有关部门，对其组织编制的土地利用的有关规划，区域、流域、海域的建设、开发利用规划，应当在规划编制过程中组织进行环境影响评价，编写该规划有关环境影响的篇章或者说明。

（4）建设项目环境影响评价

国家根据建设项目对环境的影响程度，对建设项目的环境影响评价实行分类管理。

建设单位应当按照下列规定组织编制环境影响报告书、环境影响报告表或者填报环境影响登记表（以下统称环境影响评价文件）：

①可能造成重大环境影响的，应当编制环境影响报告书，对产生的环境影响进行全面评价；

②可能造成轻度环境影响的，应当编制环境影响报告表，对产生的环境影响进行分析或者专项评价；

③对环境影响很小、不需要进行环境影响评价的，应当填报环境影响登记表。

建设项目的环境影响评价文件未经法律规定的审批部门审查或者审查后未予批准的，该项目审批部门不得批准其建设，建设单位不得开工建设。

4. 《中华人民共和国文物保护法》（简称《文物保护法》）

为了加强对文物的保护，继承中华民族优秀的历史文化遗产，促进科学研究工作，进行爱国主义和革命传统教育，建设社会主义精神文明和物质文明，根据宪法，1982 年 11 月 19 日第五届全国人民代表大会常务委员会第二十五次会议通过并公布了《中华人民共和国文物保护法》。根据 2017 年 11 月 4 日第十二届全国人民代表大会常务委员会第三十次会议通过的《全国人民代表大会常务委员会关于修改〈中华人民共和国会计法〉等十一部法律的决定》第六次修正，自 2017 年 11 月 5 日起施行。

（1）适用范围

在中华人民共和国境内，下列文物受国家保护：具有历史、艺术、科学价值的古文化遗址、古墓葬、古建筑、石窟寺和石刻、壁画；与重大历史事件、革命运动或者著名人物有关的以及具有重要纪念意义、教育意义或者史料价值的近代现代重要史迹、实物、代表性建筑；历史上各时代珍贵的艺术品、工艺美术品；历史上各时代重要的文献资料以及具有历史、艺术、科学价值的手稿和图书资料等；反映历史上各时代、各民族社会制度、社会生产、社会生活的代表性实物。文物认定的标准和办法由国务院文物行政部门制定，并报国务院批准。具有科学价值的古脊椎动物化石和古人类化石同文物一样受国家保护。

（2）文物保护单位

古文化遗址、古墓葬、古建筑、石窟寺、石刻、壁画、近代现代重要史迹和代表性建筑等不可移动文物，根据它们的历史、艺术、科学价值，可以分别确定为全国重点文物保护单位，省级文物保护单位，市、县级文物保护单位。

（3）文物

历史上各时代重要实物、艺术品、文献、手稿、图书资料、代表性实物等可移动文物，分为珍贵文物和一般文物；珍贵文物分为一级文物、二级文物、三级文物。

（4）文物工作方针

文物工作贯彻保护为主、抢救第一、合理利用、加强管理的方针。

（5）文物所有权

中华人民共和国境内地下、内水和领海中遗存的一切文物，属于国家所有。古文化遗址、古墓葬、石窟寺属于国家所有。国家指定保护的纪念建筑物、古建筑、石刻、壁画、近代现代代表性建筑等不可移动文物，除国家另有规定的以外，属于国家所有。国有不可移动文物的所有权不因其所依附的土地所有权或者使用权的改变而改变。属于国家所有的可移动文物的所有权不因其保管、收藏单位的终止或者变更而改变。国有文物所有权受法律保护，不容侵犯。属于集体所有和私人所有的纪念建筑物、古建筑和祖传文物以及依法取得的其他文物，其所有权受法律保护。文物的所有者必须遵守国家有关文物保护的法律、法规的规定。

（6）确保文物安全

一切机关、组织和个人都有依法保护文物的义务。国务院文物行政部门主管全国文物保护工作。地方各级人民政府负责本行政区域内的文物保护工作。县级以上地方人民政府承担文物保护工作的部门对本行政区域内的文物保护实施监督管理。县级以上人民政府有关行政部门在各自的职责范围内，负责有关的文物保护工作。各级人民政府应当重视文物保护，正确处理经济建设、社会发展与文物保护的关系，确保文物安全。基本建设、旅游发展必须遵守文物保护工作的方针，其活动不得对文物造成损害。公安机关、工商行政管理部门、海关、城乡建设规划部门和其他有关国家机关，应当依法认真履行所承担的保护文物的职责，维护文物管理秩序。

（7）历史文化名城和历史文化街区

保存文物特别丰富并且具有重大历史价值或者革命纪念意义的城市，由国务院核定公布为历史文化名城。保存文物特别丰富并且具有重大历史价值或者革命纪念意义的城镇、街道、村庄，由省、自治区、直辖市人民政府核定公布为历史文化街区、村镇，并报国务院备案。

（8）与城市规划相关的规定

规划要求：历史文化名城和历史文化街区、村镇所在地的县级以上地方人民政府应当组织编制专门的历史文化名城和历史文化街区、村镇保护规划，并纳入城市总体规划。各级人民政府制定城乡建设规划，应当根据文物保护的需要，事先由城乡建设规划部门会同文物行政部门商定对本行政区域内各级文物保护单位的保护措施，并纳入规划。

建设限制：文物保护单位的保护范围内不得进行其他建设工程或者爆破、钻探、挖掘等作业。但是，因特殊情况需要在文物保护单位的保护范围内进行其他建设工程或者爆破、钻探、挖掘等作业的，必须保证文物保护单位的安全，并经核定公布该文物保护单位的人民政府批准，在批准前应当征得上一级人民政府文物行政部门同意；在全国重点文物保护单位的保护范围内进行其他建设工程或者爆破、钻探、挖掘等作业的，必须经省、自治区、直辖市人民政府批准，在批准前应当征得国务院文物行政部门同意。

建设控制地带：根据保护文物的实际需要，经省、自治区、直辖市人民政府批准，可以在文物保护单位的周围划出一定的建设控制地带，并予以公布。在文物保护单位的建设控制地带内进行建设工程，不得破坏文物保护单位的历史风貌；工程设计方案应当根据文物保护单位的级别，经相应的文物行政部门同意后，报城乡建设规划部门批准。在文物保护单位的保护范围和建设控制地带内，不得建设污染文物保护单位及其环境的设施，不得进行可能影响文物保护单位安全及其环境的活动。对已有的污染文物保护单位及其环境的设施，应当限期治理。建设工程选址，应当尽可能避开不可移动文物；因特殊情况不能避开的，对文物保护单位应当尽可能实施原址保护。实施原址保护的，建设单位应当事先确定保护措施，根据文物保护单位的级别报相应的文物行政部门批准；未经批准的，不得开工建设。

用途限制：核定为文物保护单位的属于国家所有的纪念建筑物或者古建筑，除可以建立博物馆、保管所或者辟为参观游览场所外，作其他用途的，市、县级文物保护单位应当经核定公布该文物保护单位的人民政府文物行政部门征得上一级文物行政部门同意后，报核定公布该文物保护单位的人民政府批准；省级文物保护单位应当经核定公布该文物保护单位的省级人民政府的文物行政部门审核同意后，报该省级人民政府批准；全国重点文物保护单位作其他用途的，应当由省、自治区、直辖市人民政府报国务院批准。国有未核定为文物保护单位的不可移动文物作其他用途的，应当报告县级人民政府文物行政部门。

考古保护：进行大型基本建设工程，建设单位应当事先报请省、自治区、直辖市人民政府文物行政部门组织从事考古发掘的单位在工程范围内有可能埋藏文物的地方进行考古调查、勘探。

5.《中华人民共和国城市房地产管理法》（简称《房地产管理法》）

为了加强对城市房地产的管理，维护房地产市场秩序，保障房地产权利人的合法权益，促进房地产业的健康发展，1994年7月5日，第八届全国人民代表大会常务委员会第八次会议通过了《中华人民共和国城市房地产管理法》，自1995年1月1日起施行。根据2019年8月26日第十三届全国人民代表大会常务委员会第十二次会议《关于修改〈中华人民共和国土地管理法〉、〈中华人民共和国城市房地产管理法〉的决定》第三次修正。

（1）适用范围

在中华人民共和国城市规划区国有土地范围内取得房地产开发用地的土地使用权，从事房地产开发、房地产交易，实施房地产管理，应当遵守本法。本法所称房屋是指地上的房屋等建筑物和构筑物。所称房地产开发是指在依法取得国有土地使用权的土地上进行基础设施、房屋建设的行为。所称房地产交易包括地产转让、抵押和房屋租赁。在城市规划区外的国有土地范围内取得房地产开发用地的土地使用权，从事房地产开发、交易活动以及实施房地产管理，参照本法执行。

（2）基本规定

国家依法实行国有土地有偿、有限期使用制度。依规定划拨国有土地的除外。国家根据社会、经济发展水平，扶持发展居民住宅建设，逐步改善居民的居住条件。房地产权利人应当遵守法律和行政法规，依法纳税。房地产权利人的合法权益受法律保护，任何单位和个人不得侵犯。为了公共利益的需要，国家可以征收国有土地上单位和个人的房屋，并依法给予拆迁补偿，维护被征收人的合法权益；征收个人住宅的，还应当保障被征收人的居住条件。具体办法由国务院规定。

（3）土地使用权出让

土地使用权出让是指根据将国有土地使用权在一定年限内出让给土地使用者，由土地使用者向国家支付土地使用权出让金的行为；城市规划区内的集体所有的土地，经依法征用转为国有土地后，该幅国有土地的使用权方可有偿出让；土地使用权出让，必须符合土地利用总体规划、城市规划和年度建设用地计划；土地使用权出让的每幅地块、用途、年限和其他条件，由市、县人民政府土地管理部门会同城市规划、建设、房产管理部门共同拟订方案。土地使用权出让，可以采取拍卖、招标或者双方协议的方式，应当签订书面出让合同。土地使用者需要改变土地使用权出让合同约定的土地用途的，必须取得出让方和市、县人民政府城市规划行政主管部门的同意，签订土地使用权出让合同变更协议或者重新签订土地使用权出让合同，相应调整土地使用权出让金。

（4）土地使用权划拨

土地使用权划拨是指县级以上人民政府依法批准，在土地使用者缴纳补偿、安置费等费用后，将该幅土地交付其使用，或者将国有土地使用权无偿交付给土地使用者使用的行为。除法律、法规另有规定外，划拨土地没有使用期限限制。土地使用权划拨适用于国家机关用地、军事用地、城市基础设施用地、公益事业、国家重点扶持的能源、交通、水利等项目用地和法律行政法规规定物其他用地。

（5）房地产开发中有关城市规划的规定

房地产开发必须严格执行城市规划，按照经济效益、社会效益、环境效益相统一的原则，实行全面规划，合理布局，综合开发，配套建设。以出让方式取得土地使用权进行房地产开发的，必须按照出让合同约定的土地用途、开发期限开发土地。满2年未动工开发，可以无偿收回土地使用权。但是，因不可抗力或者政府、政府有关部门的行为或者动工开发必需的前期工作造成动工开发迟延的除外。

（6）房地产交易中有关城市规划的规定

房地产转让、抵押时，房屋的所有权和该房屋占用范围内的土地使用权同时转让、抵押；房地产转让是指房地产权利人通过买卖、赠与或者其他合法方式将其房地产转移给他人的行为。以出让方式取得土地使用权的，转让房地产后，受让人改变原出让合同约定的土地用途的，必须取得原出让方和市、县人民政府城市规划行政主管部门的同意，签订原出让合同变更协议或者重新签订土地使用权出让合同；商品房预售应当持有建设工程规划许可证。

6. 《中华人民共和国水法》（简称《水法》）

为合理开发利用和节约保护水资源，防治水害，实现水资源的可持续利用，适应国民经济和社会发展需要，1988年1月21日，第六届全国人民代表大会常务委员会第二十四次会议通过了《中华人民共和国水法》。2016年7月2日，全国人民代表大会常务委员会公布了《中华人民共和国水法》（2016年修正本），自公布之日起施行。

（1）适用范围

在中华人民共和国领域内开发、利用、节约、保护、管理水资源，防治水害，适用本法。本法所称水资源，包括地表水和地下水。

（2）水资源权属

水资源属于国家所有。水资源的所有权由国务院代表国家行使。农村集体经济组织的水塘和由农村集体经济组织修建管理的水库中的水，归各该农村集体经济组织使用。

（3）管理制度、原则及主管部门

国家对水资源依法实行取水许可制度和有偿使用制度。但是，农村集体经济组织及其成员使用本集体经济组织的水塘、水库中的水除外。国务院水行政主管部门负责全国取水许可制度和水资源有偿使用制度的组织实施。

国家厉行节约用水，大力推行节约用水措施，推广节约用水新技术、新工艺，发展节水型工业、农业和服务业，建立节水型社会。国家对水资源实行流域管理与行政区域管理相结合的管理体制。

（4）水资源规划有关规定

国家制定全国水资源战略规划。开发、利用、节约、保护水资源和防治水害，应当按照流域、区域统一制定规划。规划分为流域规划和区域规划。流域规划包括流域综合规划和流域专业规划；区域规划包括区域综合规划和区域专业规划。综合规划，是指根据经济社会发展需要和水资源开发利用现状编制的开发、利用、节约、保护水资源和防治水害的总体部署。前款所称专业规划，是指防洪、治涝、灌溉、航运、供水、水力发电、竹木流放、渔业、水资源保护、水土保持、防沙治沙、节约用水等规划。

流域范围内的区域规划应当服从流域规划，专业规划应当服从综合规划。流域综合规划和区域综合规划以及与土地利用关系密切的专业规划，应当与国民经济和社会发展规划以及土地利用总体规划、城市总体规划和环境保护规划相协调，兼顾各地区、各行业的需要。

国家确定的重要江河、湖泊的流域综合规划，由国务院水行政主管部门会同国务院有关部门和有关省、自治区、直辖市人民政府编制，报国务院批准。跨省、自治区、直辖市的其他江河、湖泊的流域综合规划和区域综合规划，由有关流域管理机构会同江河、湖泊所在地的省、自治区、直辖市人民政府水行政主管部门和有关部门编制，分别经有关省、自治区、直辖市人民政府审查提出意见后，报国务院水行政主管部门审核；国务院水行政主管部门征求国务院有关部门意见后，报国务院或者其授权的部门批准。前款规定以外的其他江河、湖泊的流域综合规划和区域综合规划，由县级以上地方人民政府水行政主管部门会同同级有关部门和有关地方人民政府编制，报本级人民政府或者其授权的部门批准，并报上一级水行政主管部门备案。专业规划由县级以上人民政府有关部门编制，征求同级其他有关部门意见后，报本级人民政府批准。其中，防洪规划、水土保持规划的编制、批准，依照防洪法、水土保持法的有关规定执行。

规划一经批准，必须严格执行。经批准的规划需要修改时，必须按照规划编制程序经原批准机关批准。

建设水工程，必须符合流域综合规划。在国家确定的重要江河、湖泊和跨省、自治区、直辖市的江河、湖泊上建设水工程，未取得有关流域管理机构签署的符合流域综合规划要求的规划同意书的，建设单位不得开工建设；在其他江河、湖泊上建设水工程，未取得县级以上地方人民政府水行政主管部门按照管理权限签署的符合流域综合规划要求的规划同意书的，建设单位不得开工建设。水工程建设涉及防洪的，依照防洪法的有关规定执行；涉及其他地区和行业的，建设单位应当事先征求有关地区和部门的意见。

7.《中华人民共和国军事设施保护法》（简称《军事设施保护法》）

为了保护军事设施的安全，保障军事设施的使用效能和军事活动的正常进行，加强国防现代化建设，巩固国防，抵御侵略，根据宪法，1990年2月23日第七届全国人民代表大会常务委员会第十二次会议通过了《军事设施保护法》。根据2014年6月27日第十二届全国人民代表大会常务委员会第九次会议《关于修改〈中华人民共和国军事设施保护法〉的决定》第二次修正。

（1）适用范围

本法所称军事设施，是指国家直接用于军事目的的下列建筑、场地和设备：指挥机关，地面和地下的指挥工程、作战工程；军用机场、港口、码头；营区、训练场、试验场；军用洞库、仓库；军用通信、侦察、导航、观测台站，测量、导航、助航标志；军用公路、铁路专用线，军用通信、输电线路，军用输油、输水管道；边防、海防管控设施；国务院和中央军事委员会规定的其他军事设施。前款规定的军事设施，包括军队为执行任务必需设置的临时设施。

（2）基本要求

各级人民政府和军事机关应当从国家安全利益出发，共同保护军事设施，维护国防利益。中国人民解放军总参谋部在国务院和中央军事委员会的领导下，主管全国的军事设施保护工作。军区司令机关主管辖区内的军事设施保护工作。设有军事设施的地方，有关军事机关和县级以上地方人民政府应当建立军地军事设施保护协调机制，相互配合，监督、检查军事设施的保护工作。中华人民共和国的所有组织和公民都有保护军事设施的义务。

（3）军事禁区、军事管理区的划定

国家根据军事设施的性质、作用、安全保密的需要和使用效能的要求，划定军事禁区、军事管理区。本法所称军事禁区，是指设有重要军事设施或者军事设施具有重大危险因素，需要国家采取特殊措施加以重点保护，依照法定程序和标准划定的军事区域。本法所称军事管理区，是指设有较重要军事设施或者军事设施具有较大危险因素，需要国家采取特殊措施加以保护，依照法定程序和标准划定的军事区域。军事禁区和军事管理区，由国务院和中央军事委员会确定，或者由军区根据国务院和中央军事委员会的规定确定。军事禁区、军事管理区应当按照规定设置标志牌。标志牌由县级以上地方人民政府负责设置。陆地和水域的军事禁区、军事管理区的范围，由军区和省、自治区、直辖市人民政府共同划定，或者由军区和省、自治区、直辖市人民政府、国务院有关部门共同划定。空中军事禁区和特别重要的陆地、水域军事禁区的范围，由国务院和中央军事委员会划定。军事禁区、军事管理区范围的划定或者调整，应当在确保军事设施安全保密和使用效能的前提下，兼顾经济建设、自然环境保护和当地群众的生产、生活。军事禁区、军事管理区范围的划定或者扩大，需要征收、征用土地、林地、草原、水面、滩涂的，依照有关法律、法规的规定办理。

（4）军事禁区的保护

军事禁区管理单位应当根据具体条件，按照划定的范围，为陆地军事禁区修筑围墙、设置铁丝网等障碍物；为水域军事禁区设置障碍物或者界线标志。禁止陆地、水域军事禁区管理单位以外的人员、车辆、船舶进入军事禁区，禁止对军事禁区进行摄影、摄像、录音、勘察、测量、描绘和记述，禁止航空器在军事禁区上空进行低空飞行。但是，经军区级以上军事机关批准的除外。

（5）军事管理区的保护

军事管理区管理单位应当按照划定的范围，为军事管理区修筑围墙、设置铁丝网或者界线标志。军事管理区管理单位以外的人员、车辆、船舶进入军事管理区，或者对军事管理区进行摄影、摄像、录音、勘察、测量、描绘和记述，必须经过军事管理区管理单位批准。

（6）没有划入军事禁区、军事管理区的军事设施的保护

没有划入军事禁区、军事管理区的军事设施，军事设施管理单位应当采取措施予以保护；军队团级以上管理单位并可以委托当地人民政府予以保护。在没有划入军事禁区、军事管理区的军事设施一定距离内进行采石、取土、爆破等活动，不得危害军事设施的安全和使用效能。在军用机场净空保护区域内，禁止修建超出机场净空标准的建筑物、构筑物或者其他设施，不得从事影响飞行安全和机场助航设施使用效能的活动。

（7）管理职责与法律责任

县级以上地方人民政府编制国民经济和社会发展规划、土地利用总体规划、城乡规划和海洋功能区划，安排可能影响军事设施保护的建设项目，应当兼顾军事设施保护的需要，并征求有关军事机关的意见。安排建设项目或者开辟旅游景点，应当避开军事设施。确实不能避开，需要将军事设施拆除、迁建或者改作民用的，由省、自治区、直辖市人民政府或者国务院有关部门和军区级军事机关商定，并报国务院和中央军事委员会批准或者国务院和中央军事委员会授权的机关批准。军事禁区、军事管理区的管理单位应当依照有关法律、法规的规定，保护军事禁区、军事管理区内的自然资源和文物。军事设施管理单位必要时应当向县级以上地方人民政府提供军用地下、水下电缆、管道的位置资料。地方进行建设时，当地人民政府应当对军用地下、水下电缆、管道予以保护。违反本法规定，依法追究承担赔偿相应责任。

8. 《中华人民共和国人民防空法》（简称《人民防空法》）

为了有效地组织人民防空，保护人民的生命和财产安全，保障社会主义现代化建设的顺利进行，1996年10月29日，第八届全国人民代表大会常务委员会第二十二次会议通过了《中华人民共和国人民防空法》，自1997年1月1日起施行。2009年8月27日，全国人民代表大会常务委员会公布了《中华人民共和国人民防空法》（2009年修正本），自公布之日起施行。

（1）基本原则和方针

人民防空是国防的组成部分。人民防空实行长期准备、重点建设、平战结合的方针，贯彻与经济建设协调发展、与城市建设相结合的原则。

（2）有关规定

县级以上人民政府应当将人民防空建设纳入国民经济和社会发展计划；人民防空经费由国家和社会共同负担；国家对人民防空设施建设按照有关规定给予优惠。人民防空工程平时由投资者使用管理，收益归投资者所有。县级以上人民政府的计划、规划、建设等有关部门在各自的职责范围内负责有关的人民防空工作。一切组织和个人都有得到人民防空保护的权利，都必须履行人民防空的义务。

（3）防护类别和标准

城市是人民防空的重点，国家对城市实行分类防护。城市的防护类别、防护标准，由国务院、中央军事委员会规定。城市人民政府应当制定防空袭方案及实施计划，必要时可以组织演习。

（4）防空工程规划

城市人民政府应当制定人民防空工程建设规划，并纳入城市总体规划。城市的地下交通干线及其地下工程的建设，应当兼顾人民防空的需要。人民防空工程规划应当根据国防

建设的需要，按照不同的防护类别，结合城市建设和经济发展水平制定。

（5）防空工程建设

建设人民防空工程应当在保证战时使用效能的前提下，有利于平时的经济建设、群众的生产生活和工程的开发利用。人民防空工程包括为保障战时人员与物资掩蔽、人民防空指挥、医疗救护等而单独修建的地下防护建筑，以及结合地面建筑修建的战时可用于防空的地下室。城市新建民用建筑，按照国家有关规定修建战时可用于防空的地下室。为战时储备粮食、医药、油料和其他必需物资的工程应当建在地下或者其他隐蔽的地点。工矿企业、科研基地、交通枢纽、通信枢纽、桥梁、水库、电站等重要的经济目标，应列为重点防护目标。县以上人民政府有关部门对人民防空工程所需要的建设用地应当依法予以保障。

9. 《中华人民共和国广告法》（简称《广告法》）

为了规范广告活动，保护消费者的合法权益，促进广告业的健康发展，维护社会经济秩序，1994年10月27日第八届全国人民代表大会常务委员会第十次会议通过了《中华人民共和国广告法》。2015年4月24日第十二届全国人民代表大会常务委员会第十四次会议修订，2015年4月24日中华人民共和国主席令第22号公布，自2015年9月1日起施行。

（1）适用范围

在中华人民共和国境内，商品经营者或者服务提供者通过一定媒介和形式直接或者间接地介绍自己所推销的商品或者服务的商业广告活动，适用本法。

（2）主要内容

规定了从事广告活动应遵守的准则和不得使用、禁止的内容。

（3）有关规定

有下列情形之一的，不得设置户外广告：利用交通安全设施、交通标志的；影响市政公共设施、交通安全设施、交通标志、消防设施、消防安全标志使用的；妨碍生产或者人民生活，损害市容市貌的；在国家机关、文物保护单位、风景名胜区等的建筑控制地带，或者县级以上地方人民政府禁止设置户外广告的区域设置的。

县级以上地方人民政府应当组织有关部门加强对利用户外场所、空间、设施等发布户外广告的监督管理，制定户外广告设置规划和安全要求。户外广告的管理办法，由地方性法规、地方政府规章规定。

10. 《中华人民共和国保守国家秘密法》（简称《保守国家秘密法》）

为了保守国家秘密，维护国家安全和利益，保障改革开放和社会主义建设事业的顺利进行，1988年9月5日第七届全国人民代表大会常务委员会第三次会议通过了《中华人民共和国保守国家秘密法》。2010年4月29日第十一届全国人民代表大会常务委员会第十四次会议修订通过，2010年4月29日中华人民共和国主席令第28号公布，自2010年10月1日起施行。

（1）基本概念

国家秘密是关系国家安全和利益，依照法定程序确定，在一定时间内只限一定范围的人员知悉的事项。

（2）主要内容

下列涉及国家安全和利益的事项，泄露后可能损害国家在政治、经济、国防、外交等领域的安全和利益的，应当确定为国家秘密：国家事务重大决策中的秘密事项；国防建设和武装力量活动中的秘密事项；外交和外事活动中的秘密事项以及对外承担保密义务的秘密事项；国民经济和社会发展中的秘密事项；科学技术中的秘密事项；维护国家安全活动和追查刑事犯罪中的秘密事项；经国家保密行政管理部门确定的其他秘密事项。政党的秘密事项中符合前款规定的，属于国家秘密。

（3）密级的划分

国家秘密的密级分为绝密、机密、秘密三级。

11. 《中华人民共和国建筑法》（简称《建筑法》）

为了加强对建筑活动的监督管理，维护建筑市场秩序，保证建筑工程的质量和安全，促进建筑业健康发展，1997年11月1日，第八届全国人民代表大会常务委员会第二十八次会议通过了《中华人民共和国建筑法》，自1998年3月1日起施行。2019年4月23日第十三届全国人民代表大会常务委员会第十次会议通过的《全国人民代表大会常务委员会关于修改〈中华人民共和国建筑法〉等八部法律的决定》进行了修改。

（1）适用范围

在中华人民共和国境内从事建筑活动，实施对建筑活动的监督管理，应当遵守本法。抢险救灾及其他临时性房屋建筑和农民自建低层住宅的建筑活动，不适用本法。

（2）主要内容

包括总则、建筑许可、建筑工程发包与承包、建筑工程监理、建筑安全生产管理、建筑工程质量管理和法律责任等内容。

（3）建筑工程施工许可规定

建筑工程开工前，建设单位应当按照国家有关规定向工程所在地县级以上人民政府建设行政主管部门申请领取施工许可证。申请领取施工许可证，应当具备的8项条件中，与城市规划管理有关的规定是：已经办理该建筑工程用地批准手续；依法应当办理建设工程规划许可证的，已经取得建设工程规划许可证；有满足施工需要的资金安排、施工图纸及技术资料。

（4）从业资格规定

从事建筑活动的建筑施工企业、勘察单位、设计单位和工程监理单位，除应当具备规定条件外，其从事建筑活动的专业技术人员，应当依法取得相应的执业资格证书，并在执业资格证书许可的范围内从事建筑活动。

（5）其他有关规定

需要临时占用规划批准范围以外场地的，建设单位应当按照国家有关规定办理申请批准手续。

12. 《中华人民共和国森林法》（简称《森林法》）

为了践行绿水青山就是金山银山理念，保护、培育和合理利用森林资源，加快国土绿化，保障森林生态安全，建设生态文明，实现人与自然和谐共生，1984年9月20日第六届全国人民代表大会常务委员会第七次会议通过《森林法》；根据1998年4月29日第九届全国人民代表大会常务委员会第二次会议《关于修改〈中华人民共和国森林法〉的决定》第一次修正；根据2009年8月27日第十一届全国人民代表大会常务委员会第十次会议《关于修改部分法律的决定》第二次修正；2019 年 12 月 28 日第十三届全国人民代表大会常务委员会第十五次会议修订。

（1）适用范围

在中华人民共和国领域内从事森林、林木的保护、培育、利用和森林、林木、林地的经营管理活动，适用本法。

（2）有关规定

森林资源属于国家所有，由法律规定属于集体所有的除外。森林、林木、林地的所有者和使用者的合法权益受法律保护，任何单位和个人不得侵犯。森林分为五类：防护林、用材林、经济林、能源林、特种用途林。国家所有的森林资源的所有权由国务院代表国家行使。国务院可以授权国务院自然资源主管部门统一履行国有森林资源所有者职责。林地和林地上的森林、林木的所有权、使用权，由不动产登记机构统一登记造册，核发证书。国务院确定的国家重点林区（以下简称重点林区）的森林、林木和林地，由国务院自然资源主管部门负责登记。森林、林木、林地的所有者和使用者的合法权益受法律保护，任何组织和个人不得侵犯。森林、林木、林地的所有者和使用者应当依法保护和合理利用森林、林木、林地，不得非法改变林地用途和毁坏森林、林木、林地。国家所有的林地和林地上的森林、林木可以依法确定给林业经营者使用。林业经营者依法取得的国有林地和林地上的森林、林木的使用权，经批准可以转让、出租、作价出资等。具体办法由国务院制定。

（3）规划

县级以上人民政府应当将森林资源保护和林业发展纳入国民经济和社会发展规划。县级以上人民政府应当落实国土空间开发保护要求，合理规划森林资源保护利用结构和布局，制定森林资源保护发展目标，提高森林覆盖率、森林蓄积量，提升森林生态系统质量和稳定性。县级以上人民政府林业主管部门应当根据森林资源保护发展目标，编制林业发展规划。下级林业发展规划依据上级林业发展规划编制。县级以上人民政府林业主管部门可以结合本地实际，编制林地保护利用、造林绿化、森林经营、天然林保护等相关专项规划。国家建立森林资源调查监测制度，对全国森林资源现状及变化情况进行调查、监测和评价，并定期公布。

13.《中华人民共和国公路法》（简称《公路法》）

为了加强公路的建设和管理，促进公路事业的发展，适应社会主义现代化建设和人民生活的需要，1997 年 7 月 3 日第八届全国人民代表大会常务委员会第二十六次会议通过了《中华人民共和国公路法》。根据 2017 年 11 月 4 日第十二届全国人民代表大会常务委员会第三十次会议通过的《全国人民代表大会常务委员会关于修改〈中华人民共和国会计法〉等十一部法律的决定》修正的《中华人民共和国公路法（2017 年修正本）》，自 2017 年 11 月 5 日起施行。

（1）适用范围

在中华人民共和国境内从事公路的规划、建设、养护、经营、使用和管理，适用本法。本法所称公路，包括公路桥梁、公路隧道和公路渡口。

（2）主要内容

包括总则、公路规划、公路建设、公路养护、路政管理、收费公路、监督检查、法律责任等。

（3）基本原则

公路的发展应当遵循全面规划、合理布局、确保质量、保障畅通、保护环境、建设改造与养护并重的原则。

（4）公路分级

公路按其在公路网上的地位分为国道、省道、县道和乡道。按技术等级分为高速公路、一级公路、二级公路、三级公路和四级公路。

（5）规划

公路规划应当根据国民经济和社会发展以及国防建设的需要编制，与城市建设发展规划和其他方式的交通运输发展规划相协调。公路建设用地规划应当符合土地利用总体规划，当年建设用地应当纳入年度建设用地规划。国道、省道、县道、乡道规划分别由国务院交通主管部门和该级政府交通主管部门会同国务院有关部门和同级有关部门根据规定编制和报批。下一级公路规划应当与上一级公路规划相协调。专用公路规划由专用公路的主管单位编制，经上级主管部门审定后，根据规定报审，并应当与公路规划相协调。有不协调的地方应当作相应修改。

（6）有关规定

规划和新建村镇、开发区，应当与公路保持规定的距离并避免在公路两侧对应进行，防止造成公路街道化，影响公路的运行安全与畅通。

公路建设使用土地依照规定办理。公路建设应当切实贯彻保护耕地、节约用地的原则。

跨越、穿越公路修建桥梁、渡槽或者架设、埋设管线、电缆等设施的，以及在公路用地范围内架设、埋设管线、电缆等设施的，应当先经有关交通主管部门同意。禁止在公路两侧的建筑控制区内修建建筑物和地面构筑物。

14.《中华人民共和国消防法》（简称《消防法》）

为了预防火灾和减少火灾危害，加强应急救援工作，保护人身、财产安全，维护公共安全，1998 年 4 月 29 日第九届全国人民代表大会常务委员会第二次会议通过了《中华人民共和国消防法》。2019 年 4 月 23 日第十三届全国人民代表大会常务委员会第十次会议通过的《全国人民代表大会常务委员会关于修改〈中华人民共和国建筑法〉等八部法律的决定》进行了修订。

（1）消防工作方针与原则

消防工作贯彻预防为主、防消结合的方针，按照政府统一领导、部门依法监管、单位全面负责、公民积极参与的原则，实行消防安全责任制，建立健全社会化的消防工作网络。

（2）主管部门

国务院领导全国的消防工作。地方各级人民政府负责本行政区域内的消防工作。各级人民政府应当将消防工作纳入国民经济和社会发展计划，保障消防工作与经济社会发展相适应。国务院公安部门对全国的消防工作实施监督管理。

（3）消防规划

地方各级人民政府应当将包括消防安全布局、消防站、消防供水、消防通信、消防车通道、消防装备等内容的消防规划纳入城乡规划，并负责组织实施。

（4）易燃易爆物品生产存储的选址要求

生产、储存、装卸易燃易爆危险品的工厂、仓库和专用车站、码头的设置，应当符合消防技术标准。易燃易爆气体和液体的充装站、供应站、调压站，应当设置在符合消防安全要求的位置，并符合防火防爆要求。已经设置的生产、储存、装卸易燃易爆危险品的工厂、仓库和专用车站、码头，易燃易爆气体和液体的充装站、供应站、调压站，不再符合前款规定的，地方人民政府应当组织、协调有关部门、单位限期解决，消除安全隐患。

（5）建筑设计审核要求

建设工程的消防设计、施工必须符合国家工程建设消防技术标准。建设、设计、施工、工程监理等单位依法对建设工程的消防设计、施工质量负责。国务院住房和城乡建设主管部门规定应当申请消防验收的建设工程施工，建设单位应当向住房和城乡建设主管部门申请消防验收。依法应当进行消防验收的建设工程，未经消防验收或者消防验收不合格的，禁止投入使用；其他建设工程依法抽查不合格的应当停止使用。

15. 《中华人民共和国防震减灾法》（简称《防震减灾法》）

为了防御和减轻地震灾害，保护人民生命和财产安全，促进经济社会的可持续发展，1997 年 12 月 29 日第八届全国人民代表大会常务委员会第二十九次会议通过了《中华人民共和国防震减灾法》，1997 年 12 月 29 日中华人民共和国主席令第 94 号公布。2008 年 12 月 27 日第十一届全国人民代表大会常务委员会第六次会议修订通过，2008 年 12 月 27 日中华人民共和国主席令第 7 号公布，自 2009 年 5 月 1 日起施行。

（1）适用范围

在中华人民共和国领域和中华人民共和国管辖的其他海域从事地震监测预报、地震灾害预防、地震应急救援、地震灾后过渡性安置和恢复重建等防震减灾活动，适用本法。

（2）主要内容

包括总则、防震减灾规划、地震监测预报、地震灾害预防、地震应急救援、地震灾后过渡性安置和恢复重建、监督管理和法律责任等。

（3）有关规划要求

国务院地震工作主管部门会同国务院有关部门组织编制国家防震减灾规划，报国务院批准后组织实施。县级以上地方人民政府负责管理地震工作的部门或者机构会同同级有关部门，根据上一级防震减灾规划和本行政区域的实际情况，组织编制本行政区域的防震减灾规划，报本级人民政府批准后组织实施，并报上一级人民政府负责管理地震工作的部门或者机构备案。编制防震减灾规划，应当遵循统筹安排、突出重点、合理布局、全面预防的原则，以震情和震害预测结果为依据，并充分考虑人民生命和财产安全及经济社会发展、资源环境保护等需要。县级以上地方人民政府有关部门应当根据编制防震减灾规划的需要，及时提供有关资料。防震减灾规划报送审批前，组织编制机关应当征求有关部门、单位、专家和公众的意见。防震减灾规划报送审批文件中应当附具意见采纳情况及理由。防震减灾规划一经批准公布，应当严格执行；因震情形势变化和经济社会发展的需要确需修改的，应当按照原审批程序报送审批。

（4）建设工程防震要求

新建、扩建、改建建设工程，应当避免对地震监测设施和地震观测环境造成危害。建设国家重点工程，确实无法避免对地震监测设施和地震观测环境造成危害的，建设单位应当按照县级以上地方人民政府负责管理地震工作的部门或者机构的要求，增建抗干扰设施；不能增建抗干扰设施的，应当新建地震监测设施。对地震观测环境保护范围内的建设工程项目，城乡规划主管部门在依法核发选址意见书时，应当征求负责管理地震工作的部门或者机构的意见；不需要核发选址意见书的，城乡规划主管部门在依法核发建设用地规划许可证或者乡村建设规划许可证时，应当征求负责管理地震工作的部门或者机构的意见。

水库、油田、核电站等重大建设工程的建设单位，应当按照国务院有关规定，建设专用地震监测台网或者强震动监测设施，其建设资金和运行经费由建设单位承担。重大建设工程和可能发生严重次生灾害的建设工程，应当按照国务院有关规定进行地震安全性评价，并按照经审定的地震安全性评价报告所确定的抗震设防要求进行抗震设防。建设工程的地震安全性评价单位应当按照国家有关标准进行地震安全性评价，并对地震安全性评价报告的质量负责。

建设工程应当按照地震烈度区划图或者地震动参数区划图所确定的抗震设防要求进行抗震设防；对学校、医院等人员密集场所的建设工程，应当按照高于当地房屋建筑的抗震设防要求进行设计和施工，采取有效措施，增强抗震设防能力。

16.《中华人民共和国民法典》（简称《民法典》）

2020 年 5 月 28 日第十三届全国人民代表大会第三次会议通过《中华人民共和国民法典》，自 2021 年 1 月 1 日起施行。《中华人民共和国婚姻法》《中华人民共和国继承法》《中华人民共和国民法通则》《中华人民共和国收养法》《中华人民共和国担保法》《中华人民共和国合同法》《中华人民共和国物权法》《中华人民共和国侵权责任法》《中华人民共和国民法总则》同时废止。《中华人民共和国民法典》第二编为物权，共有 5 分编、20 章、258 条。

民法是民事领域的基础性、综合性法律，它规范各类民事主体的各种人身关系和财产关系，涉及社会和经济生活的方方面面。

《中华人民共和国民法典》（以下简称为《民法典》）是新中国第一部以法典命名的法律，在法律体系中居于基础性地位，也是市场经济的基本法。《民法典》共 7 编、1260 条，各编依次为总则、物权、合同、人格权、婚姻家庭、继承、侵权责任以及附则。

《民法典》第二编物权中物权的平等保护原则、业主的建筑物区分所有权、相邻关系、用益物权、建设用地使用权、地役权等都与规划管理有着密切关系。

（1）物权的保护

国家、集体、私人的物权和其他权利人的物权受法律平等保护，任何组织或者个人不得侵犯。不动产物权的设立、变更、转让和消灭，应当依照法律规定登记。动产物权的设立和转让，应当依照法律规定交付。物权受到侵害的，权利人可以通过和解、调解、仲裁、诉讼等途径解决。为了公共利益的需要，依照法律规定的权限和程序可以征收集体所有的土地和组织、个人的房屋以及其他不动产。国家对耕地实行特殊保护，严格限制农用地转为建设用地，控制建设用地总量。不得违反法律规定的权限和程序征收集体所有的土地。

（2）业主的建筑物区分所有权

业主对建筑物内的住宅、经营性用房等专有部分享有所有权，对专有部分以外的共有部分享有共有和共同管理的权利。业主对其建筑物专有部分享有占有、使用、收益和处分的权利。业主行使权利不得危及建筑物的安全，不得损害其他业主的合法权益。业主对建筑物专有部分以外的共有部分，享有权利，承担义务；不得以放弃权利为由不履行义务。业主转让建筑物内的住宅、经营性用房，其对共有部分享有的共有和共同管理的权利一并转让。

（3）居住小区建筑区划内场所设施的物权归属

建筑区划内的道路，属于业主共有，但是属于城镇公共道路的除外。建筑区划内的绿地，属于业主共有，但是属于城镇公共绿地或者明示属于个人的除外。建筑区划内的其他公共场所、公用设施和物业服务用房，属于业主共有。建筑区划内，规划用于停放汽车的车位、车库的归属，由当事人通过出售、附赠或者出租等方式约定。占用业主共有的道路或者其他场地用于停放汽车的车位，属于业主共有。建筑区划内，规划用于停放汽车的车位、车库应当首先满足业主的需要。

（4）共有不动产的处分权

不动产可以由两个以上组织、个人共有。共有包括按份共有和共同共有。按份共有人对共有的不动产或者动产按照其份额享有所有权。共同共有人对共有的不动产或者动产共同享有所有权。共有人按照约定管理共有的不动产或者动产；没有约定或者约定不明确的，各共有人都有管理的权利和义务。处分共有的不动产或者动产以及对共有的不动产或者动产作重大修缮、变更性质或者用途的，应当经占份额三分之二以上的按份共有人或者全体共同共有人同意，但是共有人之间另有约定的除外。

（5）相邻关系

不动产的相邻权利人应当按照有利生产、方便生活、团结互助、公平合理的原则，正确处理相邻关系。法律、法规对处理相邻关系有规定的，依照其规定；法律、法规没有规定的，可以按照当地习惯。不动产权利人应当为相邻权利人用水、排水提供必要的便利。对自然流水的利用，应当在不动产的相邻权利人之间合理分配。对自然流水的排放，应当尊重自然流向。不动产权利人对相邻权利人因通行等必须利用其土地的，应当提供必要的便利。不动产权利人因建造、修缮建筑物以及铺设电线、电缆、水管、暖气和燃气管线等必须利用相邻土地、建筑物的，该土地、建筑物的权利人应当提供必要的便利。建造建筑物，不得违反国家有关工程建设标准，不得妨碍相邻建筑物的通风、采光和日照。不动产权利人不得违反国家规定弃置固体废物，排放大气污染物、水污染物、土壤污染物、噪声、光辐射、电磁辐射等有害物质。不动产权利人挖掘土地、建造建筑物、铺设管线以及安装设备等，不得危及相邻不动产的安全。不动产权利人因用水、排水、通行、铺设管线等利用相邻不动产的，应当尽量避免对相邻的不动产权利人造成损害。

（6）建设用地使用权

建设用地使用权人依法对国家所有的土地享有占有、使用和收益的权利，有权利用该土地建造建筑物、构筑物及其附属设施。建设用地使用权可以在土地的地表、地上或者地下分别设立。设立建设用地使用权，应当符合节约资源、保护生态环境的要求，遵守法律、行政法规关于土地用途的规定，不得损害已经设立的用益物权。设立建设用地使用权，可以采取出让或者划拨等方式。工业、商业、旅游、娱乐和商品住宅等经营性用地以及同一土地有两个以上意向用地者的，应当采取招标、拍卖等公开竞价的方式出让。严格限制以划拨方式设立建设用地使用权。建设用地使用权自登记时设立。建设用地使用权人应当合理利用土地，不得改变土地用途；需要改变土地用途的，应当依法经有关行政主管部门批准。建设用地使用权人建造的建筑物、构筑物及其附属设施的所有权属于建设用地使用权人，但是有相反证据证明的除外。建设用地使用权转让、互换、出资或者赠与的，附着于该土地上的建筑物、构筑物及其附属设施一并处分。建筑物、构筑物及其附属设施转让、互换、出资或者赠与的，该建筑物、构筑物及其附属设施占用范围内的建设用地使用权一并处分。建设用地使用权期限届满前，因公共利益需要提前收回该土地的，应当依法给予补偿，并退还相应的出让金。

（7）宅基地使用权

宅基地使用权人依法对集体所有的土地享有占有和使用的权利，有权依法利用该土地建造住宅及其附属设施。宅基地因自然灾害等原因灭失的，宅基地使用权消灭。对失去宅基地的村民，应当依法重新分配宅基地。

（8）地役权

地役权人有权按照合同约定，利用他人的不动产，以提高自己的不动产的效益。地役权自地役权合同生效时设立。供役地权利人应当按照合同约定，允许地役权人利用其不动产，不得妨害地役权人行使权利。地役权人应当按照合同约定的利用目的和方法利用供役地，尽量减少对供役地权利人物权的限制。地役权期限由当事人约定；但是，不得超过土地承包经营权、建设用地使用权等用益物权的剩余期限。土地所有权人享有地役权或者负担地役权的，设立土地承包经营权、宅基地使用权等用益物权时，该用益物权人继续享有或者负担已经设立的地役权。土地上已经设立土地承包经营权、建设用地使用权、宅基地使用权等用益物权的，未经用益物权人同意，土地所有权人不得设立地役权。

17. 《城市绿化条例》

为了促进城市绿化事业的发展，改善生态环境，美化生活环境，增进人民身心健康，1992 年 5 月 20 日国务院第 104 次常务会议通过了《城市绿化条例》。根据 2017 年 3 月 1 日国务院令第 676 号公布，自公布之日起施行《国务院关于修改和废止部分行政法规的决定》修改的《城市绿化条例（2017 年修正本）》。

（1）适用范围

本条例适用于在城市规划区内种植和养护树木花草等城市绿化的规划、建设、保护和管理。

（2）绿化规划的有关规定

城市人民政府应当组织城市规划行政主管部门和城市绿化行政主管部门等共同编制城市绿化规划，并纳入城市总体规划。城市绿化规划应当从实际出发，根据城市发展需要，合理安排同城市人口和城市面积相适应的城市绿化用地面积。城市人均公共绿地面积和绿化覆盖率等规划指标，由国务院城市建设行政主管部门根据不同城市的性质、规模和自然条件等实际情况规定。城市绿化规划应当根据当地的特点，利用原有的地形、地貌、水体、植被和历史文化遗址等自然、人文条件，以方便群众为原则，合理设置公共绿地、居住区绿地、防护绿地、生产绿地和风景林地等。任何单位和个人都不得擅自改变城市绿化规划用地性质或者破坏绿化规划用地的地形、地貌、水体和植被。任何单位和个人都不得擅自占用城市绿化用地；占用的城市绿化用地，应当限期归还。

（3）绿化建设的有关要求

城市绿化工程的设计，应当委托持有相应资格证书的设计单位承担。工程建设项目的附属绿化工程设计方案，按照基本建设程序审批时，必须有城市人民政府城市绿化行政主管部门参加审查。城市绿化工程的设计，应当借鉴国内外先进经验，体现民族风格和地方特色。城市公共绿地和居住区绿地的建设，应当以植物造景为主，选用适合当地自然条件的树木花草，并适当配置泉、石、雕塑等景物。城市的公共绿地、居住区绿地、风景林地和干道绿化带等绿化工程的设计方案，必须按照规定报城市人民政府城市绿化行政主管部门或者其上级行政主管部门审批。单位附属绿地的绿化规划和建设，由该单位自行负责，城市人民政府城市绿化行政主管部门应当监督检查，并给予技术指导。城市新建、扩建、改建工程项目和开发住宅区项目，需要绿化的，其基本建设投资中应当包括配套的绿化建设投资，并统一安排绿化工程施工，在规定的期限内完成绿化任务。

18.《中华人民共和国自然保护区条例》（简称《自然保护区条例》）

为了加强自然保护区的建设和管理，保护自然环境和自然资源，1994年9月2日国务院第24次常务会议讨论通过了《中华人民共和国自然保护区条例》，自1994年12月1日起施行。根据2017年10月7日中华人民共和国国务院令第687号公布，自公布之日起施行《国务院关于修改部分行政法规的决定》修改的《中华人民共和国自然保护区条例（2017年修正本）》。

（1）适用范围

凡在中华人民共和国领域和中华人民共和国管辖的其他海域内建设和管理自然保护区，必须遵守本条例。

（2）基本概念

本条例所称自然保护区，是指对有代表性的自然生态系统、珍稀濒危野生动植物种的天然集中分布区、有特殊意义的自然遗迹等保护对象所在的陆地、陆地水体或者海域，依法划出一定面积予以特殊保护和管理的区域。

（3）建设自然保护区的条件

凡具有下列条件的，应当建设自然保护区：典型的自然地理区域、有代表性的自然生态系统区域以及已经遭受破坏但经保护能够恢复的同类自然生态系统区域。珍稀、濒危野生动植物物种的天然集中分布区域。具有特殊保护价值的海域、海岸、岛屿、湿地、内陆水域、森林、草原和荒漠。具有重大科学文化价值的地质构造、著名溶洞、化石分布区、冰川、火山、温泉等自然遗迹。经国务院或者省、自治区、直辖市人民政府批准，需要予以特殊保护的其他自然区域。

（4）自然保护区分的分级

自然保护区分为国家级自然保护区和地方级自然保护区。在国内外有典型意义、在科学上有重大国际影响或者有特殊科学研究价值的自然保护区，列为国家级自然保护区。除列为国家级自然保护区的以外，其他具有典型意义或者重要科学研究价值的自然保护区列为地方级自然保护区。地方级自然保护区可以分级管理，具体办法根据实际情况规定。确定自然保护区的范围和界线，应当兼顾保护对象的完整性和适度性，以及当地经济建设和居民生产、生活的需要。

（5）自然保护区的规划

国务院环境保护行政主管部门应当会同国务院有关自然保护区行政主管部门，在对全国自然环境和自然资源状况进行调查和评价的基础上，拟订国家自然保护区发展规划，经国务院计划部门综合平衡后，报国务院批准实施。自然保护区管理机构或者该自然保护区行政主管部门应当组织编制自然保护区的建设规划，按照规定的程序纳入国家的、地方或者部门的投资计划，并组织实施。

（6）自然保护区分区

自然保护区可以分为核心区、缓冲区和实验区。自然保护区内保存完好的天然状态的生态系统以及珍稀、濒危动植物的集中分布地，应当划为核心区，禁止任何单位和个人进入；除规定经批准外，不允许进入从事科学研究活动。核心区外围可以划定一定面积的缓冲区，只准进入从事科学研究观测活动。缓冲区外围划为实验区，可以进入从事科学实验、教学实习、参观考察、旅游以及驯化、繁殖珍稀、濒危野生动植物等活动。原批准建立自然保护区的人民政府认为必要时，可以在自然保护区的外围划定一定面积的外围保护地带。

（7）自然保护区的建设限制

在自然保护区的核心区和缓冲区内，不得建设任何生产设施。在自然保护区的实验区内，不得建设污染环境、破坏资源或者景观的生产设施；建设其他项目，其污染物排放不得超过国家和地方规定的污染物排放标准。已建成的设施超过排放标准的，应限期治理，造成损失的必须采取补救措施。在自然保护区的外围保护地带建设的项目，不得损害自然保护区内的环境质量；已造成损害的，应当限期治理。

19.《中华人民共和国黑土地保护法》（简称《黑土地保护法》）

2022年6月24日第十三届全国人民代表大会常务委员会第三十五次会议通过《中华人民共和国黑土地保护法》，自2022年8月1日起施行。

（1）立法目的

为了保护黑土地资源，稳步恢复提升黑土地基础地力，促进资源可持续利用，维护生态平衡，保障国家粮食安全，制定本法。

（2）适用范围

从事黑土地保护、利用和相关治理、修复等活动，适用本法。

（3）黑土地的定义及用途。

本法所称黑土地，是指黑龙江省、吉林省、辽宁省、内蒙古自治区（以下简称四省区）的相关区域范围内具有黑色或者暗黑色腐殖质表土层，性状好、肥力高的耕地。

黑土地应当用于粮食和油料作物、糖料作物、蔬菜等农产品生产。黑土层深厚、土壤性状良好的黑土地应当按照规定的标准划入永久基本农田，重点用于粮食生产，实行严格保护，确保数量和质量长期稳定。

（4）黑土地保护的原则和机制

黑土地保护应当坚持统筹规划、因地制宜、用养结合、近期目标与远期目标结合、突出重点、综合施策的原则，建立健全政府主导、农业生产经营者实施、社会参与的保护机制。

国务院农业农村主管部门会同自然资源、水行政等有关部门，综合考虑黑土地开垦历史和利用现状，以及黑土层厚度、土壤性状、土壤类型等，按照最有利于全面保护、综合治理和系统修复的原则，科学合理确定黑土地保护范围并适时调整，有计划、分步骤、分类别地推进黑土地保护工作。历史上属黑土地的，除确无法修复的外，原则上都应列入黑土地保护范围进行修恢复。

（5）黑土地保护涉及规划和自然资源管理方面的内容

国家建立健全黑土地调查和监测制度。县级以上人民政府自然资源主管部门会同有关部门开展土地调查时，同步开展黑土地类型、分布、数量、质量、保护和利用状况等情况的调查，建立黑土地档案。

县级以上人民政府应当将黑土地保护工作纳入国民经济和社会发展规划。国土空间规划应当充分考虑保护黑土地及其周边生态环境，合理布局各类用途土地，以利于黑土地水蚀、风蚀等的预防和治理。

县级以上人民政府农业农村主管部门会同有关部门以调查和监测为基础、体现整体集中连片治理，编制黑土地保护规划，明确保护范围、目标任务、技术模式、保障措施等，遏制黑土地退化趋势，提升黑土地质量，改善黑土地生态环境。县级黑土地保护规划应当与国土空间规划相衔接，落实到黑土地具体地块，并向社会公布。

任何组织和个人不得破坏黑土地资源和生态环境。禁止盗挖、滥挖和非法买卖黑土。国务院自然资源主管部门会同农业农村、水行政、公安、交通运输、市场监督管理等部门应当建立健全保护黑土地资源监督管理制度，提高对盗挖、滥挖、非法买卖黑土和其他破坏黑土地资源、生态环境行为的综合治理能力。

建设项目不得占用黑土地；确需占用的，应当依法严格审批，并补充数量和质量相当的耕地。建设项目占用黑土地的，应当按照规定的标准对耕作层的土壤进行剥离。剥离的黑土应当就近用于新开垦耕地和劣质耕地改良、被污染耕地的治理、高标准农田建设、土地复垦等。建设项目主体应当制定剥离黑土的再利用方案，报自然资源主管部门备案。具体办法由四省区人民政府分别制定。

20.《建设项目环境保护管理条例》

为了防止建设项目产生新的污染，破坏生态环境，国务院于 1998 年 11 月 29 日发布了《建设项目环境保护管理条例》，自发布之日起施行。根据 2017 年 7 月 16 日中华人民共和国国务院令第 682 号《国务院关于修改〈建设项目环境保护条例〉的决定》修正的《建设项目环境保护管理条例（2017 年修正本）》，自 2017 年 10 月 1 日起施行。

（1）适用范围

适用于在中华人民共和国领域和中华人民共和国管辖的其他海域内建设对环境有影响的建设项目。

（2）环境影响评价

国家实行建设项目环境影响评价制度，评价工作由取得相应资格证书的单位承担。根据建设项目对环境的影响程度，按照以下规定实行分类管理：建设项目对环境可能造成重大影响的，应当编制环境影响报告书，对建设项目产生的污染和对环境的影响进行全面、详细的评价；建设项目对环境可能造成轻度影响的，应当编制环境影响报告表，对建设项目产生的污染和对环境的影响进行分析或者专项评价；建设项目对环境影响很小，不需要进行环境影响评价的，应当填报环境影响登记表。

（3）依法应当编制环境影响报告书、环境影响报告表的建设项目，建设单位应当在开工建设前将环境影响报告书、环境影响报告表报有审批权的环境保护行政主管部门审批；建设项目的环境影响评价文件未依法经审批部门审查或者审查后未予批准的，建设单位不得开工建设。环境保护行政主管部门审批环境影响报告书、环境影响报告表，应当重点审查建设项目的环境可行性、环境影响分析预测评估的可靠性、环境保护措施的有效性、环境影响评价结论的科学性等，并分别自收到环境影响报告书之日起 60 日内、收到环境影响报告表之日起 30 日内，作出审批决定并书面通知建设单位。编制环境影响报告书、环境影响报告表的建设项目竣工后，建设单位应当按照国务院环境保护行政主管部门规定的标准和程序，对配套建设的环境保护设施进行验收，编制验收报告。建设单位在环境保护设施验收过程中，应当如实查验、监测、记载建设项目环境保护设施的建设和调试情况，不得弄虚作假。除按照国家规定需要保密的情形外，建设单位应当依法向社会公开验收报告。

（4）环境保护设施建设

建设项目需要配套建设的环境保护设施，必须与主体工程同时设计、同时施工、同时投产使用。建设项目的初步设计，应当按照环境保护设计规范的要求，编制环境保护篇章。

21.《中华人民共和国湿地保护法》（简称《湿地保护法》）

2021 年 12 月 24 日第十三届全国人民代表大会常务委员会第三十二次会议通过《中华人民共和国湿地保护法》。

（1）立法目的

为了加强湿地保护，维护湿地生态功能及生物多样性，保障生态安全，促进生态文明建设，实现人与自然和谐共生，制定本法。

（2）湿地的定义

湿地，是指具有显著生态功能的自然或者人工的、常年或者季节性积水地带、水域，包括低潮时水深不超过 6m 的海域，但是水田以及用于养殖的人工的水域和滩涂除外。国家对湿地实行分级管理及名录制度。

（3）湿地保护原则

湿地保护应当坚持保护优先、严格管理、系统治理、科学修复、合理利用的原则，发挥湿地涵养水源、调节气候、改善环境、维护生物多样性等多种生态功能。

（4）管理部门

国务院林业草原主管部门负责湿地资源的监督管理，负责湿地保护规划和相关国家标准拟定、湿地开发利用的监督管理、湿地生态保护修复工作。国务院自然资源、水行政、住房城乡建设、生态环境、农业农村等其他有关部门，按照职责分工承担湿地保护、修复、管理有关工作。国务院林业草原主管部门会同国务院自然资源、水行政、住房城乡建设、生态环境、农业农村等主管部门建立湿地保护协作和信息通报机制。

（5）建设项目占用湿地的管理规定

国家严格控制占用湿地。禁止占用国家重要湿地，国家重大项目、防灾减灾项目、重要水利及保护设施项目、湿地保护项目等除外。建设项目选址、选线应当避让湿地，无法避让的应当尽量减少占用，并采取必要措施减轻对湿地生态功能的不利影响。建设项目规划选址、选线审批或者核准时，涉及国家重要湿地的，应当征求国务院林业草原主管部门的意见；涉及省级重要湿地或者一般湿地的，应当按照管理权限，征求县级以上地方人民政府授权的部门的意见。

建设项目确需临时占用湿地的，应当依照《中华人民共和国土地管理法》《中华人民共和国水法》《中华人民共和国森林法》《中华人民共和国草原法》《中华人民共和国海域使用管理法》等有关法律法规的规定办理。临时占用湿地的期限一般不得超过2年，并不得在临时占用的湿地上修建永久性建筑物。临时占用湿地期满后1年内，用地单位或者个人应当恢复湿地面积和生态条件。

除因防洪、航道、港口或者其他水工程占用河道管理范围及蓄滞洪区内的湿地外，经依法批准占用重要湿地的单位应当根据当地自然条件恢复或者重建与所占用湿地面积和质量相当的湿地；没有条件恢复、重建的，应当缴纳湿地恢复费。缴纳湿地恢复费的，不再缴纳其他相同性质的恢复费用。

22.《城市道路管理条例》

为了加强城市道路管理，保障城市道路完好，充分发挥城市道路功能，促进城市经济和社会发展，1996年6月4日中华人民共和国国务院令第198号发布了《城市道路管理条例》，自1996年10月1日起施行。根据2017年3月1日国务院令第676号公布，自公布之日起施行《国务院关于修改和废止部分行政法规的决定》修改的《城市道路管理条例（2017年修正本）》。根据2019年3月24日国务院令第710号《国务院关于修改部分行政法规的决定》，对部分内容进行了修改。

（1）适用范围

适用于城市道路规划、建设、养护、维修和路政管理。本条例所称城市道路，是指城市供车辆、行人通行的，具备一定技术条件的道路、桥梁及其附属设施。

（2）基本原则

城市道路管理实行统一规划、配套建设、协调发展和建设、养护、管理并重的原则。

（3）发展规划

县级以上城市人民政府应当组织市政工程、城市规划、公安交通等部门，根据城市总体规划编制城市道路发展规划。政府投资建设城市道路的，应当根据城市道路发展规划和年度建设规划，由市政工程行政主管部门组织建设；单位投资城市道路的，应当符合城市道路发展规划。

（4）建设和管理

城市住宅小区、开发区内的道路建设，应当分别纳入住宅小区、开发区的开发建设计划配套建设。城市供水、排水、燃气、热力、供电、通信、消防等依附于城市道路的各种管线、杆线等设施的建设计划，应当与城市道路发展规划和年度建设计划相协调，坚持先地下、后地上的施工原则，与城市道路同步建设。新建的城市道路与铁路干线相交的，应当根据需要在城市规划中预留立体交通设施的建设位置。城市道路范围内禁止擅自在城市道路上建设建筑物、构筑物。城市人民政府应当严格控制城市道路作为集贸市场。新建、扩建、改建的城市道路交付使用后5年内、大修的城市道路竣工后3年内不得挖掘，确需挖掘的，须经县级以上城市政府批准。

23. 《基本农田保护条例》

为了对基本农田实行特殊保护，促进农业生产和社会经济的可持续发展，根据《中华人民共和国农业法》和《中华人民共和国土地管理法》，1998 年 12 月 24 日国务院第 12 次常务会议通过了《基本农田保护条例》，自 1999 年 1 月 1 日起施行。根据 2010 年 12 月 29 日国务院第 138 次常务会议通过的《国务院关于废止和修改部分行政法规的决定》修正。

（1）主要内容

包括总则、划定、保护、监督管理和法律责任。

（2）基本概念

国家实行基本农田保护制度。本条例所称基本农田，是指按照一定时期人口和社会经济发展对农产品的需求，依据土地利用总体规划确定的不得占用的耕地。本条例所称基本农田保护区，是指为对基本农田实行特殊保护而依据土地利用总体规划和依照法定程序确定的特定保护区域。

（3）保护方针

基本农田保护实行全面规划、合理利用、用养结合、严格保护的方针。

（4）有关规定

各级人民政府应当将基本农田保护工作纳入国民经济和社会发展计划，作为政府领导任期目标责任制的一项内容；在编制土地利用总体规划时，应当将基本农田保护作为规划的一项内容，明确基本农田保护的布局安排、数量指标和质量要求；县级和乡（镇）土地利用总体规划应当确定基本农田保护区。

省、自治区、直辖市划定的基本农田保护区应当占本行政区域内耕地面积的 80% 以上，具体数量指标根据全国土地利用总体规划逐级分解下达。

基本农田保护区经依法划定后，任何单位和个人不得改变或者占用。国家能源、交通、水利、军事设施等重点建设项目选址确实无法避开基本农田保护区，需要占用基本农田，涉及农用地转用或者征收土地的，必须经国务院批准。

经国务院批准占用基本农田的，当地人民政府应当按照国务院的批准文件修改土地利用总体规划，并补充划入数量和质量相当的基本农田。

经国务院批准占用基本农田兴建国家重点项目的，必须遵守国家有关建设项目环境保护管理规定，应当有基本农田环境保护方案。

24. 《民用建筑节能条例》

《民用建筑节能条例》经 2008 年 7 月 23 日国务院第十八次常务会议通过，自 2008 年 10 月 1 日起施行。

（1）立法目的

为了加强民用建筑节能管理，降低民用建筑使用过程中的能源消耗，提高能源利用效率，制定本条例。

（2）适用范围

民用建筑节能是指在保证民用建筑使用功能和室内热环境质量的前提下，降低其使用过程中能源消耗的活动。民用建筑是指居住建筑、国家机关办公建筑和商业、服务业、教育、卫生等其他公共建筑。

（3）民用建筑节能规划

国务院建设主管部门应当在国家节能中长期专项规划指导下，编制全国民用建筑节能规划，并与相关规划相衔接。县级以上地方人民政府建设主管部门应当组织编制本行政区域的民用建筑节能规划，报本级人民政府批准后实施。

（4）民用建筑节能标准

国家建立健全民用建筑节能标准体系。国家民用建筑节能标准由国务院建设主管部门负责组织制定，并依照法定程序发布。国家鼓励制定、采用优于国家民用建筑节能标准的地方民用建筑节能标准。

（5）新建建筑节能有关规定

国家推广使用民用建筑节能的新技术、新工艺、新材料和新设备，限制使用或者禁止使用能源消耗高的技术、工艺、材料和设备。国务院节能工作主管部门、建设主管部门应当制定、公布并及时更新推广使用、限制使用、禁止使用目录。国家限制进口或者禁止进口能源消耗高的技术、材料和设备。建设单位、设计单位、施工单位不得在建筑活动中使用列入禁止使用目录的技术、工艺、材料和设备。

编制城市详细规划、镇详细规划，应当按照民用建筑节能的要求，确定建筑的布局、形状和朝向。城乡规划主管部门依法对民用建筑进行规划审查，应当就设计方案是否符合民用建筑节能强制性标准征求同级建设主管部门的意见，对不符合民用建筑节能强制性标准的，不得颁发建设工程规划许可证。

施工图设计文件审查机构应当按照民用建筑节能强制性标准对施工图设计文件进行审查；经审查不符合民用建筑节能强制性标准的，建设主管部门不得颁发施工许可证。

建设单位不得明示或者暗示设计单位、施工单位违反民用建筑节能强制性标准进行设计、施工，不得明示或者暗示施工单位使用不符合施工图设计文件要求的墙体材料、保温材料、门窗、采暖制冷系统和照明设备。建设单位组织竣工验收，应当对民用建筑是否符合民用建筑节能强制性标准进行查验；对不符合民用建筑节能强制性标准的，不得出具竣工验收合格报告。

设计单位、施工单位、工程监理单位及其注册执业人员，应当按照民用建筑节能强制性标准进行设计、施工、监理。

（6）既有建筑节能改造

既有建筑节能改造应当根据当地经济、社会发展水平和地理气候条件等实际情况，有计划、分步骤地实施分类改造。县级以上地方人民政府建设主管部门应当对本行政区域内既有建筑的建设年代、结构形式、用能系统、能源消耗指标、寿命周期等组织调查统计和分析，制定既有建筑节能改造计划，明确节能改造的目标、范围和要求，报本级人民政府批准后组织实施。中央国家机关既有建筑的节能改造，由有关管理机关事务工作的机构制定节能改造计划，并组织实施。国家机关办公建筑的节能改造费用，由县级以上人民政府纳入本级财政预算。居住建筑和教育、科学、文化、卫生、体育等公益事业使用的公共建筑节能改造费用，由政府、建筑所有权人共同负担。国家鼓励社会资金投资既有建筑节能改造。

（7）建筑用能系统运行节能

建筑所有权人或者使用权人应当保证建筑用能系统的正常运行，不得人为损坏建筑围护结构和用能系统。国家机关办公建筑和大型公共建筑的所有权人或者使用权人应当建立健全民用建筑节能管理制度和操作规程，对建筑用能系统进行监测、维护，并定期将分项用电量报县级以上地方人民政府建设主管部门。县级以上地方人民政府节能工作主管部门应当会同同级建设主管部门确定本行政区域内公共建筑重点用电单位及其年度用电限额。县级以上地方人民政府建设主管部门应当对本行政区域内国家机关办公建筑和公共建筑用电情况进行调查统计和评价分析。国家机关办公建筑和大型公共建筑采暖、制冷、照明的能源消耗情况应当依照法律、行政法规和国家其他有关规定向社会公布。国家机关办公建筑和公共建筑的所有权人或者使用权人应当对县级以上地方人民政府建设主管部门的调查统计工作予以配合。

25.《汶川地震灾后恢复重建条例》

《汶川地震灾后恢复重建条例》经 2008 年 6 月 4 日国务院第 11 次常务会议通过，自公布之日起施行。

（1）恢复重建规划包括的内容

地震灾后恢复重建规划应当包括地震灾后恢复重建总体规划和城镇体系规划、农村建设规划、城乡住房建设规划、基础设施建设规划、公共服务设施建设规划、生产力布局和产业调整规划、市场服务体系规划、防灾减灾和生态修复规划、土地利用规划等专项规划。

（2）编制地震灾后恢复重建规划应遵循的原则

编制地震灾后恢复重建规划，应当全面贯彻落实科学发展观，坚持以人为本，优先恢复重建受灾群众基本生活和公共服务设施；尊重科学、尊重自然，充分考虑资源环境承载能力；统筹兼顾，与推进工业化、城镇化、新农村建设、主体功能区建设、产业结构优化升级相结合，并坚持统一部署、分工负责、区分缓急、突出重点，相互衔接、上下协调，规范有序、依法推进的原则。

（3）地震灾后恢复重建及建设选址的有关规定

地震灾后恢复重建应当统筹安排交通、铁路、通信、供水、供电、住房、学校、医院、社会福利、文化、广播电视、金融等基础设施和公共服务设施建设。城镇的地震灾后恢复重建，应当统筹安排市政公用设施、公共服务设施和其他设施，合理确定建设规模和时序。乡村的地震灾后恢复重建，应当尊重农民意愿，发挥村民自治组织的作用，以群众自建为主，政府补助、社会帮扶、对口支援，因地制宜，节约和集约利用土地，保护耕地。地震灾区的县级人民政府应当组织有关部门对村民住宅建设的选址予以指导，并提供能够符合当地实际的多种村民住宅设计图，供村民选择。村民住宅应当达到抗震设防要求，体现原有地方特色、民族特色和传统风貌。

地震灾后重建工程的选址，应当符合地震灾后恢复重建规划和抗震设防、防灾减灾要求，避开地震活动断层、生态脆弱地区、可能发生重大灾害的区域和传染病自然疫源地。

26.《市政公用设施抗灾设防管理规定》

《市政公用设施抗灾设防管理规定》已于 2008 年 9 月 18 日经住房和城乡建设部第二十次常务会议审议通过，自 2008 年 12 月 1 日起施行。根据 2015 年 1 月 22 日中华人民共和国住房和城乡建设部令第 23 号《住房和城乡建设部关于修改〈市政公用设施抗灾设防管理规定〉等部门规章的决定》第一次修正，自公布之日起施行。

（1）适用范围

市政公用设施的抗灾设防，适用该规定。其中市政公用设施，是指规划区内的城市道路（含桥梁）、城市轨道交通、供水、排水、燃气、热力、园林绿化、环境卫生、道路照明等设施及附属设施。抗灾设防是指针对地震、台风、雨雪冰冻、暴雨、地质灾害等自然灾害所采取的工程和非工程措施。

（2）主要方针

市政公用设施抗灾设防实行预防为主、平灾结合的方针。

（3）抗震设防区的定义

抗震设防区是指地震基本烈度 6 度及 6 度以上地区（地震动峰值加速度 $\geqslant 0.05g$ 的地区）。

（4）对防灾专项规划内容的规定

城乡规划中的防灾专项规划应当包括以下内容：

①在对规划区进行地质灾害危险性评估的基础上，对重大市政公用设施和可能发生严重次生灾害的市政公用设施，进行灾害及次生灾害风险、抗灾性能、功能失效影响和灾时保障能力评估，并制定相应的对策；

②根据各类灾害的发生概率、城镇规模以及市政公用设施的重要性、使用功能、修复难易程度、发生次生灾害的可能性等，提出市政公用设施布局、建设和改造的抗灾设防要求和主要措施；

③避开可能产生滑坡、塌陷、水淹危险或者周边有危险源的地带，充分考虑人们及时、就近避难的要求，利用广场、停车场、公园绿地等设立避难场所，配备应急供水、排水、供电、消防、通信、交通等设施。

（5）对市政公用设施专项规划内容的规定

城乡规划中的市政公用设施专项规划应当满足下列要求：

①快速路、主干道以及对抗灾救灾有重要影响的道路应当与周边建筑和设施设置足够的间距，广场、停车场、公园绿地、城市轨道交通应当符合发生灾害时能尽快疏散人群和救灾的要求；

②水源、气源和热源设置，供水、燃气、热力干线的设计以及相应厂站的布置，应当满足抗灾和灾后迅速恢复供应的要求，符合防止和控制爆炸、火灾等次生灾害的要求，重要厂站应当配有自备电源和必要的应急储备；

③排水设施应当充分考虑下沉式立交桥下、地下工程和其他低洼地段的排水要求，防止次生洪涝灾害；

④生活垃圾集中处理和污水处理设施应当符合灾后恢复运营和预防二次污染的要求，环境卫生设施配置应当满足灾后垃圾清运的要求；

⑤法律、法规、规章规定的其他要求。

（6）需进行抗震专项论证的项目

对抗震设防区的下列市政公用设施，建设单位应当在初步设计阶段组织专家进行抗震专项论证：

①属于《建筑工程抗震设防分类标准》中特殊设防类、重点设防类的市政公用设施；

②结构复杂或者采用隔震减震措施的大型城镇桥梁和城市轨道交通桥梁，直接作为地面建筑或者桥梁基础以及处于可能液化或者软黏土层的隧道；

③超过 1 万 m² 的地下停车场等地下工程设施；

④震后可能发生严重次生灾害的共同沟工程、污水集中处理设施和生活垃圾集中处理设施；

⑤超出现行工程建设标准适用范围的市政公用设施。

国家或者地方对抗震设防区的市政公用设施还有其他规定的，还应当符合其规定。

27.《规划环境影响评价条例》

2009 年 8 月 17 日，国务院以第 559 号令颁布了《规划环境影响评价条例》（以下简称《条例》），自 2009 年 10 月 1 日起施行。

（1）适用范围

国务院有关部门、设区的市级以上地方人民政府及其有关部门，对其组织编制的土地利用的有关规划和区域、流域、海域的建设、开发利用规划（以下称综合性规划），以及工业、农业、畜牧业、林业、能源、水利、交通、城市建设、旅游、自然资源开发的有关专项规划（以下称专项规划），应当进行环境影响评价。

（2）编制主体

规划编制机关应当在规划编制过程中对规划组织进行环境影响评价。

（3）规划环境影响评价应当分析、预测、评估的内容

①规划实施可能对相关区域、流域、海域生态系统产生的整体影响；

②规划实施可能对环境和人群健康产生的长远影响；

③规划实施的经济效益、社会效益与环境效益之间以及当前利益与长远利益之间的关系。

（4）综合性规划和专项规划应当编制的环境影响评价内容

编制综合性规划，应当根据规划实施后可能对环境造成的影响，编写环境影响篇章或者说明。

编制专项规划，应当在规划草案报送审批前编制环境影响报告书。编制专项规划中的指导性规划，应当依照编写环境影响篇章或者说明。

（5）环境影响篇章或说明和环境影响报告书中应包括的内容

环境影响篇章或者说明应当包括下列内容：

①规划实施对环境可能造成影响的分析、预测和评估。主要包括资源环境承载能力分析、不良环境影响的分析和预测以及与相关规划的环境协调性分析。

②预防或者减轻不良环境影响的对策和措施。主要包括预防或者减轻不良环境影响的政策、管理或者技术等措施。

环境影响报告书除包括上述内容外，还应当包括环境影响评价结论。主要包括规划草案的环境合理性和可行性，预防或者减轻不良环境影响的对策和措施的合理性和有效性，以及规划草案的调整建议。

（6）对规划环境影响评价内容的审查

设区的市级以上人民政府审批的专项规划，在审批前由其环境保护主管部门召集有关部门代表和专家组成审查小组，对环境影响报告书进行审查。审查小组应当提交书面审查

意见。省级以上人民政府有关部门审批的专项规划，其环境影响报告书的审查办法，由国务院环境保护主管部门会同国务院有关部门制定。

规划审批机关对环境影响报告书结论以及审查意见不予采纳的，应当逐项就不予采纳的理由作出书面说明，并存档备查。有关单位、专家和公众可以申请查阅；但是，依法需要保密的除外。

（7）跟踪评价制度

对环境有重大影响的规划实施后，规划编制机关应当及时组织规划环境影响的跟踪评价，将评价结果报告规划审批机关，并通报环境保护等有关部门。

规划实施过程中产生重大不良环境影响的，规划编制机关应当及时提出改进措施，向规划审批机关报告，并通报环境保护等有关部门。

环境保护主管部门发现规划实施过程中产生重大不良环境影响的，应当及时进行核查。经核查属实的，向规划审批机关提出采取改进措施或者修订规划的建议。

规划审批机关在接到规划编制机关的报告或者环境保护主管部门的建议后，应当及时组织论证，并根据论证结果采取改进措施或者对规划进行修订。

28.《公共文化体育设施条例》

《公共文化体育设施条例》经 2003 年 6 月 18 日国务院第十二次常务会议通过，自 2003 年 8 月 1 日起施行。

（1）立法目的

为了促进公共文化体育设施的建设，加强对公共文化体育设施的管理和保护，充分发挥公共文化体育设施的功能，繁荣文化体育事业，满足人民群众开展文化体育活动的基本需求，制定本条例。

（2）规划建设标准

公共文化体育设施的数量、种类、规模以及布局，应当根据国民经济和社会发展水平、人口结构、环境条件以及文化体育事业发展的需要，统筹兼顾，优化配置，并符合国家关于城乡公共文化体育设施用地定额指标的规定。

公共文化体育设施用地定额指标，由国务院土地行政主管部门、建设行政主管部门分别会同国务院文化行政主管部门、体育行政主管部门制定。

（3）选址要求

公共文化体育设施的建设选址，应当符合人口集中、交通便利的原则。

（4）设计要求

公共文化体育设施的设计，应当符合实用、安全、科学、美观等要求，并采取无障碍措施，方便残疾人使用。具体设计规范由国务院建设行政主管部门会同国务院文化行政主管部门、体育行政主管部门制定。

（5）预留地管理

公共文化体育设施的建设预留地，由县级以上地方人民政府土地行政主管部门、城乡规划行政主管部门按照国家有关用地定额指标，纳入土地利用总体规划和城乡规划，并依照法定程序审批。任何单位或者个人不得侵占公共文化体育设施建设预留地或者改变其用途。

因特殊情况需要调整公共文化体育设施建设预留地的，应当依法调整城乡规划，并依照前款规定重新确定建设预留地。重新确定的公共文化体育设施建设预留地不得少于原有面积。

（6）居民住宅区配套建设的文化体育设施

新建、改建、扩建居民住宅区，应当按照国家有关规定规划和建设相应的文化体育设施。

居民住宅区配套建设的文化体育设施，应当与居民住宅区的主体工程同时设计、同时施工、同时投入使用。任何单位或者个人不得擅自改变文化体育设施的建设项目和功能，不得缩小其建设规模和降低其用地指标。

（7）拆除或改变文化体育设施功能的规定

因城乡建设确需拆除公共文化体育设施或者改变其功能、用途的，有关地方人民政府在作出决定前，应当组织专家论证，并征得上一级人民政府文化行政主管部门、体育行政主管部门同意，报上一级人民政府批准。

涉及大型公共文化体育设施的，上一级人民政府在批准前，应当举行听证会，听取公众意见。

经批准拆除公共文化体育设施或者改变其功能、用途的，应当依照国家有关法律、行政法规的规定择地重建。重新建设的公共文化体育设施，应当符合规划要求，一般不得小于原有规模。迁建工作应当坚持先建设后拆除或者建设拆除同时进行的原则。迁建所需费用由造成迁建的单位承担。

29. 《国有土地上房屋征收与补偿条例》

为了规范国有土地上房屋征收与补偿活动，维护公共利益，保障被征收房屋所有权人的合法权益，国务院于 2011 年 1 月 21 日发布《国有土地上房屋征收与补偿条例》，废除了原来的《城市房屋拆迁管理条例》。

（1）适用范围

为了公共利益的需要，征收国有土地上单位、个人的房屋，并对被征收房屋所有权人给予补偿的工作适用该条例。

（2）基本原则

房屋征收与补偿应当遵循决策民主、程序正当、结果公开的原则。

（3）征、管部门

市、县级人民政府负责本行政区域的房屋征收与补偿工作。市、县级人民政府确定的房屋征收部门（以下称房屋征收部门）组织实施本行政区域的房屋征收与补偿工作。

房屋征收部门可以委托房屋征收实施单位，承担房屋征收与补偿的具体工作。房屋征收实施单位不得以营利为目的。房屋征收部门对房屋征收实施单位在委托范围内实施的房屋征收与补偿行为负责监督，并对其行为后果承担法律责任。

（4）本法对公共利益的界定

①国防和外交的需要。

②由政府组织实施的能源、交通、水利等基础设施建设的需要。

③由政府组织实施的科技、教育、文化、卫生、体育、环境和资源保护、防灾减灾、文物保护、社会福利、市政公用等公共事业的需要。

④由政府组织实施的保障性安居工程建设的需要。

⑤由政府依照《城乡规划法》有关规定组织实施的对危房集中、基础设施落后等地段进行旧城区改建的需要。

⑥法律、行政法规规定的其他公共利益的需要。

（5）先补偿后搬迁的原则

实施房屋征收应当先补偿、后搬迁。作出房屋征收决定的市、县级人民政府对被征收人给予补偿后，被征收人应当在补偿协议约定或者补偿决定确定的搬迁期限内完成搬迁。任何单位和个人不得采取暴力、威胁或者违反规定中断供水、供热、供气、供电和道路通行等非法方式迫使被征收人搬迁。禁止建设单位参与搬迁活动。

（6）强制执行

被征收人在法定期限内不申请行政复议或者不提起行政诉讼，在补偿决定规定的期限内又不搬迁的，由作出房屋征收决定的市、县级人民政府依法申请人民法院强制执行。

30. 《中华人民共和国立法法》（简称《立法法》）

为了规范立法活动，健全国家立法制度，提高立法质量，完善中国特色社会主义法律体系，发挥立法的引领和推动作用，保障和发展社会主义民主，全面推进依法治国，建设社会主义法治国家，根据宪法，2000年3月15日第九届全国人民代表大会第三次会议通过了《中华人民共和国立法法》，自2000年7月1日起施行。根据2015年3月15日第十二届全国人民代表大会第三次会议《关于修改〈中华人民共和国立法法〉的决定》修正。

（1）主要内容

包括总则，法律，行政法规，地方性法规、自治条例和单行条例、规章，适用与备案等。

（2）有关规定

立法应当遵循宪法的基本原则，以经济建设为中心，坚持社会主义道路、坚持人民民主专政、坚持中国共产党的领导、坚持马克思列宁主义毛泽东思想邓小平理论，坚持改革开放。立法应当依照法定的权限和程序，从国家整体利益出发，维护社会主义法制的统一和尊严。立法应当体现人民的意志，发扬社会主义民主，坚持立法公开，保障人民通过多种途径参与立法活动。立法应当从实际出发，适应经济社会发展和全面深化改革的要求，科学合理地规定公民、法人和其他组织的权利与义务、国家机关的权力与责任。

（3）立法权限

全国人民代表大会制定和修改刑事、民事、国家机构的和其他的基本法律。全国人民代表大会常务委员会制定和修改除应当由全国人民代表大会制定的法律以外的其他法律；在全国人民代表大会闭会期间，对全国人民代表大会制定的法律进行部分补充和修改，但是不得同该法律的基本原则相抵触。

（4）行政法规

国务院根据宪法和法律，制定行政法规。行政法规可以就下列事项作出规定：①为执行法律的规定需要制定行政法规的事项；②宪法第八十九条规定的国务院行政管理职权的事项。

应当由全国人民代表大会及其常务委员会制定法律的事项，国务院根据全国人民代表大会及其常务委员会的授权决定先制定的行政法规，经过实践检验，制定法律的条件成熟时，国务院应当及时提请全国人民代表大会及其常务委员会制定法律。

（5）地方性法规、自治条例和单行条例

省、自治区、直辖市的人民代表大会及其常务委员会根据本行政区域的具体情况和实际需要，在不同宪法、法律、行政法规相抵触的前提下，可以制定地方性法规。

设区的市的人民代表大会及其常务委员会根据本市的具体情况和实际需要，在不同宪法、法律、行政法规和本省、自治区的地方性法规相抵触的前提下，可以对城乡建设与管理、环境保护、历史文化保护等方面的事项制定地方性法规，法律对设区的市制定地方性法规的事项另有规定的，从其规定。设区的市的地方性法规须报省、自治区的人民代表大会常务委员会批准后施行。省、自治区的人民代表大会常务委员会对报请批准的地方性法规，应当对其合法性进行审查，同宪法、法律、行政法规和本省、自治区的地方性法规不抵触的，应当在四个月内予以批准。

省、自治区的人民代表大会常务委员会在对报请批准的设区的市的地方性法规进行审查时，发现其同本省、自治区的人民政府的规章相抵触的，应当作出处理决定。

（6）规章

国务院各部、委员会、中国人民银行、审计署和具有行政管理职能的直属机构，可以根据法律和国务院的行政法规、决定、命令，在本部门的权限范围内，制定规章。

部门规章规定的事项应当属于执行法律或者国务院的行政法规、决定、命令的事项。

（7）适用与备案

宪法具有最高的法律效力，一切法律、行政法规、地方性法规、自治条例和单行条例、规章都不得同宪法相抵触。法律的效力高于行政法规、地方性法规、规章。行政法规的效力高于地方性法规、规章。地方性法规的效力高于本级和下级地方政府规章。

31.《中华人民共和国测绘法》（简称《测绘法》）

为了加强测绘管理，促进测绘事业发展，保障测绘事业为国家经济建设、国防建设、社会发展和生态保护服务，维护国家地理信息安全，2002年8月29日第九届全国人民代表大会常务委员会第二十九次会议修订通过本法，自2002年12月1日起施行。根据2017年4月27日中华人民共和国主席令第67号公布的《中华人民共和国测绘法》（2017年修正本），自2017年7月1日起实施。

（1）主要内容

包括测绘基准和测绘系统，基础测绘，界线测绘和其他测绘，测绘资质资格，测绘成果，测量标志保护，监督管理、法律责任等。

（2）测绘的定义

本法所称测绘，是指对自然地理要素或者地表人工设施的形状、大小、空间位置及其属性等进行测定、采集、表述以及对获取的数据、信息、成果进行处理和提供的活动。

（3）有关规定

在中华人民共和国领域和管辖的其他海域从事测绘活动，应当遵守本法。国务院测绘行政主管部门负责全国测绘工作的统一监督管理。国务院其他有关部门按照国务院规定的职责分工，负责本部门有关的测绘工作。从事测绘活动，应当使用国家规定的测绘基准和测绘系统，执行国家规定的测绘技术规范和标准。国家鼓励测绘科学技术的创新和进步，采用先进的技术和设备，提高测绘水平。推动军民融合，促进测绘成果的应用。国家加强测绘科学技术的国际交流与合作。外国的组织或者个人在中华人民共和国领域和管辖的其他海域从事测绘活动，应当经国务院测绘地理信息主管部门会同军队测绘部门批准，并遵守中华人民共和国的有关法律、行政法规的规定。

（4）测绘基准和测绘系统

国家设立和采用全国统一的大地基准、高程基准、深度基准和重力基准，其数据由国务院测绘地理信息主管部门审核，并与国务院其他有关部门、军队测绘部门会商后，报国务院批准。因建设、城市规划和科学研究的需要，国家重大工程项目和国务院确定的大城市确需建立相对独立的平面坐标系统的，由国务院测绘地理信息主管部门批准；其他确需建立相对独立的平面坐标系统的，由省、自治区、直辖市人民政府测绘地理信息主管部门批准。建立相对独立的平面坐标系统，应当与国家坐标系统相联系。

（5）基础测绘

基础测绘是公益性事业。国家对基础测绘实行分级管理。本法所称基础测绘，是指建立全国统一的测绘基准和测绘系统，进行基础航空摄影，获取基础地理信息的遥感资料，测制和更新国家基本比例尺地图、影像图和数字化产品，建立、更新基础地理信息系统。

基础测绘成果应当定期进行更新，经济建设、国防建设、社会发展和生态保护急需的基础测绘成果应当及时更新。基础测绘成果的更新周期根据不同地区国民经济和社会发展的需要确定。

（6）界线测绘和其他测绘

测量土地、建筑物、构筑物和地面其他附着物的权属界址线，应当按照县级以上人民政府确定的权属界线的界址点、界址线或者提供的有关登记资料和附图进行。权属界址线发生变化的有关当事人应当及时进行变更测绘。

城乡建设领域的工程测量活动，与房屋产权、产籍相关的房屋面积的测量，应当执行由国务院住房城乡建设主管部门、国务院测绘地理信息主管部门组织编制的测量技术规范。

（7）测绘资质资格

从事测绘活动的单位应当具备下列条件，并依法取得相应等级的测绘资质证书后，方可从事测绘活动：

① 有法人资格；

② 有与从事的测绘活动相适应的专业技术人员；

③ 有与从事的测绘活动相适应的技术装备和设施；

④ 有健全的技术和质量保证体系、安全保障措施、信息安全保密管理制度以及测绘成果和资料档案管理制度。

（8）测绘成果

测绘项目完成后，测绘项目出资人或者承担国家投资的测绘项目的单位，应当向国务院测绘地理信息主管部门或者省、自治区、直辖市人民政府测绘地理信息主管部门汇交测绘成果资料。属于基础测绘项目的，应当汇交测绘成果副本；属于非基础测绘项目的，应当汇交测绘成果目录。负责接收测绘成果副本和目录的测绘地理信息主管部门应当出具测绘成果汇交凭证，并及时将测绘成果副本和目录移交给保管单位。测绘成果汇交的具体办法由国务院规定。

（9）测量标志保护

进行工程建设，应当避开永久性测量标志；确实无法避开，需要拆迁永久性测量标志或者使永久性测量标志失去效能的，应当经省、自治区、直辖市人民政府测绘地理信息主管部门批准；涉及军用控制点的，应当征得军队测绘部门的同意。所需迁建费用由工程建设单位承担。

（10）监督管理

县级以上人民政府测绘地理信息主管部门应当会同本级人民政府其他有关部门建立地理信息安全管理制度和技术防控体系，并加强对地理信息安全的监督管理。地理信息生产、保管、利用单位应当对属于国家秘密的地理信息的获取、持有、提供、利用情况进行登记并长期保存，实行可追溯管理。从事测绘活动涉及获取、持有、提供、利用属于国家秘密的地理信息，应当遵守保密法律、行政法规和国家有关规定。地理信息生产、利用单位和互联网地图服务提供者收集、使用用户个人信息的，应当遵守法律、行政法规关于个人信息保护的规定。

（11）法律责任

违反本法规定，未经批准擅自建立相对独立的平面坐标系统，或者采用不符合国家标准的基础地理信息数据建立地理信息系统的，给予警告，责令改正，可以并处五十万元以下的罚款；对直接负责的主管人员和其他直接责任人员，依法给予处分。

32.《中华人民共和国节约能源法》（简称《节约能源法》）

为了推动全社会节约能源，提高能源利用效率，保护和改善环境，促进经济社会全面协调可持续发展，1997 年 11 月 1 日第八届全国人民代表大会常务委员会第二十八次会议通过本法，根据 2016 年 7 月 2 日中华人民共和国主席令第 48 号《全国人民代表大会常务委员会关于修改〈中华人民共和国节约能源法〉等六部法律的决定》修正的《中华人民共和国节约能源法（2016 年修正本）》，自公布之日起施行。

（1）主要内容

包括节能管理，合理使用与节约能源，一般规定，工业节能，建筑节能，交通运输节能，公共机构节能，重点用能单位节能，节能技术进步，激励措施，法律责任等。

（2）能源与节约能源的含义

本法所称能源，是指煤炭、石油、天然气、生物质能和电力、热力以及其他直接或者通过加工、转换而取得有用能的各种资源。本法所称节约能源（以下简称节能），是指加强用能管理，采取技术上可行、经济上合理以及环境和社会可以承受的措施，从能源生产到消费的各个环节，降低消耗、减少损失和污染物排放、制止浪费，有效、合理地利用能源。

（3）基本国策

节约资源是我国的基本国策。国家实施节约与开发并举、把节约放在首位的能源发展战略。

（4）管理制度

国家实行节能目标责任制和节能考核评价制度，将节能目标完成情况作为对地方人民政府及其负责人考核评价的内容。省、自治区、直辖市人民政府每年向国务院报告节能目标责任的履行情况。

国务院和县级以上地方各级人民政府应当加强对节能工作的领导，部署、协调、监督、检查、推动节能工作。

（5）合理使用与节约能源的一般规定

用能单位应当：①按照合理用能的原则，加强节能管理，制定并实施节能计划和节能技术措施，降低能源消耗；②建立节能目标责任制，对节能工作取得成绩的集体、个人给予奖励；③定期开展节能教育和岗位节能培训；④加强能源计量管理，按照规定配备和使用经依法检定合格的能源计量器具；⑤建立能源消费统计和能源利用状况分析制度，对各类能源的消费实行分类计量和统计，并确保能源消费统计数据真实、完整。能源生产经营单位不得向本单位职工无偿提供能源。任何单位不得对能源消费实行包费制。节能具体可分为以下几面：工业节能、建筑节能、公共机构节能、重点用能单位节能等。

（6）节能技术

国务院管理节能工作的部门会同国务院科技主管部门发布节能技术政策大纲，指导节能技术研究、开发和推广应用。国家鼓励、支持在农村大力发展沼气，推广生物质能、太阳能和风能等可再生能源利用技术，按照科学规划、有序开发的原则发展小型水力发电，推广节能型的农村住宅和炉灶等，鼓励利用非耕地种植能源植物，大力发展薪炭林等能源林。

（7）激励措施

中央财政和省级地方财政安排节能专项资金，支持节能技术研究开发、节能技术和产品的示范与推广、重点节能工程的实施、节能宣传培训、信息服务和表彰奖励等。各级人民政府对在节能管理、节能科学技术研究和推广应用中有显著成绩以及检举严重浪费能源行为的单位和个人，给予表彰和奖励。

（8）法律责任

违反本法规定，构成犯罪的，依法追究刑事责任。国家工作人员在节能管理工作中滥用职权、玩忽职守、徇私舞弊，构成犯罪的，依法追究刑事责任；尚不构成犯罪的，依法给予处分。

33.《中华人民共和国文物保护法实施条例》（简称《文物保护法实施条例》）

根据《中华人民共和国文物保护法》，2003 年 5 月 13 日国务院第 8 次常务会议通过了《中华人民共和国文物保护法实施条例》，2003 年 5 月 18 日中华人民共和国国务院令第 377 号公布，自 2003 年 7 月 1 日起施行。根据 2017 年 3 月 1 日国务院令第 676 号公布，自公布之日起施行《国务院关于修改和废止部分行政法规的决定》修改的《中华人民共和国文物保护法实施条例（2017 年修正本）》。

（1）主要内容

包括总则、不可移动文物、考古发掘、馆藏文物、民间收藏文物、文物进境出境、法律责任等。

（2）建设控制地带

文物保护单位的建设控制地带，是指在文物保护单位的保护范围外，为保护文物保护单位的安全、环境、历史风貌对建设项目加以限制的区域。文物保护单位的建设控制地带，应当根据文物保护单位的类别、规模、内容以及周围环境的历史和现实情况合理划定。

（3）公布程序

历史文化名城，由国务院建设行政主管部门会同国务院文物行政主管部门报国务院核定公布。历史文化街区、村镇，由省、自治区、直辖市人民政府城乡规划行政主管部门会同文物行政主管部门报本级人民政府核定公布。县级以上地方人民政府组织编制的历史文化名城和历史文化街区、村镇的保护规划，应当符合文物保护的要求。

（4）保护范围

文物保护单位的保护范围，是指对文物保护单位本体及周围一定范围实施重点保护的区域。文物保护单位的保护范围，应当根据文物保护单位的类别、规模、内容以及周围环境的历史和现实情况合理划定，并在文物保护单位本体之外保持一定的安全距离，确保文物保护单位的真实性和完整性。

34. 《中华人民共和国行政复议法》（简称《行政复议法》）

为了防止和纠正违法的或者不正当的具体行政行为，保护公民、法人和其他组织的合法权益，保障和监督行政机关依法行使职权，1999 年 4 月 29 日，第九届全国人民代表大会常务委员会第九次会议通过了《中华人民共和国行政复议法》，自 1999 年 10 月 1 日起施行。根据 2017 年 9 月 1 日第十二届全国人民代表大会常务委员会第二十九次会议《全国人民代表大会常务委员会关于修改〈中华人民共和国法官法〉等八部法律的决定》修正的《中华人民共和国行政复议法（2017 年修正本)》，自 2018 年 1 月 1 日起施行。

（1）适用范围

公民、法人或者其他组织认为行政机关的具体行政行为侵犯其合法权益，向行政机关提出行政复议申请，行政机关受理行政复议申请、作出行政复议决定，适用本法。外国人、无国籍人、外国组织在我国境内申请行政复议，适用本法。

（2）行政复议机关

依照本法履行行政复议职责的行政机关是行政复议机关。行政复议机关负责法制工作的机构具体办理行政复议事项，履行有关职责。

（3）行政复议原则

行政复议机关履行行政复议职责，应当遵循合法、公正、公开、及时、便民的原则，坚持有错必纠，保障法律、法规的正确实施。

（4）行政复议范围

有关城市规划管理行政行为，公民、法人或者其他组织依照本法可以提起行政复议的情形有：对行政机关作出的警告、罚款、没收违法所得、没收非法财物、责令停产停业；对行政机关作出的查封、扣押、冻结财产等行政强制措施决定不服的；对行政机关作出的有关许可证、执照、资质证、资格证等证书变更、中止、撤销的决定不服的；认为行政机关违法征收财物、摊派费用或者违法要求履行其他义务的；认为符合法定条件，申请行政机关颁发许可证、执照、资质证、资格证等证书，或者申请行政机关审批、登记有关事项，行政机关没有依法办理的；申请行政机关履行保护人身权利、财产权利、受教育权利的法定职责，行政机关没有依法履行的；认为行政机关的其他具体行政行为侵犯其合法权益的；公民、法人或者其他组织认为行政机关的具体行政行为所依据的有关规定不合法，在对具体行政行为申请行政复议时，可以一并向复议机关提出对该规定的审查申请。

（5）行政复议申请的有关规定

公民、法人或者其他组织认为具体行政行为侵犯其合法权益的，可以自知道该具体行政行为之日起 60 日内提出行政复议申请；但是法律规定的申请期限超过 60 日的除外。依照本法申请行政复议的公民、法人或者其他组织是申请人；同申请的具体行政行为有利害关系的其他公民、法人或者说其他组织，可以作为第三人参加行政复议。对行政机关的具体行政行为不服申请行政复议的，作出具体行政行为的行政机关是被申请人。申请人申请行政复议，可以书面申请，也可以口头申请。对县级以上地方人民政府工作部门的具体行政行为不服的，由申请人选择，可以向该部门的本级人民政府申请行政复议，也可以向上一级主管部门申请行政复议。对政府工作部门依法设立的派出机构以自己的名义作出具体行政行为不服的，向设立派出机构的部门或者该部门的本级地方人民政府申请复议。申请人在申请行政复议时可以一并提出行政赔偿请求。申请人申请行政复议，行政机关已经依法受理的，在法定复议期限内不得向人民法院提起行政诉讼。公民、法人，或者其他组织向人民法院提起行政诉讼，人民法院已经依法受理的，不得申请行政复议。

（6）行政复议的有关规定

行政复议机关收到申请后，应当在 5 日内进行审查，对不符合本法规定的行政复议申请，决定不予受理，并书面告知申请人；对符合本法规定，但不属于本机关受理的行政复议申请，应当告知申请人向有关机关提出。除此规定外，行政复议申请自行政复议机关负责法制工作的机构收到之日起即为受理。行政复议期间具体行政行为不停止执行。但是，被申请人和复议机关认为需要停止执行的、申请人申请停止执行复议机关认为要求合理决定停止执行的、法律规定停止执行的，可以停止执行。

（7）行政复议决定的有关规定

行政复议原则上采取书面审查的办法，必要时行政复议机构可以向有关组织和人员调查情况，听取当事人和第三人的意见。复议机关应将申请书副本或复印件发送被申请人，被申请人应当提出书面答复，并提交当初作出具体行政行为的证据、依据和其他有关材料；申请人、第三人可以查阅被申请人提出的除涉及国家秘密、商业秘密或者个人隐私以外的材料；被申请人不得自行向申请人和其他有关组织或者个人收集证据。行政复议机构应当对被申请人作出的具体行政行为进行审查，提出意见，经行政复议机关的负责人同意或者集体讨论通过后，按规定作出复议决定：具体行政行为认定事实清楚，证据确凿，适用依据正确，程序合法，内容适当的，决定维持；被申请人不履行法定职责的，决定其在一定期限内履行；具体行政行为具有：主要事情不清证据不足、适用依据错误、违反法定程序、超越或者滥用职权、具体行政行为明显不当等情形之一的，决定撤销、变更或者确认该具体行政行为违法；决定撤销或确认为违法的，可责令被申请人在一定期限内重新作出具体行政行为；被申请人不按规定提出书面答复、提交当初作出具体行政行为的证据、依据和其他有关材料的，视为具体行政行为没有证据、依据，决定撤销具体行政行为。责令被申请人重新做出具体行政行为的，被申请人不得以同一事实和理由做出与原具体行政行为相同的具体行政行为。对请求赔偿或依法给予赔偿的，依法决定被申请人给予赔偿。行政复议机关应当自受理申请之日起 60 日内作出行政复议决定。经批准延长的，延长期限最多不超过 30 日。行政复议机关应当制作行政复议决定书，并加盖印章。对行政复议决定不服的，可以依法向人民法院提起行政诉讼。被申请人应当履行行政复议决定。申请人逾期不起诉又不履行复议决定的，由作出具体行政行为的行政机关依法强制执行或者申请法院强制执行。

（8）法律责任

行政复议机关违反本法规定，无正当理由不受理复议申请，或者不作出复议决定，或者渎职、失职行为，被申请人违反本法规定，不提出书面答复，或者不提交具体行政行为的依据等，给予行政处分，构成犯罪的，追究刑事责任。

35.《中华人民共和国行政复议法实施条例》

《中华人民共和国行政复议法实施条例》于 2007 年 5 月 23 日经国务院第 177 次常务会议通过，自 2007 年 8 月 1 日起施行。

（1）畅通复议渠道方面增加的规定

行政复议审查方式。行政复议机构认为必要时，可以实地调查核实证据；对重大、复杂的案件，申请人提出要求或者行政复议机构认为必要时，可以采取听证的方式审理。

和解制度。公民、法人或者其他组织对行政机关行使法律、法规规定的自由裁量权作出的具体行政行为不服申请行政复议的，申请人与被申请人在行政复议决定作出前可以自愿达成和解。

调解结案方式。对行政机关行使法定裁量权作出的具体行政行为不服申请行政复议的案件或者当事人之间的行政赔偿或者行政补偿纠纷，行政复议机关可以按照自愿、合法的原则进行调解。

（2）行政复议决定方面的新规定

驳回行政复议申请的规定。申请人认为行政机关不履行法定职责申请行政复议，行政复议机关受理后发现该行政机关没有相应法定职责或者在受理前已经履行法定职责的，或受理行政复议申请后，发现该行政复议申请不符合行政复议法和条例规定的受理条件的，行政复议机关应驳回申请人的行政复议申请。上级行政机关认为行政复议机关驳回行政复议申请的理由不成立的，应当责令其恢复审理。

被申请人重新作出具体行政行为的时限。行政复议机关责令被申请人重新作出具体行政行为的，被申请人应当在法律、法规、规章规定的期限内重新作出具体行政行为；法律、法规、规章未规定期限的，重新作出具体行政行为的期限为 60 日。

行政复议不利变更禁止原则。行政复议机关在申请人的行政复议请求范围内，不得作出对申请人更为不利的行政复议决定。

36.《中华人民共和国行政诉讼法》（简称《行政诉讼法》）

为保证人民法院公正、及时审理行政案件，解决行政争议，保护公民、法人和其他组织的合法权益，监督行政机关依法行使职权，根据宪法，1989 年 4 月 4 日第七届全国人民代表大会第二次会议通过了《中华人民共和国行政诉讼法》，自 1990 年 10 月 1 日起施行。根据 2017 年 6 月 27 日第十二届全国人民代表大会常务委员会第二十八次会议《关于修改〈中华人民共和国民事诉讼法〉和〈中华人民共和国行政诉讼法〉的决定》第二次修正。公民、法人或者其他组织认为行政机关和行政机关工作人员的行政行为侵犯其合法权益，有权依照本法向人民法院提起诉讼。外国人、无国籍人、外国组织在中华人民共和国进行行政诉讼，适用本法。法律另有规定的除外。

（1）有关规定

人民法院审理行政案件，对行政行为是否合法进行审查。当事人在行政诉讼中的法律地位平等。人民法院依法对行政案件独立行使审判权，不受行政机关、社会团体和个人的干涉。人民法院审理行政案件，依法实行合议、回避、公开审判和两审终审制度。当事人在行政诉讼中有权进行辩论。

（2）受案范围

在城市规划管理有关工作中，公民、法人和其他组织可能引起行政诉讼的情形有：对行政拘留、暂扣或者吊销许可证和执照、责令停产停业、没收违法所得、没收非法财物、罚款、警告等行政处罚不服的；申请行政许可，行政机关拒绝或者在法定期限内不予答复，或者对行政机关作出的有关行政许可的其他决定不服的；申请行政机关履行保护人身权、财产权等合法权益的法定职责，行政机关拒绝履行或者不予答复的；认为行政机关违法集资、摊派费用或者违法要求履行其他义务的；认为行政机关侵犯其他人身权、财产权等合法权益的。

（3）管辖

行政案件由最初作出行政行为的行政机关所在地人民法院管辖。经复议的案件，也可以由复议机关所在地人民法院管辖。

（4）诉讼参加人

行政行为的相对人以及其他与行政行为有利害关系的公民、法人或者其他组织，有权提起诉讼。公民、法人或者其他组织直接向人民法院提起诉讼的，作出行政行为的行政机关是被告。经复议的案件，复议机关决定维持原行政行为的，作出原行政行为的行政机关和复议机关是共同被告；复议机关改变原行政行为的，复议机关是被告。行政机关委托的组织所作的行政行为，委托的行政机关是被告。当事人、法定代理人，可以委托一至二人作为诉讼代理人。

（5）证据

被告对作出的行政行为负有举证责任，应当提供作出该行政行为的证据和所依据的规范性文件。在诉讼过程中，被告及其诉讼代理人不得自行向原告、第三人和证人收集证据。在证据可能灭失或者以后难以取得的情况下，诉讼参加人可以向人民法院申请保全证据，人民法院也可以主动采取保全措施。

（6）起诉和受理

公民、法人或者其他组织不服复议决定的，可以在收到复议决定书之日起十五日内向人民法院提起诉讼。公民、法人或者其他组织直接向人民法院提起诉讼的，应当自知道或者应当知道作出行政行为之日起六个月内提出。法律另有规定的除外。

提起诉讼应当符合下列条件：原告是符合本法第二十五条规定的公民、法人或者其他组织；有明确的被告；有具体的诉讼请求和事实根据；属于人民法院受案范围和受诉人民法院管辖。人民法院在接到起诉状时对符合本法规定的起诉条件的，应当登记立案。对当场不能判定是否符合本法规定的起诉条件的，应当接收起诉状，出具注明收到日期的书面凭证，并在七日内决定是否立案。

（7）审理和判决

人民法院应当在立案之日起五日内，将起诉状副本发送被告。被告应当在收到起诉状副本之日起十五日内向人民法院提交作出行政行为的证据和所依据的规范性文件，并提出答辩状。人民法院应当在收到答辩状之日起五日内，将答辩状副本发送原告。被告不提出答辩状的，不影响人民法院审理。诉讼期间，不停止行政行为的执行。但有本法规定的情形之一的，裁定停止执行。经人民法院传票传唤，原告无正当理由拒不到庭，或者未经法庭许可中途退庭的，可以按照撤诉处理；被告无正当理由拒不到庭，或者未经法庭许可中途退庭的，可以缺席判决。

人民法院审理行政案件，不适用调解。根据不同情况，可以作出判决撤销或者部分撤销行政行为，并可以判决被告重新作出行政行为；判决被告在一定期限内履行法定职责；判决被告履行给付义务；判决确认违法，但不撤销行政行为；人民法院判决确认违法或者无效。

当事人不服人民法院第一审判决的，有权在判决书送达之日起十五日内向上一级人民法院提起上诉。当事人不服人民法院第一审裁定的，有权在裁定书送达之日起十日内向上一级人民法院提起上诉。逾期不提起上诉的，人民法院的第一审判决或者裁定发生法律效力。

37. 《中华人民共和国行政处罚法》（简称《行政处罚法》）

为了规范行政处罚的设定和实施，保障和监督行政机关有效实施行政管理，维护公共利益和社会秩序、保护公民、法人或者其他组织的合法权益，1996 年 3 月 17 日，第八届全国人民代表大会第四次会议通过了《中华人民共和国行政处罚法》，自 1996 年 10 月 1 日起施行。2021 年 1 月 22 日第十三届全国人民代表大会常务委员会第二十五次会议修订。

（1）适用范围

行政处罚的设定和实施，适用本法。公民、法人或者其他组织违反行政管理秩序的行为，应当给予行政处罚的，依照本法由法律、法规或者规章规定，并由行政机关依照本法规定的程序实施。没有法定依据或者不遵守法定程序的，行政处罚无效。

（2）行政处罚的有关规定

行政处罚遵循公正、公开的原则。设定和实施行政处罚必须以事实为依据，与违法行为的事实、性质、情节以及社会危害程度相当。对违法行为给予行政处罚的规定必须公布；未经公布的，不得作为行政处罚的依据。实施行政处罚，纠正违法行为应当坚持处罚与教育相结合。公民、法人或者其他组织对行政机关所给予的行政处罚，享有陈述权、申辩权；对行政处罚不服的，有权依法申请行政复议或者提起行政诉讼；因行政处罚受到损害的，有权依法提出赔偿要求。因违法受到行政处罚，其违法行为对他人造成损害的，应当依法承担民事责任。

（3）行政处罚的种类和设定

与城市规划管理有关的行政处罚种类主要有：①警告、通报批评；②罚款、没收违法所得、没收非法财物；③暂扣许可证件、降低资质等级、吊销许可证件；④限制开展生产经营活动、责令停产停业、责令关闭、限制从业；⑤行政拘留；⑥法律、行政法规规定的其他行政处罚。行政处罚的设定主要有：法律可以设定各种行政处罚；行政法规可以设定除限制人身自由以外的行政处罚；地方性法规可以设定除限制人身自由、吊销企业营业执照以外的行政处罚。法律对违法行为未作出行政处罚规定，行政法规为实施法律，可以补充设定行政处罚。拟补充设定行政处罚的，应当通过听证会、论证会等形式广泛听取意见，并向制定机关作出书面说明。行政法规报送备案时，应当说明补充设定行政处罚的情况。法律、行政法规对违法行为未作出行政处罚规定，地方性法规为实施法律、行政法规，可以补充设定行政处罚。拟补充设定行政处罚的，应当通过听证会、论证会等形式广泛听取意见，并向制定机关作出书面说明。地方性法规报送备案时，应当说明补充设定行政处罚的情况。

（4）行政处罚的实施机关

行政处罚由具有行政处罚权的行政机关在法定职权范围内实施。行政机关的行政处罚权由国务院或者经国务院授权的省、自治区、直辖市人民政府决定。行政机关依照规定可以委托符合条件的组织实施行政处罚。

（5）行政处罚的管辖和适用

对当事人的同一个违法行为，不得给予两次以上罚款的行政处罚。同一个违法行为违反多个法律规范应当给予罚款处罚的，按照罚款数额高的规定处罚。违法行为在二年内未被发现的，不再给予行政处罚；涉及公民生命健康安全、金融安全且有危害后果的，上述期限延长至五年。法律另有规定的除外。

前款规定的期限，从违法行为发生之日起计算；违法行为有连续或者继续状态的，从行为终了之日起计算。

（6）行政处罚的决定

违法事实不清的，不得给予行政处罚。行政机关在作出行政处罚决定之前，应当告知当事人作出行政处罚决定的事实，理由及依据，并告知当事人依法享有的权利。

简易程序。违法事实确凿并有法定依据，对公民处以二百元以下、对法人或者其他组织处以三千元以下罚款或者警告的行政处罚的，可以当场作出行政处罚决定。法律另有规定的，从其规定。

一般程序。事实调查（包括询问、制作、笔录等）、案件审查、告知当事人事实和权利、作出行政处罚决定（包括制作行政处罚决定书），送达当事人等程序。在作出行政处罚决定之前，不依法告知当事人给予行政处罚的事实、理由和依据，或者拒绝听取当事人的陈述、申辩，行政处罚不能成立。

听证程序。行政机关作出责令停产停业、吊销许可证或者执照、较大数额罚款等行政处罚决定之前，应当告知当事人有要求举行听证的权利。听证依照以下程序组织：①当事人要求听证的，应当在行政机关告知后五日内提出；②行政机关应当在举行听证的七日前，通知当事人及有关人员听证的时间、地点；③除涉及国家秘密、商业秘密或者个人隐私依法予以保密外，听证公开举行；④听证由行政机关指定的非本案调查人员主持；当事人认为主持人与本案有直接利害关系的，有权申请回避；⑤当事人可以亲自参加听证，也可以委托一至二人代理；⑥当事人及其代理人无正当理由拒不出席听证或者未经许可中途退出听证的，视为放弃听证权利，行政机关终止听证；⑦举行听证时，调查人员提出当事人违法的事实、证据和行政处罚建议，当事人进行申辩和质证；⑧听证应当制作笔录。笔录应当交当事人或者其代理人核对无误后签字或者盖章。当事人或者其代理人拒绝签字或者盖章的，由听证主持人在笔录中说明。

（7）行政处罚的执行

行政处罚决定依法作出后，当事人应当在行政处罚决定期限内，予以履行。当事人对行政处罚决定不服申请行政复议或者提起行政诉讼的，行政处罚不停止执行，法律另有规定的除外。作出罚款决定的行政机关应当与收缴罚款的机构分离。当事人到期不缴纳罚款的，每日按罚款数额的3%加处罚款，加处罚款的数额不得超出罚款的数额。

（8）法律责任

行政机关实施行政处罚，没有法定的行政处罚依据的，擅自改变行政处罚种类、幅度的，违反法定程序的，违反委托处罚规定的，截留、私分罚款或没收财物的，违法实行检查造成损失的，以行政处罚代替刑罚的等，对责任人给予行政处分，构成犯罪的，依法追究刑事责任。

38.《中华人民共和国行政强制法》（简称《行政强制法》）

为了规范行政强制的设定和实施，保障和监督行政机关依法履行职责，维护公共利益和社会秩序，保护公民、法人和其他组织的合法权益，根据宪法，我国制定了《中华人民共和国行政强制法》，经2011年6月30日第十一届全国人民代表大会常务委员会第二十一次会议通过。

（1）基本概念

行政强制，包括行政强制措施和行政强制执行。

行政强制措施，是指行政机关在行政管理过程中，为制止违法行为、防止证据损毁、避免危害发生、控制危险扩大等情形，依法对公民的人身自由实施暂时性限制，或者对公民、法人或者其他组织的财物实施暂时性控制的行为。

行政强制执行，是指行政机关或者行政机关申请人民法院，对不履行行政决定的公民、法人或者其他组织，依法强制履行义务的行为。

（2）行政强制措施的种类和设定

行政强制措施的种类有：

① 限制公民人身自由；

② 查封场所、设施或者财物；

③ 扣押财物；

④ 冻结存款、汇款；

⑤ 其他行政强制措施。

行政强制措施由法律设定。尚未制定法律，且属于国务院行政管理职权事项的，行政法规可以设定除上述第①项、第④项和应当由法律规定的行政强制措施以外的其他行政强制措施。尚未制定法律、行政法规，且属于地方性事务的，地方性法规可以设定上述第②项、第③项的行政强制措施。法律、法规以外的其他规范性文件不得设定行政强制措施。

（3）行政强制执行的方式和设定

行政强制执行的方式有：

① 加处罚款或者滞纳金；

② 划拨存款、汇款；

③ 拍卖或者依法处理查封、扣押的场所、设施或者财物；

④ 排除妨碍、恢复原状；

⑤ 代履行；

⑥ 其他强制执行方式。

行政强制执行由法律设定。法律没有规定行政机关强制执行的，作出行政决定的行政机关应当申请人民法院强制执行。

此外，《行政强制法》中行政强制措施实施程序和行政机关强制执行程序都是考生需要掌握的知识点。

39.《中华人民共和国国家赔偿法》（简称《国家赔偿法》）

为保障公民、法人和其他组织享有依法取得国家赔偿的权利，促进国家机关依法行使职权，根据宪法，1994 年 5 月 12 日第八届全国人民代表大会常务委员会第七次会议通过了《中华人民共和国国家赔偿法》，1994 年 5 月 12 日中华人民共和国主席令第 23 号公布，自 1995 年 1 月 1 日起施行。根据 2012 年 10 月 26 日第十一届全国人民代表大会常务委员会第二十九次会议通过，2012 年 10 月 26 日中华人民共和国主席令第 68 号公布，自 2013 年 1 月 1 日起施行的《全国人民代表大会常务委员会关于修改〈中华人民共和国国家赔偿法〉的决定》第二次修正。

（1）制定目的

保障公民、法人和其他组织享有依法取得国家赔偿的权利，促进国家机关依法行使职权。

（2）基本概念

国家机关和国家机关工作人员行使职权，有本法规定的侵犯公民、法人和其他组织合法权益的情形，造成损害的，受害人有依照本法取得国家赔偿的权利。

国家赔偿分为行政赔偿和刑事赔偿。与城市规划管理工作有关的是行政赔偿。

（3）行政赔偿的范围

与城市规划管理工作有关的，行政机关及其工作人员在行使职权时，可能侵犯财产权的情形有：违法实施罚款、吊销许可证和执照、责令停产停业、没收财物等行政处罚的；违法对财产采取查封、扣押、冻结等行政强制措施的；违法征收、征用财产的；造成财产损害的其他违法行为。

（4）赔偿请求人和赔偿义务机关

受害的公民、法人和其他组织有权要求赔偿。行政机关及其工作人员行使行政职权侵犯公民、法人和其他组织的合法权益造成损害的，该行政机关为赔偿义务机关。

两个以上行政机关共同行使行政职权时侵犯公民、法人和其他组织的合法权益造成损害的，共同行使行政职权的行政机关为共同赔偿义务机关。

法律、法规授权的组织在行使授予的行政权力时侵犯公民、法人和其他组织的合法权益造成损害的，被授权的组织为赔偿义务机关。

受行政机关委托的组织或者个人在行使受委托的行政权力时侵犯公民、法人和其他组织的合法权益造成损害的，委托的行政机关为赔偿义务机关。

赔偿义务机关被撤销的，继续行使其职权的行政机关为赔偿义务机关；没有继续行使其职权的行政机关的，撤销该赔偿义务机关的行政机关为赔偿义务机关。

经复议机关复议的，最初造成侵权行为的行政机关为赔偿义务机关，但复议机关的复议决定加重损害的，复议机关对加重的部分履行赔偿义务。

（5）行政赔偿的程序

赔偿请求人要求赔偿，应当先向赔偿义务机关提出，也可以在申请行政复议或者提起行政诉讼时一并提出。赔偿请求人可以向共同赔偿义务机关中的任何一个赔偿义务机关要求赔偿，该赔偿义务机关应当先予赔偿。赔偿请求人根据受到的不同损害，可以同时提出数项赔偿要求。要求赔偿应当递交申请书。赔偿义务机关应当自收到申请之日起两个月内，作出是否赔偿的决定。赔偿义务机关作出赔偿决定，应当充分听取赔偿请求人的意见，并可以与赔偿请求人就赔偿方式、赔偿项目和赔偿数额依照本法第四章的规定进行协商。赔偿义务机关决定赔偿的，应当制作赔偿决定书，并自作出决定之日起 10 日内送达赔偿请求人。赔偿义务机关决定不予赔偿的，应当自作出决定之日起 10 日内书面通知赔偿请求人，并说明不予赔偿的理由。赔偿义务机关在规定期限内未作出是否赔偿的决定，赔偿请求人可以自期限届满之日起 3 个月内，向人民法院提起诉讼。赔偿请求人对赔偿的方式、项目、数额有异议的，或者赔偿义务机关作出不予赔偿决定的，赔偿请求人可以自赔偿义务机关作出赔偿或者不予赔偿决定之日起 3 个月内，向人民法院提起诉讼。赔偿义务机关赔偿损失后，应当责令有故意或者重大过失的工作人员或者受委托的组织或者个人承担部分或者全部赔偿费用。对有故意或者重大过失的责任人员，有关机关应当依法给予处分；构成犯罪的，应当依法追究刑事责任。

（6）赔偿方式和计算

国家赔偿以支付赔偿金为主要方式。能够返还财产或者恢复原状的，予以返还财产或者恢复原状。

侵犯公民、法人和其他组织的财产权造成损害的，按照下列规定处理：

① 处罚款、罚金、追缴、没收财产或者违法征收、征用财产的，返还财产。

② 查封、扣押、冻结财产的，解除对财产的查封、扣押、冻结，造成财产损坏或者灭失的，依照本条第三项、第四项的规定赔偿。

③ 应当返还的财产损坏的，能够恢复原状的恢复原状，不能恢复原状的，按照损害程度给付相应的赔偿金。

④ 应当返还的财产灭失的，给付相应的赔偿金。

⑤ 财产已经拍卖或者变卖的，给付拍卖或者变卖所得的价款；变卖的价款明显低于财产价值的，应当支付相应的赔偿金。

⑥ 吊销许可证和执照、责令停产停业的，赔偿停产停业期间必要的经常性费用开支。

⑦ 返还执行的罚款或者罚金、追缴或者没收的金钱，解除冻结的存款或者汇款的，应当支付银行同期存款利息。

⑧ 对财产权造成其他损害的，按照直接损失给予赔偿。

侵犯公民人身自由，侵犯公民生命健康权的按《赔偿法》的具体规定执行。

赔偿费用列入各级财政预算。

（7）其他规定

赔偿请求人请求国家赔偿的时效为两年，自其知道或者应当知道国家机关及其工作人员行使职权时的行为侵犯其人身权、财产权之日起计算，但被羁押等限制人身自由期间不计算在内。在申请行政复议或者提起行政诉讼时一并提出赔偿请求的，适用行政复议法、行政诉讼法有关时效的规定。

赔偿请求人在赔偿请求时效的最后 6 个月内，因不可抗力或者其他障碍不能行使请求权的，时效中止。从中止时效的原因消除之日起，赔偿请求时效期间继续计算。

40.《中华人民共和国监察法》(简称《监察法》)

2018 年 3 月 20 日第十三届全国人民代表大会第一次会议通过《中华人民共和国监察法》,自公布之日起施行。《中华人民共和国行政监察法》同时废止。

(1) 立法目的

为了深化国家监察体制改革,加强对所有行使公权力的公职人员的监督,实现国家监察全面覆盖,深入开展反腐败工作,推进国家治理体系和治理能力现代化,根据宪法,制定本法。各级监察委员会是行使国家监察职能的专责机关,依照本法对所有行使公权力的公职人员(以下称公职人员)进行监察,调查职务违法和职务犯罪,开展廉政建设和反腐败工作,维护宪法和法律的尊严。

(2) 监察范围和管辖

监察机关对下列公职人员和有关人员进行监察:

中国共产党机关、人民代表大会及其常务委员会机关、人民政府、监察委员会、人民法院、人民检察院、中国人民政治协商会议各级委员会机关、民主党派机关和工商业联合会机关的公务员,以及参照《中华人民共和国公务员法》管理的人员;

法律、法规授权或者受国家机关依法委托管理公共事务的组织中从事公务的人员;

国有企业管理人员;

公办的教育、科研、文化、医疗卫生、体育等单位中从事管理的人员;

基层群众性自治组织中从事管理的人员;

其他依法履行公职的人员。

上级监察机关可以将其所管辖的监察事项指定下级监察机关管辖,也可以将下级监察机关有管辖权的监察事项指定给其他监察机关管辖。监察机关认为所管辖的监察事项重大、复杂,需要由上级监察机关管辖的,可以报请上级监察机关管辖。

41.《中华人民共和国行政许可法》(简称《行政许可法》)

为了规范行政许可的设定和实施,保护公民、法人和其他组织的合法权益,维护社会公共利益和社会秩序,保障和监督行政机关有效实施行政管理,十届全国人民代表大会常务委员会于 2003 年 8 月 27 日通过了《中华人民共和国行政许可法》,自 2004 年 7 月 1 日起施行。2019 年 4 月 23 日第十三届全国人民代表大会常务委员会第十次会议通过的《全国人民代表大会常务委员会关于修改〈中华人民共和国建筑法〉等八部法律的决定》作出修改。

(1) 适用范围

行政许可的设定和实施适用该法。该法所称行政许可,是指行政机关根据公民、法人或者其他组织的申请,经依法审查,准予其从事特定活动的行为。

(2) 行政许可的原则

① 合法原则,是指设定和实施行政许可应当依照法定的权限、范围、条件和程序。

② 公开、公平、公正、非歧视的原则。行政法律制度上的公开通常是指国家行政机关某种活动或者行为过程和结果的公开,其本质是对公众知情权、参与权和监督权的保护。公正、公平原则是合法原则的必要补充,要求行政机关在履行职责和行使权力时,不仅在实体和程序上都要合法,而且还要合乎常理。同时,符合法定条件、标准的,申请人有依据取得行政许可的平等权利,行政机关不得歧视任何人。

③ 便民原则就是公民、法人和其他组织在行政许可的过程中能够廉价、便捷、迅速地申请并获得行政许可。

④ 救济原则。救济是指公民、法人或者其他组织认为行政机关实施行政许可致使其合法权益受到损害时，请求国家予以补救的制度。具体有陈述权、申辩权和提请行政复议、行政诉讼，以及要求国家赔偿的权利。

⑤ 信赖保护原则的基本含义是，行政管理相对人对行政权力的正当合理信赖应当予以保护，行政机关不得擅自改变已生效的行政行为，确需改变行政行为的，对于由此给相对人造成的损失应当给予补偿。

⑥ 行政许可不得转让原则是指除法律、法规规定可以转让的行政许可外，其他行政许可不得转让。

⑦ 监督原则是指行政机关应当依法加强对行政机关实施行政许可和从事行政许可活动的监督，包括行政机关内部的监督和对行政相对人的监督。

（3）行政许可的设定

设定行政许可的范围是直接涉及国家安全、公共安全、经济宏观调控、生态环境保护以及关系人身健康、生命财产安全等特定活动，需要按照法定条件予以批准的事项；有限自然资源开发利用、公共资源配置以及直接关系公共利益的特定行业的市场准入等，需要赋予特定权利的事项；提供公众服务并且直接关系公共利益的职业、行业，需要确定具备特殊信誉、特殊条件或者特殊技能等资格、资质的事项；直接关系公共安全、人身健康、生命财产安全的重要设备、设施、产品、物品，需要按照技术标准、技术规范，通过检验、检测、检疫等方式进行审定的事项；企业或者其他组织的设立等，需要确定主体资格的事项和法律、行政法规规定可以设定行政许可的其他事项。

通过公民、法人或者其他组织能够自主决定的；市场竞争机制能够有效调节的；行业组织或者中介机构能够自律管理的；行政机关采用事后监督等其他行政管理方式能够解决的方式能够予以规范的事项，可以不设行政许可。

对于设定行政许可的权限有严格的规定。法律可以设定行政许可。尚未制定法律的，行政法规可以设定行政许可。必要时，国务院可以采用发布决定的方式设定行政许可。实施后，除临时性行政许可事项外，国务院应当及时提请全国人民代表大会及其常务委员会制定法律，或者自行制定行政法规。尚未制定法律、行政法规的，地方性法规可以设定行政许可；尚未制定法律、行政法规和地方性法规的，因行政管理的需要，确需立即实施行政许可的，省、自治区、直辖市人民政府规章可以设定临时性的行政许可。临时性的行政许可实施满一年需要继续实施的，应当提请本级人民代表大会及其常务委员会制定地方性法规。地方性法规和省、自治区、直辖市人民政府规章，不得设定应当由国家统一确定的公民、法人或者其他组织的资格、资质的行政许可；不得设定企业或者其他组织的设立登记及其前置性行政许可。其设定的行政许可，不得限制其他地区的个人或者企业到本地区从事生产经营和提供服务，不得限制其他地区的商品进入本地区市场。法规、规章对实施上位法设定的行政许可作出的具体规定，不得增设行政许可；对行政许可条件作出的具体规定，不得增设违反上位法的其他条件。其他规范性文件一律不得设定行政许可。

该法对设定行政许可的条件和程序也有明确的规定。设定行政许可应当规定行政许可的实施机关、条件、程序、期限。起草法律草案、法规草案和省、自治区、直辖市人民政府规章草案，拟设定行政许可的，起草单位应当采取听证会、论证会等形式听取意见，并向制定机关说明设定该行政许可的必要性、对经济和社会可能产生的影响以及听取和采纳意见的情况。行政许可的设定机关应当定期对其设定的行政许可进行评价，行政许可的实施机关可以对已设定的行政许可的实施情况及存在的必要性适时进行评价，并将意见报告该行政许可的设定机关。公民、法人或者其他组织可以向行政许可的设定机关和实施机关就行政许可的设定和实施提出意见和建议。

（4）行政许可的实施机关

行政许可由具有行政许可权的行政机关在其法定职权范围内实施。法律、法规授权的具有管理公共事务职能的组织，在法定授权范围内，以自己的名义实施行政许可。行政机关在其法定职权范围内，依照法律、法规、规章的规定，可以委托其他行政机关实施行政许可。委托机关应当将受委托行政机关和受委托实施行政许可的内容予以公告。委托行政机关对受委托行政机关实施行政许可的行为应当负责监督，并对该行为的后果承担法律责任。受委托行政机关在委托范围内，以委托行政机关名义实施行政许可；不得再委托其他组织或者个人实施行政许可。

经国务院批准，省、自治区、直辖市人民政府根据精简、统一、效能的原则，可以决定一个行政机关行使有关行政机关的行政许可权。行政许可需要行政机关内设的多个机构办理的，该行政机关应当确定一个机构统一受理行政许可申请，统一送达行政许可决定。行政许可依法由地方人民政府两个以上部门分别实施的，本级人民政府可以确定一个部门受理行政许可申请并转告有关部门分别提出意见后统一办理，或者组织有关部门联合办理、集中办理。

（5）行政许可的程序

① 申请程序。公民、法人或者其他组织从事特定活动，依法需要取得行政许可的，应当向行政机关提出申请。申请书需要采用格式文本的，行政机关应当向申请人提供行政许可申请书格式文本。申请人可以委托代理人提出行政许可申请。但是，依法应当由申请人到行政机关办公场所提出行政许可申请的除外。行政许可申请可以通过信函、电报、电传、传真、电子数据交换和电子邮件等方式提出。

② 受理程序。行政机关对申请人提出的行政许可申请，应当根据不同情况分别作出处理：申请事项依法不需要取得行政许可的，应当即时告知申请人不受理；申请事项依法不属于本行政机关职权范围的，应当即时作出不予受理的决定，并告知申请人向有关行政机关申请；申请材料存在可以当场更正的错误的，应当允许申请人当场更正；申请材料不齐全或者不符合法定形式的，应当当场或者在 5 日内一次告知申请人需要补正的全部内容，逾期不告知的，自收到申请材料之日起即为受理；申请事项属于本行政机关职权范围、申请材料齐全、符合法定形式，或者申请人按照本行政机关的要求提交全部补正申请材料的，应当受理行政许可申请。行政机关受理或者不予受理行政许可申请，应当出具加盖本行政机关专用印章和注明日期的书面凭证。

③ 审查程序。行政机关应当对申请人提交的申请材料进行审查。申请人提交的申请材料齐全、符合法定形式，行政机关能够当场作出决定的，应当当场作出书面的行政许可决定。根据法定条件和程序，需要对申请材料的实质内容进行核实的，行政机关应当指派

两名以上工作人员进行核查。

依法应当先经下级行政机关审查后报上级行政机关决定的行政许可，下级行政机关应当在法定期限内将初步审查意见和全部申请材料直接报送上级行政机关。上级行政机关不得要求申请人重复提供申请材料。

行政机关对行政许可申请进行审查时，发现行政许可事项直接关系他人重大利益的，应当告知该利害关系人。申请人、利害关系人有权进行陈述和申辩。行政机关应当听取申请人、利害关系人的意见。

④ 听证程序。行政许可法规定的听证有两种情形，一是法律、法规、规章规定实施行政许可应当听证的事项，或者行政机关认为需要听证的其他涉及公共利益的重大行政许可事项，行政机关应当向社会公告，并举行听证。二是行政许可直接涉及申请人与他人之间重大利益关系的，行政机关在作出行政许可决定前，应当告知申请人、利害关系人享有要求听证的权利；申请人、利害关系人在被告知听证权利之日起5日内提出听证申请的，行政机关应当在20日内组织听证。

行政机关应当于举行听证的7日前将举行听证的时间、地点通知申请人、利害关系人，必要时予以公告。听证应当公开举行。行政机关应当指定审查该行政许可申请的工作人员以外的人员为听证主持人，申请人、利害关系人认为主持人与该行政许可事项有直接利害关系的，有权申请回避。举行听证时，审查该行政许可申请的工作人员应当提供审查意见的证据、理由，申请人、利害关系人可以提出证据，并进行申辩和质证。听证应当制作笔录，听证笔录应当交听证参加人确认无误后签字或者盖章。行政机关应当根据听证笔录，作出行政许可决定。

⑤ 决定程序。行政机关对行政许可申请进行审查后，除当场作出行政许可决定的外，应当在法定期限内按照规定程序作出行政许可决定。申请人的申请符合法定条件、标准的，行政机关应当依法作出准予行政许可的书面决定。行政机关依法作出不予行政许可的书面决定的，应当说明理由，并告知申请人享有依法申请行政复议或者提起行政诉讼的权利。行政机关作出准予行政许可的决定，需要颁发行政许可证件的，应当向申请人颁发加盖本行政机关印章的行政许可证件。

⑥ 变更程序。被许可人要求变更行政许可事项的，应当向作出行政许可决定的行政机关提出申请；符合法定条件、标准的，行政机关应当依法办理变更手续。

⑦ 延续程序。被许可人需要延续依法取得的行政许可的有效期的，应当在该行政许可有效期届满30日前向作出行政许可决定的行政机关提出申请。行政机关应当根据被许可人的申请，在该行政许可有效期届满前作出是否准予延续的决定；逾期未作决定的，视为准予延续。

（6）监督检查

行政许可法规定上级行政机关应当加强对下级行政机关实施行政许可的监督检查，及时纠正行政许可实施中的违法行为。行政机关应当建立健全监督制度，通过核查反映被许可人从事行政许可事项活动情况的有关材料，履行监督责任。行政机关依法对被许可人从事行政许可事项的活动进行监督检查时，应当将监督检查的情况和处理结果予以记录，由监督检查人员签字后归档。公众有权查阅行政机关监督检查记录。

行政机关可以对被许可人生产经营的产品依法进行抽样检查、检验、检测，对其生产经营场所依法进行实地检查。检查时，行政机关可以依法查阅或者要求被许可人报送有关材料；被许可人应当如实提供有关情况和材料。行政机关根据法律、行政法规的规定，对直接关系公共安全、人身健康、生命财产安全的重要设备、设施进行定期检验。对检验合格的，行政机关应当发给相应的证明文件。

行政机关实施监督检查，不得妨碍被许可人正常的生产经营活动，不得索取或者收受被许可人的财物，不得谋取其他利益。被许可人在作出行政许可决定的行政机关管辖区域外违法从事行政许可事项活动的，违法行为发生地的行政机关应当依法将被许可人的违法事实、处理结果抄告作出行政许可决定的行政机关。

被许可人未依法履行开发利用自然资源义务或者未依法履行利用公共资源义务的，行政机关应当责令限期改正；被许可人在规定期限内不改正的，行政机关应当依照有关法律、行政法规的规定予以处理。取得直接关系公共利益的特定行业的市场准入行政许可的被许可人，应当按照国家规定的服务标准、资费标准和行政机关依法规定的条件，向用户提供安全、方便、稳定和价格合理的服务，并履行普遍服务的义务；未经作出行政许可决定的行政机关批准，不得擅自停业、歇业。被许可人不履行前款规定的义务的，行政机关应当责令限期改正，或者依法采取有效措施督促其履行义务。

对于行政机关工作人员滥用职权、玩忽职守作出准予行政许可决定的，超越法定职权作出准予行政许可决定的，违反法定程序作出准予行政许可决定的，或者对不具备申请资格或者不符合法定条件的申请人准予行政许可的情形，作出行政许可决定的行政机关或者其上级行政机关，根据利害关系人的请求或者依据职权，可以撤销行政许可。被许可人以欺骗、贿赂等不正当手段取得行政许可的，应当予以撤销。

对于行政许可有效期届满未延续的；赋予公民特定资格的行政许可，该公民死亡或者丧失行为能力的；法人或者其他组织依法终止的；行政许可依法被撤销、撤回，或者行政许可证件依法被吊销的；因不可抗力导致行政许可事项无法实施的情形，行政机关应当依法办理有关行政许可的注销手续。

42.《信访工作条例》

2022年1月24日中共中央政治局会议审议批准，2022年2月25日中共中央、国务院发布《信访工作条例》。

（1）立法目的

为了坚持和加强党对信访工作的全面领导，做好新时代信访工作，保持党和政府同人民群众的密切联系，制定本条例。

（2）信访工作应当遵循的原则：

① 坚持党的全面领导。把党的领导贯彻到信访工作各方面和全过程，确保正确政治方向。

② 坚持以人民为中心。践行党的群众路线，倾听群众呼声，关心群众疾苦，千方百计为群众排忧解难。

③ 坚持落实信访工作责任。党政同责、一岗双责，属地管理、分级负责，谁主管、谁负责。

④ 坚持依法按政策解决问题。将信访纳入法治化轨道，依法维护群众权益、规范信访秩序。

⑤ 坚持源头治理化解矛盾。多措并举、综合施策，着力点放在源头预防和前端化解，把可能引发信访问题的矛盾纠纷化解在基层、化解在萌芽状态。

（3）信访事项的办理原则

对信访人提出的申诉求决类事项，有权处理的机关、单位应当区分情况，分别按照下列方式办理：

① 应当通过审判机关诉讼程序或者复议程序、检察机关刑事立案程序或者法律监督程序、公安机关法律程序处理的，涉法涉诉信访事项未依法终结的，按照法律法规规定的程序处理。

② 应当通过仲裁解决的，导入相应程序处理。

③ 可以通过党员申诉、申请复审等解决的，导入相应程序处理。

④ 可以通过行政复议、行政裁决、行政确认、行政许可、行政处罚等行政程序解决的，导入相应程序处理。

⑤ 属于申请查处违法行为、履行保护人身权或者财产权等合法权益职责的，依法履行或者答复。

⑥ 不属于以上情形的，应当听取信访人陈述事实和理由，并调查核实，出具信访处理意见书。对重大、复杂、疑难的信访事项，可以举行听证。

（4）信访事项的办理时限

信访事项应当自受理之日起60日内办结；情况复杂的，经本机关、单位负责人批准，可以适当延长办理期限，但延长期限不得超过30日，并告知信访人延期理由。

43. 《中华人民共和国政府信息公开条例》（简称《信息公开条例》）

2007年4月5日中华人民共和国国务院令第492号公布，2019年4月3日中华人民共和国国务院第711号修订。

（1）立法目的

为了保障公民、法人和其他组织依法获取政府信息，提高政府工作的透明度，建设法治政府，充分发挥政府信息对人民群众生产、生活和经济社会活动的服务作用。

（2）政府信息的定义

本条例所称政府信息，是指行政机关在履行行政管理职能过程中制作或者获取的，以一定形式记录、保存的信息。

（3）政府信息公开的主管部门及日常工作负责机构

国务院办公厅是全国政府信息公开工作的主管部门，负责推进、指导、协调、监督全国的政府信息公开工作。县级以上地方人民政府办公厅（室）负责推进、指导、协调、监督本行政区域的政府信息公开工作。各级人民政府及县级以上人民政府部门应当建立健全本行政机关的政府信息公开工作制度，并指定机构负责本行政机关政府信息公开的日常工作。

（4）政府信息公开应遵循的原则

行政机关公开政府信息，应当坚持以公开为常态、不公开为例外，遵循公正、公平、便民的原则。行政机关应当及时、准确地公开政府信息，发现影响或者可能影响社会稳定、扰乱社会和经济管理秩序的虚假或者不完整信息的，应当发布准确的政府信息予以澄清。行政机关应当建立健全政府信息发布协调机制，行政机关发布政府信息涉及其他行政机关的，应当与有关行政机关进行沟通、确认，保证行政机关发布的政府信息准确一致。行政机关公开政府信息依照法律、行政法规和国家有关规定需要批准的，经批准予以公开。依法确定为国家秘密的政府信息，法律、行政法规禁止公开的政府信息，以及公开后可能危及国家安全、公共安全、经济安全、社会稳定的政府信息，不予公开。

（5）政府信息公开的内容和程序相关规定

政府信息应在各自职责范围内确定主动公开的政府信息的具体内容。除行政机关主动公开的政府信息外，公民、法人或者其他组织可以向地方各级人民政府、对外以自己名义履行行政管理职能的县级以上人民政府部门（含本条例第十条第二款规定的派出机构、内设机构）申请获取相关政府信息。依申请公开的政府信息公开会损害第三方合法权益的，行政机关应当书面征求第三方的意见。第三方应当自收到征求意见书之日起 15 个工作日内提出意见。第三方逾期未提出意见的，由行政机关依照本条例的规定决定是否公开。第三方不同意公开且有合理理由的，行政机关不予公开。行政机关认为不公开可能对公共利益造成重大影响的，可以决定予以公开，并将决定公开的政府信息内容和理由书面告知第三方。行政机关收到政府信息公开申请，能够当场答复的，应当当场予以答复。行政机关不能当场答复的，应当自收到申请之日起 20 个工作日内予以答复；需要延长答复期限的，应当经政府信息公开工作机构负责人同意并告知申请人，延长的期限最长不得超过 20 个工作日。行政机关征求第三方和其他机关意见所需时间不计算在前款规定的期限内。

五、国土空间规划相关文件与规定

长期以来，我国国土空间在不同管控体系和发展诉求下，出现规划"打架"、空间事权重叠、部门协调困难等难题。为解决国土空间矛盾，推进国家空间治理改革，十九届三中全会通过《深化党和国家机构改革方案》，决定组建自然资源部，统一行使所有国土空间用途管制和生态保护修复职责，整合了国家发展和改革委员会、国土资源部、住房和城乡建设部等部门的规划编制管理职责，建立统一的空间规划体系和事权，推行"多规合一"并监督规划实施。

接着，在《中共中央 国务院关于建立国土空间规划体系并监督实施的若干意见》中，明确了国土空间规划的目的及地位，《自然资源部关于全面开展国土空间规划工作的通知》则进一步明确了编制国土空间规划要遵循的原则、要点及原有各类空间规划不再新编和报批。截至本书出版之日，国土空间规划基本已明确了五级（国家、省、市、县、乡或镇）、三类（总体规划、详细规划、专项规划）、四体系（编制审批、实施监督、法规政策、技术标准）的结构体系。总而言之，在此新旧交替之际，因为新考试内容（国土空间规划相关的法规及文件）也比较有限，考生应该在复习时仔细研读这些已发布的文件（表 3-14），抓住文内确定性语句的关键词进行针对性的记忆，防止在考场上遇到这些仅凭记忆且并无难度的题目丢分。

	生态文明体制改革总体方案	2015/9
相 关 文 件	国土资源部 国家测绘地理信息局关于推进国土空间基础信息平台建设的通知（国土资发〔2017〕83号）	2017/7
	深化党和国家机构改革方案	2018/3
	自然资源部关于健全建设用地"增存挂钩"机制的通知	2018/7
	中共中央 国务院关于统一规划体系更好发挥国家发展规划战略导向作用的意见	2018/11
	自然资源部 农业农村部关于加强和改进永久基本农田保护工作的通知	2019/1
	中共中央 国务院关于建立健全城乡融合发展体制机制和政策体系的意见	2019/4
	中共中央 国务院关于建立国土空间规划体系并监督实施的若干意见	2019/5
	自然资源部关于全面开展国土空间规划工作的通知（自然资发〔2019〕87号）	2019/5
	自然资源部办公厅关于加强村庄规划促进乡村振兴的通知（自然资办发〔2019〕35号）	2019/5
	关于建立以国家公园为主体的自然保护地体系的指导意见	2019/6
	自然资源部办公厅关于开展国土空间规划"一张图"建设和现状评估工作的通知（自然资办发〔2019〕38号）	2019/7
	自然资源部关于以"多规合一"为基础推进规划用地"多审合一、多证合一"改革的通知（自然资规〔2019〕2号）	2019/9
	关于在国土空间规划中统筹划定落实三条控制线的指导意见	2019/11
	关于加强规划和用地保障支持养老服务发展的指导意见（自然资规〔2019〕3号）	2019/11
	自然资源部办公厅关于国土空间规划编制资质有关问题的函	2019/12
	国务院关于授权和委托用地审批权的决定（国发〔2020〕4号）	2020/3
	自然资源部办公厅关于加强国土空间规划监督管理的通知	2020/5
	自然资源部 农业农村部关于农村乱占耕地建房"八不准"的通知（自然资发〔2020〕127号）	2020/7
	关于开展省级国土空间生态修复规划编制工作的通知	2020/9
	自然资源部关于做好近期国土空间规划有关工作的通知	2020/11
	自然资源部办公厅关于进一步做好村庄规划工作的意见	2020/12
	自然资源部 国家文物局关于在国土空间规划编制和实施中加强历史文化遗产保护管理的指导意见	2021/3
	自然资源部办公厅关于认真抓好《国土空间规划城市体检评估规程》贯彻落实工作的通知	2021/8
	自然资源部关于规范临时用地管理的通知（自然资规〔2021〕2号）	2021/11
	自然资源部办公厅关于规范和统一市县国土空间规划现状基数的通知（自然资办函〔2021〕907号）	2021/5
	自然资源部关于加强自然资源法治建设的通知（自然资发〔2022〕62号）	2022/4
	自然资源部 生态环境部 国家林业和草原局关于加强生态保护红线管理的通知（试行）（自然资发〔2022〕142号）	2022/8
	自然资源部关于进一步加强国土空间规划编制和实施管理的通知（自然资发〔2022〕186号）	2022/10

---

① 国土空间规划相关文件与规定具体内容，请读者登录相关发布网站查阅，也可参考《全国注册城乡规划师职业资格考试辅导教材（第二版）第5分册 国土空间规划法律法规文件汇编》相关章节。

相关规定	智慧城市时空大数据平台建设技术大纲（2019版）	2019/1
	节约集约利用土地规定	2014/5
	省级国土空间规划编制指南（试行）	2020/1
	资源环境承载能力和国土空间开发适宜性评价技术指南（试行）	2020/1
	市级国土空间总体规划编制指南（试行）	2020/9
	山水林田湖草生态保护修复工程指南（试行）	2020/8
	国土空间调查、规划、用途管制用地用海分类指南（试行）	2020/11
	自然资源部办公厅关于加强规划资质管理的通知	2021/4
	自然资源部办公厅关于规范和统一市县国土空间规划现状基数的通知	2021/5
	国家发展改革委 自然资源部关于印发《全国重要生态系统保护和修复重大工程总体规划（2021—2035年)》的通知	2021/6
	市级国土空间总体规划制图规范（试行）	2021/3
	规划现状基数分类转换规则	2021/5
	国土空间功能结构调整表	2021/5
	国土空间规划"一张图"建设指南（试行）	2019/7
	社区生活圈规划技术指南	2021/6
	国土空间规划城市体检评估规程	2021/6
	国土空间规划城市设计指南	2021/6

由于规划体系向国土空间规划变动是大势所趋，而同时考题素材有限，因此建议考生仍需重视这些文件，特别是从近两年的考试可看出，对于中共中央、国务院发布的最新文件及政策，以及自然资源部最新发布的文件、政策、指南、标准等，都是考试的重点。以下是自然资源部公布的本领域现行的行业标准目录。特摘录土地管理行业部分（表3-15），供各位考生在复习之余了解。

自然资源行业标准目录（土地管理行业）　　　　　　　　　　　表3-15

序号	标准代号	标准名称	代替标准号
1	TD/T 1011—2000	土地开发整理规划编制规程	—
2	TD/T 1007—2003	耕地后备资源调查评价技术规程	—
3	TD/T 1016—2003	国土资源信息元数据	—
4	TD/T 1008—2007	土地勘测定界规程	—
5	TD/T 1009—2007	城市地价动态监测技术规范	—
6	TD/T 1014—2007	第二次土地调查技术规程	—
7	TD/T 1015—2007	城镇地籍数据库标准	—
8	TD/T 1016—2007	土地利用数据库标准	—
9	TD/T 1017—2008	第二次全国土地调查基本农田调查技术规程	—
10	TD/T 1018—2008	建设用地节约集约利用评价规程	—
11	TD/T 1019—2009	基本农田数据库标准	—

序号	标准代号	标准名称	代替标准号
12	TD/T 1020—2009	市（地）级土地利用总体规划制图规范	—
13	TD/T 1021—2009	县级土地利用总体规划制图规范	—
14	TD/T 1022—2009	乡（镇）土地利用总体规划制图规范	—
15	TD/T 1023—2010	市（地）级土地利用总体规划编制规程	—
16	TD/T 1024—2010	县级土地利用总体规划编制规程	—
17	TD/T 1025—2010	乡（镇）土地利用总体规划编制规程	—
18	TD/T 1026—2010	市（地）级土地利用总体规划数据库标准	—
19	TD/T 1027—2010	县级土地利用总体规划数据库标准	—
20	TD/T 1028—2010	乡（镇）土地利用总体规划数据库标准	—
21	TD/T 1029—2010	开发区土地集约利用评价规程	—
22	TD/T 1030—2010	开发区土地集约利用评价数据库标准	—
23	TD/T 1031.1—2011	土地复垦方案编制规程 第1部分：通则	—
24	TD/T 1031.2—2011	土地复垦方案编制规程 第2部分：露天煤矿	—
25	TD/T 1031.3—2011	土地复垦方案编制规程 第3部分：井工煤矿	—
26	TD/T 1031.4—2011	土地复垦方案编制规程 第4部分：金属矿	—
27	TD/T 1031.5—2011	土地复垦方案编制规程 第5部分：石油天然气（含煤层气）项目	—
28	TD/T 1031.6—2011	土地复垦方案编制规程 第6部分：建设项目	—
29	TD/T 1031.7—2011	土地复垦方案编制规程 第7部分：铀矿	—
30	TD/T 1032—2011	基本农田划定技术规程	—
31	TD/T 1033—2012	高标准基本农田建设标准	—
32	TD/T 1001—2012	地籍调查规程	TD 1001—93
33	TD/T 1034—2013	市（地）级土地整治规划编制规程	—
34	TD/T 1035—2013	县级土地整治规划编制规程	—
35	TD/T 1036—2013	土地复垦质量控制标准	—
36	TD/T 1037—2013	土地整治重大项目可行性研究报告编制规程	—
37	TD/T 1038—2013	土地整治项目设计报告编制规程	—
38	TD/T 1039—2013	土地整治项目工程量计算规则	—
39	TD/T 1040—2013	土地整治项目制图规范	—
40	TD/T 1013—2013	土地整治项目验收规程	TD/T 1013—2000
41	TD/T 1041—2013	土地整治工程质量检验与评定规程	—
42	TD/T 1042—2013	土地整治工程施工监理规范	—
43	TD/T 1043.1—2013	暗管改良盐碱地技术规程 第1部分：土壤调查	—
44	TD/T 1043.2—2013	暗管改良盐碱地技术规程 第2部分：规划设计与施工	—
45	TD/T 1044—2014	生产项目土地复垦验收规程	—
46	TD/T 1010—2015	土地利用动态遥感监测规程	TD/T 1010—1999

序号	标准代号	标准名称	代替标准号
47	TD/T 1012—2016	土地整治项目规划设计规范	TD/T 1012—2000
48	TD/T 1045—2016	土地整治工程建设标准编写规程	—
49	TD/T 1046—2016	土地整治权属调整规范	—
50	TD/T 1047—2016	土地整治重大项目实施方案编制规程	—
51	TD/T 1048—2016	耕作层土壤剥离利用技术规范	—
52	TD/T 1049—2016	矿山土地复垦基础信息调查规程	—
53	TD/T 1050—2017	土地整治信息分类与编码规范	—
54	TD/T 1051—2017	土地整治项目基础调查规范	—
55	TD/T 1052—2017	标定地价规程	—
56	TD/T 1053—2017	农用地质量分等数据库标准	—
57	TD/T 1054—2018	土地整治术语	—
58	TD/T 1055—2019	第三次全国国土调查技术规程	—
59	TD/T 1056—2019	县级国土资源调查生产成本定额	—
60	TD/T 1063—2021	国土空间规划城市体检评估规程	—
61	TD/T 1064—2021	城区范围确定规程	—
62	TD/T 1065—2021	国土空间规划城市设计指南	—
63	GB/T39737—2021	国家公园设立规范	—
64	LY/T3188—2020	国家公园总体规划技术规范	—

1. 《中共中央 国务院关于建立国土空间规划体系并监督实施的若干意见》

2019年5月，《中共中央 国务院关于建立国土空间规划体系并监督实施的若干意见》发布，提出建立国土空间规划体系并监督实施，将主体功能区规划、土地利用规划、城乡规划等空间规划融合为统一的国土空间规划，实现"多规合一"，并明确强化国土空间规划对各专项规划的指导约束作用。

（1）重大意义

建立全国统一、责权清晰、科学高效的国土空间规划体系，整体谋划新时代国土空间开发保护格局，综合考虑人口分布、经济布局、国土利用、生态环境保护等因素，科学布局生产空间、生活空间、生态空间，是加快形成绿色生产方式和生活方式、推进生态文明建设、建设美丽中国的关键举措，是坚持以人民为中心、实现高质量发展和高品质生活、建设美好家园的重要手段，是保障国家战略有效实施、促进国家治理体系和治理能力现代化、实现"两个一百年"奋斗目标和中华民族伟大复兴中国梦的必然要求。

（2）指导思想

以习近平新时代中国特色社会主义思想为指导，全面贯彻党的十九大和十九届二中、三中全会精神，紧紧围绕统筹推进"五位一体"总体布局和协调推进"四个全面"战略布局，坚持新发展理念，坚持以人民为中心，坚持一切从实际出发，按照高质量发展要求，做好国土空间规划顶层设计，发挥国土空间规划在国家规划体系中的基础性作用，为国家发展规划落地实施提供空间保障。健全国土空间开发保护制度，体现战略性、提高科学性、强化权威性、加强协调性、注重操作性，实现国土空间开发保护更高质量、更有效率、更加公平、更可持续。

（3）主要目标

到 2020 年，基本建立国土空间规划体系，逐步建立"多规合一"的规划编制审批体系、实施监督体系、法规政策体系和技术标准体系；基本完成市县以上各级国土空间总体规划编制，初步形成全国国土空间开发保护"一张图"。

到 2025 年，健全国土空间规划法规政策和技术标准体系；全面实施国土空间监测预警和绩效考核机制；形成以国土空间规划为基础，以统一用途管制为手段的国土空间开发保护制度。

到 2035 年，全面提升国土空间治理体系和治理能力现代化水平，基本形成生产空间集约高效、生活空间宜居适度、生态空间山清水秀，安全和谐、富有竞争力和可持续发展的国土空间格局。

（4）分级分类

国土空间规划包括总体规划、详细规划和相关专项规划。国家、省、市县编制国土空间总体规划，各地结合实际编制乡镇国土空间规划。专项规划是指在特定区域（流域）、特定领域，为体现特定功能，对空间开发保护利用作出的专门安排，是涉及空间利用的专项规划。国土空间总体规划是详细规划的依据、相关专项规划的基础；相关专项规划要相互协同，并与详细规划做好衔接。

（5）国土空间总体规划

全国国土空间规划是对全国国土空间作出的全局安排，是全国国土空间保护、开发、利用、修复的政策和总纲，侧重战略性，由自然资源部会同相关部门组织编制，由党中央、国务院审定后印发。

省级国土空间规划是对全国国土空间规划的落实，指导市县国土空间规划编制，侧重协调性，由省级政府组织编制，经同级人大常委会审议后报国务院审批。

市县和乡镇国土空间规划是本级政府对上级国土空间规划要求的细化落实，是对本行政区域开发保护作出的具体安排，侧重实施性。

需报国务院审批的城市国土空间总体规划，由市政府组织编制，经同级人大常委会审议后，由省级政府报国务院审批；其他市县及乡镇国土空间规划由省级政府根据当地实际，明确规划编制审批内容和程序要求。各地可因地制宜，将市县与乡镇国土空间规划合并编制，也可以几个乡镇为单元编制乡镇级国土空间规划。

（6）专项规划

海岸带、自然保护地等专项规划及跨行政区域或流域的国土空间规划，由所在区域或上一级自然资源主管部门牵头组织编制，报同级政府审批；涉及空间利用的某一领域专项规划，如交通、能源、水利、农业、信息、市政等基础设施，公共服务设施，军事设施，以及生态环境保护、文物保护、林业草原等专项规划，由相关主管部门组织编制。

（7）详细规划

详细规划是对具体地块用途和开发建设强度等作出的实施性安排，是开展国土空间开发保护活动、实施国土空间用途管制、核发城乡建设项目规划许可、进行各项建设等的法定依据。在市县及以下编制详细规划。在城镇开发边界内的详细规划，由市县自然资源主管部门组织编制，报同级政府审批；在城镇开发边界外的乡村地区，以一个或几个行政村为单元，由乡镇政府组织编制"多规合一"的实用性村庄规划，作为详细规划，报上一级政府审批。

（8）规划编制要求

体现战略性、提高科学性、加强协调性、注重操作性。

（9）实施与监管方面

① 强化规划权威。规划一经批复，任何部门和个人不得随意修改、违规变更。下级国土空间规划要服从上级国土空间规划，相关专项规划、详细规划要服从总体规划。坚持先规划、后实施，不得违反国土空间规划进行各类开发建设活动。坚持"多规合一"，不在国土空间规划体系之外另设其他空间规划。专项规划的技术标准应与国土空间规划衔接。因国家重大战略调整、重大项目建设或行政区划调整等确需修改规划的，须先经规划审批机关同意后，方可按法定程序进行修改。对规划编制和实施过程中的违规违纪违法行为，严肃追究责任。

② 改进规划审批。按照谁审批、谁监管的原则，分级建立国土空间规划审查备案制度。精简规划审批内容，大幅缩减审批时间。减少需报国务院审批的城市数量，直辖市、计划单列市、省会城市及国务院指定城市的国土空间总体规划由国务院审批。相关专项规划在编制和审查过程中应加强与有关国土空间规划的衔接及"一张图"的核对，批复后纳入同级国土空间基础信息平台，叠加到国土空间规划"一张图"上。

③ 健全用途管制制度。以国土空间规划为依据，对所有国土空间分区分类实施用途管制。在城镇开发边界内的建设，实行"详细规划＋规划许可"的管制方式；在城镇开发边界外的建设，按照主导用途分区，实行"详细规划＋规划许可"和"约束指标＋分区准入"的管制方式。对以国家公园为主体的自然保护地、重要海域和海岛、重要水源地、文物等实行特殊保护制度。因地制宜制定用途管制制度，为地方管理和创新活动留有空间。

④ 监督规划实施。依托国土空间基础信息平台，建立健全国土空间规划动态监测评估预警和实施监管机制。上级自然资源主管部门要会同有关部门组织对下级国土空间规划中各类管控边界、约束性指标等管控要求的落实情况进行监督检查，将国土空间规划执行情况纳入自然资源执法督察内容。健全资源环境承载能力监测预警长效机制，建立国土空间规划定期评估制度，结合国民经济社会发展实际和规划定期评估结果，对国土空间规划进行动态调整完善。

⑤ 推进"放管服"改革。以"多规合一"为基础，统筹规划、建设、管理三大环节，推动"多审合一""多证合一"。优化现行建设项目用地（海）预审、规划选址以及建设用地规划许可、建设工程规划许可等审批流程，提高审批效能和监管服务水平。

2.《关于在国土空间规划中统筹划定落实三条控制线的指导意见》

2019年11月，中共中央办公厅、国务院办公厅印发《关于在国土空间规划中统筹划定落实三条控制线的指导意见》。

（1）三条控制线

三条控制线——生态保护红线、永久基本农田、城镇开发边界，是对最严格的生态环境保护制度、耕地保护制度和节约用地制度的落实，是调整经济结构、规划产业发展、推进城镇化不可逾越的红线。

（2）划定落实"三条控制线"基本原则

① 底线思维，保护优先。以资源环境承载能力和国土空间开发适宜性评价为基础，科学有序统筹布局生态、农业、城镇等功能空间，强化底线约束，优先保障生态安全、粮食安全、国土安全。

② 多规合一，协调落实。按照统一底图、统一标准、统一规划、统一平台要求，科学划定落实三条控制线，做到不交叉、不重叠、不冲突。

③ 统筹推进，分类管控。坚持陆海统筹、上下联动、区域协调，根据各地不同的自然资源禀赋和经济社会发展实际，针对三条控制线不同功能，建立健全分类管控机制。

（3）工作目标

到 2020 年年底，结合国土空间规划编制，完成三条控制线划定和落地，协调解决矛盾冲突，纳入全国统一、多规合一的国土空间基础信息平台，形成一张底图，实现部门信息共享，实行严格管控。

到 2035 年，通过加强国土空间规划实施管理，严守三条控制线，引导形成科学适度有序的国土空间布局体系。

（4）生态保护红线

① 定义。生态保护红线是指在生态空间范围内具有特殊重要生态功能、必须强制性严格保护的区域。

② 划定。按照生态功能划定生态保护红线。优先将具有重要水源涵养、生物多样性维护、水土保持、防风固沙、海岸防护等功能的生态功能极重要区域，以及生态极敏感脆弱的水土流失、沙漠化、石漠化、海岸侵蚀等区域划入生态保护红线。其他经评估目前虽然不能确定但具有潜在重要生态价值的区域也划入生态保护红线。对自然保护地进行调整优化，评估调整后的自然保护地应划入生态保护红线；自然保护地发生调整的，生态保护红线相应调整。

③ 管控要求。生态保护红线内，自然保护地核心保护区原则上禁止人为活动，其他区域严格禁止开发性、生产性建设活动，在符合现行法律法规前提下，除国家重大战略项目外，仅允许对生态功能不造成破坏的有限人为活动，主要包括：

a. 零星的原住民在不扩大现有建设用地和耕地规模前提下，修缮生产生活设施，保留生活必需的少量种植、放牧、捕捞、养殖；

b. 因国家重大能源资源安全需要开展的战略性能源资源勘查，公益性自然资源调查和地质勘查；

c. 自然资源、生态环境监测和执法包括水文水资源监测及涉水违法事件的查处等，灾害防治和应急抢险活动；

d. 经依法批准进行的非破坏性科学研究观测、标本采集；

e. 经依法批准的考古调查发掘和文物保护活动；

f. 不破坏生态功能的适度参观旅游和相关的必要公共设施建设；

g. 必须且无法避让、符合县级以上国土空间规划的线性基础设施建设、防洪和供水设施建设与运行维护；

h. 重要生态修复工程。

（5）永久基本农田

① 定义。永久基本农田是为保障国家粮食安全和重要农产品供给，实施永久特殊保护的耕地。

② 划定。按照保质保量要求划定永久基本农田。依据耕地现状分布，根据耕地质量、粮食作物种植情况、土壤污染状况，在严守耕地红线基础上，按照一定比例，将达到质量要求的耕地依法划入。

③ 管控要求。已经划定的永久基本农田中存在划定不实、违法占用、严重污染等问题的要全面梳理整改，确保永久基本农田面积不减、质量提升、布局稳定。

（6）城镇开发边界

① 定义。城镇开发边界是在一定时期内因城镇发展需要，可以集中进行城镇开发建设、以城镇功能为主的区域边界，涉及城市、建制镇以及各类开发区等。

② 划定。按照集约适度、绿色发展要求划定城镇开发边界。城镇开发边界划定以城镇开发建设现状为基础，综合考虑资源承载能力、人口分布、经济布局、城乡统筹、城镇发展阶段和发展潜力，框定总量，限定容量，防止城镇无序蔓延。科学预留一定比例的留白区，为未来发展留有开发空间。

③ 管控要求。城镇建设和发展不得违法违规侵占河道、湖面、滩地。

（7）边界矛盾解决原则

三条控制线出现矛盾时，生态保护红线要保证生态功能的系统性和完整性，确保生态功能不降低、面积不减少、性质不改变；永久基本农田要保证适度合理的规模和稳定性，确保数量不减少、质量不降低；城镇开发边界要避让重要生态功能，不占或少占永久基本农田。目前已划入自然保护地核心保护区的永久基本农田、镇村、矿业权逐步有序退出；已划入自然保护地一般控制区的，根据对生态功能造成的影响确定是否退出，其中，造成明显影响的逐步有序退出，不造成明显影响的可采取依法依规相应调整一般控制区范围等措施妥善处理。协调过程中退出的永久基本农田在县级行政区域内同步补划，确实无法补划的在市级行政区域内补划。

（8）严格实施管理

建立健全统一的国土空间基础信息平台，实现部门信息共享，严格三条控制线监测监管。三条控制线是国土空间用途管制的基本依据，涉及生态保护红线、永久基本农田占用的，报国务院审批；对于生态保护红线内允许的对生态功能不造成破坏的有限人为活动，由省级政府制定具体监管办法；城镇开发边界调整报国土空间规划原审批机关审批。

3.《自然资源部关于全面开展国土空间规划工作的通知》

2019 年 5 月，自然资源部发布《自然资源部关于全面开展国土空间规划工作的通知》。

（1）全面启动国土空间规划编制，实现"多规合一"

各级自然资源主管部门抓紧启动编制全国、省级、市县和乡镇国土空间规划（规划期至 2035 年，展望至 2050 年），尽快形成规划成果。各地不再新编和报批主体功能区规划、土地利用总体规划、城镇体系规划、城市（镇）总体规划、海洋功能区划等。已批准的规划期至 2020 年后的省级国土规划、城镇体系规划、主体功能区规划，城市（镇）总体规划，以及原省级空间规划试点和市县"多规合一"试点等，要按照新的规划编制要求，将既有规划成果融入新编制的同级国土空间规划中。

（2）过渡期内现有空间规划的衔接协同

对现行土地利用总体规划、城市（镇）总体规划实施中存在矛盾的图斑，要结合国土空间基础信息平台的建设，按照国土空间规划"一张图"要求，作一致性处理，作为国土空间用途管制的基础。一致性处理不得突破土地利用总体规划确定的 2020 年建设用地和耕地保有量等约束性指标，不得突破生态保护红线和永久基本农田保护红线，不得突破土地利用总体规划和城市（镇）总体规划确定的禁止建设区和强制性内容，不得与新的国土空间规划管理要求矛盾冲突。今后工作中，主体功能区规划、土地利用总体规划、城乡规划、海洋功能区划等统称为"国土空间规划"。

（3）国土空间规划审查要点

按照"管什么就批什么"的原则，对省级和市县国土空间规划，侧重控制性审查，重点审查目标定位、底线约束、控制性指标、相邻关系等，并对规划程序和报批成果形式做合规性审查。

省级国土空间规划审查要点包括：

① 国土空间开发保护目标；

② 国土空间开发强度、建设用地规模，生态保护红线控制面积、自然岸线保有率，耕地保有量及永久基本农田保护面积，用水总量和强度控制等指标的分解下达；

③ 主体功能区划分，城镇开发边界、生态保护红线、永久基本农田的协调落实情况；

④ 城镇体系布局，城市群、都市圈等区域协调重点地区的空间结构；

⑤ 生态屏障、生态廊道和生态系统保护格局，重大基础设施网络布局，城乡公共服务设施配置要求；

⑥ 体现地方特色的自然保护地体系和历史文化保护体系；

⑦ 乡村空间布局，促进乡村振兴的原则和要求；

⑧ 保障规划实施的政策措施；

⑨ 对市县级规划的指导和约束要求等。

国务院审批的市级国土空间总体规划审查要点，除对省级国土空间规划审查要点的深化细化外，还包括：

①市域国土空间规划分区和用途管制规则；

②重大交通枢纽、重要线性工程网络、城市安全与综合防灾体系、地下空间、邻避设施等设施布局，城镇政策性住房和教育、卫生、养老、文化体育等城乡公共服务设施布局原则和标准；

③ 城镇开发边界内，城市结构性绿地、水体等开敞空间的控制范围和均衡分布要求，各类历史文化遗存的保护范围和要求，通风廊道的格局和控制要求；城镇开发强度分区及容积率、密度等控制指标，高度、风貌等空间形态控制要求；

④ 中心城区城市功能布局和用地结构等。

其他市、县、乡镇级国土空间规划的审查要点，由各省（自治区、直辖市）根据本地实际，参照上述审查要点制定。

（4）报批审查方式

简化报批流程，取消规划大纲报批环节。压缩审查时间，省级国土空间规划和国务院审批的市级国土空间总体规划，自审批机关交办之日起，一般流程应在 90 天内完成审查，上报国务院审批。

（5）其他相关工作

① 规划编制基础工作。本次规划编制统一采用第三次全国国土调查数据作为规划现状底数和底图基础，统一采用 2000 国家大地坐标系和 1985 国家高程基准作为空间定位基础。

② 双评价工作。在完成资源环境承载能力和国土空间开发适宜性评价工作基础上，确定生态、农业、城镇等不同开发保护利用方式的适宜程度。

③ 重大问题研究。要在对国土空间开发保护现状评估和未来风险评估的基础上，专题分析对本地区未来可持续发展具有重大影响的问题，积极开展国土空间规划前期研究。

④ 三条控制线评估。结合主体功能区划分，科学评估既有生态保护红线、永久基本农田、城镇开发边界等重要控制线划定情况，进行必要调整完善，并纳入规划成果。

⑤ 加强与国民经济和社会发展规划的衔接。落实经济、社会、产业等发展目标和指标，为国家发展规划落地实施提供空间保障，促进经济社会发展格局、城镇空间布局、产业结构调整与资源环境承载能力相适应。

⑥ 编制好村庄规划。结合县和乡镇级国土空间规划编制，通盘考虑农村土地利用、产业发展、居民点布局、人居环境整治、生态保护和历史文化传承等，落实乡村振兴战略，优化村庄布局，编制"多规合一"的实用性村庄规划，有条件、有需求的村庄应编尽编。

⑦ 构建国土空间规划"一张图"实施监督信息系统。基于国土空间基础信息平台，整合各类空间关联数据，着手搭建从国家到市县级的国土空间规划"一张图"实施监督信息系统，形成覆盖全国、动态更新、权威统一的国土空间规划"一张图"。

4.《关于加强村庄规划促进乡村振兴的通知》

2019 年 5 月自然资源部办公厅印发《关于加强村庄规划促进乡村振兴的通知》，主要内容如下。

（1）规划定位

村庄规划是法定规划，是国土空间规划体系中乡村地区的详细规划，是开展国土空间开发保护活动、实施国土空间用途管制、核发乡村建设项目规划许可、进行各项建设等的法定依据。要整合村土地利用规划、村庄建设规划等乡村规划，实现土地利用规划、城乡规划等有机融合，编制"多规合一"的实用性村庄规划。村庄规划范围为村域全部国土空间，可以一个或几个行政村为单元编制。

（2）工作原则

坚持先规划后建设，通盘考虑土地利用、产业发展、居民点布局、人居环境整治、生态保护和历史文化传承。坚持农民主体地位，尊重村民意愿，反映村民诉求。坚持节约优先、保护优先，实现绿色发展和高质量发展。坚持因地制宜、突出地域特色，防止乡村建设"千村一面"。坚持有序推进、务实规划，防止一哄而上，片面追求村庄规划快速全覆盖。

（3）主要任务

① 统筹村庄发展目标。落实上位规划要求，充分考虑人口资源环境条件和经济社会发展、人居环境整治等要求，研究制定村庄发展、国土空间开发保护、人居环境整治目

标，明确各项约束性指标。

② 统筹生态保护修复。落实生态保护红线划定成果，明确森林、河湖、草原等生态空间，尽可能多地保留乡村原有的地貌、自然形态等，系统保护好乡村自然风光和田园景观。加强生态环境系统修复和整治，慎砍树、禁挖山、不填湖，优化乡村水系、林网、绿道等生态空间格局。

③ 统筹耕地和永久基本农田保护。落实永久基本农田和永久基本农田储备区划定成果，落实补充耕地任务，守好耕地红线。统筹安排农、林、牧、副、渔等农业发展空间，推动循环农业、生态农业发展。完善农田水利配套设施布局，保障设施农业和农业产业园发展合理空间，促进农业转型升级。

④ 统筹历史文化传承与保护。深入挖掘乡村历史文化资源，划定乡村历史文化保护线，提出历史文化景观整体保护措施，保护好历史遗存的真实性。防止大拆大建，做到应保尽保。加强各类建设的风貌规划和引导，保护好村庄的特色风貌。

⑤ 统筹基础设施和基本公共服务设施布局。在县域、乡镇域范围内统筹考虑村庄发展布局以及基础设施和公共服务设施用地布局，规划建立全域覆盖、普惠共享、城乡一体的基础设施和公共服务设施网络。以安全、经济、方便群众使用为原则，因地制宜提出村域基础设施和公共服务设施的选址、规模、标准等要求。

⑥ 统筹产业发展空间。统筹城乡产业发展，优化城乡产业用地布局，引导工业向城镇产业空间集聚，合理保障农村新产业新业态发展用地，明确产业用地用途、强度等要求。除少量必需的农产品生产加工外，一般不在农村地区安排新增工业用地。

⑦ 统筹农村住房布局。按照上位规划确定的农村居民点布局和建设用地管控要求，合理确定宅基地规模，划定宅基地建设范围，严格落实"一户一宅"。充分考虑当地建筑文化特色和居民生活习惯，因地制宜提出住宅的规划设计要求。

⑧ 统筹村庄安全和防灾减灾。分析村域内地质灾害、洪涝等隐患，划定灾害影响范围和安全防护范围，提出综合防灾减灾的目标以及预防和应对各类灾害危害的措施。

⑨ 明确规划近期实施项目。研究提出近期急需推进的生态修复整治、农田整理、补充耕地、产业发展、基础设施和公共服务设施建设、人居环境整治、历史文化保护等项目，明确资金规模及筹措方式、建设主体和方式等。

（4）政策支持

① 优化调整用地布局。允许在不改变县级国土空间规划主要控制指标情况下，优化调整村庄各类用地布局。涉及永久基本农田和生态保护红线调整的，严格按国家有关规定执行，调整结果依法落实到村庄规划中。

② 探索规划"留白"机制。可在乡镇国土空间规划和村庄规划中预留不超过5%的建设用地机动指标，村民居住、农村公共公益设施、零星分散的乡村文旅设施及农村新产业新业态等用地可申请使用。对一时难以明确具体用途的建设用地，可暂不明确规划用地性质。建设项目规划审批时落地机动指标、明确规划用地性质，项目批准后更新数据库。机动指标使用不得占用永久基本农田和生态保护红线。

（5）编制要求

① 强化村民主体和村党组织、村民委员会主导。引导村党组织和村民委员会认真研究审议村庄规划并动员、组织村民，在调研访谈、方案比选、公告公示等各个环节积极参

与村庄规划编制，协商确定规划内容。村庄规划在报送审批前应在村内公示 30 日，报送审批时应附村民委员会审议意见和村民会议或村民代表会议讨论通过的决议。村民委员会要将规划主要内容纳入村规民约。

② 开门编规划。综合应用各有关单位、行业已有工作基础，鼓励引导大专院校和规划设计机构下乡提供志愿服务、规划师下乡蹲点，建立驻村、驻镇规划师制度。激励引导熟悉当地情况的乡贤、能人积极参与村庄规划编制。支持投资乡村建设的企业积极参与村庄规划工作，探索规划、建设、运营一体化。

③ 因地制宜，分类编制。编制能用、管用、好用的实用性村庄规划。抓住主要问题，聚焦重点，内容深度详略得当，不贪大求全。对于重点发展或需要进行较多开发建设、修复整治的村庄，编制实用的综合性规划。对于不进行开发建设或只进行简单的人居环境整治的村庄，可只规定国土空间用途管制规则、建设管控和人居环境整治要求作为村庄规划。对于综合性的村庄规划，可以分步编制，分步报批，先编制近期急需的人居环境整治等内容，后期逐步补充完善。对于紧邻城镇开发边界的村庄，可与城镇开发边界内的城镇建设用地统一编制详细规划。各地可结合实际，合理划分村庄类型，探索符合地方实际的规划方法。

④ 简明成果表达。鼓励采用"前图后则"（即规划图表＋管制规则）的成果表达形式。规划批准之日起 20 个工作日内，规划成果应通过"上墙、上网"等多种方式公开，30 个工作日内，规划成果逐级汇交至省级自然资源主管部门，叠加到国土空间规划"一张图"上。

（6）组织实施

村庄规划由乡镇政府组织编制，报上一级政府审批。村庄规划一经批准，必须严格执行，必须按照法定村庄规划实施乡村建设规划许可管理。确需修改规划的，严格按程序报原规划审批机关批准。要建立政府领导、自然资源主管部门牵头、多部门协同、村民参与、专业力量支撑的工作机制。要加强评估、监督、检查等工作。鼓励各地探索研究村民自治监督机制，实施村民对规划编制、审批、实施全过程监督。

5.《乡村建设行动实施方案》

2022 年 5 月，中共中央办公厅、国务院办公厅印发《乡村建设行动实施方案》。

（1）制定目的

乡村建设是实施乡村振兴战略的重要任务，也是国家现代化建设的重要内容。党的十八大以来，各地区各部门认真贯彻党中央、国务院决策部署，把公共基础设施建设重点放在农村，持续改善农村生产生活条件，乡村面貌发生巨大变化。同时，我国农村基础设施和公共服务体系还不健全，部分领域还存在一些突出短板和薄弱环节，与农民群众日益增长的美好生活需要还有差距。为扎实推进乡村建设行动，进一步提升乡村宜居宜业水平，制定本方案。

（2）工作原则

尊重规律、稳扎稳打；因地制宜、分类指导；注重保护、体现特色；政府引导、农民参与；建管并重、长效运行；节约资源、绿色建设。

（3）行动目标

到 2025 年，乡村建设取得实质性进展，农村人居环境持续改善，农村公共基础设施往村覆盖、往户延伸取得积极进展，农村基本公共服务水平稳步提升，农村精神文明建设显著加强，农民获得感、幸福感、安全感进一步增强。

（4）其他与规划和自然资源管理密切相关的内容摘选

①加强乡村规划建设管理。坚持县域规划建设一盘棋，明确村庄布局分类，细化分类标准。合理划定各类空间管控边界，优化布局乡村生活空间，因地制宜界定乡村建设规划范围，严格保护农业生产空间和乡村生态空间，牢牢守住18亿亩耕地红线。严禁随意撤并村庄搞大社区、违背农民意愿大拆大建。积极有序推进村庄规划编制。发挥村庄规划指导约束作用，确保各项建设依规有序开展。建立政府组织领导、村民发挥主体作用、专业人员开展技术指导的村庄规划编制机制，共建共治共享美好家园。

②实施农村道路畅通工程。继续开展"四好农村路"示范创建，推动农村公路建设项目更多向进村入户倾斜。以县域为单元，加快构建便捷高效的农村公路骨干网络，推进乡镇对外快速骨干公路建设，加强乡村产业路、旅游路、资源路建设，促进农村公路与乡村产业深度融合发展。推进较大人口规模自然村（组）通硬化路建设，有序推进建制村通双车道公路改造、窄路基路面拓宽改造或错车道建设。加强通村公路和村内道路连接，统筹规划和实施农村公路的穿村路段建设，兼顾村内主干道功能。积极推进具备条件的地区城市公交线路向周边重点村镇延伸，有序实施班线客运公交化改造。开展城乡交通运输一体化示范创建。加强农村道路桥梁、临水临崖和切坡填方路段安全隐患排查治理。深入推进农村公路"安全生命防护工程"。强化消防车道建设管理，推进林区牧区防火隔离带、应急道路建设。

③强化农村防汛抗旱和供水保障。加强防汛抗旱基础设施建设，防范水库垮坝、中小河流洪水、山洪灾害等风险，充分发挥骨干水利工程防灾减灾作用，完善抗旱水源工程体系。稳步推进农村饮水安全向农村供水保障转变。实施规模化供水工程建设和小型供水工程标准化改造，更新改造一批老旧供水工程和管网。有条件地区可由城镇管网向周边村庄延伸供水，因地制宜推进供水入户，同步推进消防取水设施建设。

④实施乡村清洁能源建设工程。巩固提升农村电力保障水平，推进城乡配电网建设，提高边远地区供电保障能力。发展太阳能、风能、水能、地热能、生物质能等清洁能源，在条件适宜地区探索建设多能互补的分布式低碳综合能源网络。按照先立后破、农民可承受、发展可持续的要求，稳妥有序推进北方农村地区清洁取暖，加强煤炭清洁化利用，推进散煤替代，逐步提高清洁能源在农村取暖用能中的比重。

⑤实施农产品仓储保鲜冷链物流设施建设工程。加快农产品仓储保鲜冷链物流设施建设，建设通风贮藏库、机械冷库、气调贮藏库、预冷及配套设施设备等农产品冷藏保鲜设施。面向农产品优势产区、重要集散地和主要销区，完善国家骨干冷链物流基地布局建设，整合优化存量冷链物流资源。围绕服务产地农产品集散和完善销地冷链物流网络，推进产销冷链集配中心建设，加强与国家骨干冷链物流基地间的功能对接和业务联通，打造高效衔接农产品产销的冷链物流通道网络。完善农产品产地批发市场。实施县域商业建设行动，完善农村商业体系，改造提升县城连锁商超和物流配送中心，支持有条件的乡镇建设商贸中心，发展新型乡村便利店，扩大农村电商覆盖面。健全县乡村三级物流配送体系，引导利用村内现有设施，建设村级寄递物流综合服务站，发展专业化农产品寄递服务。

⑥ 实施村级综合服务设施提升工程。推进"一站式"便民服务，整合利用现有设施和场地，完善村级综合服务站点，支持党务服务、基本公共服务和公共事业服务就近或线上办理。加强村级综合服务设施建设，进一步提高村级综合服务设施覆盖率。加强农村全民健身场地设施建设。推进公共照明设施与村内道路、公共场所一体规划建设，加强行政村村内主干道路灯建设。加快推进完善革命老区、民族地区、边疆地区、欠发达地区基层应急广播体系。因地制宜建设农村应急避难场所，开展农村公共服务设施无障碍建设和改造。

⑦ 实施农房质量安全提升工程。推进农村低收入群体等重点对象危房改造和地震高烈度设防地区农房抗震改造，逐步建立健全农村低收入群体住房安全保障长效机制。加强农房周边地质灾害综合治理。深入开展农村房屋安全隐患排查整治，以用作经营的农村自建房为重点，对排查发现存在安全隐患的房屋进行整治。新建农房要避开自然灾害易发地段，顺应地形地貌，不随意切坡填方弃渣，不挖山填湖、不破坏水系、不砍老树，形成自然、紧凑、有序的农房群落。农房建设要满足质量安全和抗震设防要求，推动配置水暖厨卫等设施。因地制宜推广装配式钢结构、木竹结构等安全可靠的新型建造方式。以农村房屋及其配套设施建设为主体，完善农村工程建设项目管理制度，省级统筹建立从用地、规划、建设到使用的一体化管理体制机制，并按照"谁审批、谁监管"的要求，落实安全监管责任。建设农村房屋综合信息管理平台，完善农村房屋建设技术标准和规范。加强历史文化名镇名村、传统村落、传统民居保护与利用，提升防火防震防垮塌能力。保护民族村寨、特色民居、文物古迹、农业遗迹、民俗风貌。

⑧ 实施农村人居环境整治提升五年行动。推进农村厕所革命，加快研发干旱、寒冷等地区卫生厕所适用技术和产品，因地制宜选择改厕技术模式，引导新改户用厕所基本入院入室，合理规划布局公共厕所，稳步提高卫生厕所普及率。统筹农村改厕和生活污水、黑臭水体治理，因地制宜建设污水处理设施，基本消除较大面积的农村黑臭水体。健全农村生活垃圾收运处置体系，完善县乡村三级设施和服务，推动农村生活垃圾分类减量与资源化处理利用，建设一批区域农村有机废弃物综合处置利用设施。加强入户道路建设，构建通村入户的基础网络，稳步解决村内道路泥泞、村民出行不便、出行不安全等问题。全面清理私搭乱建、乱堆乱放，整治残垣断壁，加强农村电力线、通信线、广播电视线"三线"维护梳理工作，整治农村户外广告。因地制宜开展荒山荒地荒滩绿化，加强农田（牧场）防护林建设和修复，引导鼓励农民开展庭院和村庄绿化美化，建设村庄小微公园和公共绿地。实施水系连通及水美乡村建设试点。加强乡村风貌引导，编制村容村貌提升导则。

⑨ 实施农村基本公共服务提升行动。巩固提升高中阶段教育普及水平，发展涉农职业教育，建设一批产教融合基地，新建改扩建一批中等职业学校。加强农村职业院校基础能力建设，进一步推进乡村地区继续教育发展。改革完善乡村医疗卫生体系，加快补齐公共卫生服务短板，完善基层公共卫生设施。支持建设紧密型县域医共体。加强乡镇卫生院发热门诊或诊室等设施条件建设，选建一批中心卫生院。持续提升村卫生室标准化建设和健康管理水平，推进村级医疗疾控网底建设。推进乡村公益性殡葬服务设施建设和管理。

建立项目库管理制度。按照村申报、乡审核、县审定原则，在县一级普遍建立乡村建设相关项目库。加强项目论证，优先纳入群众需求强烈、短板突出、兼顾农业生产和农民生活条件改善的项目，切实提高入库项目质量。安排乡村建设项目资金，原则上须从项目库中选择项目。各地可结合实际制定"负面清单"，防止形象工程。建立健全入库项目审核机制和绩效评估机制。

优化项目实施流程。对于按照固定资产投资管理的小型村庄建设项目，按规定施行简易审批。对于采取以工代赈方式实施的农业农村基础设施项目，按照招标投标法和村庄建设项目施行简易审批的有关要求，可以不进行招标。对于农民投资投劳项目，采取直接补助、以奖代补等方式推进建设。对于重大乡村建设项目，严格规范招投标项目范围和实施程序，不得在法律法规外，针对投资规模、工程造价、招标文件编制等设立其他审批审核程序。严格规范乡村建设用地审批管理，坚决遏制乱占耕地建房。

完善农民参与乡村建设机制。健全党组织领导的村民自治机制，充分发挥村民委员会、村务监督委员会、集体经济组织作用，坚持和完善"四议两公开"制度，依托村民会议、村民代表会议、村民议事会、村民理事会、村民监事会等，引导农民全程参与乡村建设，保障农民的知情权、参与权、监督权。在项目谋划环节，加强农民培训和指导，组织农民议事，激发农民主动参与意愿，保障农民参与决策。在项目建设环节，鼓励村民投工投劳、就地取材开展建设，积极推广以工代赈方式，吸纳更多农村低收入群体就地就近就业。在项目管护环节，推行"门前三包"、受益农民认领、组建使用者协会等农民自管方式。完善农民参与乡村建设程序和方法。在乡村建设中深入开展美好环境与幸福生活共同缔造活动。

完善集约节约用地政策。合理安排新增建设用地计划指标，规范开展城乡建设用地增减挂钩，保障乡村建设行动重点工程项目的合理用地需求。优化用地审批流程，在符合经依法批准的相关规划前提下，可对依法登记的宅基地等农村建设用地进行复合利用，重点保障乡村公共基础设施用地。探索针对乡村建设的混合用地模式。探索开展全域土地综合整治，整体推进农用地整理和建设用地整理，盘活农村存量建设用地，腾挪空间用于支持乡村建设。

6.《关于推进以县城为重要载体的城镇化建设的意见》

2022年5月，中共中央办公厅、国务院办公厅印发了《关于推进以县城为重要载体的城镇化建设的意见》。

（1）制定目的

县城是我国城镇体系的重要组成部分，是城乡融合发展的关键支撑，对促进新型城镇化建设、构建新型工农城乡关系具有重要意义。为推进以县城为重要载体的城镇化建设，制定本意见。

（2）工作要求

顺应县城人口流动变化趋势，立足资源环境承载能力、区位条件、产业基础、功能定位，选择一批条件好的县城作为示范地区重点发展，防止人口流失县城盲目建设。充分发挥市场在资源配置中的决定性作用，引导支持各类市场主体参与县城建设；更好发挥政府作用，切实履行制定规划政策、提供公共服务、营造制度环境等方面职责。以县域为基本单元推进城乡融合发展，发挥县城连接城市、服务乡村作用，增强对乡村的辐射带动能力，促进县城基础设施和公共服务向乡村延伸覆盖，强化县城与邻近城市发展的衔接配合。统筹发展和安全，严格落实耕地和永久基本农田、生态保护红线、城镇开发边界，守住历史文化根脉，防止大拆大建、贪大求洋，严格控制撤县建市设区，防控灾害事故风险，防范地方政府债务风险。

（3）发展目标

到 2025 年，以县城为重要载体的城镇化建设取得重要进展，县城短板弱项进一步补齐补强，一批具有良好区位优势和产业基础、资源环境承载能力较强、集聚人口经济条件较好的县城建设取得明显成效，公共资源配置与常住人口规模基本匹配，特色优势产业发展壮大，市政设施基本完备，公共服务全面提升，人居环境有效改善，综合承载能力明显增强，农民到县城就业安家规模不断扩大，县城居民生活品质明显改善。再经过一个时期的努力，在全国范围内基本建成各具特色、富有活力、宜居宜业的现代化县城，与邻近大中城市的发展差距显著缩小，促进城镇体系完善、支撑城乡融合发展作用进一步彰显。

（4）其他与规划和自然资源管理密切相关的内容摘选

① 加快发展大城市周边县城。支持位于城市群和都市圈范围内的县城融入邻近大城市建设发展，主动承接人口、产业、功能特别是一般性制造业、区域性物流基地、专业市场、过度集中的公共服务资源疏解转移，强化快速交通连接，发展成为与邻近大城市通勤便捷、功能互补、产业配套的卫星县城。

② 积极培育专业功能县城。支持具有资源、交通等优势的县城发挥专业特长，培育发展特色经济和支柱产业，强化产业平台支撑，提高就业吸纳能力，发展成为先进制造、商贸流通、文化旅游等专业功能县城。支持边境县城完善基础设施，强化公共服务和边境贸易等功能，提升人口集聚能力和守边固边能力。

③ 合理发展农产品主产区县城。推动位于农产品主产区内的县城集聚发展农村二三产业，延长农业产业链条，做优做强农产品加工业和农业生产性服务业，更多吸纳县域内农业转移人口，为有效服务"三农"、保障粮食安全提供支撑。

④ 有序发展重点生态功能区县城。推动位于重点生态功能区内的县城逐步有序承接生态地区超载人口转移，完善财政转移支付制度，增强公共服务供给能力，发展适宜产业和清洁能源，为保护修复生态环境、筑牢生态安全屏障提供支撑。

⑤ 引导人口流失县城转型发展。结合城镇发展变化态势，推动人口流失县城严控城镇建设用地增量、盘活存量，促进人口和公共服务资源适度集中，加强民生保障和救助扶助，有序引导人口向邻近的经济发展优势区域转移，支持有条件的资源枯竭县城培育接续替代产业。

⑥ 增强县城产业支撑能力。重点发展比较优势明显、带动农业农村能力强、就业容量大的产业，统筹培育本地产业和承接外部产业转移，促进产业转型升级。突出特色、错位发展，因地制宜发展一般性制造业。以"粮头食尾""农头工尾"为抓手，培育农产品加工业集群，发展农资供应、技术集成、仓储物流、农产品营销等农业生产性服务业。根据文化旅游资源禀赋，培育文化体验、休闲度假、特色民宿、养生养老等产业。

⑦ 提升产业平台功能。依托各类开发区、产业集聚区、农民工返乡创业园等平台，引导县域产业集中集聚发展。支持符合条件的县城建设产业转型升级示范园区。根据需要配置公共配套设施，健全标准厂房、通用基础制造装备、共性技术研发仪器设备、质量基础设施、仓储集散回收设施。鼓励农民工集中的产业园区及企业建设集体宿舍。

⑧ 健全商贸流通网络。发展物流中心和专业市场，打造工业品和农产品分拨中转地。

根据需要建设铁路专用线，依托交通场站建设物流设施。建设具备运输仓储、集散分拨等功能的物流配送中心，发展物流共同配送，鼓励社会力量布设智能快件箱。改善农贸市场交易棚厅等经营条件，完善冷链物流设施，建设面向城市消费的生鲜食品低温加工处理中心。

⑨ 完善消费基础设施。围绕产业转型升级和居民消费升级需求，改善县城消费环境。改造提升百货商场、大型卖场、特色商业街，发展新型消费集聚区。完善消费服务中心、公共交通站点、智能引导系统、安全保障设施，配置电子商务硬件设施及软件系统，建设展示交易公用空间。完善游客服务中心、旅游道路、旅游厕所等配套设施。

⑩ 完善市政交通设施。完善机动车道、非机动车道、人行道，健全配套交通管理设施和交通安全设施。建设以配建停车场为主、路外公共停车场为辅、路内停车为补充的停车系统。优化公共充换电设施建设布局，加快建设充电桩。完善公路客运站服务功能，加强公路客运站土地综合开发利用。建设公共交通场站，优化公交站点布设。

⑪ 畅通对外连接通道。提高县城与周边大中城市互联互通水平，扩大干线铁路、高速公路、国省干线公路等覆盖面。推进县城市政道路与干线公路高效衔接，有序开展干线公路过境段、进出城瓶颈路段升级改造。支持有需要的县城开通与周边城市的城际公交，开展客运班线公交化改造。引导有条件的大城市轨道交通适当向周边县城延伸。

⑫ 健全防洪排涝设施。坚持防御外洪与治理内涝并重，逐步消除严重易涝积水区段。实施排水管网和泵站建设改造，修复破损和功能失效设施。建设排涝通道，整治河道、湖塘、排洪沟、道路边沟，确保与管网排水能力相匹配。推进雨水源头减排，增强地面渗水能力。完善堤线布置和河流护岸工程，合理建设截洪沟等设施，降低外洪入城风险。

⑬ 增强防灾减灾能力。健全灾害监测体系，提高预警预报水平。采取搬迁避让和工程治理等手段，防治泥石流、崩塌、滑坡、地面塌陷等地质灾害。提高建筑抗灾能力，开展重要建筑抗震鉴定及加固改造。推进公共建筑消防设施达标建设，规划布局消防栓、蓄水池、微型消防站等配套设施。合理布局应急避难场所，强化体育场馆等公共建筑应急避难功能。完善供水、供电、通信等城市生命线备用设施，加强应急救灾和抢险救援能力建设。

⑭ 加强老化管网改造。全面推进老化燃气管道更新改造，重点改造不符合标准规范、存在安全隐患的燃气管道、燃气场站、居民户内设施及监测设施。改造水质不能稳定达标水厂及老旧破损供水管网。推进老化供热管道更新改造，提高北方地区县城集中供暖比例。开展电网升级改造，推动必要的路面电网及通信网架空线入地。

⑮ 推动老旧小区改造。加快改造建成年代较早、失养失修失管、配套设施不完善、居民改造意愿强烈的住宅小区，改善居民基本居住条件。完善老旧小区及周边水电路气热信等配套设施，加强无障碍设施建设改造。科学布局社区综合服务设施，推进养老托育等基本公共服务便捷供给。结合老旧小区改造，统筹推动老旧厂区、老旧街区、城中村改造。

⑯ 完善医疗卫生体系。推进县级医院（含中医院）提标改造，提高传染病检测诊治和重症监护救治能力，依托县级医院建设县级急救中心。支持县域人口达到一定规模的县完善县级医院，推动达到三级医院设施条件和服务能力。推进县级疾控中心建设，配齐疾病监测预警、实验室检测、现场处置等设备。完善县级妇幼保健机构设施设备。

⑰ 优化文化体育设施。根据需要完善公共图书馆、文化馆、博物馆等场馆功能，发展智慧广电平台和融媒体中心，完善应急广播体系。建设全民健身中心、公共体育场、健身步道、社会足球场地、户外运动公共服务设施，加快推进学校场馆开放共享。有序建设体育公园，打造绿色便捷的居民健身新载体。

⑱ 完善社会福利设施。建设专业化残疾人康复、托养、综合服务设施。完善儿童福利机构及残疾儿童康复救助定点机构，建设未成年人救助保护机构和保护工作站。依托现有社会福利设施建设流浪乞讨人员救助管理设施。建设公益性殡葬设施，改造老旧殡仪馆。

⑲ 加强历史文化保护传承。传承延续历史文脉，厚植传统文化底蕴。保护历史文化名城名镇和历史文化街区，保留历史肌理、空间尺度、景观环境。加强革命文物、红色遗址、文化遗产保护，活化利用历史建筑和工业遗产。推动非物质文化遗产融入县城建设。鼓励建筑设计传承创新。禁止拆真建假、以假乱真，严禁随意拆除老建筑、大规模迁移砍伐老树，严禁侵占风景名胜区内土地。

⑳ 打造蓝绿生态空间。完善生态绿地系统，依托山水林田湖草等自然基底建设生态绿色廊道，利用周边荒山坡地和污染土地开展国土绿化，建设街心绿地、绿色游憩空间、郊野公园。加强河道、湖泊、滨海地带等湿地生态和水环境修复，合理保持水网密度和水体自然连通。加强黑臭水体治理，对河湖岸线进行生态化改造，恢复和增强水体自净能力。

㉑ 推进生产生活低碳化。推动能源清洁低碳安全高效利用，引导非化石能源消费和分布式能源发展，在有条件的地区推进屋顶分布式光伏发电。坚决遏制"两高"项目盲目发展，深入推进产业园区循环化改造。大力发展绿色建筑，推广装配式建筑、节能门窗、绿色建材、绿色照明，全面推行绿色施工。推动公共交通工具和物流配送、市政环卫等车辆电动化。推广节能低碳节水用品和环保再生产品，减少一次性消费品和包装用材消耗。

㉒ 完善垃圾收集处理体系。因地制宜建设生活垃圾分类处理系统，配备满足分类清运需求、密封性好、压缩式的收运车辆，改造垃圾房和转运站，建设与清运量相适应的垃圾焚烧设施，做好全流程恶臭防治。合理布局危险废弃物收集和集中利用处置设施。健全县域医疗废弃物收集转运处置体系。推进大宗固体废弃物综合利用。

㉓ 增强污水收集处理能力。完善老城区及城中村等重点区域污水收集管网，更新修复混错接、漏接、老旧破损管网，推进雨污分流改造。开展污水处理差别化精准提标，对现有污水处理厂进行扩容改造及恶臭治理。在缺水地区和水环境敏感地区推进污水资源化利用。推进污泥无害化资源化处置，逐步压减污泥填埋规模。

㉔ 推进县城基础设施向乡村延伸。推动市政供水供气供热管网向城郊乡村及规模较大镇延伸，在有条件的地区推进城乡供水一体化。推进县乡村（户）道路连通、城乡客运一体化。以需求为导向逐步推进第五代移动通信网络和千兆光网向乡村延伸。建设以城带乡的污水垃圾收集处理系统。建设联结城乡的冷链物流、电商平台、农贸市场网络，带动农产品进城和工业品入乡。建立城乡统一的基础设施管护运行机制，落实管护责任。

㉕ 建立集约高效的建设用地利用机制。加强存量低效建设用地再开发，合理安排新增建设用地计划指标，保障县城建设正常用地需求。推广节地型、紧凑式高效开发模式，规范建设用地二级市场。鼓励采用长期租赁、先租后让、弹性年期供应等方式供应工业用

地，提升现有工业用地容积率和单位用地面积产出率。稳妥开发低丘缓坡地，合理确定开发用途、规模、布局和项目用地准入门槛。按照国家统一部署，稳妥有序推进农村集体经营性建设用地入市。

㉖ 强化规划引领。坚持"一县一策"，以县城为主，兼顾县级市城区和非县级政府驻地特大镇，科学编制和完善建设方案，按照"缺什么补什么"原则，明确建设重点、保障措施、组织实施方式，精准补齐短板弱项，防止盲目重复建设。坚持项目跟着规划走，科学谋划储备建设项目，切实做好项目前期工作。

7.《国家综合立体交通网规划纲要》

2021年2月，中共中央、国务院印发了《国家综合立体交通网规划纲要》，并发出通知，要求各地区各部门结合实际认真贯彻落实。

（1）纲要编制目的及规划期限

为加快建设交通强国，构建现代化高质量国家综合立体交通网，支撑现代化经济体系和社会主义现代化强国建设，编制本规划纲要。规划期为2021至2035年，远景展望到本世纪中叶。

（2）纲要提出的主要目标

到2035年，基本建成便捷顺畅、经济高效、绿色集约、智能先进、安全可靠的现代化高质量国家综合立体交通网，实现国际国内互联互通、全国主要城市立体畅达、县级节点有效覆盖，有力支撑"全国123出行交通圈"（都市区1小时通勤、城市群2小时通达、全国主要城市3小时覆盖）和"全球123快货物流圈"（国内1天送达、周边国家2天送达、全球主要城市3天送达）。交通基础设施质量、智能化与绿色化水平居世界前列。交通运输全面适应人民日益增长的美好生活需要，有力保障国家安全，支撑我国基本实现社会主义现代化（表3-16）。

到本世纪中叶，全面建成现代化高质量国家综合立体交通网，拥有世界一流的交通基础设施体系，交通运输供需有效平衡、服务优质均等、安全有力保障。新技术广泛应用，实现数字化、网络化、智能化、绿色化。出行安全便捷舒适，物流高效经济可靠，实现"人享其行、物优其流"，全面建成交通强国，为全面建成社会主义现代化强国当好先行。

（3）几个重要的专栏和指标

专栏一：2035年发展目标

便捷顺畅。享受快速交通服务的人口比重大幅提升，除部分边远地区外，基本实现全国县级行政中心15分钟上国道、30分钟上高速公路、60分钟上铁路，市地级行政中心45分钟上高速铁路、60分钟到机场。基本实现地级市之间当天可达。中心城区至综合客运枢纽半小时到达，中心城区综合客运枢纽之间公共交通转换时间不超过1小时。交通基础设施无障碍化率大幅提升，旅客出行全链条便捷程度显著提高，基本实现"全国123出行交通圈"。

经济高效。国家综合立体交通网设施利用更加高效，多式联运占比、换装效率显著提高，运输结构更加优化，物流成本进一步降低，交通枢纽基本具备寄递功能，实现与寄递枢纽的无缝衔接，基本实现"全球123快货物流圈"。

绿色集约。综合运输通道资源利用的集约化、综合化水平大幅提高。基本实现交通基础设施建设全过程、全周期绿色化。单位运输周转量能耗不断降低，二氧化碳排放强度比 2020 年显著下降，交通污染防治达到世界先进水平。

智能先进。基本实现国家综合立体交通网基础设施全要素全周期数字化。基本建成泛在先进的交通信息基础设施，实现北斗时空信息服务、交通运输感知全覆盖。智能列车、智能网联汽车（智能汽车、自动驾驶、车路协同）、智能化通用航空器、智能船舶及邮政快递设施的技术达到世界先进水平。

安全可靠。交通基础设施耐久性和有效性显著增强，设施安全隐患防治能力大幅提升。交通网络韧性和应对各类重大风险能力显著提升，重要物资运输高效可靠。基本建成陆海空天立体协同的交通安全监管和救助体系。交通安全水平达到世界前列，有效保障人民生命财产和国家总体安全。

专栏二：国家综合立体交通网布局

1. 铁路。国家铁路网包括高速铁路、普速铁路。其中，高速铁路 7 万 km（含部分城际铁路），普速铁路 13 万 km（含部分市域铁路），合计 20 万 km 左右。形成由"八纵八横"高速铁路主通道为骨架、区域性高速铁路衔接的高速铁路网；由若干条纵横普速铁路主通道为骨架、区域性普速铁路衔接的普速铁路网；京津冀、长三角、粤港澳大湾区、成渝地区双城经济圈等重点城市群率先建成城际铁路网，其他城市群城际铁路逐步成网。研究推进超大城市间高速磁悬浮通道布局和试验线路建设。

2. 公路。包括国家高速公路网、普通国道网，合计 46 万 km 左右。其中，国家高速公路网 16 万 km 左右，由 7 条首都放射线、11 条纵线、18 条横线及若干条地区环线、都市圈环线、城市绕城环线、联络线、并行线组成；普通国道网 30 万 km 左右，由 12 条首都放射线、47 条纵线、60 条横线及若干条联络线组成。

3. 水运。包括国家航道网和全国主要港口。国家航道网由国家高等级航道和国境国际通航河流航道组成。其中，"四纵四横两网"的国家高等级航道 2.5 万 km 左右；国境国际通航河流主要包括黑龙江、额尔古纳河、鸭绿江、图们江、瑞丽江、澜沧江、红河等。全国主要港口合计 63 个，其中沿海主要港口 27 个、内河主要港口 36 个。

4. 民航。包括国家民用运输机场和国家航路网。国家民用运输机场合计 400 个左右，基本建成以世界级机场群、国际航空（货运）枢纽为核心，区域枢纽为骨干，非枢纽机场和通用机场为重要补充的国家综合机场体系。按照突出枢纽、辐射区域、分层衔接、立体布局，先进导航技术为主、传统导航技术为辅的要求，加快繁忙地区终端管制区建设，加快构建结构清晰、衔接顺畅的国际航路航线网络；构建基于大容量通道、平行航路、单向循环等先进运行方式的高空航路航线网络；构建基于性能导航为主、传统导航为辅的适应各类航空用户需求的中低空航路航线网络。

5. 邮政快递。包括国家邮政快递枢纽和邮路。国家邮政快递枢纽主要由北京天津雄安、上海南京杭州、武汉（鄂州）郑州长沙、广州深圳、成都重庆西安等 5 个全球性国际邮政快递枢纽集群、20 个左右区域性国际邮政快递枢纽、45 个左右全国性邮政快递枢纽组成。依托国家综合立体交通网，布局航空邮路、铁路邮路、公路邮路、水运邮路。

专栏三：国家综合立体交通网主骨架布局

6 条主轴：

京津冀—长三角主轴。路径1：北京经天津、沧州、青岛至杭州。路径2：北京经天津、沧州、济南、蚌埠至上海。路径3：北京经天津、潍坊、淮安至上海。路径4：天津港至上海港沿海海上路径。

京津冀—粤港澳主轴。路径1：北京经雄安、衡水、阜阳、九江、赣州至香港（澳门）。支线：阜阳经黄山、福州至台北。路径2：北京经石家庄、郑州、武汉、长沙、广州至深圳。

京津冀—成渝主轴。路径1：北京经石家庄、太原、西安至成都。路径2：北京经太原、延安、西安至重庆。

长三角—粤港澳主轴。路径1：上海经宁波、福州至深圳。路径2：上海经杭州、南平至广州。路径3：上海港至湛江港沿海海上路径。

长三角—成渝主轴。路径1：上海经南京、合肥、武汉、万州至重庆。路径2：上海经九江、武汉、重庆至成都。

粤港澳—成渝主轴。路径1：广州经桂林、贵阳至成都。路径2：广州经永州、怀化至重庆。

7 条走廊：

京哈走廊。路径1：北京经沈阳、长春至哈尔滨。路径2：北京经承德、沈阳、长春至哈尔滨。支线1：沈阳经大连至青岛。支线2：沈阳至丹东。

京藏走廊。路径1：北京经呼和浩特、包头、银川、兰州、格尔木、拉萨至亚东。支线：秦皇岛经大同至鄂尔多斯。路径2：青岛经济南、石家庄、太原、银川、西宁至拉萨。支线：黄骅经忻州至包头。

大陆桥走廊。路径1：连云港经郑州、西安、西宁、乌鲁木齐至霍尔果斯/阿拉山口。路径2：上海经南京、合肥、南阳至西安。支线：南京经平顶山至洛阳。

西部陆海走廊。路径1：西宁经兰州、成都/重庆、贵阳、南宁、湛江至三亚。路径2：甘其毛都经银川、宝鸡、重庆、毕节、百色至南宁。

沪昆走廊。路径1：上海经杭州、上饶、南昌、长沙、怀化、贵阳、昆明至瑞丽。路径2：上海经杭州、景德镇、南昌、长沙、吉首、遵义至昆明。

成渝昆走廊。路径1：成都经攀枝花、昆明至磨憨/河口。路径2：重庆经昭通至昆明。

广昆走廊。路径1：深圳经广州、梧州、南宁、兴义、昆明至瑞丽。路径2：深圳经湛江、南宁、文山至昆明。

8 条通道：

绥满通道。绥芬河经哈尔滨至满洲里。支线1：哈尔滨至同江。支线2：哈尔滨至黑河。

京延通道。北京经承德、通辽、长春至珲春。

沿边通道。黑河经齐齐哈尔、乌兰浩特、呼和浩特、临河、哈密、乌鲁木齐、库尔勒、喀什、阿里至拉萨。支线1：喀什至红其拉甫。支线2：喀什至吐尔尕特。

福银通道。福州经南昌、武汉、西安至银川。支线：西安经延安至包头。

二湛通道。二连浩特经大同、太原、洛阳、南阳、宜昌、怀化、桂林至湛江。

川藏通道。成都经林芝至樟木。

湘桂通道。长沙经桂林、南宁至凭祥。

厦蓉通道。厦门经赣州、长沙、黔江、重庆至成都。

专栏四：国际性综合交通枢纽

1. 国际性综合交通枢纽集群

形成以北京、天津为中心联动石家庄、雄安等城市的京津冀枢纽集群，以上海、杭州、南京为中心联动合肥、宁波等城市的长三角枢纽集群，以广州、深圳、香港为核心联动珠海、澳门等城市的粤港澳大湾区枢纽集群，以成都、重庆为中心的成渝地区双城经济圈枢纽集群。

2. 国际性综合交通枢纽城市

建设北京、天津、上海、南京、杭州、广州、深圳、成都、重庆、沈阳、大连、哈尔滨、青岛、厦门、郑州、武汉、海口、昆明、西安、乌鲁木齐等20个左右国际性综合交通枢纽城市。

3. 国际性综合交通枢纽港站

——国际铁路枢纽和场站：在北京、上海、广州、重庆、成都、西安、郑州、武汉、长沙、乌鲁木齐、义乌、苏州、哈尔滨等城市以及满洲里、绥芬河、二连浩特、阿拉山口、霍尔果斯等口岸建设具有较强国际运输服务功能的铁路枢纽场站。

——国际枢纽海港：发挥上海港、大连港、天津港、青岛港、连云港港、宁波舟山港、厦门港、深圳港、广州港、北部湾港、洋浦港等国际枢纽海港作用，巩固提升上海国际航运中心地位，加快建设辐射全球的航运枢纽，推进天津北方、厦门东南、大连东北亚等国际航运中心建设。

——国际航空（货运）枢纽：巩固北京、上海、广州、成都、昆明、深圳、重庆、西安、乌鲁木齐、哈尔滨等国际航空枢纽地位，推进郑州、天津、合肥、鄂州等国际航空货运枢纽建设。

——国际邮政快递处理中心：在国际邮政快递枢纽城市和口岸城市，依托国际航空枢纽、国际铁路枢纽、国际枢纽海港、公路口岸等建设40个左右国际邮政快递处理中心。

专栏五：综合交通枢纽一体化规划建设要求

1. 综合客运枢纽

综合客运枢纽内各种运输方式间换乘便捷、公共换乘设施完备，客流量大的客运枢纽应考虑安全缓冲。加强干线铁路、城际铁路、市域（郊）铁路、城市轨道交通规划与机场布局规划的衔接，国际航空枢纽基本实现2条以上轨道交通衔接。全国性铁路综合客运枢纽基本实现2条以上市域（郊）铁路或城市轨道衔接。国际性和全国性综合交通枢纽城市内轨道交通规划建设优先衔接贯通所在城市的综合客运枢纽，不同综合客运枢纽间换乘次数不超过 2 次。铁路综合客运枢纽与城市轨道交通站点应一体设计、同步建设、同期运营。

2. 综合货运枢纽

综合货运枢纽与国家综合立体交通网顺畅衔接。千万标箱港口规划建设综合货运通道与内陆港系统。全国沿海、内河主要港口的集装箱、大宗干散货规模化港区积极推动铁路直通港区，重要港区新建集装箱、大宗干散货作业区原则上同步规划建设进港铁路，推进港铁协同管理。提高机场的航空快件保障能力和处理效率，国际航空货运枢纽在更大空间范围内统筹集疏运体系规划，建设快速货运通道。

国家综合立体交通网 2035 年主要指标表　　　　　　　　表 3-16

序号		指标	目标值
1	便捷顺畅	享受 1 小时内快速交通服务的人口占比	80％以上
2		中心城区至综合客运枢纽半小时可达率	90％以上
3	经济高效	多式联运换装 1 小时完成率	90％以上
4		国家综合立体交通网主骨架能力利用率	60％～85％
5	绿色集约	主要通道新增交通基础设施多方式国土空间综合利用率提高比例	80％
6		交通基础设施绿色化建设比例	95％
7	智能先进	交通基础设施数字化率	90％
8	安全可靠	重点区域多路径连接比率	95％以上
9		国家综合立体交通网安全设施完好率	95％以上

因篇幅所限，除了以上政策文件以外，以下新出台的政策文件都关系到党中央国务院在国家层面作出的重要战略部署，与国民经济和社会发展息息相关，这些文件中的内容，特别是与规划和国土资源管理相关的内容，都是近几年注册规划师考试考查热点。大家可根据自身情况拓展了解。

《中共中央 国务院关于完整准确全面贯彻新发展理念做好碳达峰碳中和工作的意见》（2021 年 9 月）；《中共中央 国务院关于全面推进乡村振兴加快农业农村现代化的意见》（2021 年 1 月）；《中共中央 国务院关于深入打好污染防治攻坚战的意见》（2021 年 11 月）；《关于推动城乡建设绿色发展的意见》（2021 年 10 月）；《"十四五"文物保护和科技创新规划的通知》（2021 年 10 月）；《自然资源部 农业农村部 国家林业和草原局 关于严格耕地用途管制有关问题的通知》（2021 年 11 月）；《自然资源部 国家文物局关于在国土空间规划编制实施中加强历史文化遗产保护管理的指导意见》（2021 年 3 月）。

第四章 城乡规划当前方针政策及职业道德

一、城乡规划建设方针政策

考试大纲对本部分的要求：一是熟悉国家有关城乡规划的方针政策，二是了解部门有关城乡规划的政策。

城乡规划建设的现行方针政策如下：

（1）统筹兼顾，综合布局

城乡规划编制要处理好局部利益与整体利益、近期建设与远期发展、需要与可能、经济发展与社会发展、城乡建设与环境保护、现代化建设与历史文化保护等一系列关系。各项专业规划都要服从总体规划。总体规划应当和国土规划、区域规划、江河流域规划、土地利用总体规划相互衔接和协调。

（2）合理利用、节约土地和水资源

城乡规划必须明确和强化对于城乡土地利用的管制作用，确保城乡土地得以合理利用。一是科学编制规划，合理确定城乡用地规模和布局，优化用地结构，并严格执行国家用地标准。二是充分利用闲置土地。三是按照法定程序审批各项建设用地。四是严肃查处一切违法用地行为，坚决依法收回违法用地。五是深化城乡土地使用制度改革，促进土地合理利用。六是重视城乡地下空间资源的开发和利用，重点是大城市中心城区。

城乡规划必须重视合理和节约利用水资源，坚持开源与节流并举。一是切实作好开发利用水资源和保护城乡水源的规划。二是依据本地区水资源状况，合理确定城市发展规模。三是根据水资源状况，合理确定和调整产业结构。四是加快污水处理设施建设，重视污水资源的再生利用。五是加强地下水资源的保护。

（3）保护和改善城市生态环境

城乡规划的一项基本任务是保护和改善环境。一是逐步降低大城市中心区密度，有计划地疏散中心区人口，严格控制新项目的建设。二是城乡布局必须有利于生态环境建设。三是加强城乡绿化规划和建设。四是增强城乡污水和垃圾处理能力。五是作好城乡防灾规划，增强抵御各种灾害的能力，要高度重视防火、防爆、防洪、抗震、消防等防灾规划和建设。

（4）妥善处理城镇建设和区域发展的关系

要认真抓好省域城镇体系规划编制工作。一是从区域整体出发，统筹考虑城镇与乡村的协调发展。二是统筹安排和合理布局区域基础设施。三是限制不符合区域整体利益和长远利益的开发活动，保护资源、保护环境。

（5）促进产业结构调整和城乡功能的提高

城乡规划必须按照经济结构调整的要求，促进产业结构优化升级。要加强城乡基础设施和城乡环境建设，增强城乡的综合功能，为群众创造良好的工作和生活环境。居住区要布局合理，做到设施配套、功能齐全、生活方便、环境优美。

（6）正确引导小城镇和村庄的发展建设

加快小城镇发展是一个大战略。小城镇要坚持"统一规划、合理布局、因地制宜、综合开发、配套建设"的方针，以统一规划为前提进行开发和建设。

（7）切实保护历史文化遗产

历史文化遗产保护，要在城乡规划指导和管制下进行。一是依法保护各级政府确定的"文物保护单位"。二是保护代表城乡传统风貌的典型地段。三是对于历史文化名城，不仅要保护城乡中的文物古迹和历史地段，还要保护和延续古城的格局和历史风貌。

（8）加强风景名胜区的保护

切实保护和合理利用风景名胜资源，要处理好保护和利用的关系，一方面要认真编制风景名胜区保护规划，作为各项开发利用活动的基本依据；另一方面，要加强管理，严格实施规划。对风景名胜区内各类建设活动，要严格控制。风景名胜区内不得设立开发区、度假村，更不得以任何名义和方式出让或变相出让风景名胜资源及景区土地。

（9）精心塑造富有特色的城市形象

城乡规划在各层次都要精心研究和做好城乡设计，从城乡的总体空间布局到局部地段建筑的群体设计和重要建筑的单体设计，不仅要科学合理，而且要注意艺术水平。

（10）把城乡规划工作纳入法治化轨道

为保证城乡建设合理有序进行，一是完善立法，建立健全城乡规划法规体系。二是切实加强规划实施管理。三是深入开展执法检查，查处各类违法行为。四是强化和完善监督制约机制。

二、城乡规划行业职业道德

考试大纲对本部分的要求：一是熟悉城乡规划行业准则，二是掌握城乡规划行业职业道德标准。

1. 树立城乡规划行业职业道德的必要性和紧迫性

树立城乡规划行业的职业道德，是加强社会主义精神文明建设的重要组成部分，是改革开放新形势下的迫切要求，也是城乡规划行业特点的需要。

2. 城乡规划行业的特点

关于城乡规划行业的 5 个特点：综合性，政策性，超前性，长期性，科学性。

3. 城乡规划行业职业道德规范的内容

关于城乡规划行业职业道德，1994 年建设部城市规划司曾组织编写过一本《城市规划职工职业道德》简明读本，目前尚未根据形势的发展进行修订。该书中提出的主要内容为：爱国爱民、敬业奉公、维护公利、尊重科学、珍惜资源、崇尚效率、遵纪守法、清正廉洁、公正公平、诚实守信、团结协作、品行端正。

第五章　城乡规划管理

一、行政管理学有关知识

考试大纲对本部分的要求：一是了解公共行政的概念，熟悉公共行政的主体与对象；二是掌握政府的主要职能，熟悉行政权力与行政责任；三是掌握公共政策与公共问题。

行政管理学是研究国家行政管理活动及其规律的学科。其研究的中心是如何管理好国家事务和社会公共事务，提高行政效率，以促进生产力的发展和社会的进步。

城乡规划管理是一项行政管理工作。城乡规划部门是政府管理部门。城乡规划管理人员，为适应现代社会行政管理需要，必须了解、熟悉和掌握行政管理学的有关知识。

1. 行政、公共行政和行政管理的概念

何谓行政？在不同国家制度和时代背景下，行政有不同的领域、作用和意义。现代行政大体上可以分为公共行政和普通行政两大类。公共行政是指政府处理公共事务，提供公共服务的管理活动。公共行政是以国家行政机关为主的公共管理组织的活动，包括国家行政、公共事业组织行政、地域性自治组织的行政、团体性自治组织的行政和其他公共行政。普通行政包括以营利为目的的企业行政、民营非营利社会服务组织的行政和其他普通行政。

公共行政包括"公共"和"行政"两方面的内容。"公共"是指公共权力机构整合社会资源、满足社会公共需要、实现公众利益、处理公共事务而进行的管理活动。"行政"则是公共机构制定和实施公共政策、组织、协调、控制等一系列管理活动的总和。公共行政具有如下特点。

（1）公共性

主要包括：公共权力、公共需要和公众利益、社会资源、公共产品和公共服务、公共事务、公共责任、公平、公正、公开与公民参与。

（2）行政性

公共行政包括政府对公共事务的管理和政府自身管理两个方面，是一系列政府管理活动的综合。包括决策、组织、协调和控制四方面的基本管理活动。

从本质意义上说，行政和管理没有多大差别。这里所说的行政管理，是指国家通过行政机关依法对国家事务、社会公共事务实施管理。既然是管理，就存在着管理和被管理，即主体和客体。

公共行政的主体，是以国家为主体的公共管理组织，一般认为是政府。我们采用中义的政府概念，即政府是指行政机关及独立行政机构。立法机关和司法机关不属于公共行政的主体。

公共行政的对象又称公共行政客体，即公共行政主体所管理的公共事务。公共事务包括：国家事务、共同事务、地方事务和公民事务。

公共产品是由以政府机关为主的公共部门生产的、供全社会所有公民共同消费、所有消费者平等享受的社会产品组成的。从公共产品类别来划分，政府公共产品体系由如下几方面构成：经济类公共产品，政治类公共产品，社会类公共产品，科技、教育与文化类公共产品。

政府的公共服务是政府满足社会公共需要，提供公共产品的劳务和服务的总称。可以分为：

①政府提供基本产品的公共服务，如法律体系、公共权利的保护；保证分配公正和经济稳定增长的财政、金融和税收政策；社会保险和社会福利政策；国防、外交、国家安全、航天科技；公费小学教育等。

②政府提供的混合产品的基本服务，自然垄断的混合公共产品，如市政公用事业系统、铁路运输系统、公路交通系统、电力系统等。

③一些无论收入高低都要消费或者得到的公共产品如卫生防疫、统计情报等的服务。

④还有一些需要政府管理但由私人部门生产，需要政府对企业进行监督并提供统一的技术标准、卫生标准、安全标准的服务。

行政管理的核心是进行公共权力和资源的有效配置，它所追求的是高效益。

在了解了"行政"和"行政管理"的概念后，还应该知道行政管理是随着阶级和国家的出现而出现的，是阶级和国家的产物；行政管理不包括国家立法机关和司法机关的管理；行政管理必须依照宪法、法律、行政法规、行政规章等对国家事务和社会公共事务进行管理，行政管理人员不能想怎么管就怎么管，即必须依法行政；行政管理包括两方面，既对国家事务进行管理，又对社会公共事务进行管理；行政管理是公共管理，行政管理机关及其工作人员由公共权力机关授权管理公务，必须对公众负责。

2. 政府的主要职能

从公共行政的内容和范围上看，政府职能主要由政治、经济、文化、社会等职能构成。

政治职能：主要指保卫国家的独立和主权，保护公民的生命安全及各种合法权益，保护国家、集体和个人的财产不受侵犯，维护国家的政治秩序等方面的职能。

经济职能：现代国家公共行政的基本职能之一。政府的经济职能一般包括：宏观经济调控、区域性经济调节、国有资产管理、微观经济管制、组织协调全国的力量办大事等。

文化职能：指领导和组织精神文明建设的职能，包括进行思想政治工作，对科学、教育、文化等事业进行规划管理等，其根本目的是提高全民族素质，铸造可以使国民自立于世界民族之林的强大精神支柱。

社会职能：组织动员全社会力量对社会公共生活领域进行管理的职能。主要通过专门机构对社会保障、福利救济等社会公益事业实施管理来实现。

3. 行政机构

行政机构是指执行国家行政管理职能、行使国家行政权力的机关，常称行政机关。行政机关依法设立，依法行使职权。行政机关是重要的国家机构。行政机关在行政法律关系中居于主导的地位，又称行政主体。

我国国家行政机关是国家权力机关的执行机关和实现国家管理职能的机关，行使国家行政权，直接、具体地组织和指挥国家各个领域的行政事务。如《城乡规划法》第十一条规定："国务院城乡规划主管部门负责全国的城乡规划管理工作。县级以上地方人民政府城乡规划主管部门负责本行政区域内的城乡规划管理工作。"这一规定充分体现了城乡规划行政主管部门依法设立、依法行使行政权。

行政机关如何设置？采用什么样的结构为好？这指的就是行政机关的结构。所谓行政机关的结构是指行政机关组织系统内的组合方式，有纵向层次和横向结构两部分，两者相互衔接，构成国家行政机关的统一整体。

纵向层次又称层级制结构。行政机关体系是由若干层次组成的，下一级层次对上一层次负责。上下层次之间构成领导与被领导的关系。所有层次的国家行政机关都要接受国务院即最高层次的国家行政机关的统一领导和监督。层级制行政机关层次清楚，各个层次责任明确，有利于统一指挥和步调一致。

横向结构又称职能结构。横向结构是指在一个层次中由若干平行部门组成的行政机关组织，每个部门都是相对独立的。每个部门各有职责，部门之间的关系是平等的。职能制的结构由于分工精细，专业管理水平高，也可使行政首长摆脱一般的繁琐事务。

行政机关的设置往往是层级制与职能制的有机结合，也就是按照行政管理任务划定若干层次，在每个层次又设立主管理行政事务的若干部门。在划定层次和设立主部门时应遵循下列设置原则：一是适应工作需要，二是精简精干，三是最佳效能，四是完整统一，五是依法设置。

4. 行政领导

行政领导在整个行政管理系统中处于主导地位，行政领导的好与差，对行政管理目标的实现和行政效能的高低有极大关系。

行政领导是行政机关管理者的一种组织指挥、上下双方共同作用、领导者对被领导者施加影响的行为过程，同时领导活动是在特定的环境中进行的。因此，领导者、被领导者和环境构成了领导活动的三个因素。在这三种因素中，领导者处于主导地位，具有决定性的意义。因此，行政领导的作用：①必须贯彻和体现法律、法规确定的意志和意图；②协调组织活动的中心；③影响组织活动效益和效率的最直接因素。由于行政领导者在整个活动中居于中心的位置，通常行使6种主要的职能：贯彻执行，计划决策，组织指挥，协调沟通，监督控制，选人用人。

5. 行政沟通

行政管理中的行政沟通是通过内部和外部的沟通，使行政机关分工合作，协调一致，提高管理质量和效能，使整体行政工作统一认识、统一指挥、统一行动，实现行政管理高效能的重要保证。由于城乡规划管理工作的综合性和复杂性，行政沟通尤为重要。

行政沟通是行政管理活动中的情报交换、信息传递、情况交流、保持联系等，包括各种行政文件、资料、情报的往来，电话联系，会议协商，综合调度等。随着科学技术的进步和现代化管理的发展，行政沟通的范围越来越广，形式越来越多样化，手段越来越现代化。行政沟通在促进思想认识统一、改善人际组织关系和作出有效决策方面的作用也越来越重要。行政沟通是为了实现某一既定目标的一种活动，为使这种活动产生良好的效应，在行政沟通中应当坚持高效率、高质量和民主化三项原则。高效率、高质量这两项原则容易理解。为什么还要民主化原则呢？那是因为行政沟通应有广大行政人员参与，听取他们的意见和建议，会有利于决策。

6. 行政效能

行政效能是行政管理生命力的体现，是行政管理追求的目标，是行政管理活动的起点和归宿。何谓行政效能？行政效能是行政能率、效率和效益的合称，它表现了行政产出的能量、数量、质量与行政投入的综合比值关系。能率、效率和效益是三个不同概念并有三个不同的目标，在城市规划管理中重视的是效益。

影响行政效能的因素很多，提高行政效能的途径也是多方面的。在克服行政效能低下的状况时必须综合治理，并突出重点，也就是要把重点放在改革和完善行政内部的体制、结构、程序和提高人员的素质上，即把重点放在改善内部环境上。综合治理就是要从完善行政过程、实现行政管理方法与手段的现代化等各个方面进行改革。

7. 行政权力

行政权力是指各级行政机关执行法律，制定和发布行政法规，在法律授权范围内实现对公共事务的管理，解决一系列行政问题的强制力量与影响力。在国家权力结构中，行政权力属于国家权力的重要组成部分，与立法权、司法权共同构成国家权力的主要内容。行政权力具有公共性、强制性和约束性特征。尽管行政权力的行使和运用具有一定权威性和强制性，但是作为一种公共权力，它又必须收到一定的制约，接受来自包括广大民众在内的各种力量的监督，以保证行政权力行使的公正与公平。

行政权力主要包括：①立法参与权：政府参与立法过程的相关权力。我国政府具有提出法律草案的权力；②委托立法权：立法机关制定一些法律原则，委托行政机关制定具体条文的法律制度。政府可以依据宪法和相关法律，制定法规、条例，作出决定、命令、指示等；③行政管理权：政府的基本职责，代表国家管理各种公共事务，行使行政管理权。包括制定和执行政策权、掌管军队和外交权、编制国家预算、决算权以及管理行政机构内部各种重要事务的权力。此外，还拥有管理国家科学、教育、文化、卫生、社会福利等各种公共事务的权力；④司法行政权：指政府依据法律所拥有的司法行政方面的权力。行政机关在行使司法行政权时，必须按照相关的原则办事。

8. 行政责任

行政责任是与行政权力相对应的一个范畴。主要包括法律上的行政责任和普通行政责任。法律上的行政责任是指政府工作人员除了遵守一般公民必须遵守的法律、法规之外，还必须遵守有关政府工作人员的法律规范。普通行政责任则不涉及任何法律问题，主要包括政治责任、社会责任和道德责任等。政治责任是行政机关和行政人员的最重要的责任之一。行政机关和行政人员在行使行政权力时，不仅要保证行政管理政令的畅通，国家各项法令、政策的贯彻和实施，还要有强烈的政治意识和政治责任感，要从维护国家的政治利益、国家主权以及国家安全等政治问题出发，处理和解决各种公共问题。社会责任是行政机关和行政人员对社会所承担的职责。满足社会成员的需要，维护良好的社会秩序，解决各类影响社会正常运行的社会问题，是政府及其工作人员必须承担的重要责任。道德责任是行政机关和行政人员所承担的道义上的职责。政府在行使公共权力时，要始终代表社会公众利益，代表公平和正义。

行政责任常常与行政权力、行政职位紧密联系在一起，也就是人们常说的职、权、责关系问题。任何行政组织都必须保持职、权、责的平衡和一致，这是公共行政顺利进行的前提条件。首先要明确划分各个行政机构的职能和相应的职责范围，并授予相应的行政职权，建立完善的权责关系。其次要把行政机构的权责关系落实到每一个公务人员身上。第三要建立权责一致、平衡的制度保障体系。这些制度包括监督、考核、奖惩、升降等，保证其尽职、尽责、正确地运用和行使权力。

9. 公共问题与公共政策

任何社会都存在许多引起人们关注的社会现象，其中一部分或早或迟会构成社会问题而引起人们的广泛注意。那些有广泛影响，迫使社会必须认真对待的问题，称为社会公共问题。

公共政策是政府为处理社会公共事务而制定的行为规范，其本质体现了政府对全社会公共利益所作的权威性分配。

凡是为解决社会公共问题而做的政策都是公共政策，在所有制定公共政策的主体中，政府是核心的力量。公共政策的功能就是公共政策在管理社会公共事务中所发挥的作用。公共政策具有导向、调控和分配等基本功能。

二、城乡规划管理的基本知识

考试大纲对本部分的要求：一是熟悉城乡规划管理的概念与特征；二是掌握城乡规划管理的目的和任务；三是掌握城乡规划管理的原则、依据与方法；四是熟悉城乡规划管理的工作内容。

1. 城乡规划管理的概念和基本特征

城乡规划管理是一项行政管理工作。从城乡规划专业工作的角度说，城乡规划管理是城市规划编制、审批和实施等管理工作的统称。城乡规划管理主要任务是对编制、实施城乡规划给予组织、控制、引导和监督。

城乡规划管理具有综合性、整体性、系统性、时序性、地方性、政策性、技术性、艺术性等多方面特征。但应特别注意下面五种基本特征：

就城乡规划管理的职能来说，既有服务又有制约的双重性；就规划管理的对象来说，既有宏观管理又有微观管理的双重性；就规划管理的内容来说，既有专业又有综合的双重性；就规划管理的过程来说，既有阶段性又有长期性的双重性；就规划管理的方法来说，既有规律性又有能动性的双重性。

2. 城乡规划管理的任务和基本工作内容

城乡规划管理的任务主要有四个方面：

一是保证城乡规划、建设法律、法规的施行，使之政令畅通；

二是保证城乡综合功能的充分发挥和积极促进经济、社会、环境的协调发展；

三是努力将城乡各项建设纳入城乡规划的轨道以促进城乡规划的实施；

四是保障城市公共利益、维护相关各方的合法权益。

这四个方面的主要任务决定了城乡规划管理的基本工作内容。

城乡规划管理主要有三项内容：

一是城乡规划组织编制和审批管理（也称"制定"管理），同时对规划设计单位的资质进行管理；

二是城乡规划实施管理（也称"实施"管理），实施管理贯穿于建设工程计划、用地和建设的全过程，根据建设工程的特点和类型不同又分为建筑工程、市政管线工程和市政交通工程三项和历史文化遗产保护规划管理；

三是城乡规划实施的监督检查管理（也简称"监督检查"，又称行政监督），主要是负责建设工程规划审批后监督管理和检查违法用地、违法建设工作，实施行政处罚。

3. 城乡规划管理应遵循的原则

城乡规划管理应遵循的原则很多，在《城乡规划法》中规定城乡规划"应该遵循城乡统筹、合理布局、节约土地、集约发展和先规划后建设的原则，改善生态环境，促进资源、能源节约和综合利用，保护耕地等自然资源和历史文化遗产，保持地方特色、民族特色和传统风貌，防止污染和其他公害，并符合区域人口发展、国防建设、防灾减灾和公共卫生、公共安全的需要。"

就规划管理的整体工作来说，特别需要注意的原则如下。

依法行政的原则：是完善社会主义民主制度，保障人民参与管理权利，改善和加强党对政府工作的领导和履行城市规划管理职能的需要。

系统管理的原则：是为解决好管理整体效应、管理系统内部的协调性、管理系统对外界环境的适应性和建立信息反馈网络等方面的问题。

集中统一管理的原则：实行城乡的统一规划和统一规划管理。城乡是一个完整的系统。城乡人民政府为了指导城乡合理发展，正确处理局部利益与整体利益及近期建设与远景发展、城乡建设与保护耕地、现代化建设与历史文化遗产保护的关系，切实发挥城乡规划对城乡土地和空间资源的调控作用，促进城乡经济、社会和环境的协调发展，就必须由城乡人民政府集中统一进行规划和管理，不得下放规划审批权。否则，会造成各自为政的局面，城市总体规划的实施就会落空。

政务公开的原则：这是推进依法行政的一项改革措施，主要是将办事依据、办事程序、办事机构和人员、办事结果、办事纪律和投诉渠道等公开，公开的形式有的以公告的形式公布，也有以别的形式公开。另外，"公众参与"是政务公开的一个重要方面，但当前还有一些问题需要在实践中努力探索和认真总结。

4. 城乡规划管理的依据

城乡规划管理的法定依据是《城乡规划法》，以及各项行政法规、部门规章和标准规范。其中，实施规划管理的依据主要包括《土地管理法》《建设项目选址管理办法》《城市国有土地使用权出让转让规划管理办法》《城镇国有土地使用权出让和转让暂行条例》《建筑法》《物权法》等。

城乡规划实施管理的法定依据与城乡规划编制依据有相同和类似之处，也有不同之处。城乡规划编制的依据要求更具体，一是城乡规划依据，其中包括：按照法定程序批准的城市发展战略、城镇体系规划文件与图纸、城市总体规划纲要、城市总体规划文件与图纸、分区规划文件与图纸、专业规划文件与图纸、近期建设规划文件与图纸、控制性详细规划文件与图纸、经城乡规划行政主管部门批准的修建性详细规划文件与图纸等，前一阶段的管理结果也是后一阶段管理的依据。二是法律规范依据，其中包括：《城乡规划法》及其配套法规；与城乡规划相关的法律规范；各省、自治区、直辖市依法制定的城乡规划地方性法规、政府规章和其他规范性管理文件以及城乡规划行政主管部门依法制定的行政制度和工作程序。三是技术标准、技术规范依据，其中包括：国家制定的城市规划技术规范、标准；城乡规划行业制定技术规范、标准；各省、自治区、直辖市和其他城市根据国家技术规范编制的地方性技术规范、标准。四是政策依据，其中包括：各级人民政府制定的各项政策等。

在城乡规划实施管理中，应着重处理好规划的严肃性与实施环境的复杂性、多变性的关系，近期建设和远期发展的关系，整体利益和局部利益的关系，经济发展与保护历史文化遗产的关系。为什么要处理好这些关系呢？这是因为在城乡规划制定时有些情况难以预料，在实施中又有许多新的情况发生，规划管理既要面对现实，又要面对未来；既要维护公众利益，又要兼顾局部利益；既要发展经济，又要保护历史文化，等等。

5. 城乡规划管理的方法与技术

《城乡规划法》第三十六条、第三十七条、第三十八条、第四十条、第四十一条规定了城乡规划实施管理中由城乡规划主管部门核发选址意见书、建设用地规划许可证、建设工程规划许可证、乡村建设规划许可证的法律制度，也就是规划行政审批许可证制度。

城乡规划管理的一般方法主要有行政的方法、法律的方法、经济的方法和咨询的方法。只有把这些方法有机地结合起来运用，才能更好地发挥城乡规划管理在城乡现代化建设中的作用。

行政的方法具有权威性、强制性、直接性，优点是使规划管理系统集中统一，便于规划管理职能的发挥，也可以根据具体情况采取比较灵活的手段。但也有一定局限性，主要是不注意经济利益要求，可能会损害某些正当的经济利益，容易削弱对外界环境的应变能力，也可能减弱人与人之间思想感情的交流。法律的方法除了与行政的方法一样具有强制性、权威性和直接性之外，还具有规范性、稳定性、防范性、平等性的特点。法律的方法由于限于法律规范的范围，适合处理一些共性问题，而对一些特殊的、个别的问题的处理没有行政方法灵活。经济的方法就是通过经济杠杆，运用价格、税收、奖金、罚款等经济手段，按照客观经济规律的要求来进行规划管理，其优点是作用广泛、运用灵活、有效性强。但这种方法的实际运用目前还比较薄弱。咨询的方法就是请专家帮助政府领导城市的建设和发展，或帮助开发建设单位对各项开发建设活动进行决策的一种方式。优点是能集思广益，科学地确定发展目标和实施对策，比较准确地表达社会的需要，减少决策的失误（特别是可以避免大的失误），以取得尽可能大的综合效益。

城乡规划管理技术主要是现代科学技术的应用和专业技术手段的发展与创新。城乡规划管理已经采用的计算机技术可推动规划管理水平的提升。

城乡规划专业技术手段的发展和创新主要有：城乡设计技术的研究与应用、"区划"技术的研究与应用、历史建筑和历史街区保护方法和管理手段的研究与应用、城乡规划政策的研究与制定、环境设计导则的研究与制定等。

三、新时期城乡规划管理的相关改革

自十九大以来，随着国家深入推进各项改革，城乡规划的职能、体系、编制审批、实施管理都有重大调整，与《城乡规划法》相关内容有不同要求。由于国土空间规划相关法律法规的建设工作仍在进行当中，很多管理要求都是通过文件的形式来进行公布，因此这一章节对近期国土空间规划相关的文件内涵进行梳理，系统介绍各项改革工作最新要求，对本节以后的内容还是按照《城乡规划法》原有体系进行保留完善，若有冲突之处，以本节内容为准。

1. 机构改革

党的十九届三中全会深入贯彻习近平新时代中国特色社会主义思想，全面贯彻党的十九大精神，审议通过《中共中央关于深化党和国家机构改革的决定》和《深化党和国家机构改革方案》。决定明确提出，深化党和国家机构改革，目标是构建系统完备、科学规范、运行高效的党和国家机构职能体系。这是党中央高瞻远瞩、审时度势作出的重大战略决策，对于决胜全面建成小康社会、夺取新时代中国特色社会主义伟大胜利具有深远意义。

《深化党和国家机构改革方案》提出组建自然资源部。将国土资源部的职责，国家发展和改革委员会的组织编制主体功能区规划职责，住房和城乡建设部的城乡规划管理职责，水利部的水资源调查和确权登记管理职责，农业部的草原资源调查和确权登记管理职责，国家林业局的森林、湿地等资源调查和确权登记管理职责，国家海洋局的职责，国家测绘地理信息局的职责整合，组建自然资源部。作为国务院组成部门，自然资源部对外保留国家海洋局牌子，主要职责是，对自然资源开发利用和保护进行监管，建立空间规划体系并监督实施，履行全民所有各类自然资源资产所有者职责，统一调查和确权登记，建立自然资源有偿使用制度，负责测绘和地质勘查行业管理等。

通过这次机构改革，城乡规划管理的行政主体和行政权力都转移到新组建的自然资源部。

2. 规划体系改革

（1）"四梁八柱"的总体框架

2019 年 5 月，《中共中央 国务院关于建立国土空间规划体系并监督实施的若干意见》发布，该文件的发布标志着国土空间规划体系顶层设计和"四梁八柱"基本形成。这次国土空间规划体系的改革是国家系统性、整体性、重构性改革的重要组成部分，国土空间规划"四梁八柱"的构建，也是按照国家空间治理现代化的要求来进行的系统性、整体性、重构性构建。我们可以把它简单归纳为"五级三类四体系"。

（2）规划层级和规划类型

从规划层级和内容类型来看，可以把国土空间规划分为"五级三类"（图 5-1）。"五级"是从纵向划分，对应我国的行政管理体系，分五个层级，就是国家级、省级、市级、县级、乡镇级。当然不同层级规划的侧重点和编制深度是不一样的，其中国家级规划侧重战略性，省级规划侧重协调性，市县级和乡镇级规划侧重实施性。这里需要说明的是，并不是每个地方都要按照五级规划一层一层编，有的地方区域比较小，可以将市县级规划与乡镇规划合并编制，有的乡镇也可以以几个乡镇为单元进行编制。

"三类"是指规划的类型，分为总体规划、详细规划、相关的专项规划。总体规划强调的是规划的综合性，是对一定区域，如行政区全域范围涉及的国土空间保护、开发、利用、修复作全局性的安排。详细规划强调实施性，一般是在市县以下组织编制，是对具体地块用途和开发强度等作出的实施性安排。详细规划是开展国土空间开发保护活动，包括实施国土空间用途管制，核发城乡建设项目规划许可，进行各项建设的法定依据。这次文件特别明确，在城镇开发边界外，将村庄规划作为详细规划，进一步规范了村庄规划。相关的专项规划强调的是专门性，一般是由自然资源部门或者相关部门来组织编制，可在国家级、省级和市县级层面进行编制，特别是对特定的区域或者流域，如正在开展的长江经济带流域；或者城市群、都市圈这种特定区域；或者特定领域，如交通、水利等，为体现特定功能对空间开发保护利用作出的专门性安排。这是三类相关专项规划的类型。

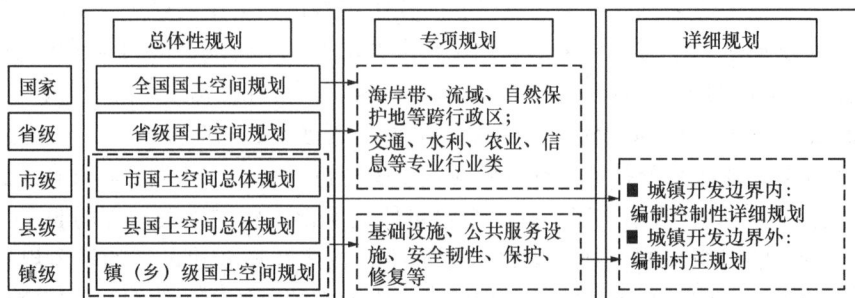

图 5-1　国土空间规划"五级三类"示意图

（3）规划运行体系

从规划运行方面，可以把规划体系分为四个子体系（图5-2）：按照规划流程可以分成规划编制审批体系、规划实施监督体系；从支撑规划运行角度有两个技术性体系，一是法规政策体系，二是技术标准体系。这四个子体系共同构成国土空间规划体系。跟以往的规划体系相比，这次改革着力改善了过去比较关注的规划编制审批的环节，同时特别加强了规划的实施监督，对两个基础体系也是按照新时代的新要求进行了重构。

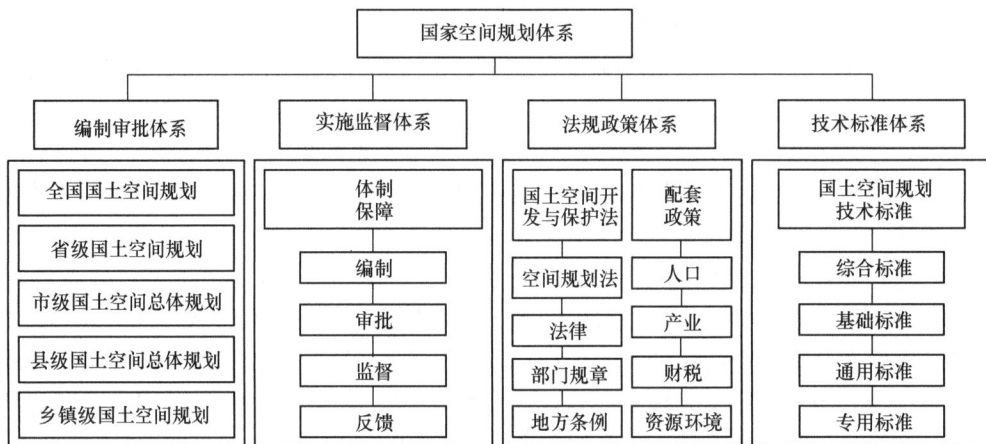

图 5-2　国土空间规划运行体系示意图

（4）过渡期内空间规划法律法规的衔接工作

目前，《土地管理法》《城乡规划法》都是有效法律，我们要继续落实好这些法律，同时国家正在加快国土空间规划相关法律法规的建设工作。自然资源部将牵头抓紧梳理和国土空间规划相关的现行法律法规和部门规章，对"多规合一"改革涉及要突破现行法律法规的有关内容要进行梳理，按程序报批，取得授权以后实施，做好过渡期内法律法规的衔接工作。

（5）过渡期内现有空间规划的衔接协同

各地不再新编和报批主体功能区规划、土地利用总体规划、城镇体系规划、城市（镇）总体规划、海洋功能区划等。已批准的规划期至2020年后的省级国土规划、城镇体系规划、主体功能区规划，城市（镇）总体规划，以及原省级空间规划试点和市县"多规合一"试点等，要按照新的规划编制要求，将既有规划成果融入新编制的同级国土空间规划中。

对现行土地利用总体规划、城市（镇）总体规划实施中存在矛盾的图斑，要结合国土空间基础信息平台的建设，按照国土空间规划"一张图"要求，作一致性处理，作为国土空间用途管制的基础。一致性处理不得突破土地利用总体规划确定的2020年建设用地和耕地保有量等约束性指标，不得突破生态保护红线和永久基本农田保护红线，不得突破土地利用总体规划和城市（镇）总体规划确定的禁止建设区和强制性内容，不得与新的国土空间规划管理要求矛盾冲突。今后工作中，主体功能区规划、土地利用总体规划、城乡规划、海洋功能区划等统称为国土空间规划。

（6）过渡期内规划资质的管理和要求

为深入贯彻落实《关于建立国土空间规划体系并监督实施的若干意见》，加强国土空间规划编制的资质管理，提高国土空间规划编制质量，自然资源部正加快研究出台新时期的规划编制单位资质管理规定。新规定出台前，对承担国土空间规划编制工作的单位资质暂不作强制要求，原有规划资质可作为参考。

3. 规划组织编制和审批管理改革

《中共中央 国务院关于建立国土空间规划体系并监督实施的若干意见》明确提出，"按照谁审批、谁监管的原则，分级建立国土空间规划审查备案制度。精简规划审批内容，管什么就批什么，大幅缩减审批时间。减少需报国务院审批的城市数量，直辖市、计划单列市、省会城市及国务院指定城市的国土空间总体规划由国务院审批。相关专项规划在编制和审查过程中应加强与有关国土空间规划的衔接及'一张图'的核对，批复后纳入同级国土空间基础信息平台，叠加到国土空间规划'一张图'上。"

具体来说，全国国土空间规划由自然资源部会同相关部门组织编制，由党中央、国务院审定后印发；省级国土空间规划，由省级政府组织编制，经同级人大常委会审议后报国务院审批；需报国务院审批的城市国土空间总体规划，由市政府组织编制，经同级人大常委会审议后，由省级政府报国务院审批；其他市县及乡镇国土空间规划由省级政府根据当地实际，明确规划编制审批内容和程序要求。各地可因地制宜，将市县与乡镇国土空间规划合并编制，也可以几个乡镇为单元编制乡镇级国土空间规划。

海岸带、自然保护地等专项规划及跨行政区域或流域的国土空间规划，由所在区域或上一级自然资源主管部门牵头组织编制，报同级政府审批；涉及空间利用的某一领域专项规划，如交通、能源、水利、农业、信息、市政等基础设施，公共服务设施，军事设施，以及生态环境保护、文物保护、林业草原等专项规划，由相关主管部门组织编制。相关专项规划可在国家、省和市县层级编制，不同层级、不同地区的专项规划可结合实际选择编制的类型和精度。

详细规划在市县及以下编制。在城镇开发边界内的详细规划，由市县自然资源主管部门组织编制，报同级政府审批；在城镇开发边界外的乡村地区，以一个或几个行政村为单元，由乡镇政府组织编制"多规合一"的实用性村庄规划，作为详细规划，报上一级政府审批。

4. 规划实施管理改革

（1）动态监测评估预警和实施监管机制

规划实施管理改革方面，《关于建立国土空间规划体系并监督实施的若干意见》明确提出，依托国土空间基础信息平台，建立健全国土空间规划动态监测评估预警和实施监管机制。上级自然资源主管部门要会同有关部门组织对下级国土空间规划中各类管控边界、约束性指标等管控要求的落实情况进行监督检查，将国土空间规划执行情况纳入自然资源执法督察内容。健全资源环境承载能力监测预警长效机制，建立国土空间规划定期评估制度，结合国民经济社会发展实际和规划定期评估结果，对国土空间规划进行动态调整完善。

（2）"多审合一、多证合一"改革

《中共中央 国务院关于建立国土空间规划体系并监督实施的若干意见》明确要求推进"放管服"改革，以"多规合一"为基础，统筹规划、建设、管理三大环节，推动"多审合一""多证合一"，优化现行建设项目用地（海）预审、规划选址以及建设用地规划许可、建设工程规划许可等审批流程，提高审批效能和监管服务水平。为落实党中央、国务院推进政府职能转变、深化"放管服"改革和优化营商环境的要求，自然资源部以"多规合一"为基础推进规划用地"多审合一、多证合一"改革，主要有以下四项内容：

一是合并规划选址和用地预审。将建设项目选址意见书、建设项目用地预审意见合并，由自然资源主管部门统一核发建设项目用地预审与选址意见书，不再单独核发建设项目选址意见书、建设项目用地预审意见。涉及新增建设用地，用地预审权限在自然资源部的，建设单位向地方自然资源主管部门提出用地预审与选址申请，由地方自然资源主管部门受理；经省级自然资源主管部门报自然资源部通过用地预审后，地方自然资源主管部门向建设单位核发建设项目用地预审与选址意见书。用地预审权限在省级以下自然资源主管部门的，由省级自然资源主管部门确定建设项目用地预审与选址意见书办理的层级和权限。使用已经依法批准的建设用地进行建设的项目，不再办理用地预审；需要办理规划选址的，由地方自然资源主管部门对规划选址情况进行审查，核发建设项目用地预审与选址意见书。建设项目用地预审与选址意见书有效期为三年，自批准之日起计算。

二是合并建设用地规划许可和用地批准。将建设用地规划许可证、建设用地批准书合并，由自然资源主管部门统一核发新的建设用地规划许可证，不再单独核发建设用地批准书。以划拨方式取得国有土地使用权的，建设单位向所在地的市、县自然资源主管部门提出建设用地规划许可申请，经有建设用地批准权的人民政府批准后，市、县自然资源主管部门向建设单位同步核发建设用地规划许可证、国有土地划拨决定书。以出让方式取得国有土地使用权的，市、县自然资源主管部门依据规划条件编制土地出让方案，依法批准后组织土地供应，将规划条件纳入国有建设用地使用权出让合同。建设单位在签订国有建设用地使用权出让合同后，市、县自然资源主管部门向建设单位核发建设用地规划许可证。

三是推进多测整合、多验合一。以统一规范标准、强化成果共享为重点，将建设用地审批、城乡规划许可、规划核实、竣工验收和不动产登记等多项测绘业务整合，归口成果管理，推进"多测合并、联合测绘、成果共享"。不得重复审核和要求建设单位或者个人多次提交对同一标的物的测绘成果；确有需要的，可以进行核实更新和补充测绘。在建设项目竣工验收阶段，将自然资源主管部门负责的规划核实、土地核验、不动产测绘等合并为一个验收事项。

四是简化报件审批材料。各地要依据"多审合一、多证合一"改革要求，核发新版证书。对现有建设用地审批和城乡规划许可的办事指南、申请表单和申报材料清单进行清理，进一步简化和规范申报材料。除法定的批准文件和证书以外，地方自行设立的各类通知书、审查意见等一律取消。加快信息化建设，可以通过政府内部信息共享获得的有关文件、证书等材料，不得要求行政相对人提交；对行政相对人前期已提供且无变化的材料，不得要求重复提交。支持各地探索以互联网、手机 APP 等方式，为行政相对人提供在线办理、进度查询和文书下载打印等服务。

四、依法编制与审批城乡规划

《考试大纲》对本部分的要求：一是掌握城乡规划体系与城乡规划的内容和要求，掌握城乡规划组织编制的主体，掌握城乡规划的编制与报批程序；二是熟悉城乡规划的审查规则，掌握城乡规划审批主体、审批程序与方法；三是掌握城乡规划修改的原则与条件，掌握城乡规划修改的主体、掌握城乡规划修改报批程序与方法。

1. 城乡规划体系

我国城乡规划体系由法规体系、行政体系和工作体系构成。

（1）城乡规划法规体系的构成

法律：《中华人民共和国城乡规划法》是整个国家法律体系的一个组成部分，是城乡规划法律、法规体系的主干法和基本法。

法规：指由国务院制定实施的《城乡规划法》或配套的具有针对性和专题性的规章。

规章：由国务院部门和省、自治区、直辖市及有立法权的人民政府制定的具有普遍约束力的规范称为行政规章，如《城市规划编制办法》《村镇规划编制办法》等。

规范性文件：各级政府及规划行政主管部门制定的其他具有约束力的文件统称为规范性文件。

标准规范：对一些基本概念和重复性的事务进行统一规定，以科学、技术和实践经验的综合成果为基础，经有关方面的协商一致，由行业主管部门批准，以特定的形式发布，作为城乡规划共同遵守的准则和依据。

（2）我国城乡规划行政体系的构成

城乡规划行政的纵向体系：纵向体系是由不同层级的城乡规划行政主管部门组成的，即国家城乡规划行政主管部门，省、自治区、直辖市城乡规划行政主管部门，城市的规划行政主管部门。

城乡规划行政的横向体系：城乡规划行政主管部门与本级政府的其他部门一起，共同代表着本级政府的立场，执行共同的政策，发挥着在某一领域的管理职能。

（3）我国城乡规划编制工作体系的构成

城乡规划的编制体系：由城镇体系规划、城市规划、镇规划、乡规划和村庄规划构成。

（4）我国城乡规划实施管理体系的构成

①城乡规划的实施组织：确定近期和年度的发展重点和地区，进行分类指导和控制；编制近期建设规划；通过下层次规划的编制落实和深化上层次规划的内容和要求；通过公共设施和基础设施的安排和建设，推动和带动地区建设的开展；针对重点领域和重点地区制定相应的政策，保障城乡规划的有效实施。

②建设项目的规划管理：建设用地的规划管理；建设工程的规划管理。

③城乡规划实施的监督检查：行政监督；立法机构监督；社会监督。

2. 城乡规划的内容与要求

2008年1月1日起施行的《中华人民共和国城乡规划法》中详细规定了城乡规划的内容和要求。

3. 城乡规划的编制和审批主体

依法编制与审批城乡规划就是城乡规划的组织编制，编制和审批都必须依据法律、法规的规定，并依据实施法律、法规的上级行政机关的决定和指示进行。根据《城乡规划法》规定，国务院城乡行政主管部门会同国务院有关部门组织编制全国城镇体系规划，用于指导下层次城乡规划的编制，省、自治区人民政府组织编制省域城镇体系规划。城市规划、镇规划分为总体规划和详细规划，详细规划分为控制性详细规划和修建性详细规划。乡、镇人民政府组织编制乡规划、村庄规划。城市总体规划应包括各项专业规划。

各级城乡规划组织编制的主体根据《城乡规划法》《省域城镇体系规划编制审批办法》《城市规划编制办法》《城市、镇控制性详细规划编制审批办法》和《村庄和集镇规划建设管理条例》的规定，汇集一表，见表5-1。

城乡规划编制主体一览表　　　　　　　　　　　　　　　表 5-1

区域	城镇体系规划	城市总体规划	城市详细规划	镇规划	乡规划、村庄规划
全国	国务院行政主管部门	—	—	—	—
省、自治区	省、自治区人民政府	—	—	—	—
直辖市	—	直辖市人民政府	直辖市政府规划行政主管部门	—	—
市	市或行署、州、盟人民政府	市人民政府	市政府规划行政主管部门	—	—
县	县或自治县、旗人民政府	—	—	—	—
跨行政区域	有关地区的共同上一级政府	—	—	—	—
县级政府所在地	—	县人民政府	县政府规划行政主管部门	—	—
镇	—	镇人民政府	镇人民政府	乡级人民政府	—
乡、村	—	—	—	—	乡、镇人民政府

审批城乡规划的主体根据《城乡规划法》《省域城镇体系规划编制审批办法》和《村庄和集镇规划建设管理条例》的规定，汇集一表，见表 5-2。

城乡规划的审批主体一览表 表 5-2

区域	城镇体系规划	城市总体规划	控制性详细规划	乡、村规划
全国	报国务院审批	—	—	—
省域	报国务院审批	—	—	—
直辖市	—	报国务院审批	经本级人民政府批准后，报本级人民代表大会常务委员会和上一级人民政府备案	—
省、自治区人民政府所在地的城市以及国务院确定的城市	—	报国务院审批		—
其他城市	—	报省、自治区人民政府审批		—
县人民政府所在地镇	—	报上一级人民政府审批	经县人民政府批准后，报本级人民代表大会常务委员会和上一级人民政府备案	—
其他镇	—	报上一级人民政府审批	报上一级人民政府审批	—
乡、村	—	—	—	报上一级人民政府审批

4. 城乡规划的编制和上报程序

（1）全国城镇体系规划的组织编制和上报程序（表 5-3）

全国城镇体系规划的组织编制和上报程序 表 5-3

项目	内　容
组织编制	《城乡规划法》规定，国务院城乡规划主管部门会同国务院有关部门组织编制全国城镇体系规划，用于指导省域城镇体系规划、城市总体规划的编制。 由国务院城乡规划主管部门牵头组织，国务院相关部门参加全国城镇体系规划的编制，有利于在规划编制过程中统筹城镇发展与资源环境保护、基础设施建设的关系。充分协调相关部门的意见，使全国城镇体系规划与其他国家级相关规划的衔接在部门间建立政策配合、行动协同的机制，强化国家对城镇化和城镇发展的宏观调控。 编制过程中要充分听取各省、自治区、直辖市人民政府的意见，提高规划的针对性和可操作性，并广泛听取各方面的意见和建议，充分发挥各领域专家的作用，坚持"专家领衔、科学决策"的规划编制原则，组织对规划各阶段的成果进行专家咨询和论证，并要对涉及城镇发展的重大基础性问题进行专题研究
上报程序	《城乡规划法》规定，全国城镇体系规划由国务院城乡规划主管部门报国务院审批。 报送审批前，组织编制机关将城乡规划草案予以公告（不得少于 30 天），并采取论证会、听证会或者其他方式征求专家和公众意见。 组织编制机关应当充分考虑专家和公众的意见，并在报送审批的材料中附具意见采纳情况及理由

（2）省域城镇体系规划的编制组织和上报程序（表5-4）

省域城镇体系规划的组织编制和上报程序　　　　　　　表5-4

项目	内　容
组织编制	《城乡规划法》规定，省、自治区人民政府组织编制的省域城镇体系规划，城市、县人民政府组织编制的总体规划，在报上一级人民政府审批前，应当先经本级人民代表大会常务委员会审议，审议意见交由本级人民政府研究处理。 　　省、自治区人民政府负责组织省域城镇体系规划的编制。省、自治区人民政府在组织编制省域城镇体系规划的过程中，要坚持"政府组织、部门合作、专家领衔、科学决策"的规划编制原则，由城乡规划主管部门牵头组织发展改革部门、国土资源管理部门以及交通、环境等相关部门共同编制，并广泛征求各级地方政府和专家的意见
上报程序	规划的组织编制机关报送审批省域城镇体系规划、城市总体规划或者镇总体规划，应当将本级人民代表大会常务委员会组成人员或者镇人民代表大会代表的审议意见和根据审议意见修改规划的情况一并报送。 　　报送审批前，组织编制机关应当依法将城乡规划草案予以公告（不得少于30天），并采取论证会、听证会或者其他方式征求专家和公众意见。 　　组织编制机关应当充分考虑专家和公众的意见，并在报送审批的材料中附具意见采纳情况及理由。 　　省域城镇体系规划、城市总体规划、镇总体规划批准前，审批机关应当组织专家和有关部门进行审查。 　　《城乡规划法》规定，省域城镇体系规划由国务院审批，并明确了省域城镇体系规划的报批程序： 　　首先，规划上报国务院前，须经本级人民代表大会常务委员会审议，审议意见和根据审议意见修改规划的情况应随上报审查的规划一并报送。 　　其次，规划上报国务院后，由国务院授权国务院城乡规划主管部门负责相关部门和专家进行审查。 　　最后，规划编制需有公众参与

（3）城市总体规划的组织编制和上报程序（表5-5）

城市总体规划的组织编制和上报程序　　　　　　　表5-5

项目	内　容
组织编制	城市人民政府组织编制城市总体规划。组织编制程序如下： 　　按照《城市规划编制办法》规定组织前期研究，再按规定提出进行编制工作的报告，经同意后方可组织编制。 　　组织编制城市总体规划纲要，按规定提请审查。 　　依据国务院建设主管部门或者省、自治区建设主管部门提出的审查意见，组织编制城市总体规划成果，按法定程序报请审查和批准。 　　在城市总体规划的编制中，对于涉及资源与环境保护、区域统筹与城乡统筹、城市发展目标与空间布局、城市历史文化遗产保护等重大专题，应当在城市人民政府组织下，由相关领域的专家领衔进行研究。 　　在城市总体规划的编制中，应当在城市人民政府组织下，充分吸取政府有关部门和军事机关的意见。 　　对于政府有关部门和军事机关提出意见的采纳结果，应当作为城市总体规划报送审批材料的专题组成部分
上报程序	城市总体规划采取分级审批程序： 　　直辖市的城市总体规划由直辖市人民政府报国务院审批。省、自治区人民政府所在地的城市以及国务院确定的城市的总体规划，由省、自治区人民政府审查同意后，报国务院审批。其他城市的总体规划，由城市人民政府报省、自治区人民政府审批。 　　县人民政府组织编制县人民政府所在地镇的总体规划，报上一级人民政府审批。其他镇的总体规划由镇人民政府组织编制，报上一级人民政府审批

（4）城市控制性详细规划的组织编制和上报程序及城市修建性详细规划的审定（表 5-6）

城市控制性详细规划的组织编制和上报程序及城市修建性详细规划的审定 表 5-6

项 目	内 容
城市控制性详细规划编制和上报程序	《城乡规划法》规定，城市人民政府城乡规划主管部门根据城市总体规划的要求，组织编制城市的控制性详细规划，经本级人民政府批准后，报本级人民代表大会常务委员会和上一级人民政府备案。 镇人民政府根据镇总体规划的要求，组织编制镇的控制性详细规划，报上一级人民政府审批。县人民政府所在地镇的控制性详细规划，由县人民政府城乡规划主管部门根据镇总体规划的要求组织编制，经县人民政府批准后，报本级人民代表大会常务委员会和上一级人民政府备案。 报送审批前，应公告并征求专家和公众意见，并采取论证会、听证会或者其他方式征求专家和公众的意见，并在报送审批的材料中附具意见采纳情况及理由
城市修建性详细规划的审定	城市、县人民政府城乡规划主管部门和镇人民政府可以组织编制重要地块的修建性详细规划。修建性详细规划应当符合控制性详细规划

（5）镇规划的组织编制与上报程序（表 5-7）

镇规划的组织编制与上报程序 表 5-7

项 目	内 容
组织编制	县人民政府所在地的镇由县人民政府直接组织编制。其他镇的总体规划工作则由镇人民政府组织编制。 《城乡规划法》规定，城乡规划报送审批前，组织编制机关应当依法将城乡规划草案公告不得少于30天，并采取论证会、听证会或者其他方式征求专家和公众意见。组织编制机关应充分考虑专家和公众的意见，并在报送审批的材料中附具意见采纳情况及理由
上报程序	县人民政府组织编制县人民政府所在地镇的总体规划，报上一级人民政府审批。其他镇的总体规划由镇人民政府组织编制，报上一级人民政府审批。 省、自治区人民政府组织编制的省域城镇体系规划，城市、县人民政府组织编制的总体规划，在报上一级人民政府审批前，应当先经本级人民代表大会常务委员会审议，常务委员会组成人员的审议意见交由本级人民政府研究处理。 镇人民政府组织编制的镇总体规划，在报上一级人民政府审批前，应当先经镇人民代表大会审议，代表的审议意见交由本级人民政府研究处理。 镇人民政府根据镇总体规划的要求，组织编制镇的控制性详细规划，报上一级人民政府审批。县人民政府所在地镇的控制性详细规划，由县人民政府城乡规划主管部门根据镇总体规划的要求组织编制，经县人民政府批准后，报本级人民代表大会常务委员会和上一级人民政府备案。 省域城镇体系规划、城市总体规划、镇总体规划批准前，审批机关应当组织专家和有关部门进行审查

（6）乡规划的组织编制与上报程序（表 5-8）

项目	内　　容
组织编制	乡规划由乡人民政府组织编制。乡规划在报送审批前,应当依法将规划草案予以公告,并不得少于30天,采取论证会、听证会或者其他方式征求专家和公众意见。组织编制机关应充分考虑专家和公众的意见,并在报送审批的材料中附具意见采纳情况及理由
上报程序	乡规划应当由乡人民政府先经本级人民代表大会审议,然后将审议意见和根据审议意见的修改情况与规划成果一并报送县人民政府审批

（7）村庄规划的组织编制与上报程序（表 5-9）

项目	内　　容
组织编制	村庄规划应以行政村为单位,由所在地的镇或乡人民政府组织编制。 为了保证规划的可操作性,规划编制人员在进行现状调查、取得相关基础资料后,采取座谈、走访等多种方式征求村民的意见。村庄规划应进行多方案比较并向村民公示。县级城乡规划行政主管部门应组织专家和相关部门对村庄规划方案进行技术审查。 《城乡规划法》规定,城乡规划报送审批前,组织编制机关应当依法将城乡规划草案予以公告,并采取论证会、听证会或者其他方式征求专家和公众意见。公告时间不得少于30日。组织编制机关应当充分考虑专家和公众的意见,并在报送审批的材料中附具意见采纳情况及理由
上报程序	根据我国现在实行的村民自治体制,村庄规划成果完成后,必须要经村民会议或村民代表会议讨论同意后,方可由所在地的镇或乡人民政府报县级人民政府审批。 《城乡规划法》规定,乡、镇人民政府组织编制乡规划、村庄规划,报上一级人民政府审批。村庄规划在报送审批前,应当经村民会议或村民代表会议讨论同意

5. 城乡规划审批一般程序

行政程序是保障行政决策科学、合理、公正的措施。根据现行城乡规划法律、法规的规定,城乡规划审批包括前置程序、上报程序、批准程序和公布程序。

（1）前置程序

①报请审议。根据《城乡规划法》第十六条的规定,省域城镇体系规划和城市总体规划在报上一级人民政府审批前,应当先经本级人民代表大会常务委员会审议,常务委员会组成人员的审议意见交由本级人民政府研究处理。

镇总体规划在报上一级人民政府审批前,应当先经镇人民代表大会审议,代表的审议意见交由本级人民政府研究处理。

城乡规划的组织编制机关报送审批的省域城镇体系规划、城市总体规划或者镇总体规划时,应当将本级人民代表大会常务委员会组成人员或者镇人民代表大会代表的审议意见和根据审议意见修改规划的情况一并报送。

根据《城乡规划法》第二十二条规定,村庄规划在报送审批前,应当经过村民会议或者村民代表会议讨论同意。

②规划公告。根据《城乡规划法》第二十六条规定,城乡规划报送审批前,组织编制机关应当依法将城乡规划草案予以公告,并采取论证会、听证会或者其他方式征求专家和

公众的意见。公告的时间不得少于 30 日。组织编制机关应当充分考虑专家和公众的意见，并在报送审批的材料中附具意见采纳情况及理由。

（2）上报程序

根据《城乡规划法》的规定，组织编制城乡规划的机关为城乡规划上报机关。

（3）批准程序

根据《城乡规划法》第二十七条规定，省域城镇体系规划、城市总体规划、镇总体规划批准前，审批机关应当组织专家和有关部门进行审查。城乡规划审批机关在对上报的城乡规划组织审查同意后，予以书面批复。

（4）公布程序

根据《城乡规划法》第七条、第八条规定，经依法批准的城乡规划，是城乡建设和规划管理的依据。城乡规划组织编制机关应当及时公布经依法批准的城乡规划。但是法律、行政法规规定不得公开的内容除外。

6. 城乡规划的审查规则

（1）针对性

应判断项目的层次（是总规层次还是详规层次）、类别（是综合型规划还是专项规划）、可能涉及的主要专业领域（是否有市政、交通、经济、环保等专业）以及所处的阶段（是政策研究阶段，还是操作实施阶段）等。

（2）参与性

规划方案都隐含特定的立场、观点和方法，涉及不同的主体、专业和利益诉求。大多数的规划具有公共政策属性，方案的形成过程既是一个技术过程，也是一个决策过程，因此，有关各方（政府、专家、业主、公众等）的参与是十分必要的。

（3）衔接性

每个城市规划都是城市整个规划政策体系的组成部分，起着承前启后、相互支持呼应的作用。因此，城乡规划的审查应着重方案是否与上层次规划、周边地区规划以及其他相关规划进行了充分的衔接。

（4）规范性

应遵循一定的行政程序采取逐级审查的方法，不同层级的机构和人员把握不同的重点。通常情况下，低层级机构重点把握微观具体操作性的问题，高层级机构重点把握宏观方向原则性的问题。

7. 城乡规划修改的条件与程序

《城乡规划法》专门设立"城乡规划的修改"一章，从法律上明确了严格的规划修改制度。

（1）省域城镇体系规划、城市总体规划、镇总体规划的修改

①规划实施情况评估

根据《城乡规划法》第四十六条规定，省域城镇体系规划、城市总体规划、镇总体规划的组织编制机关应当组织有关部门和专家定期对规划实施情况进行评估，并采取论证会、听证会或者其他方式征求公众意见。组织编制机关应当向本级人民代表大会常务委员会、镇人民代表大会和原审批机关提出评估报告并附具征求意见的情况。

②规划修改的条件

根据《城乡规划法》第四十七条规定，有下列情况之一的，组织编制机关方可按照规定的权限和程序修改省域城镇体系规划、城市总体规划、镇总体规划：

a. 上级人民政府制定的城乡规划发生变更，提出修改规划要求的；

b. 行政区划调整确需修改规划的根据；

c. 因国务院批准重大建设过程确需修改规划的；

d. 经评估确需修改规划的；

e. 城乡规划的审批机关认为应当修改规划的其他情形。

③规划修改的程序

修改省域城镇体系规划、城市总体规划、镇总体规划前，组织编制机关应当对原规划的实施情况进行总结，并向原审批机关报告。修改涉及城市总体规划、镇总体规划强制性内容的，应当先向原审批机关提出专题报告，经同意后，方可编制修改方案。修改后的省域城镇体系规划、城市总体规划、镇总体规划，应当依照《城乡规划法》第十三条、第十四条、第十五条和第十六条规定的审批程序报批。

（2）控制性详细规划的修改

修改控制性详细规划的，组织编制机关应当对修改的必要性进行论证，征求规划地段内利害关系人的意见，并向原审批机关提出专题报告，经同意后，方可编制修改方案。修改后的控制性详细规划应当依据《城乡规划法》第十九条、第二十条规定的审批程序报批。控制性详细规划修改涉及城市总体规划、镇总体规划的强制性内容的，应当先修改总体规划。

（3）修建性详细规划的修改

经依法审定的修建性详细规划、建设工程设计方案的总平面图不得随意修改；确需修改的，城乡规划主管部门应当采取听证会等形式，听取利害关系人的意见；因修改给利害关系人合法权益造成损失的，应当依法给予补偿。

（4）乡规划、村庄规划的修改

根据《城乡规划法》第二十二条规定的审批程序报批。即乡、镇人民政府组织修改乡规划、村庄规划，报上一级人民政府审批。

（5）近期建设规划修改的备案

城市、县、镇人民政府修改近期建设规划的，应当将修改后的近期建设规划报总体规划审批机关备案。

五、依法管理城乡规划编制单位的资质

考试大纲对本部分的要求：一是了解各级城乡规划编制单位的资质等级及其条件；二是了解各级城乡规划编制单位的资质审批程序；三是熟悉各级城乡规划编制单位承担项目的内容。

根据《城乡规划编制单位资质管理规定》：国务院城乡规划主管部门负责全国城乡规划编制单位的资质管理工作。县级以上地方人民政府城乡规划主管部门负责本行政区域内城乡规划编制单位的资质管理工作。

城乡规划编制单位资质分为甲、乙、丙三级。各级标准及其承担规划任务的范围见表 5-10。

城市规划编制单位资质标准和承担规划任务一览表

表 5-10

资质等级 ＼ 资质标准	甲级	乙级	丙级
业务能力	能承担各种城市规划编制任务的能力	具备相应的承担城市规划编制任务的能力	具备相应的承担城市规划编制任务的能力技术力量
专业技术人员	不少于 40 人	不少于 25 人	不少于 15 人
高级城市规划师	不少于 4 人	不少于 2 人	—
具有其他专业的高级技术职称人员	不少于 4 人（建筑、道路交通、给水排水专业各不少于 1 人）	高级建筑师不少于 1 人、高级工程师不少于 1 人	—
中级技术职称的城市规划专业人员	不少于 8 人	不少于 5 人	不少于 2 人
其他专业的人员	其他专业（建筑、道路交通、园林绿化、给水排水、电力、通信、燃气、环保等）的人员不少于 15 人	其他专业（建筑、道路交通、园林绿化、给水排水、电力、通信、燃气、环保等）的人员不少于 10 人	建筑、道路交通、园林绿化、给水排水等专业具有中级技术职称的人员不少于 4 人
注册规划师	不少于 10 人	不少于 4 人	不少于 1 人
技术装备与应用水平	达到住建部规定考核标准	达到省级主管部门考核标准	达到省级主管部门考核标准
管理制度	管理制度健全并得到有效执行	管理制度健全并得到有效执行	管理制度健全并得到有效执行
注册资金	不少于 100 万元	不少于 50 万元	不少于 20 万元
固定工作场所的面积	400m² 以上	200m² 以上	100m² 以上
承担城市规划业务范围	不受限制	可在全国承担：（一）镇、20 万现状人口以下城市总体规划的编制；（二）镇、登记注册所在地城市和 100 万现状人口以下城市相关专项规划的编制；（三）详细规划的编制；（四）乡、村庄规划的编制；（五）建设工程项目规划选址的可行性研究	可以全国承担：（一）镇总体规划（县人民政府所在地镇除外）的编制；（二）镇、登记注册所在地城市和 20 万现状人口以下城市的相关专项规划及控制性详细规划的编制；（三）修建性详细规划的编制；（四）乡、村庄规划的编制；（五）中、小型建设工程项目规划选址的可行性研究

城乡规划编制单位的资质管理应遵守的管理程序是申请、审批、变更、换发补发、备案、监管、处罚七个程序。

城乡规划编制单位甲级资质许可，由国务院城乡规划主管部门实施。

城乡规划编制单位申请甲级资质的，可以向登记注册所在省、自治区、直辖市人民政府城乡规划主管部门提交申请材料。省、自治区、直辖市人民政府城乡规划主管部门在收到申请材料后，应当核对身份证、职称证、学历证等原件，在相应复印件上注明原件已核对，并于5日内将全部申请材料报国务院城乡规划主管部门。

国务院城乡规划主管部门在收到申请材料后，应当依法作出是否受理的决定，并出具凭证；申请材料不齐全或者不符合法定形式的，应当在5日内一次性告知申请人需要补正的全部内容。逾期不告知的，自收到申请材料之日起即为受理。

国务院城乡规划主管部门应当自受理申请材料之日起20日内作出审批决定，自作出决定之日起10日内公告审批结果。组织专家评审所需时间不计算在上述时限内，应当明确告知申请人。

城乡规划编制单位乙级、丙级资质许可，由登记注册所在地省、自治区、直辖市人民政府城乡规划主管部门实施。资质许可的实施办法由省、自治区、直辖市人民政府城乡规划主管部门依法确定。

省、自治区、直辖市人民政府城乡规划主管部门应当自作出决定之日起30日内，将准予资质许可的决定报国务院城乡规划主管部门备案。

资质许可机关作出准予资质许可的决定，应当予以公告，公众有权查阅。城乡规划编制单位初次申请，其申请资质等级最高不超过乙级。

乙级、丙级城乡规划编制单位取得资质证书满2年后，可以申请高一级别的城乡规划编制单位资质。

在资质证书有效期内，单位名称、地址、法定代表人等发生变更的，应当在登记注册部门办理变更手续后30日内到原资质许可机关办理资质证书变更手续。

六、依法进行城乡规划实施管理

考试大纲对本部分的要求：一是熟悉城乡规划实施主体，掌握城乡规划实施管理原则与要求，掌握近期建设规划实施管理依据、内容与方法；二是熟悉建设项目选址规划管理的对象，熟悉建设项目选址规划管理的目的与任务，掌握建设项目选址意见书核发程序；三是熟悉建设用地规划管理的概念，了解国有土地划拨与出让的规划管理程序，掌握建设用地规划行政许可程序；四是熟悉建设工程规划管理的概念，掌握建设工程规划管理的目的和任务，掌握建设工程规划管理行政许可程序；五是熟悉乡、村庄规划管理的概念，了解乡、村庄规划管理的目的和任务，了解乡、村庄规划行政许可的程序；六是熟悉临时建设和临时用地规划管理的概念，掌握临时建设的规划管理程序与要求，熟悉临时用地规划管理的程序与方法。

城乡规划实施管理主要是对城乡各项建设进行规划管理，也就是城乡规划行政主管部门依据《城乡规划法》、经法定程序批准的城乡规划、《行政许可法》和有关法律规范，通过管理手段，对城市土地的使用和各项建设活动进行控制、引导、调节和监督，使其纳入城乡规划的轨道。

1. 综述

城乡规划实施管理的行政主体依据《城乡规划法》规定：国务院城乡规划行政主管部门主管全国的城乡规划工作，县级以上地方人民政府城乡规划行政主管部门主管本行政区域内的城市规划工作。属于跨行政区域的城乡规划实施管理，则由其共同的上级人民政府城乡规划行政主管部门负责。

城乡规划实施管理的基本法律制度是"一书三证"，统称规划许可制度。"一书三证"是城乡规划实施管理的主要法律手段和法定形式。

选址意见书是城乡规划行政主管部门依法核发的有关建设项目的选址和布局的法律凭证。

建设用地规划许可证是经城乡规划行政主管部门依法确认其建设项目位置和用地范围的法律凭证。

建设工程规划许可证是城乡规划行政主管部门依法核发的有关建设工程的法律凭证。

选址意见书与规划许可证的作用：一是确认城乡中有关建设活动的合法地位，确保有关建设单位和个人的合法权益；二是作为建设活动进行过程中接受监督检查时的法定依据；三是作为城乡建设档案的重要内容。

乡村建设规划许可证是在乡、村庄规划区内进行乡镇企业、乡村公共设施和公益事业建设时，应当取得的规划许可，是《城乡规划法》城乡统筹规划、管理的重要体现。

2. 城乡规划管理依据

城乡规划实施管理的法定依据与城乡规划编制依据有相同和类似之处，也有不同之处。城乡规划实施管理的法定依据要求更具体。

一是城乡规划依据，其中包括：按照法定程序批准的城市发展战略、城镇体系文件与图纸、城市总体规划纲要、城市总体规划文件与图纸、分区规划文件与图纸、专业规划文件与图纸、近期建设规划文件与图纸、控制性详细规划文件与图纸、经城乡规划行政主管部门批准的修建性详细规划文件与图纸等，前一阶段的管理结果也是后一阶段管理的依据。

二是法律规范依据，其中包括：《城乡规划法》及其配套法规；与城乡规划相关的法律规范；各省、自治区、直辖市依法制定的城乡规划地方性法规、政府规章和其他规范性管理文件以及城乡规划行政主管部门依法制定的行政制度和工作程序。

三是技术标准、技术规范依据，其中包括：国家制定的城市规划技术规范、标准；城乡规划行业制定技术规范、标准；各省、自治区、直辖市和其他城市根据国家技术规范编制的地方性技术规范、标准。

四是政策依据，其中包括：各级人民政府制定的各项政策等。

3. 建设项目选址规划管理

建设项目选址规划管理是城乡规划行政主管部门根据城乡规划和有关法律、法规对需要有关部门批准或者核准的建设项目，以划拨方式提供国有土地使用权的建设项目地址进行确认或选择，保证其按照城乡规划安排，并核发建设项目选址意见书的行政管理工作。

对于需要核发选址以建设的建设项目，建设项目选址是其实施的首要环节，只有把建设项目的用地情况按照批准的城乡规划进行确认或选择，才能办理以后的有关规划审批手续，发展改革等部门才可据此办理项目立项有关文件。

建设项目选址规划管理的目的就是保证建设项目的选址、布点符合城乡规划，为城市政府增强对经济、社会发展和城市建设的宏观调控能力，为建设单位提供服务，综合协调建设项目选址中的各种矛盾，促进建设项目前期工作的顺利进行。

建设项目选址规划管理应审核的内容是：

（1）经批准的项目建议书和根据有关规定的申请条件。

（2）建设项目的基本情况。

（3）建设项目拟选地点与城乡规划布局是否协调。

（4）建设项目拟选地点与城市交通、通信、能源、市政、防灾规划等是否衔接、协调。

（5）建设项目拟选地点配套的生活设施与城市居住区及公共服务设施规划是否衔接、协调。

（6）建设项目拟选地点对于城市环境有无可能造成污染或破坏，与城乡环境保护规划和风景名胜、文物古迹保护规划、城市历史文化区保护规划等是否相协调。

（7）其他规划要求。如是否占用良田、菜地，有关管理部门对建设项目的管理要求等。

建设项目选址规划管理应按一定程序进行。这些程序有：申请程序（由建设单位向城乡规划行政主管部门提出书面申请）、审核程序（由城乡规划行政主管部门在收到申请后于法定时限内对其申请进行程序性审核和实质性审核）和颁布程序（由城乡规划行政主管部门在法定时限内，颁发建设项目选址意见书，对不符合城乡规划的建设项目，给予不同意见的书面答复）。

4. 建设用地规划管理

建设用地规划管理是城乡规划行政主管部门根据城乡规划法律规范及依法制定的城乡规划，确定建设用地定点、位置和范围，提供土地使用规划设计条件，并核发建设用地规划许可证的行政管理工作。

建设用地规划管理和土地管理在管理职责和内容方面是不同的。建设用地规划管理按照城乡规划对建设工程使用土地进行选址，确定建设用地范围，协调有关矛盾，综合提出土地使用规划要求，保证城乡各项建设用地按照城市规划实施。土地管理负有维护国家土地管理制度、调整土地使用关系、保护土地使用者的权益，节约、合理地利用土地和保护耕地的责任，主要内容有：负责土地的征用、划拨和出让；受理土地使用权的申报登记；进行土地清查、勘查，发放土地使用权证；制定土地使用费标准，收取土地使用费；调解土地使用纠纷；处理非法占用、出租和转让土地等。但是，建设用地规划管理与土地管理也是有联系的。在规划管理过程中，城乡规划行政主管部门依法核发的建设用地规划许可证，是土地行政主管部门在城市规划区内审批土地的重要依据。建设单位只有取得建设用地规划许可证以后，方可办理后续的土地权属文件。因此，建设用地的规划管理和土地管理应该密切配合，共同保证和促进城市规划的实施。

建设用地规划管理的目的是实施城乡规划。城乡规划行政主管部门从城市发展的全局和长远的利益出发，根据城乡规划和建设工程对用地的要求，促使各项建设工程能经济、合理地使用土地；依据城市功能要求调整不合理的用地；维护和改善城市的生态环境、人文环境的质量，充分发挥城市的综合效益，促进城市的物质文明和精神文明的建设。

建设用地规划管理的任务：

（1）控制各项建设合理地使用城乡规划区内的土地，保障城乡规划的实施。促进或制约城乡发展的因素很多，其中最重要的是土地。因为城乡建设的一切内容最后都要落到土地上，而土地既不可移动又不能再生，一旦用地不合理，就会难以挽救甚至无法挽救，所以必须合理布局和有效控制，才能保障城乡规划目标的实现。

（2）节约建设用地，促进城市建设和农业生产的协调发展。土地不仅是城市赖以生存和发展的基础，也是农业生产、人民生活赖以生存的基本条件。节约用地，少占耕地，合理控制建设用地，提高土地利用率，才能落实基本国策。

（3）综合协调建设用地的有关矛盾和相关方面要求，提高工程建设的经济、社会和环境的综合效益。对于建设工程使用土地，建设方、有关管理部门、城乡规划都会提出要求，此外，它还受周围环境制约，需要通过规划来协调，正确处理局部与整体、近远期、需要与可能、发展和保护的关系，提高用地的综合效益。

（4）不断完善、深化城乡规划。

建设用地规划管理审核的内容依据《城乡规划法》和《城市国有土地出让转让办法》的规定，主要是：

① 审核建设用地申请条件。以划拨方式提供国有土地使用权的建设项目，建设单位应当持有关部门批准、核准、备案文件，提出建设用地规划许可申请；以出让方式取得国有土地使用权的建设项目，建设单位在取得建设项目的批准、核准、备案文件和签订国有土地使用权出让合同后，向城市、县人民政府城乡规划主管部门领取建设用地规划许可证。

② 提供建设用地规划设计条件。规划设计条件既是建设工程设计的规划依据，也是建设用地的规划要求，一般情况下，规划设计条件也是控制性详细规划所确定的内容。规划设计条件主要包括核定土地使用规划性质、容积率（建筑基地范围内建筑面积总和与建筑基地面积的比值）、建筑密度（建筑物底层占地面积与建筑基地面积的比率）、建筑高度、基地主要出入口位置、绿地比例、土地使用其他规划要求七个方面。

需要说明的是，由于规划管理的连续性，在很多情况下，为提高工作效率，方便建设单位委托建设工程设计，往往在建设项目选址意见书中提供规划设计条件。

③ 审核建设工程总平面，确定建设用地范围。

④ 城乡用地的调整。用地调整主要有：在土地所有权和土地使用权不变的情况下改变土地的使用性质，在土地所有权不变的情况下改变土地使用权及使用性质，对不合理的现状布局进行局部调整以符合城市规划三种形式。

⑤ 审核临时用地。由于建设工程施工、堆料需要的临时用地，一般结合建设用地范围的审核一并确定。也有其他情况需用临时用地的。在城乡规划区内使用临时用地，必须经城乡规划管理行政主管部门批准。临时用地使用期限一般不得超过2年，到期收回土地，不得影响城乡规划的实施。

⑥ 地下空间的开发利用。随着城乡市建设的发展，城乡土地的地下空间开发利用逐渐成为建设用地规划管理的重要内容。其开发利用应在城乡规划指导下进行，并与民防规划相结合，同时也要与地下管网规划相协调。

⑦ 对改变地形、地貌活动的控制。以划拨方式提供国有土地使用权的建设用地规划管理必须依照一定的程序进行。第一，申请程序。以划拨方式提供国有土地使用权的建设项目，经有关部门批准、核准、备案后，建设单位应当向城市、县人民政府城乡规划主管部门提出建设用地规划许可申请，由城市、县人民政府城乡规划主管部门核发建设用地规划许可证。第二，审核程序。以划拨方式提供国有土地使用权的建设项目，城乡规划行政主管部门在收到申请后，于法定时限内，对申请的文件、资料、图纸是否齐全、完备进行程序性审核，并依据控制性详细规划核定建设用地的位置、面积、允许建设的范围，对建设工程总平面、用地范围和设计方案进行实质性审核。第三，核发程序。城乡规划行政主管部门经审核同意的，在法定时限内，颁发建设用地规划许可证和附件。

以出让方式取得国有土地使用权的建设项目，建设单位在取得建设项目的批准、核准、备案文件和签订国有土地使用权出让合同后，向城市、县人民政府城乡规划主管部门领取建设用地规划许可证。

5. 严格控制建设项目选址与用地的审批程序

各类重大建设项目，必须符合土地利用总体规划、省域城镇体系规划、城市总体规划，特别是要符合近期建设规划和土地年度利用规划。因特殊情况，选址与省域城镇体系规划和城市总体规划不一致的，必须经专门论证。如论证后认为确需按所选地址建设的，必须先按法定程序调整规划，并将建设项目纳入规划中，一并报原规划批准机关审定。

依据省域城镇体系规划对区域重大基地设施和区域性重大项目选址，由项目所在地的市、县人民政府城乡规划部门提出审查意见，报省、自治区、直辖市及计划单列市人民政府城乡规划部门核发建设项目选址意见书，其中国家批准的项目应报住房和城乡建设部备案。涉及世界文化遗产、文物保护单位和地下文物埋藏区的项目，须经相应的文物行政主管部门会审同意。对于不符合规划要求的，住房和城乡建设部要予以纠正。在项目可行性报告中，必须附有城乡规划部门核发的选址意见书。计划部门批准建设项目，建设地址必须符合选址意见书，以及不得以政府文件、会议纪要等形式取代选址程序的原则。各省、自治区、直辖市城乡规划部门会同计划等部门依照国务院文件和住房和城乡建设部、国家计委《建设项目选址规划管理办法》制定各类重大项目选址审查管理规定。

各地区各部门都要严格执行《中华人民共和国土地管理法》规定的建设项目用地预审制度。建设项目可行性研究阶段，建设单位应当依法向有关政府国土资源行政主管部门进行建设项目用地预审申请。凡未依法进行建设项目用地预审或未通过预审的，有关部门不得批准建设项目可行性研究报告，国土资源行政主管部门不得受理用地申请。

6. 城市建设工程规划管理

城市建设工程规划管理，是城乡规划行政主管部门根据依法制定的城乡规划及城乡规划有关法律规范和技术规范，对城市各类建设工程进行组织、控制、引导和协调，使其纳入城乡规划的轨道，并核发建设工程规划许可证的行政管理工作。

建设工程规划管理的目的和任务：一是有效地指导各类建设活动，保证各类建设工程按照城市规划的要求有序地进行建设；二是维护城市公共安全、公共卫生、城市交通等公共利益和有关单位、个人的合法权益；三是改善城市市容景观，提高城市环境质量；四是综合协调对相关部门建设工程的管理要求，促进建设工程的建设。

建设工程规划管理的审核内容根据建设工程特点确定，由于建设工程类型比较多，性质也各不相同，将其归纳起来可以分为建筑工程（包括地区开发建筑和单项建筑工程）、市政管线工程和市政交通工程三大类。规划管理对其分别进行审核，内容如下：

（1）地区开发建筑工程。首先应着重审核其修建性详细规划，然后按照工程进度，分别对施工地块的建筑工程进行审核。如对居住区开发建设，其审核的要点是：居住区规划设计基本原则；用地平衡指标；规划布局；空间环境；住宅；公共服务设施；绿地和道路系统等。至于施工地块的建筑工程可与单项建筑工程同样审核。

（2）单项建筑工程。审核的依据是城乡规划行政主管部门根据详细规划提出的规划设计要求和附图。其审核的要点是：建筑物的使用性质；建筑容积率；建筑密度；建筑高度；建筑间距；建筑退让；无障碍设施；绿地率；主要出入口；停车泊位；交通组织；建设基地标高；建筑空间环境；有关专业管理部门的意见和临时建设的控制。

（3）市政交通工程。主要是指市内交通和市域交通，包括城市道路（地面和高架）、地下轨道等。地面道路工程的审核要点是：道路走向及坐标；横断面；标高和纵坡；路面结构；交叉口；附属的隧道、桥梁、人行天桥（地道）、收费口、广场、停车场、公交车站设施等。高架交通的审核要点，首先按构筑物的要求，并按交通系统规划和单项工程规划进行审核，同时可参照建筑工程规划许可的要求进行审核。

（4）市政管线工程。主要控制市政管线工程的平面布置及其水平、竖向间距，并处理好与相关道路、建筑物、树木等关系。其审核要点是：埋设管线的排列次序、水平间距、垂直净距、覆土深度、竖向布置；架空管线之间及其与建（构）筑物之间的水平净距、竖向间距；管线敷设与行道树、绿化、市容景观的关系；相关管理部门的意见和其他管理内容。

建设工程规划管理的程序分为：申请程序（由建设单位执行计划任务、批准的设计方案及图纸文件，向城乡规划行政主管部门申请建设工程规划许可证）、审核程序（由城乡规划行政主管部门在收到申请后于法定时限内对其申请进行程序性审核和实质性审核）和核发程序（由城乡规划行政主管部门在法定时限内，颁发建设用地规划许可证）。

需要注意的是，在市场经济条件下，只要土地使用权转让、投资行为合法，且又遵守城乡规划和有关法律规范，应该允许建设工程规划许可证的变更。同时要注意在符合法规的前提下为提高效能应该对程序进行精简或者调整。

7. 乡村规划管理

《城乡规划法》中对乡村规划管理提出了更加明确的要求。首先是明确地方政府根据本地农村经济社会发展水平，按照因地制宜、切实可行的原则，确定应当制定乡规划、村庄规划的区域。在确定区域内的乡、村庄，应当制定规划，规划区内的各项建设应当符合规划要求。对于没有明确应当制定规划的区域，《城乡规划法》采取鼓励制定的办法。

其次，在具体管理行为上，明确了乡村建设的行政许可制度。许可的范围包括乡镇企业建设、乡村公共设施建设、乡村公益事业建设、村民住宅建设等。对于前三种情况明确了申报主体、前期审核及发证部门，充分发挥了乡镇政府前期审查的作用，便利了后期监督管理。对于在乡、村庄规划区内使用原有宅基地进行农村村民住宅建设的，可以由省一级政府根据实际情况研究制定。

此外，乡村建设不得占用农用地，确需占用的，应当办理农用地转用审批手续后，方可办理乡村建设规划许可证。

8. 临时建设和临时用地规划管理

临时建设，是指经城市、县人民政府城乡规划行政主管部门批准，临时建设并临时性使用，必须在批准的使用期限内自行拆除的建筑物、构筑物、道路、管线或者其他设施等建设工程。

临时用地，是指由于建设工程施工、堆料、安全等需要和其他原因，需要在城市、镇规划区内经批准后临时使用的土地。

临时建设和临时用地规划管理，就是指城市、县人民政府城乡规划主管部门，对于在城市、镇规划区内进行临时建设和临时使用土地，实行严格控制和审查批准，行使规划许可工作职责的总称。

临时建设和临时用地规划管理的程序，一般应当包括临时建设和临时用地申请、规划审批、核发批准证件和监督检查。

（1）申请

建设单位或个人在城市、镇规划区内从事临时建设活动，应当向城乡规划行政主管部门提交临时建设申请报告，阐明建筑依据、理由、建设地点、建筑层数、建筑面积、建设用途、使用期限、主要结构方式、建筑材料和拆除承诺等内容，以及临时建设场地权属证件或临时用地批准证件，同时还应提交临时建筑设计图纸等。

临时用地的申请，同样应提交临时用地申请报告，以及有关文件、资料、图纸（临时用地范围示意图，包括临时用地上的临时设施布置方案）等。

（2）审核

城乡规划主管部门受理临时建设申请后，可到拟建临时建设的场地进行现场踏勘，并依据近期建设规划或者控制性详细规划对其审核，审核其临时建设工程是否影响近期建设规划或者控制性详细规划的实施；是否影响道路交通正常运行、消防通道、公共安全、历史文化保护和风景名胜保护、市容市貌、环境卫生以及周边环境等；同时，要审查临时建筑设计图纸，主要审查临时建筑布置与周边建筑的关系，建筑层数、高度、结构、材料，以及使用性质、用途、建筑面积、外部装修等是否符合临时建筑的使用要求等。

临时用地的审核，同样应当审核其是否影响近期建设规划或者控制性详细规划的实施以及交通、市容、安全等，审核临时用地的必要性和可行性，并审核临时用地的范围示意图，包括临时用地上的临时设施布置方案等。

（3）批准

城乡规划主管部门对临时建设的申请报告、有关文件、材料和设计图纸经过审核同意后，核发临时建设批准证件，说明临时建设的位置、性质、用途、层数、高度、面积、结构型式、有效使用时间，以及规划要求和到期必须自行拆除的规定等，实施规划行政许可。如果该临时建设影响近期建设规划或者控制性详细规划实施以及交通、市容、安全等，不得批准。说明理由，给予书面答复。

临时用地的批准，同样是经审核同意后，核发临时用地批准证件，在临时用地范围示意图上明确划定批准的临时用地红线范围具体尺寸。如果不予批准，说明理由，给予书面答复。

（4）检查

城乡规划主管部门应根据《城乡规划法》第六十六条的规定，对临时建设和临时用地进行监督检查。对于未经批准进行临时建设的，未按照批准内容进行临时建设的，临时建筑物、构筑物和其他临时设施超过批准期限不拆除的行为，建设单位或者个人应当依法承担法律责任。

对于临时建筑的审核，一般应当遵守下列使用要求：

① 临时建筑不得超过规定的层数和高度；

② 临时建筑应当采用简易结构；

③ 临时建筑不得改变使用性质；

④ 城镇道路交叉口范围内不得修建临时建筑；

⑤ 临时建筑使用期限一般不超过 2 年；

⑥ 车行道、人行道、街巷和绿化带上不应当修建居住或营业用的临时建筑；

⑦ 在临时用地范围内只能修建临时建筑；

⑧ 临时占用道路、街巷的施工材料堆放场和工棚，当建筑的主体建筑工程，第三层楼顶完工后，应当拆除，可利用建筑的主体工程建筑物的首层堆放材料和作为施工用房；

⑨ 屋顶平台、阳台上不得擅自搭建临时建筑；

⑩ 临时建筑应当在批准的使用期限内自行拆除。

七、历史文化遗产保护规划管理

考试大纲对本部分的要求：一是了解历史文化遗产保护规划管理的意义；二是熟悉历史文化遗产保护规划管理的原则、内容与方法；三是掌握历史文化名城、名镇、名村保护规划实施管理要求。

1. 历史文化遗产保护规划管理的意义

我国已批准公布了一大批国家级文物保护单位和国家级历史文化名城，并有一批古城遗址和自然风景区被联合国列入"世界遗产名录"。历史文化遗产保护工作，由早期的文物个体保护逐步扩大到历史建筑、历史文化地区和历史文化名城保护。

历史文化遗产保护的规划管理贯穿在城市规划制定和实施的管理工作之中。这项工作有其特殊要求，是城乡规划管理一项重要内容。

2. 历史文化遗产保护规划管理的依据

"历史文化遗产"的概念第一次出现在建设管理法规最早见于《城市规划法》。1982年首次将保护历史文化遗产写入宪法。依法保护历史文化遗产的主要管理依据是《中华人民共和国城乡规划法》《中华人民共和国文物保护法》《中华人民共和国文物保护法实施条例》《历史文化名城名镇名村街区保护规划编制审批办法》《历史文化名城保护规划标准》《城市紫线管理办法》等法律规范。

3. 历史文化遗产的内容和种类

（1）历史文化遗产，根据 1972 年 11 月 16 日联合国教科文组织在巴黎通过的《保护世界文化和自然遗产公约》提出，应当保护全人类的具有普遍价值的文化和自然遗产。古迹、建筑群、遗址可列为文化遗产；而从美学或科学的角度看，具有突出普遍价值的由自然和生物结构或这类结构群落组成的一种自然面貌，地质、自然地理结构和明确划定的濒危动植物生长区，天然名胜或明确划定的自然保护区域可列为自然遗产。

（2）文物和文物保护单位根据《中华人民共和国文物保护法》，文物有五类：具有历史、艺术、科学价值的古文化遗址、古墓葬、古建筑、石窟寺和石刻、壁画；与重大历史事件、革命运动或者著名人物有关的以及具有重要纪念意义、教育意义或者史料价值的近代现代重要史迹、实物和代表性建筑；历史上各时代珍贵的艺术品、工艺美术品；历史上各时代重要的文献资料以及具有历史、艺术、科学价值的手稿和图书资料等；反映历史上各时代、各民族社会制度、社会生产、社会生活的代表性实物等。

对不可移动文物，根据它们的历史、艺术、科学价值，分别确定为全国、省（自治区、直辖市）、市、县级文物保护单位。有七类：古文化遗址、古墓葬、古建筑、石窟寺、石刻、壁画、近代现代重要史迹和代表性建筑等。

（3）历史文化街区、村镇。即保存文物特别是丰富并且具有重大历史价值或革命纪念意义的城镇、街道、村庄。历史文化街区、村镇由省、自治区、直辖市人民政府核定公布，并报国务院备案。

（4）历史文化名城是由国务院公布的，保存文物特别丰富并且具有重大历史价值或者革命意义的城市。

截至 2022 年 3 月，国务院已将 141 座城市列为国家历史文化名城，并对这些城市的文化遗迹进行了重点保护。

第一批 24 座国家历史文化名城于 1982 年 2 月 8 日确定，包括：

北京、洛阳、开封、南京、承德、大同、泉州、景德镇、曲阜、扬州、苏州、杭州、绍兴、荆州、长沙、广州、桂林、成都、遵义、昆明、大理、拉萨、西安、延安。

第二批 38 座国家历史文化名城于 1986 年 12 月 8 日确定，包括：

商丘、天津、保定、济南、安阳、南阳、武汉、襄阳、潮州、重庆、阆中、宜宾、自贡、镇远县、丽江、日喀则、韩城、榆林、武威、张掖、敦煌、银川、喀什、呼和浩特、上海、徐州、平遥县、沈阳、镇江、常熟、淮安、宁波、歙县、寿县、亳州、福州、漳州、南昌。

第三批 37 座国家历史文化名城于 1994 年 1 月 4 日确定，包括：

正定、邯郸、临淄区、浚县、随州、钟祥、岳阳、肇庆、佛山、梅州、雷州、柳州、琼山区、乐山、都江堰、泸州、建水县、巍山县、江孜县、咸阳、汉中、郑州、天水、同仁、新绛、代县、祁县、吉林、哈尔滨、集安、衢州、临海、长汀、赣州、青岛、聊城、邹城。

"前三批"之后的不定时增补包括：

山海关、凤凰、濮阳、安庆、泰安、海口、金华、绩溪、吐鲁番、特克斯、无锡、南通市、北海市、宜兴、嘉兴、太原、中山、蓬莱、会理、库车、伊宁、泰州、会泽、烟台、青州、湖州、齐齐哈尔、常州、瑞金、惠州市、温州、高邮、永州、长春、龙泉、蔚县、辽阳、通海县、黟县、桐城、抚州市、九江市。

琼山区已于 2002 年并入海口市，故两者仅算一座。

4. 历史文化遗产保护规划管理的原则和方法

历史文化遗产保护规划管理的原则和方法涉及文物保护单位、历史文化街区、村镇和历史文化名城三个层次的保护规划管理。总的原则是编制专门的保护规划，并纳入城市总体规划。

（1）文物保护单位保护规划管理的原则和方法

保护的原则：不改变文物原状。

保护的方法：制定保护范围和建设控制地带。

（2）历史文化街区、村镇保护规划管理的原则和方法

保护的原则：保护该地区的历史真实性、生活真实性和历史风貌的完整性。

保护的方法：根据历史文化保护区的构成特点和规划管理经验，除了重点保护其中的文物保护单位外，还要制定保护措施，纳入规划，控制各项建设，加强环境整治，防止破坏传统风貌，并对遗存的其他历史建筑和市政基础设施等慎重地进行保护性的更新和改善，以适应现代生活的需要。

（3）历史文化名城保护规划管理的原则和方法

保护的原则：既要使城市的文化遗产得以保护，又要促进城市经济社会的发展，不断改善居民的工作生活环境，保护与建设要协调统一，物质文明和精神文明要协调发展。

保护的方法分文物保护单位的保护、历史文化街区、村镇的保护和名城整体空间环境的保护三个层次。其中第三个层次的一些主要方法有：开辟新区，保护古城；保护城市总体空间格局和历史标志；保护城市宏观环境。

5. 历史文化遗产保护规划管理的程序及其操作要求

凡涉及历史文化遗产保护的新建、改建、扩建建设项目的规划管理审批程序中要依法增加相应的征询、论证和审批程序。简单地说就是要根据文物保护单位的级别，事先征得相应级别的政府或文物行政主管部门同意。在历史文化街区、村镇内或其相邻地段的新建、改建项目、设计方案及环境整治方案，需由规划管理部门组织有历史文化遗产保护经验的专家论证，听取文物行政主管部门意见。

历史文化名城是历史文化遗产的综合体，涵盖历史文化街区、文物保护单位和大量历史建筑。对历史文化名城的规划编制与管理参见《历史文化名城名镇名村保护条例》《历史文化名城名镇名村街区保护规划编制审批办法》《历史文化名城保护规划标准（GB 50357—2018）》等相关章节，一般要求历史文化名城保护规划应建立历史文化名城、历史文化街区与文物保护单位三个层次的保护体系，针对不同层次保护对象的历史价值、艺术价值、科学价值、文化内涵及其历史、社会、经济背景和现状条件，因地制宜采取保护措施，提出合理利用历史文化遗产的途径和方式。

八、风景名胜区规划管理

考试大纲对本部分的要求：一是了解风景名胜区规划管理的概念；二是熟悉风景名胜区规划管理的目的和任务；三是掌握风景名胜区规划管理原则、方法和程序。

1. 风景名胜区规划管理的概念

风景名胜区规划管理是风景名胜区保护、利用和监督管理的主要手段和途径，包括对

规划编制和规划实施的监督管理，以及依法对违法行为和违法活动的查处，并追究行政责任、民事责任、刑事责任。

2. 风景名胜区规划管理的目的与任务

（1）风景名胜区规划管理的目的。是在于有效保护生态、生物多样性和自然环境，永续利用风景名胜资源，服务当代，造福人类。这也是风景名胜区保护工作的出发点和归宿点，集中体现了各项保护工作和保护措施的绩效。

（2）风景名胜区规划管理的任务。是根据可持续发展的原则，正确处理资源保护与开发利用的关系，采取行之有效的规划措施，对风景名胜区内各类建设活动依法实施规划管理，严格保护和合理利用风景名胜资源，促进我国经济社会又好又快地健康发展。

鉴于我国风景名胜区现阶段存在的突出问题，规划管理的当务之急是加快编制风景名胜区规划，加强规划实施管理，严格控制各类建设活动，严禁违法建设，坚决遏制急功近利式过度开发和商业化，避免造成风景名胜资源的旅游性破坏。

3. 风景名胜区规划管理的原则

风景名胜区是宝贵的自然和文化遗产资源。管理工作旨在加强对风景名胜资源的有效保护和利用，必须正确处理风景名胜资源保护与利用的关系。为此《风景名胜区条例》明确规定了"科学规划、统一管理、严格保护、永续利用"的基本原则，要求在风景名胜区规划管理工作中，始终把保护资源摆到第一位，坚持保护资源优先，开发服从保护。这四个重要环节构成了一个有机整体，相辅相成，缺一不可。

（1）科学规划是风景名胜区规划管理的基本依据。风景名胜区规划是指导和驾驭整个风景名胜区保护、建设、管理的基本依据。

（2）统一管理是风景名胜区规划管理的可靠保障。统一管理是指统一监督管理部门，建立统一的监督管理制度，明确主管部门和其他部门的责任分工，各司其职，各负其责，有效配合，通力协作。实行统一管理的原则，是风景名胜区监督管理的保障。

（3）严格保护是风景名胜区规划管理的强制性要求。风景名胜区管理机构必须照此原则行使管理职能，对风景名胜区内的景观和自然环境实行严格保护，不得破坏或随意改变。

（4）永续利用是风景名胜区规划管理的根本目的。风景名胜区的一项主要功能在于根据其特点，通过对风景名胜区资源的开发利用，在风景名胜区内发展旅游经济，开展游览观光和文化娱乐活动，满足人民群众的精神和文化需求，促进地方经济发展，提高公众的资源意识和环保意识。

九、依法进行城乡规划行政监督检查

考试大纲对本部分的要求：一是熟悉城乡规划监督检查的原则与要求，掌握城乡规划监督检查的内容与方法；二是了解城乡规划法律责任内容，熟悉城乡规划行政处罚种类，掌握城乡规划行政处罚的原则及程序。

1. 规划行政监督检查的原则与要求

县级以上人民政府城乡规划行政主管部门实施行政监督检查权，必须遵守依法行政的原则，具体内容如下。

（1）规划监督检查的内容合法

监督检查的内容必须是城乡规划法律、法规中规定的要求当事人遵守或执行的行为。不属于应当遵守或执行城乡规划法律、法规的行为，不是城乡规划行政监督检查的内容。

（2）规划监督检查的程序合法

城乡规划监督检查人员应依照法律、法规的要求和程序进行监督检查工作。在履行监督检查职责时应当出示统一制发的规划监督检查证件；城乡规划监督检查人员提出的建议或处理意见要符合法定程序。对于违反法律规定进行监督检查的，被检查单位和个人有权拒绝接受和进行举报。

（3）规划监督检查采取的措施合法

即只能采取城乡规划法律、法规允许采取的措施。监督检查人员采取的措施超出法律、法规允许的范围，给当事人造成财产损失的，要依法赔偿；构成犯罪的，要依法追究刑事责任。

2. 城乡规划监督检查的行政行为和依据

行政行为方式主要为行政检查和行政处罚。

城乡规划监督检查行政行为的主要法律规范依据是：《城乡规划法》《城建监察规定》《行政处罚法》以及各地方政府颁布的有关法规、规章。

3. 城乡规划监督检查的内容

城乡规划监督检查，是对建设单位或个人的建设活动是否符合城乡规划进行监督检查；并对违反城乡规划的行为进行查处。

县级以上人民政府规划主管部门对城乡规划实施情况进行监督检查，内容包括：

（1）验证有关土地使用和建设申请的申报条件是否符合法定要求，有无弄虚作假。

（2）复验建设用地坐标、面积等与建设用地规划许可证的规定是否相符。

（3）对已领取建设工程规划许可证并放线的建设工程，履行验线手续，检查其坐标、标高、平面布局等是否与建设工程规划许可证相符。

（4）建设工程竣工验收之前，检查、核实有关建设工程是否符合规划条件。

4. 城乡规划监督检查的方法

在进行监督检查时可采取执法检查、案件调查、不定期抽查、接收群众举报等措施。

根据《城乡规划法》第五十三条的规定，城乡规划主管部门在进行规划监督检查时有权采取以下措施：要求有关单位和人员提供与监督事项有关的文件、资料，并进行复制；要求有关单位和人员就监督事项涉及的问题作出解释和说明，并根据需要进入现场进行勘测；责令有关单位和人员停止违反有关城乡规划法律、法规的行为。

5. 城乡规划监督检查的程序

依申请检查的程序分为申请程序（由建设单位或者个人向城乡规划行政主管部门提出申请）、检查程序（由规划管理监督检查人员赴现场进行踏勘检查）和确认程序（城乡规划行政主管部门签署书面意见）。

行政检查过程中的应注意的事项主要是：检查人员执行检查时，必须两人以上，并应当佩戴公务标志，主动出示证件；实施行政检查时，监督检查人员应当通知被检查人在现场，检查必须公开进行；依申请施工检查必须及时，即从检查开始到结束不能超过正常时间；有责任为被检查者保守技术秘密和业务秘密；检查结果承担法律责任。

6. 城乡规划的法律责任

《城乡规划法》中规定的法律责任可以分为：有关人民政府的责任、城乡规划主管部门的责任、相关行政部门的责任、城乡规划编制单位的责任和行政相对人的责任。还规定了违反村建设规划的法律责任。

7. 城乡规划行政处罚特点与原则

城乡规划行政处罚是指城乡规划行政主管部门依照法定权限和程序，对违反城乡规划及其法律规范和规划许可，尚未构成犯罪的建设单位或个人制裁的具体行政行为。

城乡规划行政处罚的特点是：行为目的的惩戒性，即对不履行法定义务实行制裁，不使重犯；行为违法的确定性，即违法行为是确定的、实际的；行为的外部特征，即指行政机关的外部行政行为，不是内部管理行为。

城乡规划行政处罚的原则有：处罚法定原则（处罚依据、主体、职权、程序都必须是法定的），处罚与教育相结合原则，公开、公正原则（公正就是要正确行使自由裁量权，对同性质、同情节的处罚要一视同仁；公开就是处罚的过程、依据、程序、结果都要公开），违法行为与处罚相适应原则，处罚救济原则（行政机关应告知受罚者如不服可提出行政复议、提起行政诉讼和行政赔偿）和受处罚不免除民事责任原则。

8. 城乡规划行政处罚种类与程序

城乡规划行政处罚的措施有：责令停止建设、限期拆除或者没收、责令限期改正、罚款等。在具体实施时还要根据违法建设的性质、影响的不同，采用不同的处罚措施。对于进行违法建设活动单位的直接责任人员，城乡规划行政主管部门还可以依法要求其所在单位或者上级主管机关给予必要的行政处分。

城乡规划行政处罚程序是在调查、取证的基础上进行的，分为一般程序和听证程序。

一般程序包括：立案、调查、告知与申辩、作出处罚决定和处罚决定书的送达。

听证程序是指行政执法机关作出处罚之前，由该行政机关相对独立的听证主持人主持，由该行政机关的调查取证人员和行为人作为双方当事人参加的案件，听取意见、获取证据的法定程序。其程序和有关事项包括：当事人要求听证的应当在行政机关告知后3日内提出；行政机关应当在听证的7日前通知当事人举行听证的时间地点；除涉及国家秘密、商业秘密或者个人隐私外，听证公开举行；听证由行政机关指定的非本案调查人员主持；当事人认为主持人与本案有直接利害关系，有权申请回避；当事人可以亲自参加听证，也可以委托1～2人代理；举行听证时，调查人员提出当事人违法的事实、证据和行政处罚建议，当事人进行申辩和质证；听证过程中应当制作笔录；笔录应当交当事人审核无误后签字或者盖章；听证结束后，行政机关依法作出决定。

城乡规划行政处罚的形式是制发行政处罚决定书。行政处罚决定书应当载明：基本情况，违法事实和证据，处罚种类和依据，处罚的履行方式和期限，如不服行政处罚决定时申请行政复议或者提起行政诉讼的途径和期限，作出处罚决定的行政机关的名称，作出处罚决定的日期，最后还要加盖作出处罚决定的行政机关印章。

在行政处罚时应注意的问题：一是行政处罚后应该改正违法行为的，必须责令改正；二是对一次违法行为不得给予两次或者两次以上罚款；三是对于有些违法行为视其情节和影响可以不予处罚；四是当具备从轻或从重处罚条件时，应当予以从轻处罚或从重处罚；五是注意追究违法行为的期限。

附录1　2022年真题、参考答案及解析^①

一、单项选择题（共80题，每题1分，每题的备选项中，只有一个最符合题意）

1. 根据《中共中央 国务院关于完整准确全面贯彻新发展理念做好碳达峰碳中和工作的意见》，下列关于强化国土空间规划和用途管控巩固生态系统碳汇能力的说法中，正确的是(　　)。

A. 严守生态保护红线，严控生态空间占用

B. 严守城镇开发边界，严控生态空间占用

C. 严守耕地保护红线，严控农业空间占用

D. 严守城镇开发边界，严控农业空间占用

【参考答案】A。根据《中共中央 国务院关于完整准确全面贯彻新发展理念做好碳达峰碳中和工作的意见》（中发【2021】36号文）第二十二条，巩固生态系统碳汇能力。强化国土空间规划和用途管控，<u>严守生态保护红线</u>，<u>严控生态空间占用</u>，稳定现有森林、草原、湿地、海洋、土壤、冻土、岩溶等固碳作用。严格控制新增建设用地规模，推动城乡存量建设用地盘活利用。严格执行土地使用标准，加强节约集约用地评价，推广节地技术和节地模式。

2. 根据《国家综合立体交通网规划纲要》，2035年中心城综合客运枢纽之间公共交通转换时间不超过(　　)小时。

A. 0.5　　　　　　　　B. 1　　　　　　　　C. 1.5　　　　　　　　D. 2

【参考答案】B。根据《国家综合立体交通网规划纲要》专栏一，2035年发展目标中明确国家综合立体交通网首先要关注的是"便捷顺畅"问题，关于中心城区及客运枢纽通达时间方面明确，"中心城区至客运枢纽半小时到达，中心城综合客运枢纽之间公共交通转换时间不超过1小时"。

3. 根据《中共中央 国务院关于建立国土空间规划体系并监督实施的若干意见》，下列关于健全国土空间规划用途管制制度的说法，正确的是(　　)。

A. 以国家公园为主体的自然保护地实行特殊保护制度

B. 在城镇开发边界内的建设，实行"分区准入＋规划许可"的管制方式

C. 对重要水源地实行"约束指标＋分区准入"的管制方式

D. 在城镇开发边界外的建设实行"约束指标＋分区准入"的管制方式

【参考答案】A。根据《中共中央 国务院关于建立国土空间规划体系并监督实施的若干意见》第（十三）项"健全用途管制制度"，以国土空间规划为依据，对所有国土空间分区分类实施用途管制。在城镇开发边界内的建设，实行"详细规划＋规划许可"的管制方式；在城镇开发边界外的建设，按照主导用途分区，实行"详细规划＋规划许可"和"约

---

① 编者对部分题目进行了酌情调整，解析中下划线部分为重点提示读者注意部分。

束指标＋分区准入"的管制方式。对以国家公园为主体的自然保护地、重要海域和海岛、重要水源地、文物等实行特殊保护制度。因地制宜制定用途管制制度，为地方管理和创新活动留有空间。由此可见，只有选项 A 是正确的。选项 D 中表述不准确不完整，应该根据主导用途分区，确定不同的管制方式。

4. 根据《中共中央 国务院关于全面推进乡村振兴加快农业农村现代化的意见》，下列关于大力实施乡村建设行动的说法，错误的是(　　　)。

A. 到 2025 年农村自来水普及率达到 80％

B. 有序开展第二轮土地承包到期后再延长 30 年试点

C. 实施农村人居环境整治提升五年行动

D. 对暂时没有编制规划的村庄，严格按照县乡两级国土空间规划中确定的用途管制和建设管理要求进行建设

【参考答案】A。根据《中共中央 国务院关于全面推进乡村振兴加快农业农村现代化的意见》第（十五）项，到 2025 年农村自来水普及率达到 88％。根据第（二十一）项，有序开展第二轮土地承包到期后再延长 30 年试点。根据第（十六）项，实施农村人居环境整治提升五年行动。根据第（十四）项，对暂时没有编制规划的村庄，严格按照县乡两级国土空间规划中确定的用途管制和建设管理要求进行建设。因此，选项 B、C、D 都是正确的。

5. 根据《国家综合立体交通网规划纲要》，下列交通线网不属于国家综合立体交通网主骨架的是(　　　)。

A. 京津冀-粤港澳大湾区　　　　　　　B. 长三角-成渝地区

C. 东部走廊　　　　　　　　　　　　　D. 沪昆走廊

【参考答案】C。根据《国家综合立体交通网规划纲要》专栏三，国家综合立体交通网主骨架布局分为 6 条主轴、7 条走廊、8 条通道，其中 6 条主轴分别为京津冀-长三角主轴、京津冀-粤港澳主轴、京津冀-成渝主轴、长三角-粤港澳主轴、长三角-成渝主轴、粤港澳-成渝主轴，因此可知选项 AB 属于国家综合立体交通网主骨架；7 条走廊分别为京哈走廊、京藏走廊、大陆桥走廊、西部陆海走廊、沪昆走廊、成渝昆走廊、广昆走廊，因此可知选项 D 属于国家综合立体交通网主骨架；8 条通道分别为绥满通道、京延通道、沿边通道、福银通道、二湛通道、川藏通道、湘桂通道、厦蓉通道。综上可知选项 C 不属于国家综合立体交通网主骨架，应为本题答案。

6. 根据《中共中央 国务院关于建立国土空间规划体系并监督实施的若干意见》中高质量发展要求，做好国土空间规划顶层设计，发挥国土空间规划在国家规划体系中的(　　　)作用，为国家发展规划落地实施提供空间保障。

A. 关键性　　　　　B. 基础性　　　　　C. 协调性　　　　　D. 操作性

【参考答案】B。按照《中共中央 国务院关于建立国土空间规划体系并监督实施的若干意见》第二部分"总体要求"中关于指导思想的描述，以习近平新时代中国特色社会主义思想为指导，全面贯彻党的十九大和十九届二中、三中全会精神，紧紧围绕统筹推进"五位一体"总体布局和协调推进"四个全面"战略布局，坚持新发展理念，坚持以人民为中心，坚持一切从实际出发，按照高质量发展要求，做好国土空间规划顶层设计，发挥国土空间规划在国家规划体系中的基础性作用，为国家发展规划落地实施提供空间保障。因

此，选项 B 是正确的。

7. 《中共中央 国务院关于深入打好污染防治攻坚战的意见》中，2025 年发展指标错误的是(　　)。

A. 空气质量优良天数比率达到 87.5%

B. 地表水Ⅰ—Ⅲ类水体比例达到 85%

C. 地级及以上城市细颗粒物（PM2.5）浓度下降 10%

D. 近岸海域水质优良（一、二类）比例达到 75%左右

【参考答案】D。根据《中共中央 国务院关于深入打好污染防治攻坚战的意见》中的"主要目标"：到 2025 年，生态环境持续改善，主要污染物排放总量持续下降，单位国内生产总值二氧化碳排放比 2020 年下降 18%，地级及以上城市细颗粒物（PM2.5）浓度下降 10%，空气质量优良天数比率达到 87.5%，地表水Ⅰ—Ⅲ类水体比例达到 85%，近岸海域水质优良（一、二类）比例达到 79%左右，重污染天气、城市黑臭水体基本消除，土壤污染风险得到有效管控，固体废物和新污染物治理能力明显增强，生态系统质量和稳定性持续提升，生态环境治理体系更加完善，生态文明建设实现新进步。因此选项 D 是不正确的。

8. 下列选项中，属于三条控制线的是(　　)。

A. 耕地保护红线

B. 生态保护红线

C. 乡村建设边界

D. 水源保护地界

【参考答案】B。根据《中共中央 国务院关于建立国土空间规划体系并监督实施的若干意见》第四部分"编制要求"中第八条，规划编制要提高科学性，坚持生态优先、绿色发展，尊重自然规律、经济规律、社会规律和城乡发展规律，因地制宜开展规划编制工作；坚持节约优先、保护优先、自然恢复为主的方针，在资源环境承载能力和国土空间开发适宜性评价的基础上，科学有序统筹布局生态、农业、城镇等功能空间，划定生态保护红线、永久基本农田、城镇开发边界等空间管控边界以及各类海域保护线，强化底线约束，为可持续发展预留空间。生态保护红线、永久基本农田、城镇开发边界就是三条控制线。因此选项 B 是正确的。

9. 关于自然保护地规划的说法，正确的是(　　)。

A. 将耕地和基本农田区域规划为重要的自然生态空间，纳入自然保护地体系

B. 将具有生态功能的区域规划为重要的自然生态空间，纳入自然保护地体系

C. 将所有生态系统区域规划为重要的自然生态空间，纳入自然保护地体系

D. 将生态功能重要、生态系统脆弱、自然生态保护空缺的区域规划为重要的自然生态空间，纳入自然保护地体系

【参考答案】D。中共中央办公厅、国务院办公厅印发《关于建立以国家公园为主体的自然保护地体系的指导意见》第二部分"构建科学合理的自然保护地体系的"（七）编制自然保护地规划"中规定，落实国家发展规划提出的国土空间开发保护要求，依据国土空间规划，编制自然保护地规划，明确自然保护地发展目标、规模和划定区域，将生态功能重要、生态系统脆弱、自然生态保护空缺的区域规划为重要的自然生态空间，纳入自然保护地体系。因此答案是选项 D。自然保护地主要在保护生物多样性、保存自然遗产、改善生态环境质量和维护国家生态安全方面发挥重要作用，选项 A 中耕地和基本农田不是纳入

自然保护地的必然条件。

10. 中共中央办公厅、国务院办公厅印发的《关于推动城乡建设绿色发展的意见》中关于城乡基础设施体系化水平措施中，错误的是(   )。

A. 公交优先、绿色出行

B. 加快发展智能网联汽车

C. 城镇污水管网覆盖 90%

D. 建立污水处理系统运营管理长效机制

【参考答案】C。《关于推动城乡建设绿色发展的意见》第三部分"转变城乡建设发展方式"的第二项"提高城乡基础设施体系化水平"指出，建立健全基础设施建档制度，普查现有基础设施，统筹地下空间综合利用。推进城乡基础设施补短板和更新改造专项行动以及体系化建设，提高基础设施绿色、智能、协同、安全水平。加强公交优先、绿色出行的城市街区建设，合理布局和建设城市公交专用道、公交场站、车船用加气加注站、电动汽车充换电站，加快发展智能网联汽车、新能源汽车、智慧停车及无障碍基础设施，强化城市轨道交通与其他交通方式衔接。加强交通噪声管控，落实城市交通设计、规划、建设和运行噪声技术要求。加强城市高层建筑、大型商业综合体等重点场所消防安全管理，打通消防生命通道，推进城乡应急避难场所建设。持续推动城镇污水处理提质增效，完善再生水、集蓄雨水等非常规水源利用系统，推进城镇污水管网全覆盖，建立污水处理系统运营管理长效机制。因地制宜加快连接港区管网建设，做好船舶生活污水收集处理。统筹推进煤改电、煤改气及集中供热替代等，加快农村电网、天然气管网、热力管网等建设改造。因此选项 C 错误，应该是 100%。

11. 《国务院办公厅关于加强草原保护修复的若干意见》中关于草原保护主要目标，说法错误的是(   )。

A. 到 2025 年，草原保护修复制度体系基本建立

B. 到 2025 年草原综合植被盖度稳定在 45%左右

C. 到 2035 年草原综合植被盖度稳定在 60%左右

D. 到本世纪中叶，退化草原得到全面治理和修复

【参考答案】B。根据《国务院办公厅关于加强草原保护修复的若干意见》第一部分"总体要求"的第三点主要目标，到 2025 年，草原保护修复制度体系基本建立，草畜矛盾明显缓解，草原退化趋势得到根本遏制，草原综合植被盖度稳定在 57%左右，草原生态状况持续改善。到 2035 年，草原保护修复制度体系更加完善，基本实现草畜平衡，退化草原得到有效治理和修复，草原综合植被盖度稳定在 60%左右，草原生态功能和生产功能显著提升，在美丽中国建设中的作用彰显。到本世纪中叶，退化草原得到全面治理和修复，草原生态系统实现良性循环，形成人与自然和谐共生的新格局。

12. 《国务院办公厅关于印发"十四五"文物保护和科技创新规划的通知》中不是"考古中国"重大项目的是(   )。

A. 长江中游地区文明化进程研究

B. 南岛语族起源与扩散研究

C. 海岱地区文明化进程研究

D. 殷墟大遗址文物本体保护研究

【参考答案】D。根据《国务院办公厅关于印发"十四五"文物保护和科技创新规划的通知》专栏三,"考古中国"重大项目主要有"夏文化研究""河套地区聚落与社会研究""中原地区文明化进程研究""海岱地区文明化进程研究""长江下游区域文明模式研究""长江中游地区文明化进程研究""川渝地区巴蜀文明进程研究""南岛语族起源与扩散研究"等。因此选项D不在"考古中国"重大项目范围内。

13. 根据《自然资源部 农业农村部 国家林业和草原局关于严格耕地用途管制有关问题的通知》,关于永久基本农田说法错误的是(   )。

A. 各地要在永久基本农田之外的优质耕地中,划定永久基本农田储备区并上图入库

B. 建设项目经依法批准占用永久基本农田的,必须从永久基本农田储备区耕地中补划,不能在其他区域中补划

C. 土地整理复垦开发和新建高标准农田增加的优质耕地应当优先划入永久基本农田储备区

D. 高标准农田建设中必要的灌溉及排水设施占用或优化永久基本农田布局的,要在项目区内予以补足

【参考答案】B。根据《自然资源部 农业农村部 国家林业和草原局关于严格耕地用途管制有关问题的通知》第三部分"严格永久基本农田占用与补划"中规定,①建立健全永久基本农田储备区制度。各地要在永久基本农田之外的优质耕地中,划定永久基本农田储备区并上图入库。土地整理复垦开发和新建高标准农田增加的优质耕地应当优先划入永久基本农田储备区。②建设项目经依法批准占用永久基本农田的,应当从永久基本农田储备区耕地中补划,储备区中难以补足的,在县域范围内其他优质耕地中补划;县域范围内无法补足的,可在市域范围内补划;个别市域范围内仍无法补足的,可在省域范围内补划。③在土地整理复垦开发和高标准农田建设中,开展必要的灌溉及排水设施、田间道路、农田防护林等配套建设涉及少量占用或优化永久基本农田布局的,要在项目区内予以补足;难以补足的,县级自然资源主管部门要在县域范围内同步落实补划任务。综合以上内容可知,选项B的说法不正确。

14. 根据《自然资源部 国家文物局关于在国土空间规划编制实施中加强历史文化遗产保护管理的指导意见》下列关于考古和文物保护用地的说法中,错误的是(   )。

A. 经文物主管部门核定可能存在历史文化遗存的土地,确定空间范围后,可以收储入库

B. 在文物主管部门完成考古工作,认定确需依法保护的文物,并提出具体保护要求后,自然资源主管部门在国土空间规划编制、土地出让中落实

C. 各地自然资源主管部门对国家考古遗址公园建设等重大历史文化遗产保护利用项目的合理用地需求应予保障

D. 考古和文物保护工地建设临时性文物保护设施、工地安全设施、后勤设施的,可按临时用地规范管理

【参考答案】A。根据《自然资源部国家文物局关于在国土空间规划编制实施中加强历史文化遗产保护管理的指导意见》第五条规定,经文物主管部门核定可能存在历史文化遗存的土地,要实行"先考古、后出让"制度,在依法完成考古调查、勘探、发掘前,原则上不予收储入库或出让。在文物主管部门完成考古工作,认定确需依法保护的文物,并提出具体保护要求后,自然资源主管部门在国土空间规划编制、土地出让中落实。暂不具备考

古前置条件的，文物主管部门应在土地出让前完成考古工作。第六条规定，各地自然资源主管部门对国家考古遗址公园建设等重大历史文化遗产保护利用项目的合理用地需求应予保障。考古和文物保护工地建设临时性文物保护设施、工地安全设施、后勤设施的，可按临时用地规范管理。

15. 根据《自然资源部关于以"多规合一"为基础推进规划用地"多审合一、多证合一"改革的通知》，将建设用地规划许可证、建设用地批准书合并，自然资源主管部门统一核发新的( )。

A. 建设项目选址意见书   B. 建设用地规划许可证

C. 建设用地批准和规划许可证   D. 建设用地批准书

【参考答案】B。根据《自然资源部关于以"多规合一"为基础推进规划用地"多审合一、多证合一"改革的通知》第二部分"合并建设用地规划许可和用地批准"的有关规定，将建设用地规划许可证、建设用地批准书合并，自然资源主管部门统一核发新的建设用地规划许可证，不再单独核发建设用地批准书。

16. 根据《自然资源部关于全面开展国土空间规划工作的通知》，下列关于国土空间规划报批审查，错误的是( )。

A. 按照"管什么就批什么"的原则进行审查

B. 对省级和市县国土空间规划，侧重控制性审查，重点审查目标定位、底线约束、控制性指标、相邻关系等，并对规划程序和报批成果形式作合规性审查

C. 对省级和市县国土空间规划大纲报批环节压缩审查时间

D. 省级国土空间规划和国务院审批的市级国土空间总体规划，自审批机关交办之日起，一般应在90天内完成审查工作，上报国务院审批

【参考答案】C。根据《自然资源部关于全面开展国土空间规划工作的通知》第三部分"明确国土空间规划报批审查的要点"的规定，按照"管什么就批什么"的原则，对省级和市县国土空间规划，侧重控制性审查，重点审查目标定位、底线约束、控制性指标、相邻关系等，并对规划程序和报批成果形式作合规性审查。第四部分规定改进规划报批审查方式，简化报批流程，取消规划大纲报批环节。压缩审查时间，省级国土空间规划和国务院审批的市级国土空间总体规划，自审批机关交办之日起，一般应在90天内完成审查工作，上报国务院审批。因此选项C是不正确的。

17. 根据《自然资源部办公厅关于加强国土空间规划监督管理的通知》，下列关于国土空间规划编制实施管理的说法错误的是( )。

A. 在"多规合一"基础上全面推进规划用地"多审合一、多证合一"

B. 实行编制单位终身负责制

C. 推动开展第三方独立技术审查

D. 尚未建成系统的，不得开展人工留痕制度

【参考答案】D。根据《自然资源部办公厅关于加强国土空间规划监督管理的通知》第一部分"总体要求"中第二点"改进工作作风"的规定，深化"放管服"改革，在"多规合一"基础上全面推进规划用地"多审合一、多证合一"，提高审批效率。根据第二部分"规范规划编制审批"中第二点"建立健全国土空间规划'编''审'分离机制"的规定，规划编制实行编制单位终身负责制；规划审查应充分发挥规划委员会的作用，实行参编单

位专家回避制度，推动开展第三方独立技术审查。根据第四部分"实行规划全周期管理"中第二点"建立规划编制、审批、修改和实施监督全程留痕制度"的规定，要在国土空间规划"一张图"实施监督信息系统中设置自动强制留痕功能；尚未建成系统的，必须落实人工留痕制度，确保规划管理行为全过程可回溯、可查询。因此选项 D 不正确。

18. 根据《自然资源部办公厅关于规范和统一市县国土空间规划现状基数的通知》，对于已办理供地手续，但尚未办理土地使用权登记的，如何认定建设用地(　　　)。

A. 农转用办理的范围和时间

B. 土地出让合同或划拨决定书的范围和用途

C. 国土空间开发适宜性评价

D. 第三次土地调查情况

【参考答案】B。根据《自然资源部办公厅关于规范和统一市县国土空间规划现状基数的通知》中附件"规划现状基数分类转换规则"中的规定，已办理供地手续，但尚未办理土地使用权登记的，按土地出让合同或划拨决定书的范围和用途认定为建设用地。

19. 根据《自然资源部办公厅关于加强村庄规划促进乡村振兴的通知》，错误的是(　　　)。

A. 因地制宜，分类编制

B. 村庄规划在上报前在村内公示

C. 规划批准之日起 30 个工作日内，规划成果应通过"上墙、上网"等多种方式公开

D. 规划批准 30 个工作日内，规划成果逐级汇交至省级自然资源主管部门

【参考答案】C。根据《自然资源部办公厅关于加强村庄规划促进乡村振兴的通知》"编制要求"的第（十五）条"强化村民主体和村党组织、村民委员会主导"的规定，村庄规划在报送审批前应在村内公示 30 日，报送审批时应附村民委员会审议意见和村民会议或村民代表会议讨论通过的决议。根据第（十七）条"因地制宜，分类编制"的规定，对于重点发展或需要进行较多开发建设、修复整治的村庄，编制实用的综合性规划；对于不进行开发建设或只进行简单的人居环境整治的村庄，可只规定国土空间用途管制规则、建设管控和人居环境整治要求作为村庄规划；对于综合性的村庄规划，可以分步编制，分步报批，先编制近期急需的人居环境整治等内容，后期逐步补充完善；对于紧邻城镇开发边界的村庄，可与城镇开发边界内的城镇建设用地统一编制详细规划。根据第（十八）条"简明成果表达"的规定，规划批准之日起 20 个工作日内，规划成果应通过"上墙、上网"等多种方式公开，30 个工作日内，规划成果逐级汇交至省级自然资源主管部门，叠加到国土空间规划"一张图"上。因此选项 C 不正确。

20. 关于《民法典》中地役权说法正确的是(　　　)。

A. 以协议方式获得地役权

B. 地役权自登记时生效

C. 地役权可以单独出让

D. 地役权人有权按照合同约定，利用他人的不动产，以提高自己的不动产的效益

【参考答案】D。《民法典》"第十五章 地役权"第三百七十二条明确规定，地役权人有权按照合同约定，利用他人的不动产，以提高自己的不动产的效益。第三百七十三条规定，设立地役权，当事人应当采用书面形式订立地役权合同。第三百七十四条规定，地役权自地役权合同生效时设立。当事人要求登记的，可以向登记机构申请地役权登记；未经登

记，不得对抗善意第三人。第三百八十条规定，地役权不得单独转让。第三百八十一条规定，地役权不得单独抵押。因此，只有选项 D 是正确的。

21. 根据《土地管理法》，下列不可用划拨方式取得国有土地使用权的是(   )。

A. 国家机关用地和军事用地

B. 城市基础设施用地和公益事业用地

C. 工业用地

D. 国家重点扶持的能源、交通、水利等基础设施用地

【参考答案】C。根据《土地管理法》第五十四条规定，建设单位使用国有土地，应当以出让等有偿使用方式取得；但是，下列建设用地，经县级以上人民政府依法批准，可以以划拨方式取得：国家机关用地和军事用地；城市基础设施用地和公益事业用地；国家重点扶持的能源、交通、水利等基础设施用地；法律、行政法规规定的其他用地。由此可见选项 C 是不正确的，工业用地需要通过出让的方式取得。

22. 根据《土地管理法》《土地管理法实施条例》，关于永久基本农田划定的说法，错误的是(   )。

A. 永久基本农田划定以乡（镇）为单位进行

B. 由县级人民政府自然资源主管部门会同同级农业农村主管部门组织实施

C. 县级人民政府应当将永久基本农田的位置、范围向社会公告，并设立保护标志

D. 永久基本农田应当落实到地块，纳入国家永久基本农田数据库严格管理

【参考答案】C。根据《土地管理法》第三十四条规定，永久基本农田划定以乡（镇）为单位进行，由县级人民政府自然资源主管部门会同同级农业农村主管部门组织实施。永久基本农田应当落实到地块，纳入国家永久基本农田数据库严格管理。乡（镇）人民政府应当将永久基本农田的位置、范围向社会公告，并设立保护标志。因此选项 C 是不正确的。

23. 下列不属于我国的国家粮食安全战略的是(   )。

A. 以我为主   B. 科技支撑

C. 确保产能   D. 控制出口

【参考答案】D。根据《乡村振兴战略规划（2018－2022 年)》中第十一章的"第一节健全粮食安全保障机制"，坚持以我为主、立足国内、确保产能、适度进口、科技支撑的国家粮食安全战略，建立全方位的粮食安全保障机制。因此选项 D 不属于国家粮食安全战略内容。

24. 根据《文物保护法》，下列关于不可移动文物说法错误的是(   )。

A. 建设工程选址，应当尽可能避开不可移动文物

B. 无法实施原址保护，必须迁移异地保护或者拆除的，应当报省、自治区、直辖市人民政府批准

C. 国有不可移动文物由使用人负责修缮、保养

D. 不可移动文物已经全部毁坏的，应当在原址重建

【参考答案】D。《文物保护法》第二十条规定，建设工程选址，应当尽可能避开不可移动文物；因特殊情况不能避开的，对文物保护单位应当尽可能实施原址保护。实施原址保护的，建设单位应当事先确定保护措施，根据文物保护单位的级别报相应的文物行政部门批准；未经批准的，不得开工建设。无法实施原址保护，必须迁移异地保护或者拆除的，应

当报省、自治区、直辖市人民政府批准；迁移或者拆除省级文物保护单位的，批准前须征得国务院文物行政部门同意。全国重点文物保护单位不得拆除；需要迁移的，须由省、自治区、直辖市人民政府报国务院批准。第二十一条规定，<u>国有不可移动文物由使用人负责修缮、保养</u>；非国有不可移动文物由所有人负责修缮、保养。第二十二条规定，不可移动文物已经全部毁坏的，应当实施遗址保护，<u>不得在原址重建</u>。由此可见，选项 D 是不正确的。

25. 关于集体经营性用地，错误的是（　　）。

A. 确定为工业、商业等经营性用途，并经依法登记的集体经营性建设用地，土地所有权人可以通过出让、出租等方式交由单位或者个人使用

B. 集体经营性建设用地出让、出租等，应当经本集体经济组织成员的村民会议三分之二以上成员或者三分之二以上村民代表的同意

C. 通过出让等方式取得的集体经营性建设用地使用权可以转让、互换、出资、赠与或者抵押

D. 集体经营性建设用地使用年限不超过 30 年

【参考答案】D。根据《土地管理法》第六十三条，土地利用总体规划、城乡规划确定为<u>工业、商业等经营性用途，并经依法登记的集体经营性建设用地，土地所有权人可以通过出让、出租等方式交由单位或者个人使用</u>，集体经营性建设用地出让、出租等，应当经本集体经济组织成员的村民会议三分之二以上成员或者三分之二以上村民代表的同意。通过出让等方式取得的集体经营性建设用地使用权可以转让、互换、出资、赠与或者抵押，但法律、行政法规另有规定或者另有约定的除外。集体经营性建设用地的出租，集体建设用地使用权的出让及其最高年限、转让、互换、出资、赠与、抵押等，参照同类用途的国有建设用地执行，具体办法由国务院制定。按照《中华人民共和国城镇国有土地使用权出让和转让暂行条例》第十二条规定，土地使用权出让最高年限为：居住用地七十年；工业用地五十年；教育、科技、文化、卫生、体育用地五十年；商业、旅游、娱乐用地四十年；综合或者其他用地五十年。因此选项 D 是不正确的。

26.《环境影响评估法》中关于建设项目的环境影响评估办法，错误的是（　　）。

A. 作为一项整体建设项目的规划，按照专项规划进行环境影响评价

B. 建设项目的环境影响评价，<u>应当避免与规划的环境影响评价相重复</u>

C. 国家根据建设项目对环境的影响程度，对建设项目的环境影响评价实行分类管理

D. 环境影响报告表和环境影响登记表的内容和格式，由国务院生态环境主管部门制定

【参考答案】A。根据《环境影响评估法》第十八条，建设项目的环境影响评价，应当避免与规划的环境影响评价相重复。<u>作为一项整体建设项目的规划，按照建设项目进行环境影响评价，不进行规划的环境影响评价</u>。根据第十六条，国家根据建设项目对环境的影响程度，对建设项目的环境影响评价实行分类管理。根据第十七条，环境影响报告表和环境影响登记表的内容和格式，由国务院生态环境主管部门制定。因此选项 A 是不正确的。

27. 根据《噪声污染防治法》，国家鼓励开展宁静小区、静音车厢等宁静区域创建活动，下列关于噪声敏感建筑物集中区域管理的说法，错误的是（　　）。

A. 国家鼓励开展宁静小区、静音车厢等宁静区域创建活动

B. 在噪声敏感建筑物集中区域施工作业，应当优先使用低噪声施工工艺和设备

C. 在噪声敏感建筑物集中区域，尽量不新建排放噪声的工业企业

D. 在噪声敏感建筑物集中区域施工作业，建设单位应当按照国家规定，设置噪声自动监测系统

【参考答案】C。《噪声污染防治法》第三十五条规定，在噪声敏感建筑物集中区域，禁止新建排放噪声的工业企业，改建、扩建工业企业的，应当采取有效措施防止工业噪声污染。第四十一条规定，在噪声敏感建筑物集中区域施工作业，应当优先使用低噪声施工工艺和设备。第四十二条规定，在噪声敏感建筑物集中区域施工作业，建设单位应当按照国家规定，设置噪声自动监测系统，与监督管理部门联网，保存原始监测记录，对监测数据的真实性和准确性负责。第三十二条规定，国家鼓励开展宁静小区、静音车厢等宁静区域创建活动，共同维护生活环境和谐安宁。因此选项C不正确，应当是"禁止"，不是"尽量不"。

28. 关于《土壤污染防治法》，下列关于防治农用地和建设用地土壤污染的说法错误的是( )。

A. 及时将需要实施风险管控、修复的地块纳入建设用地土壤污染风险管控和修复名录，并定期向国务院生态环境主管部门报告

B. 县级以上地方人民政府应当依法将符合条件的优先保护类耕地划为永久基本农田，实行严格保护

C. 列入建设用地土壤污染风险管控和修复名录的地块，不得作为住宅、公共管理与公共服务用地

D. 建设用地土壤污染风险管控和修复名录由市级人民政府生态环境主管部门会同自然资源等主管部门制定，按照规定向社会公开

【参考答案】D。《土壤污染防治法》第六十一条规定，省级人民政府生态环境主管部门应当会同自然资源等主管部门按照国务院生态环境主管部门的规定，对土壤污染风险评估报告组织评审，及时将需要实施风险管控、修复的地块纳入建设用地土壤污染风险管控和修复名录，并定期向国务院生态环境主管部门报告。列入建设用地土壤污染风险管控和修复名录的地块，不得作为住宅、公共管理与公共服务用地。第五十条规定，县级以上地方人民政府应当依法将符合条件的优先保护类耕地划为永久基本农田，实行严格保护。第五十八条规定，建设用地土壤污染风险管控和修复名录由省级人民政府生态环境主管部门会同自然资源等主管部门制定，按照规定向社会公开，并根据风险管控、修复情况适时更新。因此选项D不正确。

29. 土地污染调查( )年一次。

A. 1   B. 2   C. 5   D. 10

【参考答案】D。《土壤污染防治法》第十四条规定，国务院生态环境主管部门会同国务院农业农村、自然资源、住房城乡建设、林业草原等主管部门，每十年至少组织开展一次全国土壤污染状况普查。

30. 根据《中华人民共和国海洋环境保护法》，下列选项错误的是( )。

A. 国务院环境保护行政主管部门作为对全国环境保护工作统一监督管理的部门，对全国海洋环境保护工作实施指导、协调和监督

B. 军队环境保护部门负责军事船舶污染海洋环境的监督管理及污染事故的调查处理

C. 沿海县级以上地方人民政府行使海洋环境监督管理权的部门的职责，由省、自治区、直辖市人民政府根据本法及国务院有关规定确定

D. 环境保护行政主管部门负责海洋环境的监督管理，组织海洋环境的调查、监测、监视、评价和科学研究

【参考答案】D。《中华人民共和国海洋环境保护法》第五条规定，国务院环境保护行政主管部门作为对全国环境保护工作统一监督管理的部门，对全国海洋环境保护工作实施指导、协调和监督。第五条规定，军队环境保护部门负责军事船舶污染海洋环境的监督管理及污染事故的调查处理。沿海县级以上地方人民政府行使海洋环境监督管理权的部门的职责，由省、自治区、直辖市人民政府根据本法及国务院有关规定确定。<u>国家海洋行政主管部门负责海洋环境的监督管理，组织海洋环境的调查、监测、监视、评价和科学研究</u>，负责全国防治海洋工程建设项目和海洋倾倒废弃物对海洋污染损害的环境保护工作。由此可见，海洋环境的监督、管理、评价、监测等方面的工作是由国家海洋行政主管部门即国家海洋局承担，因此选项D是不正确的。

31. 根据《湿地保护法》，下列错误的是( )。

A. 国家严格控制占用湿地

B. 国家重大项目、防灾减灾项目、重要水利及保护设施项目、湿地保护项目禁止占用国家重要湿地

C. 建设项目选址、选线应当避让湿地

D. 临时占用湿地的期限一般不得超过二年

【参考答案】B。《湿地保护法》第十九条规定，国家严格控制占用湿地。禁止占用国家重要湿地，<u>国家重大项目、防灾减灾项目、重要水利及保护设施项目、湿地保护项目等除外</u>。建设项目选址、选线应当避让湿地，无法避让的应当尽量减少占用，并采取必要措施减轻对湿地生态功能的不利影响。第二十条规定，临时占用湿地的期限一般不得超过二年，并不得在临时占用的湿地上修建永久性建筑物。因此选项B不正确。

32. 根据《湿地保护法》，以下关于湿地保护与利用的说法中错误的是( )。

A. 禁止占用红树林湿地

B. 禁止采摘红树林种子或采伐、采挖、移植红树林

C. 相关建设项目改变红树林所在河口水文情势，应当采取有效措施减轻不利影响

D. 因科研、医药或者红树林湿地保护等需要采伐、采挖、移植、采摘的，应当依照有关法律法规办理

【参考答案】B。《湿地保护法》第三十四条规定，禁止占用红树林湿地。经省级以上人民政府有关部门评估，确因国家重大项目、防灾减灾等需要占用的，应当依照有关法律规定办理，并做好保护和修复工作。相关建设项目改变红树林所在河口水文情势、对红树林生长产生较大影响的，应当采取有效措施减轻不利影响。禁止在红树林湿地挖塘，禁止采伐、采挖、移植红树林或者<u>过度采摘红树林种子</u>，禁止投放、种植危害红树林生长的物种。因科研、医药或者红树林湿地保护等需要采伐、采挖、移植、采摘的，应当依照有关法律法规办理。由此可见，红树林种子不是完全禁止采摘，是禁止过度采摘。

33. 根据《长江保护法》，以下关于长江流域管控说法中正确的是( )。

A. 国家对长江流域生态系统实行自然恢复与人工修复为主的系统治理

B. 国务院自然资源主管部门会同国务院有关部门编制长江流域生态环境修复规划

C. 长江流域市级以上地方人民政府应当按照国家有关规定做好长江流域重点水域退捕渔民的补偿、转产和社会保障工作

D. 长江流域其他水域禁捕、限捕管理办法由市级以上地方人民政府制定

【参考答案】B。《长江保护法》第五十二条规定，国家对长江流域生态系统实行<u>自然恢复为主</u>、自然恢复与人工修复相结合的系统治理。国务院自然资源主管部门会同国务院有关部门编制长江流域生态环境修复规划，组织实施重大生态环境修复工程，统筹推进长江流域各项生态环境修复工作。第五十三条规定，<u>长江流域县级以上地方人民政府</u>应当按照国家有关规定做好长江流域重点水域退捕渔民的补偿、转产和社会保障工作。长江流域其他水域禁捕、限捕管理办法由<u>县级以上地方人民政府</u>制定。选项A、C、D均不正确，选项B正确。

34. 根据《防震减灾法》，下列关于地震灾害预防的说法中正确的是(　　)。

A. 设计单位对建设工程的抗震设计、施工的全过程负责

B. 国务院地震工作主管部门负责审定地震小区划图

C. 重大建设工程和可能发生严重次生灾害的建设工程，应当按照省政府有关规定进行地震安全性评价

D. 市人民政府负责管理地震工作的部门或者机构，负责审定建设工程的地震安全性评价报告

【参考答案】B。《防震减灾法》第三十八条规定，建设单位对建设工程的抗震设计、施工的全过程负责。第三十七条规定，国家鼓励城市人民政府组织制定地震小区划图，地震小区划图由国务院地震工作主管部门负责审定。第三十五条规定，重大建设工程和可能发生严重次生灾害的建设工程，应当按照国务院有关规定进行地震安全性评价，并按照经审定的地震安全性评价报告所确定的抗震设防要求进行抗震设防。第三十四条规定，国务院地震工作主管部门和省、自治区、直辖市人民政府负责管理地震工作的部门或者机构，负责审定建设工程的地震安全性评价报告，确定抗震设防要求。因此，只有选项B是正确的。

35. 根据《军事设施保护法》，关于军事禁区划定级管控要求的说法中错误的是(　　)。

A. 军事管理区是指设有较重要军事设施或者军事设施安全保密要求较高、具有较大危险因素需要国家采取特殊措施加以保护，依照法定程序和标准制定的军事区域

B. 陆地、空中、水域的军事禁区、军事管理区的范围由省、自治区、直辖市人民政府和有关军级以上军事机关共同划定

C. 军事禁区、军事管理区的范围由国务院有关部门和有关军级以上军事机关共同划定

D. 在陆地军事禁区内，禁止建造、设置非军事设施，禁止开发利用地下空间

【参考答案】B。《军事设施保护法》第九条规定，军事管理区是指设有较重要军事设施或者军事设施安全保密要求较高、具有较大危险因素，需要国家采取特殊措施加以保护，依照法定程序和标准划定的军事区域。第十条规定，军事禁区、军事管理区由国务院和中央军事委员会确定，或者由有关军事机关根据国务院和中央军事委员会的规定确定。第十一条规定，陆地和水域的军事禁区、军事管理区的范围，由省、自治区、直辖市人民政府和有关军级以上军事机关共同划定，或者由省、自治区、直辖市人民政府、国务院有关部门

和有关军级以上军事机关共同划定。<u>空中军事禁区和特别重要的陆地、水域军事禁区的范围，由国务院和中央军事委员会划定。</u>第十八条规定，在陆地军事禁区内，禁止建造、设置非军事设施，禁止开发利用地下空间。但是，经战区级以上军事机关批准的除外。在水域军事禁区内，禁止建造、设置非军事设施，禁止从事水产养殖、捕捞以及其他妨碍军用舰船行动、危害军事设施安全和使用效能的活动。因此，选项 B 中关于空中军事禁区的划定职责不正确。

36. 根据《森林法》，以下关于森林保护的说法中错误的是(　　)。

A. 矿藏勘查、开采以及其他各类工程建设，应当不占或者少占林地

B. 县级以上人民政府林业主管部门应当按照规定安排植树造林

C. <u>占用林地的单位应当缴纳土地复垦费</u>

D. 国家实行天然林全面保护制度，严格限制天然林采伐

【参考答案】C。《森林法》第三十七条规定，矿藏勘查、开采以及其他各类工程建设，应当不占或者少占林地；确需占用林地的，应当经县级以上人民政府林业主管部门审核同意，依法办理建设用地审批手续。<u>占用林地的单位应当缴纳森林植被恢复费。</u>县级以上人民政府林业主管部门应当按照规定安排植树造林，恢复森林植被，植树造林面积不得少于因占用林地而减少的森林植被面积。第三十二条规定，国家实行天然林全面保护制度，严格限制天然林采伐，加强天然林管护能力建设，保护和修复天然林资源，逐步提高天然林生态功能。土地复垦费是《土地管理法》及《土地复垦条例》中所规定的内容，主要是指对生产建设活动和自然灾害损毁的土地，采取整治措施，使其达到可供利用状态的活动，由此而产生的费用，与森林植被恢复费用不一样。因此选项 C 不正确。

37. 根据《行政诉讼法》，不能作为人民法院审理行政案件的依据的是(　　)。

A. 规章　　　　　　　　　　　B. 法律

C. 行政法规　　　　　　　　　D. 地方性法规

【参考答案】A。《行政诉讼法》第六十三条规定，人民法院审理行政案件，以法律和行政法规、地方性法规为依据。地方性法规适用于本行政区域内发生的行政案件。人民法院审理民族自治地方的行政案件，并以该民族自治地方的自治条例和单行条例为依据。人民法院审理行政案件，<u>参照规章</u>。因此选项 A 不正确。

38. 根据《立法法》，关于法律效力等级，以下错误的是(　　)。

A. 部门规章大于地方政府规章　　B. 地方法规大于本级行政规章

C. 行政法规大于地方性法规　　　D. 法律大于行政法规

【参考答案】A。根据《立法法》第八十七条、八十八条、八十九条、九十一条规定，宪法具有最高的法律效力，一切法律、行政法规、地方性法规、自治条例和单行条例、规章都不得同宪法相抵触；法律的效力高于行政法规、地方性法规、规章；行政法规的效力高于地方性法规、规章；地方性法规的效力高于本级和下级地方政府规章；省、自治区的人民政府制定的规章的效力高于本行政区域内的设区的市、自治州的人民政府制定的规章；<u>部门规章之间、部门规章与地方政府规章之间具有同等效力</u>，在各自的权限范围内施行。因此选项 A 不正确。

39. 根据《行政许可法》，对于已经生效的行政许可，下列哪个是不正确的(　　)。

A. 行政相对人不服行政许可，可提起行政复议

B. 行政相对人不服行政许可，可提起民事诉讼

C. 行政机关不得擅自改变已经生效的行政许可

D. 行政机关为了公共利益的需要，可以撤回行政许可

【参考答案】B。根据《行政许可法》第七条规定，公民、法人或者其他组织对行政机关实施行政许可，享有陈述权、申辩权，有权依法申请行政复议或者提起行政诉讼，有权依法要求赔偿。第八条规定，公民、法人或者其他组织依法取得的行政许可受法律保护，行政机关不得擅自改变已经生效的行政许可。行政许可所依据的法律、法规、规章修改或者废止，或者准予行政许可所依据的客观情况发生重大变化的，为了公共利益的需要，<u>行政机关可以依法变更或者撤回已经生效的行政许可</u>，由此给公民、法人或者其他组织造成财产损失的，行政机关应当依法给予补偿。

40. 关于《行政处罚法》，下列关于听证程序的说法中，错误的是(　　)。

A. 当事人要求听证的，应当在行政机关告知后七日内提出

B. 行政机关应当在举行听证的七日前，通知当事人及有关人员听证的时间、地点

C. 当事人及其代理人无正当理由拒不出席听证或者未经许可中途退出听证的，行政机关可以终止听证

D. 举行听证时，调查人员提出当事人违法的事实、证据和行政处罚建议，当事人进行申辩和质证

【参考答案】A。根据《行政处罚法》第六十四条第1、2、6、7项规定，<u>当事人要求听证的，应当在行政机关告知后五日内提出</u>；行政机关应当在举行听证的七日前，通知当事人及有关人员听证的时间、地点；当事人及其代理人无正当理由拒不出席听证或者未经许可中途退出听证的，视为放弃听证权利，行政机关终止听证；举行听证时，调查人员提出当事人违法的事实、证据和行政处罚建议，当事人进行申辩和质证。因此选项A的时间是不正确的。

41. 根据《土地管理实施条例》，下列关于宅基地管理的说法中，错误的是(　　)。

A. 宅基地申请依法经农村村民集体讨论通过并在本集体范围内公示后，报乡（镇）人民政府审核批准

B. 涉及占用农用地的，应当依法办理农用地转用审批手续

C. 宅基地申请应报村民委员会审核批准

D. 国家允许进城落户的农村村民依法自愿有偿退出宅基地

【参考答案】C。《土地管理法实施条例》第三十四条、三十五条规定，农村村民申请宅基地的，应当以户为单位向农村集体经济组织提出申请；没有设立农村集体经济组织的，应当向所在的村民小组或者村民委员会提出申请。宅基地申请依法经农村村民集体讨论通过并在本集体范围内公示后，<u>报乡（镇）人民政府审核批准</u>。涉及占用农用地的，应当依法办理农用地转用审批手续。国家允许进城落户的农村村民依法自愿有偿退出宅基地。因此选项C是不正确的，可以向村委会申请，但批准权限在乡镇人民政府。

42. 根据《地图管理条例》，下列关于地图审核的说法，错误的是(　　)。

A. 国务院测绘地理信息行政主管部门负责审核香港特别行政区地图

B. 省、自治区、直辖市人民政府测绘地理信息行政主管部门负责审核历史地图

C. 省、自治区、直辖市人民政府测绘地理信息行政主管部门负责审核主要表现地在本行

政区域范围内的地图

D. 主要表现地在设区的市行政区域范围内不涉及国界线的地图，由设区的市级人民政府测绘地理信息行政主管部门负责审核

【参考答案】B。《地图管理条例》第十七条规定，国务院测绘地理信息行政主管部门负责下列地图的审核：①全国地图以及主要表现地为两个以上省、自治区、直辖市行政区域的地图；②香港特别行政区地图、澳门特别行政区地图以及台湾地区地图；③世界地图以及主要表现地为国外的地图；④历史地图。第十八条规定，省、自治区、直辖市人民政府测绘地理信息行政主管部门负责审核主要表现地在本行政区域范围内的地图。其中，主要表现地在设区的市行政区域范围内不涉及国界线的地图，由设区的市级人民政府测绘地理信息行政主管部门负责审核。因此选项B不正确。

44. 根据《历史文化名城名镇名村保护条例》，下列关于建设项目环境影响评价要求的说法，正确的是(　　)。

A. 1　　　　　　B. 2　　　　　　C. 3　　　　　　D. 4

【参考答案】B。《历史文化名城名镇名村保护条例》第七条规定，申报历史文化名城的，在所申报的历史文化名城保护范围内还应当有2个以上的历史文化街区。

44. 根据《建设项目环境保护管理条例》，下列关于建设项目环境影响评价要求的说法，错误的是(　　)。

A. 依法应当编制环境影响报告书、环境影响报告表的建设项目，建设单位应当在开工建设前将环境影响报告书、环境影响报告表报有审批权的环境保护行政主管部门审批

B. 环境保护行政主管部门可以组织技术机构对建设项目环境影响报告书、环境影响报告表进行技术评估，并承担相应费用

C. 技术机构应当对其提出的技术评估意见负责，不得向建设单位、从事环境影响评价工作的单位收取任何费用

D. 环境保护行政主管部门应自收到环境影响报告书和环境影响报告表之日起30日内，作出审批决定并书面通知建设单位

【参考答案】D。《建设项目环境保护管理条例》第九条规定，依法应当编制环境影响报告书、环境影响报告表的建设项目，建设单位应当在开工建设前将环境影响报告书、环境影响报告表报有审批权的环境保护行政主管部门审批；建设项目的环境影响评价文件未依法经审批部门审查或者审查后未予批准的，建设单位不得开工建设。环境保护行政主管部门应自收到环境影响报告书之日起60日内、收到环境影响报告表之日起30日内，作出审批决定并书面通知建设单位。环境保护行政主管部门可以组织技术机构对建设项目环境影响报告书、环境影响报告表进行技术评估，并承担相应费用；技术机构应当对其提出的技术评估意见负责，不得向建设单位、从事环境影响评价工作的单位收取任何费用。因此，选项D是不正确的，报告书和报告表的审批时限是不同的。

45. 根据《地下水管理条例》，国务院水行政主管部门应当会同国务院自然资源主管部门根据地下水状况调查评价成果，组织划定并依法向社会公布的地下水分区是(　　)。

A. 禁止开采区　　　　　　　　　　B. 限制开采区

C. 全国地下水超采区　　　　　　　D. 可采区

【参考答案】C。《地下水管理条例》第三十一条规定，国务院水行政主管部门应当会同国

务院自然资源主管部门根据地下水状况调查评价成果，组织划定全国地下水超采区，并依法向社会公布。第三十二条规定，省、自治区、直辖市人民政府水行政主管部门应当会同本级人民政府自然资源等主管部门组织划定的是，本行政区域内地下水禁止开采区、限制开采区，划定后须经省、自治区、直辖市人民政府批准后公布，并报国务院水行政主管部门备案。因此正确答案应为选项C。

46. 根据《自然资源听证规定》，主管部门可以不组织听证的情况是(　　)。

A. 拟定或者修改基准地价

B. 组织编制或者修改国土空间规划和矿产资源规划

C. 编制规划和法规

D. 拟定或者修改片区综合地价

【参考答案】C。根据《自然资源听证规定》第三条，听证由拟作出行政处罚、行政许可决定，制定规章和规范性文件、实施需报政府批准的事项的主管部门组织。其中需报政府批准的事项，是指依法由本级人民政府批准后生效但主要由主管部门具体负责实施的事项，包括拟定或者修改基准地价、组织编制或者修改国土空间规划和矿产资源规划、拟定或者修改区片综合地价、拟定拟征地项目的补偿标准和安置方案、拟定非农业建设占用永久基本农田方案等。因此可见制定规章和规范性文件在听证范围中，但是制定规划和规范性文件不在需要听证的范围中。

47. 全国人民代表大会及其常务委员会有权作出决定，授权国务院可以根据实际需要，对尚未制定法律的事项先制定行政法规，下列哪个除外(　　)。

A. 有关犯罪和刑罚、对公民政治权利的剥夺和限制人身自由的强制措施和处罚、司法制度等事项除外

B. 民事基本制度

C. 对非国有财产的征收、征用

D. 特别行政区制度

【参考答案】A。根据《立法法》第九条，全国人民代表大会及其常务委员会有权作出决定，授权国务院可以根据实际需要，对其中的部分事项先制定行政法规，但是有关犯罪和刑罚、对公民政治权利的剥夺和限制人身自由的强制措施和处罚、司法制度等事项除外。因此选项A是不能被授权的。

48. 下列关于行政主体的说法，错误的是(　　)。

A. 行政法主体就是行政主体

B. 行政法律关系的主体，即行政法主体

C. 行政法律关系以行政主体为一方当事人，以相对方为另一当事人

D. 行政相对人在行政诉讼中处于原告地位

【参考答案】A。根据本书第二章中行政法学有关知识中"行政法律关系与公务员"部分内容，行政法律关系是国家行政机关依据行政法律规范在进行行政管理活动中与行政相对方所发生的各种社会关系，行政法律关系由主体（行政主体和行政相对方两方的当事人）、内容（双方主体依法享有的权利和承担的义务）和客体（行政法律关系所指向的对象或标的）三个要素构成。行政主体是行政法主体的一部分，行政相对人是同行政主体相对应的另一方当事人，包括外部相对人和内部相对人，在行政诉讼中处于原告地位。因此选项A

是不正确的。

49. 关于行政自由裁量说法错误的是(　　)。

A. 合法性是基于自由裁量的存在

B. 保护自由裁量是必要的

C. 自由裁量应当是合法的

D. 自由裁量的手段应该是必要的适当的

【参考答案】A。根据本书第二章中行政法学有关知识中"行政法治原则"部分内容，对于行政合理性原则主要适用于裁量性行政活动。在城市管理中采取一些自由裁量行为，是有依据的，也是必要和适当的，只要符合相关的法律法规要求，符合"行政合理性原则"，是被允许的。因此选项A说法不正确，行政合理性是基于自由裁量的存在。

50. 下列哪个属于抽象行政行为？(　　)

A. 编制国土空间规划　　　　　　　B. 实施行政处罚

C. 签订行政合同　　　　　　　　　D. 开展政府采购

【参考答案】A。根据本书第二章中行政法学有关知识中"行政行为"部分内容，抽象行政行为特点是行政行为的对象具有不确定性、普遍性，如制定法律法规、规范性文件、编制城乡规划、编制标准等等。

51. 根据行政权的方式和实施行政行为所形成的法律关系分类标准，行政复议属于(　　)。

A. 抽象行政行为　　　　　　　　　B. 内部行政行为

C. 行政执法行为　　　　　　　　　D. 行政司法行为

【参考答案】D。根据《行政复议法》第一条可以看出，该法的立法目的是防止和纠正违法的或者不当的具体行政行为，保护公民、法人和其他组织的合法权益，保障和监督行政机关依法行使职权。受理并作出复议决定的，都是行政机关，因此我们可以认为，行政复议制度是政府系统自我纠错的监督制度和解决"民告官"行政争议的救济制度。但行政复议不是司法行为，是行政行为，是一种依申请而启动的外部行政行为，有明确而具体的对象和事由的具体行政行为，我们认为行政复议属于行政司法的范畴，按照《行政复议法》及实施条例，复议审查有严格的程序要求和审理标准。

52. 行政机关依法行政应遵循程序正当原则，下列不属于程序正当原则的是(　　)。

A. 听取公民、法人意见

B. 听取其他组织意见

C. 行政机关实施行政管理，应当提高办事效率

D. 回避

【参考答案】C。根据本书第二章中行政法学有关知识中"行政法治原则"部分内容中关于程序正当原则的讲解，行政公开原则、公众参与原则、回避原则都属于程序正当原则的重要内容。因此，选项A、B、D都符合程序正当原则，选项C属于行政法治中的"高效便民原则"。

53. 下列选项，不属于行政救济程序的是(　　)。

A. 行政听证程序　　　　　　　　　B. 行政复议程序

C. 行政赔偿程序　　　　　　　　　D. 行政监督检查程序

【参考答案】D。行政救济通常是指公民、法人或其他组织认为具体行政行为直接侵害其合法权益，请求有权的国家机关依法对行政违法或行政不当行为实施纠正，并追究其行政责任，以保护当事人的合法权益的一种方式，行政复议、行政诉讼、行政赔偿、举行听证都属于行政救济。因此，选项A、B、C都正确。选项D，行政监督检查，属于行政机关主动履职行为，与公民、法人、其他组织权益是否受到侵害没有直接和必然的联系。

54. 根据《国土空间规划"一张图"实施监督信息系统技术规范》，国土空间规划"一张图"实施监督信息系统总体框架的四个层次是(　　)。

A. 基础层、数据层、支撑层、应用层　　　　B. 设施层、数据层、支撑层、应用层
C. 设施层、图形层、支撑层、应用层　　　　D. 设施层、数据层、扩展层、应用层

【参考答案】B。根据《国土空间规划"一张图"实施监督信息系统技术规范》(GB/T 39972—2021) 4.2节，国土空间规划"一张图"实施监督信息系统总体框架的四个层次是设施层、数据层、支撑层、应用层。

55. 根据《国土空间调查、规划、用途管制用地用海分类指南（试行）》，下列不属于农业设施建设用地的是(　　)。

A. 乡村道路用地　　　　　　　　　　B. 种植设施建设用地
C. 林业设施用地　　　　　　　　　　D. 水产养殖设施建设用地

【参考答案】C。根据《国土空间调查、规划、用途管制用地用海分类指南（试行）》3.1节，农业设施建设用地为一级类，下分乡村道路用地、种植设施建设用地、畜禽养殖设施建设用地、水产养殖设施建设用地四个二级类。

56. 根据《国土空间调查、规划、用途管制用地用海分类（试行)》，关于用地用海分类，田间道属于(　　)。

A. 农业设施用地　　　　　　　　　　B. 耕地
C. 乡村道路用地　　　　　　　　　　D. 其他土地

【参考答案】D。根据《国土空间调查、规划、用途管制用地用海分类指南（试行)》3.1节，田间道属于其他土地。需要注意的是村道用地和村庄内部道路用地是三级类，都属于二级类中的乡村道路用地，又归属于农业设施建设用地。而在附录A的"表A　用地用海分类名称、代码和含义"中，对代码2303"田间道"有明确解释，指在农村范围内，用于田间交通运输，为农业生产、农村生活服务的未对地表耕作层造成破坏的非硬化道路，跟村道用地和村庄内部道路定义不同。

57. 根据《省级国土空间规划编制指南（试行)》，下列属于省级国土空间规划中预期性指标的是(　　)。

A. 生态修复面积　　　　　　　　　　B. 海水养殖用海区面积
C. 湿地　　　　　　　　　　　　　　D. 单位 GDP 用建设用地下降率

【参考答案】B。根据《省级国土空间规划编制指南（试行)》附录D"规划指标体系"，约束性指标是为实现规划目标，在规划期内不得突破或必须实现的指标。预期性目标是按照经济社会发展预期，规划期内要努力实现或不突破的指标。根据附录D中"表D.1　规划指标体系表"可知，选项A、C、D都属于约束性指标，选项B属于预期性指标。

规划指标体系表

序号	类型	名称	单位	属性
1	生态保护类	生态保护红线面积	平方公里	约束性
2		用水总量	亿立方米	约束性
3		林地保有量	平方公里（万亩）	约束性
4		基本草原面积	平方公里（万亩）	约束性
5		湿地面积	平方公里（万亩）	约束性
6		新增生态修复面积	平方公里	约束性
7		自然岸线保有率（大陆自然海岸线保有率、重要河湖自然岸线保有率）	%	约束性
8	农业发展类	耕地保有量 （永久基本农田保护面积）	平方公里（万亩）	约束性
9		规模化畜禽养殖用地	平方公里（万亩）	预期性
10		海水养殖用海区面积	万亩	预期性
11	区域建设类	国土开发强度	%	预期性
12		城乡建设用地规模	平方公里	约束性
13		"1/2/3 小时"交通圈人口覆盖率	%	预期性
14		公路与铁路网密度	公里/平方公里	预期性
15		单位 GDP 使用建设用地（用水）下降率	%	约束性

58. 根据《市级国土空间总体规划编制指南（试行)》，下列不属于二级规划分区的是( )。

A. 特别用途区
B. 村庄建设区
C. 矿产能源发展区
D. 城镇弹性发展区

【参考答案】C。根据《市级国土空间总体规划编制指南（试行)》附录 B，一级规划分区包括生态保护区、生态控制区、农田保护区、城镇发展区、乡村发展区、海洋发展区、矿产能源发展区，二级分区包括居住生活区、工业发展区、商业商务区、城镇弹性发展区、特别用途区、村庄建设区等二十类。

59. 根据《市级国土空间总体规划制图规范（试行)》，下列关于中心城区综合防灾减灾规划图的选择要素中，不是必选要素的是( )。

A. 消防站
B. 医疗救护中心
C. 应急避难场所
D. 防灾指挥中心

【参考答案】B。根据《市级国土空间总体规划制图规范（试行)》"4.19 中心城区综合防灾减灾规划图"，其必选要素应包括：①消防站；②应急避难场所；③防灾指挥中心；④主要疏散通道；⑤洪涝风险控制线；⑥灾害风险分区。可选要素可根据实际情况，增设消防责任分区、消防训练基地、医疗救护中心等要素。因此，选项 B 医疗救护中心不是必选要素，是可选要素。

60. 根据《城市轨道交通线网规划标准》，高架车站、地面车站每侧的车站附属设施建设控制区长度宜为( )。

A. 50～70m
B. 100～120m

C. 150～200m
D. 200～250m

【参考答案】 C。根据《城市轨道交通线网规划标准》（GB/T 50546—2018）表9.3.1，高架车站、地面车站每侧的车站附属设施建设控制区长度指标为 150～200m，宽度为 15～25m。

61. 根据《历史文化名城保护规划标准》，下列关于历史建筑保护范围的说法中正确的是(　　)。

A. 历史建筑保护范围应为历史建筑本身

B. 历史文化名城保护规划应划定历史城区范围和环境协调区

C. 历史文化名城保护规划应划定历史文化街区的保护范围界线，保护范围应包括核心保护范围和缓冲区

D. 历史文化名城保护规划中，文物保护单位保护范围和建设控制地带的界线，应以省人民政府公布的具体界线为基本依据

【参考答案】 A。根据《历史文化名城保护规划标准》（GB/T 50357—2018）第3.2.1、3.2.2、3.2.3、3.2.4条，历史文化名城保护规划应划定历史城区范围，可根据保护需要划定环境协调区；历史文化名城保护规划应划定历史文化街区的保护范围界线，保护范围应包括核心保护范围和建设控制地带；历史文化名城保护规划中，文物保护单位保护范围和建设控制地带的界线，应以各级人民政府公布的具体界线为基本依据；历史文化名城保护规划应划定历史建筑的保护范围界线，历史建筑保护范围应为历史建筑本身。因此选项A是正确的，其他选项表述均不准确。

62. 根据《城乡建设用地竖向规划规范》，下列在地形复杂地区开展土石方与防护工程的要求中，正确的是(　　)。

A. 相邻台地间的高差大于0.5m时，宜采取挡土墙设置安全防护措施

B. 人口密度大、工程地质条件差、降雨量多的地区，宜采用土质护坡

C. 地形复杂区域，可通过措施大挖高填

D. 分级放坡时，不同级别之间的边坡平台宽度不应小于2m

【参考答案】 D。根据《城乡建设用地竖向规划规范》（CJJ 83—2016）第8.0.5条，相邻台地间的高差宜为1.5～3.0m，台地间宜采取护坡连接，土质护坡的坡比值不应大于0.67，砌筑型护坡的坡比值宜为0.67～1.0；相邻台地间的高差大于或等于3.0m时，宜采取挡土墙结合放坡方式处理，挡土墙高度不宜高于6m；人口密度大、工程地质条件差、降雨量多的地区，不宜采用土质护坡。第8.0.9条规定，地形复杂区域，应避免大挖高填。根据第8.0.9条，超过15cm的土质边坡应分级放坡，不同级别之间的边坡平台宽度不应小于2m。因此只有选项D是符合标准规范要求的。

63. 根据《城市综合交通体系规划标准》，规划人口规模达到(　　)及以上时，应构建快线、干线等多层次大运量城市轨道交通网络。

A. 100万
B. 200万
C. 500万
D. 1000万

【参考答案】 D。根据《城市综合交通体系规划标准》（GB/T 51328—2018）5.2.1，不同规模城市的客运交通系统规划应符合以下规定，带形城市可按其上一档规划人口规模城市确定。规划人口规模500万及以上的城市，应确立大运量城市轨道交通在城市公共交通系

统中的主体地位，以中运量及多层次普通运量公交为基础，以个体机动化客运交通方式作为中长距离客运交通的补充。规划人口规模达到 1000 万及以上时，应构建快线、干线等多层次大运量城市轨道交通网络。

64. 根据《城市综合交通体系规划标准》，以下关于机动车公共停车场的说法错误的是(   )。

A. 规划用地总规模宜按人均 $0.5\sim1.0m^2$ 计算，规划人口规模 50 万及以上的城市宜取低值

B. 在符合公共停车场设置条件的城市绿地与广场、公共交通场站、城市道路等用地内可采用立体复合的方式设置公共停车场

C. 规划人口规模 100 万及以上的城市公共停车场宜以立体停车楼（库）为主，并应充分利用地下空间

D. 单个公共停车场规模不宜大于 500 个车位

【参考答案】 A。根据《城市综合交通体系规划标准》（GB/T 51328—2018）第 13.3.5 条，机动车公共停车场规划应符合以下规定：①规划用地总规模宜按人均 $0.5\sim1.0m^2$ 计算，规划人口规模 100 万及以上的城市宜取低值；②在符合公共停车场设置条件的城市绿地与广场、公共交通场站、城市道路等用地内可采用立体复合的方式设置公共停车场；③规划人口规模 100 万及以上的城市公共停车场宜以立体停车楼（库）为主，并应充分利用地下空间；④单个公共停车场规模不宜大于 500 个车位；⑤应根据城市的货车停放需求设置货车停车场，或在公共停车场中设置货车停车位（停车区）。因此，选项 B、C、D 都是正确的，选项 A 不正确。

65. 根据《国土空间规划城市体检评估规程》，以下不属于基本指标的是(   )。

A. 每万元 GDP 地耗   B. 农村生活垃圾处理率

C. 社区体育设施步行 15 分钟覆盖率   D. 公园绿地覆盖率

【参考答案】 D。根据《国土空间规划城市体检评估规程》（TD/T 1063—2021）B.3，体检评估分为基本指标和推荐指标，根据表 B.1，每万元 GDP 地耗（m^2）、农村生活垃圾处理率（%）、社区体育设施步行 15 分钟覆盖率（%）都属于基本指标，没有"公园绿地覆盖率"这项指标，涉及公园绿地的有三项指标，其中公园绿地、广场步行 5 分钟覆盖率（%）是基本指标，人均绿道长度（m）和人均公园绿地面积（m^2）均为推荐性指标。因此选项 D 不正确。

66. 根据《城市停车规划规范》，停车场规划要求正确的是(   )。

A. 建筑物配建停车场需设置机械停车设备的，居住类建筑其机械停车位数量不得超过停车位总数的 80%

B. 城市公共停车场分布应在停车需求预测的基础上，以城市不同停车分区的停车位供需关系为依据，按照统一标准确定停车场的分布和服务半径

C. 停车供需矛盾突出地区的新建、扩建、改建的建筑物在满足建筑物配建停车位指标要求下，可增加独立占地的或者由附属建筑物的不独立占地的面向公众服务的城市公共停车场

D. 城市公共停车场宜布置在客流集中的商业区、办公区、医院、体育场馆、旅游风景区及停车供需矛盾突出的居住区，其服务半径不应大于 500m

【参考答案】C。根据《城市停车规划规范》（GB/T 51149—2016）第5.2.6条，建筑物配建停车场需设置机械停车设备的，居住类建筑其机械停车位数量不得超过停车位总数的90%。第5.2.8条，城市公共停车场分布应在停车需求预测的基础上，以城市不同停车分区的停车位供需关系为依据，按照区域差别化策略原则确定停车场的分布和服务半径，应因地制宜地选择停车场形式，可结合城市公园、绿地、广场、体育场馆及人防设施修建地下停车库。第5.2.7条，停车供需矛盾突出地区的新建、扩建、改建的建筑物在满足建筑物配建停车位指标要求下，可增加独立占地的或者由附属建筑物的不独立占地的面向公众服务的城市公共停车场。第5.2.9条规定，城市公共停车场宜布置在客流集中的商业区、办公区、医院、体育场馆、旅游风景区及停车供需矛盾突出的居住区，其服务半径不应大于300m。同时，应考虑车辆噪声、尾气排放等对周边环境的影响。因此只有选项C是完全正确的。

67. 《城市对外交通规划规范》当中，高速公路城市入口正确的是(　　)。

A. 高速公路城市出入口宜设置在城市建成区边缘

B. 高速公路城市出入口宜设置在城市中心区边缘

C. 高速公路城市出入口宜设置在城市边缘

D. 高速公路城市出入口宜设置在城市规划区边缘

【参考答案】A。根据《城市对外交通规划规范》（GB 50925—2013）第6.2.1条，高速公路城市出入口，应根据城市规模、布局、公路网规划和环境条件等因素确定，宜设置在建成区边缘；特大城市可在建成区内设置高速公路出入口，其平均间距宜为5～10km，最小间距不应小于4km。

68. 根据《城市抗震防灾规划标准》，避震疏散场的服务半径宜为(　　)，步行约(　　)之内可到达。

A. 1km，20min

B. 300m，5min

C. 500m，10min

D. 1.5km，15min

【参考答案】C。根据《城市抗震防灾规划标准》（GB 50413—2007）第8.2.10条，紧急避震疏散场所的服务半径宜为500m，步行大约10min之内可以到达。

69. 根据《城市防洪规划规范》，关于城市堤防布置的说法，错误的是(　　)。

A. 堤防布置应利用地形形成半封闭式的防洪保护区

B. 堤线应平顺，避免急弯和局部突出

C. 应利用现有堤防工程，少占耕地

D. 中心城区堤型应结合现有堤防设施，根据设计洪水主流线、地形与地质、沿河公用设施布置情况以及城市景观效果合理确定

【参考答案】A。根据《城市防洪规划规范》（GB 51079—2016）第6.0.1条，城市堤防布置应符合的规定：①堤防布置应利用地形形成封闭式的防洪保护区，并应为城市空间发展留有余地；②堤线应平顺，避免急弯和局部突出，应利用现有堤防工程，少占耕地；③中心城区堤型应结合现有堤防设施，根据设计洪水主流线、地形与地质、沿河公用设施布置情况以及城市景观效果合理确定。因此选项A不正确。

70. 根据《城市水系规划规范》，下列不属于滨水绿化控制线内低影响开发设施的是(　　)。

A. 设置湿塘、湿地、植被缓冲带

B. 雨水管渠系统

C. 生物滞留设施

D. 调蓄设施

【参考答案】B。根据《城市水系规划规范》（2016 年版）（GB 50513—2009）第 4.4.6 条，应统筹考虑流域、河流水体功能、水环境容量、水深条件、排水口布局、竖向等因素，在滨水绿化控制区内设置湿塘、湿地、植被缓冲带、生物滞留设施、调蓄设施等低影响开发设施。根据第 4.4.7 条，滨水绿化控制区内的低影响开发设施应为周边区域雨水提供蓄滞空间，并与雨水管渠系统、超标雨水经流排放系统及下游水系相衔接。因此可见，滨水绿化控制区低影响开发设施需要为雨水管渠设施做好承接，雨水管渠设施属于城市基础设施，不是标准中所说的滨水绿化控制区内低影响开发设施。答案为选项 B。

71. 根据《城市通信工程规划规范》，关于无线通信与无线广播传输收信区和发信区的说法错误的是(   )。

A. 城市收信区、发信区宜划分在城市中心边缘区的两个不同方向的地方

B. 城市收信区、发信区在居民集中区、收信区与发信区之间应规划出缓冲区

C. 收信区和发信区的无线通信主向应避开市区

D. 收信区和发信区的调整应符合人防通信建设规划

【参考答案】A。根据《城市通信工程规划规范》（GB/T 50853—2013）第 5.2.1 条，收信区和发信区的调整应符合下列要求：①城市总体规划和发展方向；②既设无线电台站的状况和发展规划；③相关无线电台站的环境技术要求和相关地形、地质条件；④人防通信建设规划；⑤无线通信主向避开市区。第 5.2.2 条，城市收信区、发信区宜划分在城市郊区的两个不同方向的地方，同时在居民集中区、收信区与发信区之间应规划出缓冲区。因此，选项 A 表述是不正确的。

72. 根据《城市照明建设规划标准》，下列照明分区中属于一类城市照明区的是(   )。

A. 生态保护区

B. 景观价值相对较低，以居住、交通、医疗、教育等功能为主的城市空间

C. 具备一定景观价值，以办公、休闲等功能为主的城市空间

D. 具备较高景观价值或有大量公众活动需求，以商业、娱乐、文化等功能为主的城市空间

【参考答案】A。根据《城市照明建设规划标准》（CJJ/T 307—2019）第 4.0.2 条，城市照明总体设计应依据表 4.0.2 进行城市照明分区，并宜保持城市原有自然要素边界、城市功能单元等的完整性。表中规定，生态保护区属于一类城市照明区（暗夜保护区）；景观价值相对较低，以居住、交通、医疗、教育等功能为主的城市空间，属于二类城市照明区（限制建设区）；具备较高景观价值或有大量公众活动需求，以商业、娱乐、文化等功能为主的城市空间，属于三类城市照明区（适度建设区）；具备一定景观价值，以办公、休闲等功能为主的城市空间，属于四类城市照明区（优先建设区）。

73. 根据《城市消防规划规范》，以下关于陆上消防站正确的是(   )。

A. 消防站应设置在便于消防车辆迅速出动的次干路与支路的临街地段

B. 消防站执勤车辆的主出入口与医院、学校、幼儿园、托儿所、影剧院、商场、体育场

馆、展览馆等人员密集场所的主要疏散出口的距离不应小于 50m

C. 消防站应设置在危险品场所或设施的常年主导风向的下方向

D. 消防站用地边界距危险品部位不应小于 500m

【参考答案】B。根据《城市消防规划规范》（GB 51080—2015）第 4.1.5 条，陆上消防站选址应符合下列规定：①消防站应设置在便于消防车辆迅速出动的主、次干路的临街地段；②消防站执勤车辆的主出入口与医院、学校、幼儿园、托儿所、影剧院、商场、体育场馆、展览馆等人员密集场所的主要疏散出口的距离不应小于 50m；③消防站辖区内有易燃易爆危险品场所或设施的，消防站应设置在危险品场所或设施的常年主导风向的上风或侧风处，其用地边界距危险品部位不应小于 200m。此条为强制性条文。因此本题答案应为 B，其他选项表述均不符合标准要求。

74. 根据《城镇燃气规划规范》，以下关于城镇燃气管网布线的说法，正确的是(   )。

A. 高压管道走廊可以穿越居民区和商业密集区

B. 多级高压燃气管网系统间应均衡布置联通管线，并设调压设施

C. 大型集中负荷应采用较低压力燃气管道直接供给

D. 高压燃气管道进入城镇三级地区时，应符合现行国家标准《城镇燃气设计规范》的有关规定

【参考答案】B。根据《城镇燃气规划规范》（GB/T 51098—2015）第 6.2.5 条，城镇高压燃气管道布线，应符合下列规定：①高压燃气管道不应通过军事设施、易燃易爆仓库、历史文物保护区、飞机场、火车站、港口码头等地区。当受条件限制，确需在本款所列区域内通过时，应采取有效的安全防护措施。②高压管道走廊应避开居民区和商业密集区。③多级高压燃气管网系统间应均衡布置联通管线，并设调压设施。④大型集中负荷应采用较高压力燃气管道直接供给。⑤高压燃气管道进入城镇四级地区时，应符合现行国家标准《城镇燃气设计规范》GB 50028 的有关规定。因此选项仅有选项 B 符合规范要求。

75. 根据《城市电力规划规范》，以下关于供电设施正确的是(   )。

A. 高压线走廊是指 35kV 及以上高压架空电力线路或地埋电力线路两边导线向外侧延伸一定安全距离所形成的两条平行线之间的通道

B. 箱式变电站是由中压开关、配电变压器、低压出线开关、无功补偿装置和计量装置等设备共同安装于一个封闭箱体内的户外配电装置

C. 环网单元是用于 35kV 电缆线路分段、联络及分接负荷的配电设施，也称环网柜或开闭器

D. 配电室主要为高压用户配送电能，设有中压配电进出线（可有少量出线）、配电变压器和低压配电装置，带有低压负荷的户内配电场所

【参考答案】B。本题主要考查术语、概念部分内容。根据《城市电力规划规范》（GB/T 50293—2014），2.0.12 高压线走廊是指 35kV 及以上高压架空电力线路两边导线向外侧延伸一定安全距离所形成的两条平行线之间的通道。也称高压架空线路走廊。2.0.11 箱式变电站是由中压开关、配电变压器、低压出线开关、无功补偿装置和计量装置等设备共同安装于一个封闭箱体内的户外配电装置。2.0.10 环网单元是用于 10kV 电缆线路分段、联络及分接负荷的配电设施。也称环网柜或开闭器。2.0.8 配电室主要为低压用户配送电能，设有中压配电进出线（可有少量出线）、配电变压器和低压配电装置，带有低压负荷的户内配电场所。

76. 根据《城镇老年人设施规划规范》，关于老年活动中心（站）的设置，哪个说法正确（　　）。

A. 城市应根据服务人口规模至少设置1处市级老年活动中心

B. 设市城市的区服务人口大于50万人时，应至少设置2处区级老年活动中心

C. 服务人口大于150万人时，应至少设置3处

D. 根据服务半径和人均面积设定，没有设置数量的要求

【参考答案】A。根据《城镇老年人设施规划规范（2018年版）》（GB 50437—2007），3.2.3老年活动中心、老年服务中心（站）配建要求应符合下列规定，城市应根据服务人口规模至少设置1处市级老年活动中心；设市城市的区服务人口大于50万人时，应至少设置1处区级老年活动中心，服务人口大于150万人时，应至少设置2处。因此选项A是正确的。

77. 关于《社区生活圈规划技术指南》15分钟社区生活圈层级的说法下列哪个是错误的（　　）。

A. 15分钟层级。宜基于街道社区、镇行政管理边界，结合居民生活出行特点和实际需要确定社区生活圈范围

B. 15分钟层级按照出行安全和便利的原则，尽量避免城市主干路、河流、山体、铁路等对其造成分割

C. 15分钟社区生活圈是特别面向老人、儿童的基本服务要素层级

D. 15分钟层级内应配置面向全体城镇居民、内容丰富、规模适宜的各类服务要素

【参考答案】C。根据《社区生活圈规划技术指南》（TD/T 1062—2021）关于城镇社区生活圈配置层级的规定，15分钟层级宜基于街道社区、镇行政管理边界，结合居民生活出行特点和实际需要确定社区生活圈范围，并按照出行安全和便利的原则，尽量避免城市主干路、河流、山体、铁路等对其造成分割。该层级内配置面向全体城镇居民、内容丰富、规模适宜的各类服务要素。因此选项C是不正确的，5～10分钟层级要特别配置面向老人、儿童的各种服务要素。

78. 根据《社区生活圈规划技术指南》，服务要素分为（　　）。

A. 基础提升型、品质保障型与特色引导型

B. 基础保障型、品质提升型与特色引导型

C. 基础提升型、品质引导型与特色提升型

D. 基础引导型、品质提升型与特色保障型

【参考答案】B。根据《社区生活圈规划技术指南》（TD/T 1062—2021）中关于社区生活圈服务要素按规划内容分为基础保障型、品质提升型与特色引导型三种类型。其中基础保障型服务要素是社区生活圈内保障居民日常生活基本需求的服务要素；品质提升型服务要素是在满足社区生活圈基本需求的基础上可提升居民生活品质的服务要素；特色引导型服务要素是社区生活圈内根据地方实际和地域特色，促进居民生活多样化、特色化的创新型服务要素。基础保障型服务要素在配置上充分与既有标准对接，品质提升型和特色引导型服务要素的配置要求根据居民需求、发展趋势、实证案例等进行适当引导。

79. 根据《市级国土空间总体规划编制指南（试行）》，服务设施15分钟覆盖率的定义是，卫生、养老、教育、文化、体育等各类社区公共服务设施周边15分钟步行范围覆盖

的( )。

A. 居住用地占所有居住用地的比例　　　　B. 建筑面积占所有建筑面积的比例

C. 建筑户数占所有居住用地的比例　　　　D. 人口占所有人口的比例

【参考答案】A。根据《市级国土空间总体规划编制指南（试行）》附录E中规定，卫生、养老、教育、文化、体育等社区公共服务设施步行15分钟覆盖率是指卫生、养老、教育、文化、体育等各类社区公共服务设施周边15分钟步行范围覆盖的居住用地占所有居住用地的比例（分项计算）。因此选项A是正确的。

80. 根据《城市绿地规划标准》，城镇开发边界内规划人均区域绿地的面积不应小于( )m²/人。

A. 5　　　　　　　B. 10　　　　　　　C. 15　　　　　　　D. 20

【参考答案】D。根据《城市绿地规划标准》（GB/T 51346—2019）中，4.2.3城镇开发边界内规划人均区域绿地的面积不应小于20m²/人。

二、多项选择题（共20题，每题1分。每题的备选项中，有二至四个选项符合题意。少选、错选都不得分）

81. 下列哪些选项符合中共中央办公厅、国务院办公厅《关于进一步加强生物多样性保护的意见》中提到的总体目标( )。

A. 到2025年以国家公园为主体的自然保护地占陆域国土面积的18%左右

B. 到2025年，草原综合植被盖度达到50%左右

C. 到2035年国家重点保护野生动植物物种数保护率达到77%

D. 到2035年湿地保护率提高到65%左右

E. 到2035年森林覆盖率达到26%

【参考答案】ACE。根据《关于进一步加强生物多样性保护的意见》总体目标部分，到2025年，持续推进生物多样性保护优先区域和国家战略区域的本底调查与评估，构建国家生物多样性监测网络和相对稳定的生物多样性保护空间格局，以国家公园为主体的自然保护地占陆域国土面积的18%左右，森林覆盖率提高到24.1%，草原综合植被盖度达到57%左右，湿地保护率达到55%，自然海岸线保有率不低于35%，国家重点保护野生植物物种数保护率达到77%，92%的陆地生态系统类型得到有效保护，长江水生生物完整性指数有所改善，生物遗传资源收集保藏量保持在世界前列，初步形成生物多样性可持续利用机制，基本建立生物多样性保护相关政策、法规、制度、标准和监测体系。到2035年，生物多样性保护政策、法规、制度、标准和监测体系全面完善，形成统一有序的全国生物多样性保护空间格局，全国森林、草原、荒漠、河湖、湿地、海洋等自然生态系统状况实现根本好转，森林覆盖率达到26%，草原综合植被盖度达到60%，湿地保护率提高到60%左右，以国家公园为主体的自然保护地占陆域国土面积的18%以上，典型生态系统、国家重点保护野生动植物物种、濒危野生植物及其栖息地得到全面保护，长江水生生物完整性指数显著改善，生物遗传资源获取与惠益分享、可持续利用机制全面建立，保护生物多样性成为公民自觉行动，形成生物多样性保护推动绿色发展和人与自然和谐共生的良好局面，努力建设美丽中国。因此ACE是正确答案。

82. 下列属于实际国土空间规划中二级城镇发展区分区的是( )。

A. 综合服务区　　　　　　　　　　B. 商业商务区

C. 工业发展区   D. 绿地休闲区

E. 村庄建设区

【参考答案】ABCD。根据《市级国土空间总体规划编制指南（试行）》附录 B 中分区类型的规定，规划分区分为一级规划分区和二级规划分区。一级规划分区包括以下 7 类：生态保护区、生态控制区、农田保护区，以及城镇发展区、乡村发展区、海洋发展区、矿产能源发展区。在城镇发展区、乡村发展区、海洋发展区分别细分为二级规划分区。城镇发展区又分为居住生活区、综合服务区、商业商务区、工业发展区、物流仓储区、绿地休闲区、交通枢纽区、战略预留区、城镇弹性发展区、特别用途区等二级规划分区。因此，ABCD 是正确答案。

83. 在自然坡度为 **22%** 的规划建设用地上，根据《城乡建设用地竖向规划规范》，不适宜布局的有(   )。

A. 城镇中心区用地   B. 居住用地

C. 工业用地   D. 物流用地

E. 乡村建设用地

【参考答案】ACD。根据《城乡建设用地竖向规划规范》（CJJ 83—2016）第 4.0.1 条规定，城乡建设用地选择及用地布局应充分考虑竖向规划的要求，并应符合下列规定：①城镇中心区用地应选择地质、排水防涝及防洪条件较好且相对平坦和完整的用地，其自然坡度宜小于 20%，规划坡度宜小于 15%；②居住用地宜选择向阳、通风条件好的用地，其自然坡度宜小于 25%，规划坡度宜小于 25%；③工业、物流用地宜选择便于交通组织和生产工艺流程组织的用地，其自然坡度宜小于 15%，规划坡度宜小于 10%；④超过 8m 的高填方区宜优先用作绿地、广场、运动场等开敞空间；⑤应结合低影响开发的要求进行绿地、低洼地、滨河水系周边空间的生态保护、修复和竖向利用；⑥乡村建设用地宜结合地形，因地制宜，在场地安全的前提下，可选择自然坡度大于 25% 的用地。因此超过 22% 的坡度，只有居住用地和乡村建设用地可以选择。答案为 ACD。

84. 根据土地管理有关法律，下列耕地可优先划为永久基本农田的是(   )。

A. 经国务院农业农村主管部门或者县级以上地方人民政府批准确定的粮、棉、油、糖等重要农产品生产基地内的耕地

B. 蔬菜生产基地及黑土层深厚、土壤性状良好的黑土地

C. 位于自然保护地核心保护区的耕地

D. 正在实施改造计划以及可以改造的中、低产田和已建成的高标准农田

E. 农业科研、教学试验田

【参考答案】ABDE。根据《土地管理法》第三十三条规定，国家实行永久基本农田保护制度。下列耕地应当根据土地利用总体规划划为永久基本农田，实行严格保护：①经国务院农业农村主管部门或者县级以上地方人民政府批准确定的粮、棉、油、糖等重要农产品生产基地内的耕地；②有良好的水利与水土保持设施的耕地，正在实施改造计划以及可以改造的中、低产田和已建成的高标准农田；③蔬菜生产基地；④农业科研、教学试验田；⑤国务院规定应当划为永久基本农田的其他耕地。另外，根据 2022 年 6 月 24 日第十三届全国人民代表大会常务委员会第三十五次会议通过的《中华人民共和国黑土地保护法》第五条规定，黑土层深厚、土壤性状良好的黑土地应当按照规定的标准划入永久基本农田。

所以本题正确答案应为 ABDE。

85. 根据《土地管理法》，县级以上人民政府自然资源主管部门履行监督检查职责时，有权采取下列哪些措施( )。

A. 要求被检查的单位或者个人提供有关土地权利的文件和资料，进行查阅或者予以复制

B. 要求被检查的单位或者个人就有关土地权利的问题作出说明

C. 责令非法占用土地的单位或者个人停止违反土地管理法律、法规的行为

D. 查封单位或者个人非法占用的土地现场

E. 进入被检查单位或者个人非法占用的土地现场进行勘测

【参考答案】ABCE。根据《土地管理法》第六十八条，县级以上人民政府自然资源主管部门履行监督检查职责时，有权采取下列措施：①要求被检查的单位或者个人提供有关土地权利的文件和资料，进行查阅或者予以复制；②要求被检查的单位或者个人就有关土地权利的问题作出说明；③进入被检查单位或者个人非法占用的土地现场进行勘测；④责令非法占用土地的单位或者个人停止违反土地管理法律、法规的行为。因此，选项 D 查封现场不属于自然资源主管部门监督检查职责的内容。正确答案为 ABCE。

86. 根据《森林法》，下列区域的林地和林地上的森林，应当划定为公益林的有( )。

A. 重要江河源头汇水区域

B. 重要江河干流及支流两岸、饮用水水源地保护区

C. 以生产燃料和其他生物质能源为主要目的的森林

D. 已开发利用的原始林地区

E. 森林和陆生野生动物类型的自然保护区

【参考答案】ABE。根据《森林法》第四十八条，下列区域的林地和林地上的森林，应当划定为公益林：①重要江河源头汇水区域；②重要江河干流及支流两岸、饮用水水源地保护区；③重要湿地和重要水库周围；④森林和陆生野生动物类型的自然保护区；⑤荒漠化和水土流失严重地区的防风固沙林基干林带；⑥沿海防护林基干林带；⑦未开发利用的原始林地区；⑧需要划定的其他区域。根据第五十条，国家鼓励发展下列商品林：①以生产木材为主要目的的森林；②以生产果品、油料、饮料、调料、工业原料和药材等林产品为主要目的的森林；③以生产燃料和其他生物质能源为主要目的的森林；④其他以发挥经济效益为主要目的的森林。因此选项 C 属于商品林，选项 D 中未开发利用的原始林地区才属于公益林。

87. 根据《土壤污染防治法》，下列地块必须进行土壤污染状况调查的有( )。

A. 未利用地、复垦土地等拟开垦为耕地的

B. 用途变更为住宅、公共管理与公共服务用地的地块

C. 对土壤污染状况普查表明有土壤污染风险的农用地地块

D. 用途变更为工业用地的地块

E. 土壤污染重点监管单位生产经营用地的转让前

【参考答案】ABCE。根据《土壤污染防治法》第五十一条，未利用地、复垦土地等拟开垦为耕地的，地方人民政府农业农村主管部门应当会同生态环境、自然资源主管部门进行土壤污染状况调查，依法进行分类管理。第五十二条，对土壤污染状况普查、详查和监测、现场检查表明有土壤污染风险的农用地地块，地方人民政府农业农村、林业草原主管

部门应当会同生态环境、自然资源主管部门进行土壤污染状况调查。第五十九条，对土壤污染状况普查、详查和监测、现场检查表明有土壤污染风险的建设用地地块，地方人民政府生态环境主管部门应当要求土地使用权人按照规定进行土壤污染状况调查。<u>用途变更为住宅、公共管理与公共服务用地的，变更前应当按照规定进行土壤污染状况调查</u>。第六十七条，<u>土壤污染重点监管单位生产经营用地的用途变更或者在其土地使用权收回、转让前</u>，应当由土地使用权人按照规定进行土壤污染状况调查。以上是必须开展土地污染状况调查的。选项 D 中用途变更为工业用地的不是必须开展土地污染状况调查的类型。

88. 根据《农村土地承包法》，承包方享有的权利有(　　)。

A. 依法互换土地承包经营权

B. 依法转让土地承包经营权

C. 依法买卖土地承包地

D. 依法流转土地经营权

E. 承包地被依法征收的，有权依法获得相应的补偿

【参考答案】ABDE。根据《农村土地承包法》第十七条，承包方享有下列权利：①依法享有承包地使用、收益的权利，有权自主组织生产经营和处置产品；②依法互换、转让土地承包经营权；③依法流转土地经营权；④承包地被依法征收、征用、占用的，有权依法获得相应的补偿；⑤法律、行政法规规定的其他权利。第四条明确规定，农村土地承包后，土地的所有权性质不变，承包地不得买卖。因此，选项 C 买卖承包地是不允许的。

89. 根据《森林法》，关于森林权属的说法正确的是(　　)。

A. 森林资源属于国家所有，由法律规定属于集体所有的除外

B. 出让方可以依法采取出租（转包）、入股、转让等方式流转林地经营权、林木所有权和使用权

C. 未实行承包经营的集体林地以及林地上的林木，由农村集体经济组织统一经营

D. 经本集体经济组织成员的村民会议四分之三以上成员或者四分之三以上村民代表同意并公示，可以通过招标、拍卖、公开协商等方式依法流转林地经营权、林木所有权和使用权

E. 国务院林业主管部门主管全国林业工作

【参考答案】ACE。根据《森林法》第十四条，森林资源属于国家所有，由法律规定属于集体所有的除外。第十七条规定，集体所有和国家所有依法由农民集体使用的林地（以下简称集体林地）实行承包经营的，承包方享有林地承包经营权和承包林地上的林木所有权，合同另有约定的从其约定。<u>承包方可以依法采取出租（转包）、入股、转让等方式流转林地经营权、林木所有权和使用权</u>。第十八条规定，未实行承包经营的集体林地以及林地上的林木，由农村集体经济组织统一经营。经本集体经济组织成员的村民会议<u>三分之二以上成员或者三分之二以上村民代表</u>同意并公示，可以通过招标、拍卖、公开协商等方式依法流转林地经营权、林木所有权和使用权。因此选项 ACE 为正确答案。

90. 根据《土地调查条例》，土地调查包括以下哪些内容(　　)。

A. 土地利用现状及变化情况　　　　B. 土地权属及变化情况

C. 土地的自然条件　　　　　　　　D. 基本农田现状及变化情况

E. 土地的社会经济条件

【参考答案】ABCDE。根据《土地调查条例》第七条，土地调查包括：①土地利用现状及变化情况，包括地类、位置、面积、分布等状况；②土地权属及变化情况，包括土地的所有权和使用权状况；③土地条件，包括土地的自然条件、社会经济条件等状况。进行土地利用现状及变化情况调查时，应当重点调查基本农田现状及变化情况，包括基本农田的数量、分布和保护状况。因此ABCDE均为正确答案。

91. 行政行为的特征包括(　　　)。

A. 裁量性 　　　　　　　　　　　　B. 有偿性

C. 强制性 　　　　　　　　　　　　D. 单方意志性

E. 效力先定性

【参考答案】ACDE。根据本书关于行政行为及行政法的有关理论，可知行政行为具有裁量性的特点，裁量性行政行为是指法律规定在行为的范围方式等方面留有一定的余地和幅度，行政主体可以结合具体情况，斟酌、选择而作出的行为，如我们经常说的自由裁量权。行政行为具有单方意志性，不必与行政相对方协商或征得其同意，即可依法自主做出，如编制国土空间规划的行为。效力先定，是指行政行为一经作出，就事先假定其符合法律规定，在未被国家有权机关依法宣布为违法无效之前，对行政机关本身和行政相对方以及其他国家机关具有约束力，任何个人或团体都必须遵守和服从，如核发行政许可的行为。行政行为是行政机关依法履职的行为，因此肯定是具有强制性的行为，如行政处罚。行政行为具有无偿性的一般特点，有偿是例外行为，一般行政行为都是无偿的，也有例外，如根据国务院办公厅关于印发《政府信息公开信息处理费管理办法》，对信息公开处理可以收费。

92. 下列关于地方性法规的说法正确的是(　　　)。

A. 地方性法规不得与法律相抵触

B. 地方性法规旨在本行政区域内有效

C. 地方性法规与部门规章之间对同一事项的规定不一致，不能确定如何适用时，由上一级政府提出意见

D. 地方性法规的效力高于下级地方规章

E. 部门规章的效力高于地方政府规章

【参考答案】ABD。根据《立法法》第八十八条，法律的效力高于行政法规、地方性法规、规章。行政法规的效力高于地方性法规、规章。第八十九条，地方性法规的效力高于本级和下级地方政府规章。第九十五条，地方性法规、规章之间不一致时，由有关机关依照下列规定的权限作出裁决：①同一机关制定的新的一般规定与旧的特别规定不一致时，由制定机关裁决；②地方性法规与部门规章之间对同一事项的规定不一致，不能确定如何适用时，由国务院提出意见，国务院认为应当适用地方性法规的，应当决定在该地方适用地方性法规的规定；认为应当适用部门规章的，应当提请全国人民代表大会常务委员会裁决；③部门规章之间、部门规章与地方政府规章之间对同一事项的规定不一致时，由国务院裁决。根据授权制定的法规与法律规定不一致，不能确定如何适用时，由全国人民代表大会常务委员会裁决。因此ABD是正确的，选项C表述不够准确，因为还有可能需要全国人民代表大会常务委员会裁决。

93. 根据《国土空间调查、规划、用途管制用地用海分类指南（试行）》，下列用地属于交

通运输用地的有(   )。

A. 铁路用地   B. 公路用地

C. 城镇道路用地   D. 乡村道路用地

E. 城市轨道交通用地

【参考答案】ABCE。根据《国土空间调查、规划、用途管制用地用海分类指南（试行）》表3.1用地用海分类名称、代码中规定，铁路用地、公路用地、机场用地、港口码头用地、管道运输用地、城市轨道交通用地、城镇道路用地、交通场站用地等都属于交通运输用地，乡村道路用地属于农业设施建设用地。因此选项D是不正确的。

94. 根据《国土空间规划"一张图"建设指南（试行)》，下列关于省级以下国土空间基础信息平台的说法，正确的是(   )。

A. 省级以下平台建设由省级自然资源主管部门统筹

B. 省级以下平台建设由国家自然资源主管部门统筹

C. 可采取省内统一建设模式，建立省市县共用的统一平台

D. 可采取独立建设模式，建立省市县共用的统一平台

E. 采用统分结合的建设模式，省市县部分统一建立、部分独立建立本级平台

【参考答案】ACDE。根据《国土空间规划"一张图"建设指南（试行）》2.2建设模式规定，省级以下平台建设由省级自然资源主管部门统筹。可采取省内统一建设模式，建立省市县共用的统一平台；也可以采用独立建设模式，省市县分别建立本级平台；或采用统分结合的建设模式，省市县部分统一建立、部分独立建立本级平台。因此只有选项B是不正确的。

95. 根据《市级国土空间总体规划编制指南（试行)》，城镇开发边界内的功能分区有(   )。

A. 城镇集中建设区   B. 城镇弹性发展区

C. 生态红线区   D. 特别用途区

E. 基本农田区

【参考答案】ABD。《市级国土空间总体规划编制指南（试行）》附录G中规定，城镇开发边界是在国土空间规划中划定的，一定时期内因城镇发展需要，可以集中进行城镇开发建设、完善城镇功能、提升空间品质的区域边界，涉及城市、建制镇以及各类开发区等。城镇开发边界内可分为城镇集中建设区、城镇弹性发展区和特别用途区。因此选项C是不正确的。

96. 根据《社区生活圈规划技术指南》，下列关于乡集镇层级社区生活圈服务要素配置建议中，符合终身教育设施配置指标的是(   )。

A. 每5万人常住人口配建1所24班高中

B. 每2.5万常住人口配建1所20班初中

C. 每2.5万常住人口配建1所20班初中

D. 每2.5万常住人口配建1所20班小学

E. 每2.5万常住人口配建1所24班幼儿园

【参考答案】AB。根据《社区生活圈规划技术指南》（TD/T 1062—2021）中表A.4乡集镇层级社区生活圈服务要素配置建议，终身教育设施配置指标包括幼儿园、小学、初中、

高中等指标，其中每 5 万人常住人口配建 1 所 24 班高中；每 2.5 万常住人口配建 1 所 20 班初中；每 2.5 万常住人口配建 1 所 28 班小学；每 1 万常住人口配建 1 所 15 班幼儿园。因此选项 AB 是正确的。

97. 根据《城区范围确定规程》，下列不应参与城市实体地域范围迭代更新的有( )。

A. 确定纳入城区实体地域范围中的湿地、林地、草地、水域及水利设施用地图斑

B. 铁路用地、轨道交通用地、公路用地、城镇村道路用地、管道运输用地、沟渠等线状特征图斑

C. 城区初始范围内部的空洞

D. 具备城市居住功能的区域

E. 承担城市休闲休憩、自然和历史保护功能的区域

【参考答案】ABC。根据《城区范围确定规程》（TD/T 1064—2021）第 5.3.4 条，迭代更新判断原则，不应参与迭代的有：①通过本规程 5.3.2～5.3.3 节，纳入城区实体地域范围中的湿地、林地、草地、水域及水利设施用地图斑；②铁路用地、轨道交通用地、公路用地、城镇村道路用地、管道运输用地、沟渠等线状特征图斑；③城区初始范围内部的空洞。因此选项 ABC 符合该规程要求。

98. 根据《城乡建设用地竖向规划规范》，下列关于土石方和护坡工程的说法，正确的是( )。

A. 台阶式用地的台地之间宜采用护坡或挡土墙连接

B. 相邻台地间高差大于 0.7m 时，宜在挡土墙墙顶或坡比值大于 0.5 的护坡顶设置安全防护设施

C. 相邻台地间的高差宜为 1.5～3.0m，台地间宜采取护坡连接，土质护坡的坡比值不应大于 0.67

D. 相邻台地间的高差大于或等于 3.0m 时，宜采取挡土墙结合放坡方式处理，挡土墙高度不宜高于 6m

E. 在建（构）筑物密集、用地紧张区域及有装卸作业要求的台地应采用护坡防护

【参考答案】ABCD。根据《城乡建设用地竖向规划规范》（CJJ 83—2016）第 8.0.4 条，台阶式用地的台地之间宜采用护坡或挡土墙连接。相邻台地间高差大于 0.7m 时，宜在挡土墙墙顶或坡比值大于 0.5 的护坡顶设置安全防护设施。第 8.0.5 条规定，相邻台地间的高差宜为 1.5～3.0m，台地间宜采取护坡连接，土质护坡的坡比值不应大于 0.67，砌筑型护坡的坡比值宜为 0.67～1.0；相邻台地间的高差大于或等于 3.0m 时，宜采取挡土墙结合放坡方式处理，挡土墙高度不宜高于 6m；人口密度大、工程地质条件差、降雨量多的地区，不宜采用土质护坡。8.0.6 条规定，在建（构）筑物密集、用地紧张区域及有装卸作业要求的台地应采用挡土墙防护。因此选项 E 是不正确的。

99. 根据《建设项目交通影响评价技术标准》，下列各类建设项目中，应在报建阶段进行交通影响评价的有( )。

A. 单独报建的工业类项目

B. 与居住区内公共服务设施合建的学校类建筑

C. 交通生成量大的交通类建设项目

D. 混合类建设项目，其总建筑面积或者指标达到项目所含建筑项目分类中任一类的启动

阈值

E. 主管部门认为应当进行交通影响评价的工业、其他类和其他建设项目

【参考答案】CDE。根据《建设项目交通影响评价技术标准》（CJJ/T 141—2010）6.1.2条规定，报建阶段进行的建设项目交通影响评价，评价范围应符合下列规定：①有明确定量启动阈值的建设项目。②单独报建的学校类建设项目、交通生成量大的交通类建设项目，其评价范围应为：建设项目邻近的第二条主干路或快速路围合的范围；③主管部门认为应当进行交通影响评价的工业、其他类和其他建设项目，其评价范围应为：建设项目邻近的城市主干路或快速路围合的范围。综上可看，选项AB与原条文描述不一致。关于启动阈值的含义，标准中另有条文规定，此处不再赘述。

100. **根据《城市综合交通体系规划标准》，下列关于城市中心区，公共交通枢纽衔接交通配置要求的说法中正确的有( )。**

A. 宜设置城市公共汽电车首末站　　　　B. 应设置便利的步行交通系统

C. 宜设置社会车辆立体停车设施　　　　D. 宜设置非机动车停车设施

E. 宜设置出租车社会车辆上、落客区

【参考答案】ABDE。根据《城市综合交通体系规划标准》(GB/T 51328—2018) 表 8.3.3，对于城市中心区，公共交通枢纽衔接交通设施配置要求，宜设置城市公共汽电车首末站，应设置便利的步行交通系统，宜设置非机动车停车设施，宜设置出租车社会车辆上、落客区。因此选项 ABDE 是正确的。选项 C 宜设置社会车辆立体停车设施的是城市中心区以外的其他地区的配置要求。

附录 2   模拟试题及参考答案（一～六）

模 拟 试 题 一

一、单选题（每题的备选项中，只有一个最符合题意）

1. 根据《中共中央 国务院关于建立国土空间规划体系并监督实施的若干意见》，下列关于专项规划的说法中，不正确的是(   )。

A. 自然保护地等专项规划及跨行政区域或流域的国土空间规划，由所在区域或上一级自然主管部门牵头组织编制，报同级政府审批

B. 相关专项规划要服从总体规划、详细规划

C. 相关专项规划要遵循国土空间总体规划，不得违背总体规划强制性内容，其主要内容要纳入详细规划

D. 不同层级、不同地区的专项规划可结合实际选择编制的类型和精度

2. 根据《中共中央 国务院关于建立国土空间规划体系并监督实施的若干意见》，下列关于国土空间规划的说法中，不正确的是(   )。

A. 国土空间规划是对一定区域国土空间开发保护在空间和时间上作出的安排

B. 国土空间规划包括总体规划、详细规划和相关专项规划

C. 全国国土空间规划侧重协调性

D. 市县和乡镇国土空间规划侧重实施性

3. 根据《中共中央 国务院关于全面推进乡村振兴加快农业农村现代化的意见》，2021 年我国建设(   )亿亩旱涝保收、高产稳产标准农田。

A. 0.6   B. 0.8

C. 1.0   D.1.2

4. 根据《关于在国土空间规划中统筹划定落实三条控制线的指导意见》，目前已划入自然保护地核心保护区的永久基本农田、镇村、矿业权逐步有序退出，协调过程中退出的永久基本农田在(   )级行政区域内同步补划。

A. 乡镇   B. 县

C. 市   D. 省

5. 根据《关于在国土空间规划中统筹划定落实三条控制线的指导意见》，下列关于生态保护红线的说法中，不正确的是(   )。

A. 生态保护红线是指在生态空间范围内具有特殊重要生态功能、必须强制性严格保护的区域

B. 其他经评估具有潜在重要生态价值但目前不能确定的区域，不能划入生态保护红线

C. 对自然保护地进行调整优化，评估调整后的自然保护地应划入生态保护红线

D. 生态保护红线内，自然保护地核心保护区原则上禁止人为活动，其他区域严格禁止开发性、生产性建设活动

6. 根据《中华人民共和国国民经济和社会发展第十四个五年规划和 2035 年远景目标纲要》，下列说法不正确的是(   )。

A. 实施以碳强度控制为主、碳排放总量控制为辅的制度，支持有条件的地方和重点行业、重点企业率先达到碳排放峰值

B. 加强全球气候变暖对我国承受力脆弱地区影响的观测和评估，提升城乡建设、农业生产、基础设施适应气候变化能力。

C. 坚持公平、共同但有区别的责任及各自能力原则，建设性参与和引领应对气候变化国际合作，推动落实《联合国气候变化框架公约》及其《巴黎协定》，积极开展气候变化南南合作

D. 锚定努力争取 2060 年前实现碳达峰，采取更加有力的政策和措施

7. 根据《国务院办公厅关于加强城市内涝治理的实施意见》，下列关于实施河湖水系和生态空间治理与修复的说法中，不正确的是(   )。

A. 在城市建设和更新中留白增绿，做到一地专用

B. 保护城市山体，修复江河、湖泊、湿地等，保留天然雨洪通道、蓄滞洪空间，构建连续完整的生态基础设施体系

C. 在蓄滞洪空间开展必要的土地利用、开发建设时，要依法依规严格论证审查，保证足够的调蓄容积和功能

D. 恢复并增加水空间，扩展城市及周边自然调蓄空间，按照有关标准和规划开展蓄滞洪空间和安全工程建设

8. 根据《国务院办公厅关于加强全民健身场地设施建设发展群众体育的意见》，下列关于挖掘存量建设用地潜力的说法中，不正确的是(   )。

A. 盘活城市空闲土地   B. 用好城市公益性建设用地

C. 支持以租赁方式供地   D. 不倡导复合用地模式

9. 根据《自然资源部 农业农村部关于保障农村村民住宅建设合理用地的通知》，下列说法错误的是(   )。

A. 在县、乡级国土空间规划和村庄规划中，要为农村村民住宅建设用地预留空间

B. 农村村民住宅建设要依法落实"一户一宅"要求

C. 尊重农民意愿，提倡并鼓励在城市和集镇规划区外拆并村庄、建设大规模农民集中住区

D. 在年度全国土地利用计划中单专项保障农村村民住宅建设用地，年底实报实销

10. 根据《自然资源部 国家文物局关于在国土空间规划编制和实施中加强历史文化遗产保护管理的指导意见》，下列选项中错误的是(   )。

A. 不得以历史文化遗产保护利用设计方案、实施方案取代经依法批准的详细规划实施许可

B. 经核定可能存在历史文化遗存的土地，要实行"先考古，后出让"制度，在依法完成考古调查、勘探、发掘前，原则上不予收储入库或出让

C. 在不对生态功能造成破坏的前提下，允许在生态保护红线和自然保护地核心保护区内，

开展考古调查、勘探、发掘和文物保护活动

D. 历史文化保护线及空间形态控制指标和要求是国土空间规划的强制性内容

11. 根据《自然资源部关于以"多规合一"为基础推进规划用地"多审合一、多证合一"改革的通知》，建设项目用地预审与选址意见书的期限为(　　)年。

A. 1

B. 2

C. 3

D. 5

12. 根据《自然资源部办公厅关于进一步做好村庄规划工作的意见》，关于村庄规划，下列说法中错误的是(　　)。

A. 集聚提升类等建设需求量大的村庄加快编制

B. 城郊融合类的村庄可纳入城镇控制性详细规划统筹编制

C. 搬迁撤并类的村庄应单独编制

D. 要全域全要素编制村庄规划

13. 根据《自然资源部办公厅关于加强国土空间规划监督管理的通知》，下列说法不正确的是(　　)。

A. 国土空间规划编制实行首席专家终身负责

B. 规划审查应充分发挥规划委员会的作用，实行参编单位专家回避制度，推动开展第三方独立技术审查

C. 规划修改必须严格落实法定程序要求，深入调查研究，征求利害关系人意见，组织专家论证，实行集体决策

D. 下级国土空间规划不得突破上级国土空间规划确定的约束性指标

14. 根据《省级国土空间规划编制指南（试行）》，下列不属于区域协调和规划传导的重点管控性内容的是(　　)。

A. 国家协调

B. 省际协调

C. 省域重点地区协调

D. 市县规划传导

15. 根据《市级国土空间总体规划编制指南（试行）》，不属于强制性内容的是(　　)。

A. 约束性指标落实及分解，如生态保护红线面积、用水总量、永久基本农田保护面积等

B. 涵盖各类历史文化遗存的历史文化保护体系，历史文化线及空间管控要求

C. 市域范围内结构性绿地，水体等开敞空间的控制范围和均衡分布要求

D. 城乡公共服务设施配置标准，城镇政策性住房和教育、卫生、养老、文化体育等城乡公共服务设施布局选择和标准

16. 根据《国土空间调查、规划、用途管制用地用海分类指南（试行）》，盐田属于(　　)。

A. 人工湿地

B. 工矿用地

C. 自然湿地

D. 沿海滩涂

17. 以下关于行政程序的说法，正确的是(　　)。

A. 行政程序必须向利害关系人公开

B. 行政程序根据其环节分为法定程序和自由裁量程序

C. 行政程序的基本规则由行政部门自行设定

D. 行政程序的价值是保障行政主体的自由裁量权

18. 关于行政法学基础，下列说法错误的是(　　)。

A. 行政法主体是行政主体

B. 行政主体是行政法主体

C. 行政法律关系主体是行政法主体

D. 行政主体是行政法律关系主体

19. 自然资源主管部门对建设用地使用权的确认不属于(　　)。

A. 具体行政行为　　　　　　　　　B. 依申请行政行为

C. 单方行政行为　　　　　　　　　D. 确认法律地位的行政行为

20. 行政合法性原则的具体内容不包括(　　)。

A. 行政主体必须依法设立

B. 行政主体应当在法律授权的时间空间限制范围内行使国家行政权力

C. 行政机关做出的具体行政行为必须以事实为根据，以法律为准绳

D. 实体合法优先于程序合法

21. 下列选项中对于行政法制监督的说法不正确的是(　　)。

A. 行政法制监督的对象是行政相对人

B. 行政法制监督的主体是国家权力机关等

C. 行政法制监督是对行政主体行为合法性的监督

D. 行政法制监督的方式有审查调查等

22. 下列关于公共产品的说法中，不正确的是(　　)。

A. 公共产品是消费者排他性消费的产品

B. 公共产品是由以政府机关为主的公共部门生产

C. 公共产品体系构成政府所管理公共事务的范围

D. 公共行政的主要责任是生产和提供公共产品

23. 我国行政法渊源不包括(　　)。

A. 地方性法规　　　　　　　　　　B. 有权法律解释

C. 国际条约和约定　　　　　　　　D. 技术规划标准

24. 决定行政立法在形式上多样性的是行政立法主体的(　　)。

A. 多层次性　　　　　　　　　　　B. 强适应性

C. 灵活性　　　　　　　　　　　　D. 有效性

25. 根据《行政许可法》，下列关于行政许可的期限说法不正确的是(　　)。

A. 行政机关应当自受理行政许可申请之日起二十日内作出行政许可决定。二十日内不能作出决定的，经本行政机关负责人批准，可以延长十日

B. 行政机关作出行政许可决定，依法需要听证、招标、检验、检测、鉴定和专家评审的，所需时间计算在规定的期限内

C. 行政许可采取统一办理或者联合办理、集中办理的，办理的时间不得超过四十五日；四十五日内不能办结的，经本级人民政府负责人批准，可以延长十五日

D. 行政机关作出准予行政许可的决定，应当自作出决定之日起十日内向申请人颁发、送达行政许可证件

26.《行政许可法》规定行政机关组织听证会费用由(　　)。

A. 申请人承担　　　　　　　　　　　　B. 利害关系人承担

C. 申请人、利害关系人共同承担　　　　D. 申请人、利害关系人都不承担

27. 《行政处罚法》中，以下只能由法律设定的是(　　)。

A. 限制人身自由　　　　　　　　　　　B. 责令停产停业

C. 没收非法财物　　　　　　　　　　　D. 吊销许可证件

28. 根据《行政复议法》，下列说法错误的是(　　)。

A. 行政复议机关收到行政复议申请后，应当在五日内进行审查，对不符合该法规规定的行政复议申请决定不予受理，应书面告知申请人

B. 对符合该法规定，但不属于本行政复议机关受理的行政复议申请，应当告知申请人向有关行政复议机关提出

C. 公民、法人或其他组织依法提出了行政复议申请，行政复议机关无正当理由不予受理的，上级行政机关应当责令其受理

D. 行政复议期间，被申请人认为需要停止执行的具体行政行为不停止执行

29. 《行政诉讼法》中因不动产提起了行政诉讼，有管辖权的是(　　)。

A. 原告所在地人民法院　　　　　　　　B. 被告所在地人民法院

C. 不动产所在地人民法院　　　　　　　D. 双方协定商议

30. 《民法典》关于物权登记的说法，不正确的是(　　)。

A. 不动产物权的设立、变更、转让和消灭经依法登记产生效力

B. 依法属于国家所有的自然资源，管理部门应当登记设立所有权

C. 不动产登记由不动产所在地的登记机构办理

D. 国家对不动产实行统一登记制度

31. 根据《民法典》相邻关系的表述，不正确的是(　　)。

A. 不动产的相邻权利人应当按照有利生产、方便生活、团结互助、效率最大的原则，正确处理相邻关系

B. 相邻关系法律、法规没有规定的，可以按照当地习惯

C. 对自然流水的利用，应当在不动产的相邻权利人之间合理分配

D. 对自然流水的利用，应当尊重自然流向

32. 根据《立法法》，下列关于国务院部门规章的说法中，不正确的是(　　)。

A. 国务院部门规章制定、修改和废止依照《立法法》有关规定执行

B. 国务院部门规章由国务院总理签署命令公布

C. 国务院部门规章之间具有同等效力，在各自的权限范围内施行

D. 国务院部门规章与地方政府规章之间具有同等效力，在各自的权限范围内施行

33. 根据《土地管理法》，县级以上人民政府自然资源主管部门履行监督检查职责时，采取的下列措施中，不正确的是(　　)。

A. 要求被检查的单位或者个人提供有关土地权利的文件和资料

B. 要求被检查的单位或者个人就有关土地权利的问题作出说明

C. 责令非法占用土地的单位或者个人停止违反土地管理法律、法规的行为

D. 查封单位或者个人非法占用的土地现场

34. 根据《土地管理法》，关于永久基本农田的说法，下列说法不准确的是(　　)。

A. 严格落实永久基本农田保护，以乡镇为单位划定永久基本农田

B. 不得随意占用永久基本农田

C. 县级人民政府应当将永久基本农田的位置、范围向社会公告，并设立保护标识

D. 严格管护永久基本农田，杜绝"非农化"

35. 根据《土地管理法》，某县计划征收林地 1000 亩，需报(　　)批准。

A. 国务院　　　　　　　　　　　　B. 国务院下属自然资源系统

C. 国务院下属林业系统　　　　　　D. 省、自治区、直辖市人民政府

36. 根据《城市房地产管理法》，下列哪项不属于房地产交易？(　　)

A. 房地产评估　　　　　　　　　　B. 房地产转让

C. 房地产抵押　　　　　　　　　　D. 房地产租赁

37. 根据《城市房地产管理法》，下列关于土地使用权的说法中，正确的是(　　)。

A. 土地使用权出让，可采取拍卖、招标或者双方协议的方式

B. 土地使用权不因土地灭失而终止

C. 以出让方式取得土地使用权进行房地产开发的，超过出让合同约定的动工开发日期满一年的，可以无偿收回土地使用权

D. 以划拨方式或出让方式取得土地使用权的期限相同

38. 根据《环境保护法》，污染防治措施应与建筑主体(　　)。

A. 同时设计、同时发包、同时组织施工

B. 同时发包、同时施工、同时工程监理

C. 同时设计、同时施工、同时投产使用

D. 同时承包、同时施工、同时质量管理

39. 根据《环境影响评价法》，对可能造成重大环境影响的建设项目，建设单位应当(　　)。

A. 编制环境影响报告书，对产生的环境影响进行全面评价

B. 编制环境影响报告表，对产生的环境影响进行综合分析

C. 编制环境影响报告表，对产生的环境影响进行专项评价

D. 填报环境影响登记表，对产生的环境影响进行分析或专项评价

40. 根据《水法》，下列有关水资源供求的说法中不正确的是(　　)。

A. 国务院水行政主管部门负责全国水资源的宏观调配

B. 水中长期供求规划应当根据水的供求现状、国民经济和社会发展规划、流域规划、区域规划制定

C. 水中长期供求规划应当按照水资源供需协调、综合平衡、保护生态、厉行节约、合理开源的原则制定

D. 全国和跨省、自治区、直辖市的水中长期供求规划由国务院水行政主管部门会同有关部门制定，经国务院发展计划主管部门审查批准后执行

41. 根据《森林法》，对国务院确定的国家重点林区的森林、林木和林地负责登记的部门是(　　)。

A. 国务院自然资源主管部门　　　　B. 国务院林业主管部门

C. 所在地自然资源主管部门　　　　D. 所在地林业主管部门

42. 根据《测绘法》，下列选项中关于地理信息测绘，错误的是（   ）。

A. 属于国家公益性事业

B. 实行国家分级管理

C. 进行中华人民共和国国界测绘时，国务院地理信息主管部门会同军队测绘部门一起

D. 县级以上地理信息主管部门应当会同不动产主管部门，加强不动产测绘管理

43. 根据《防震减灾法》，下列选项中错误的是（   ）。

A. 建设单位对建设工程的抗震设计、施工的全过程负责

B. 新建、扩建、改建建设工程，应当避免对地震监测设施和地震观测环境造成危害

C. 观测到可能与地震有关的异常现象的单位和个人，可以直接向国务院地震工作主管部门报告

D. 对学校、医院等人员密集的建设工程，应当按照地震安全评价进行设计和施工，采取有效措施，增强抗震设防能力

44. 根据《防震减灾法》，下列选项错误的是（   ）。

A. 国务院自然资源部门会同国务院有关部门组织编制国家防震减灾规划，报国务院批准后组织实施

B. 县有关部门组织编制本行政区域的防震减灾规划，报本级人民政府批准后组织实施

C. 县级以上地方人民政府有关部门应当根据编制防震减灾规划的需要，及时提供有关资料

D. 因震情形势变化和经济社会发展的需要确需修改的，应当按照原审批程序报送审批。

45. 根据《消防法》，消防规划内容不包括（   ）。

A. 消防站　　　　　　　　　　　　　B. 消防人员

C. 消防车通道　　　　　　　　　　　D. 消防装备

46. 根据《广告法》，下列设施和场地可以设置户外广告的是（   ）。

A. 交通工具　　　　　　　　　　　　B. 交通安全设施

C. 交通标识　　　　　　　　　　　　D. 文物保护单位建设控制地带

47. 根据《文物保护法》和《文物保护法实施条例》，考古工作确需因建设工程紧迫或者有自然破坏危险对古文化遗址、古墓急需进行抢救挖掘的。应当自开工之日起（   ）个工作日内向国务院文物行政主管部门补办审批手续。

A. 5　　　　　　　　　　　　　　　　B. 7

C. 10　　　　　　　　　　　　　　　D. 12

48. 根据《风景名胜区条例》，下列选项中关于风景名胜区设立和划分不正确的是（   ）。

A. 新设立的风景名胜区与自然保护区不得重合

B. 风景名胜区应自设立起一年内编制完成总体规划

C. 风景名胜区划分为国家级风景名胜区和省级风景名胜区

D. 申请设立风景名胜区提交材料包含拟设立风景名胜区的游览条件

49. 根据《长城保护条例》，下列关于长城保护的说法中，不正确的是（   ）。

A. 长城保护标识应当载明长城段落的修筑年度、保护范围、建设控制地带等

B. 国务院文物主管部门应当建立全国的长城档案

C. 国务院文物主管部门划定全国的长城保护范围和建设控制地带

D. 国家对长城实行整体保护、分段管理

50. 根据《铁路安全管理条例》，禁止在铁路电力线路导线两侧各(　　)的范围内升放风筝、气球等低空飘浮物体。

A. 500m   B. 600m

C. 700m   D. 800m

51. 下列都是国家历史文化名城的是(　　)。

A. 荆州、随州、赣州、雷州、惠州   B. 襄阳、安阳、咸阳、辽阳、邵阳

C. 乐山、巍山、砀山、佛山、中山   D. 上海、南海、临海、通海、北海

52. 根据《历史文化名城保护规划标准》，历史文化街区核心保护范围内(　　)的总用地面积，不应小于核心保护范围内建筑总用地面积的**60%**。

A. 文物古迹、历史建筑、传统风貌建筑

B. 文物古迹、历史建筑

C. 文物保护单位、历史建筑、传统风貌建筑

D. 文物保护单位、历史建筑

53. 根据《城市供热规划规范》，下列关于热网介质的说法中，不正确的是(　　)。

A. 当热源供热范围内只有民用建筑采暖热负荷时，应采用热水作为供热介质

B. 当热源供热范围内工业热负荷为主负荷时，应采用蒸汽作为供热介质

C. 当热源供热范围内既有民用建筑采暖热负荷，也存在工业热负荷时，可采用蒸汽和热水作为供热介质

D. 既有采暖又有工业热负荷，可设置热水和蒸汽管网，当蒸汽负荷量小且分散而又没有其他必须设置集中供应的理由时，可只设置蒸汽管网

54. 根据《城乡建设用地竖向规划规范》，下列说法错误的是(　　)。

A. 城乡建设用地竖向规划应与周边地区相衔接

B. 城乡建设用地竖向规划对起控制作用的高程不得随意改动

C. 同一城市的用地竖向规划可采用统一的坐标和高程系统

D. 乡村建设用地竖向规划应有利于风貌特色保护

55. 根据《城市综合交通体系规划标准》规定，下列车辆转换系数不正确的是(　　)。

A. 铰接式公交车4.0   B. 拖挂货车3.0

C. 摩托车0.4   D. 电动自行车0.3

56. 《城市综合交通体系规划标准》提出，城市公共交通方式不同、不同路线之间的换乘距离不宜大于(　　)**m**。

A. 300   B. 250

C. 200   D. 150

57. 根据《城市轨道交通线网规划标准》，下列关于城市主要功能区之间，轨道交通系统内部出行时间的说法中，不正确的是(　　)。

A. 规划人口规模在500万及以上城市，中心城区市级中心与副中心之间不宜大于30min

B. 规划人口规模在150万～500万城市，中心城区市级中心与副中心之间不宜大于20min

C. 中心城区市级中心与外围组团之间不宜大于30min

D. 中心城区市级中心与外围组团之间为非通勤客流特征时，其出行时间指标不宜大

于 20min

58.《城市停车规划规范》规定，停车场应结合电动车辆发展需求、停车场规模及用地条件，预留充电设施建设条件，具备充电条件的停车位数量比例不宜小于停车位总数的(　　)。

A. 25%
B. 20%
C. 15%
D. 10%

59. 城市用水应优先保证(　　)用水。

A. 生活用水及饮用水
B. 防洪安全
C. 水生态保护
D. 城市防洪排涝

60. 根据《城市排水工程规划规范》，下列说法错误的是(　　)。

A. 立体交叉下穿道路的低洼段应设独立的排水分区，外部有汇水的情况下，需提高排水能力

B. 源头减排系统应遵循源头、分散的原则构建，措施宜按自然、近自然和模拟自然的优先序进行选择

C. 城市排水工程规划应遵循统筹规划、合理布局、综合利用、保护环境、保障安全的原则

D. 城市新建区域，防涝调蓄设施宜采用地面形式布置

61. 根据《城市给水工程规划规范》，下列说法错误的是(　　)。

A. 城市常规水源是地表水、地下水、再生水
B. 城市非常规水源包括海水、雨水
C. 应急水源是在紧急情况下的供水水源
D. 城市综合用水量指标是平均单位用水人口所消耗的城市最高日用水量

62. 根据《城市消防规划规范》，下列哪个因素不会导致适当缩小消防站辖区范围(　　)。

A. 年平均风力大于 2 级
B. 湿度小于 50%
C. 快速路阻隔
D. 河流阻拦

63. 根据《城市防洪规划规范》，下列选项中不属于防洪非工程措施的是(　　)。

A. 泄洪工程
B. 蓄滞洪区管理
C. 行洪通道保护
D. 水库调洪

64. 根据《城市黄线管理办法》，防洪堤墙、截洪沟、排洪沟等设施应划入(　　)。

A. 紫线
B. 绿线
C. 蓝线
D. 黄线

65. 根据《城市通信工程规划规范》，下面说法错误的是(　　)。

A. 通道设置应结合城市发展需求
B. 我国城市微波通道分为三级
C. 应严格控制进入大城市、特大城市中心城区的微波通道数量
D. 公用网和专用网微波宜纳入公用通道，不应共用天线塔。

66. 根据《城市综合管廊工程技术规范》和《城市工程管线综合规划规范》，下列关于综合管廊的说法正确的是(　　)。

A. 热力管道应与电力管道同舱敷设

B. 排水管道应在独立舱室内敷设

C. 干线管廊不宜在人行道、非机动车道、绿化带下

D. 燃气管道不能纳入综合管廊

67. 根据《城市综合防灾规划标准》，城市综合防灾规划对一些地区和工程设施，应提出更高的设防标准和防灾要求，下列不属于此类地区或工程设施的是(　　)。

A. 城市发展建设特别重要的地区

B. 保证城市基本运行，灾时需启用或功能不能中断的工程设施

C. 重要的园地、林地、牧草地和设施农用地

D. 承担应急救援和避难疏散任务的防灾设施，城市重要公共空间，公共建筑和公共绿地等重要公共设施

68. 根据《城市综合防灾规划规范》，城市一般性工程所采用的衡量灾害设防水准高低的尺度，通常采用一定的物理参数和重要性类别来表达，下列说法中，不正确的是(　　)。

A. 抗震采用设计地震参数和抗震设防类别

B. 抗风采用基本风压

C. 抗雪采用基本雪压

D. 防洪采用根据不同防护对象重要性的一定重现期的最大洪水水位

69. 根据《城市环境规划标准》，城市环境规划主要包括(　　)。

A. 城市生态空间规划，城市环境保护规划

B. 城市生态保护规划，城市环境保护规划

C. 城市生态空间规划，城市资源环境规划

D. 城市生态保护规划，城市资源环境规划

70. 根据《城市环境卫生设施规划标准》，当生活垃圾运输距离超过经济距离且运输量较大，服务范围内运输距离超过(　　)km 时，宜设置垃圾运转站。

A. 5　　　　　　　　　　　　　B. 8

C. 10　　　　　　　　　　　　　D. 15

71. 根据《城市居住区规划设计标准》，下列关于生活圈居住人口规模说法，不正确的是(　　)。

A. 十五分钟生活圈的居住人口规模为 50000～100000 人

B. 十分钟生活圈的居住人口规模为 15000～20000 人

C. 五分钟生活圈的居住人口规模为 5000～12000 人

D. 居住街坊人口规模为 1000～3000 人

72. 根据《城市电力规划规范》，下列不属于城市变电站结构形式分类(　　)。

A. 户外式　　　　　　　　　　　B. 户内式

C. 固定式　　　　　　　　　　　D. 移动式

73. 根据《建筑日照计算参数标准》错误的是(　　)。

A. 建筑日照是指太阳光直接照射到建筑物（场地）上的状况

B. 日照标准日是用来测定和衡量建筑日照时数的特定日期

C. 日照时数是指在有效日照标准日内建筑物（场地）计算起点位置获得日照的连续时间值或各时间段的累加值

D. 建筑日照标准是指在日照标准日的有效日照时间带内太阳光应直接照射到建筑物（场地）的最低日照时数

74. 根据《城市照明建设规划标准》中的城市照明总体设计控制要求，正确的是(　　)。

A. 照明方式、亮（照）度水平、光源颜色、照明动态

B. 照明方式、投资估算、光源颜色、照明动态

C. 照明方式、亮（照）度水平、投资估算、环境亮度

D. 亮（照）度水平、投资估算、光源颜色、照明动态

75. 根据《乡镇集贸市场规划设计标准》，正确的是(　　)。

A. 集贸市场应与教育、医疗机构等人员密集场所的主要出入口之间保持50m以上距离

B. 固定市场与消防站相邻时，应保持50m以上距离

C. 集贸市场应与燃气调压站、液化石油展等气化站等火宅危险性大的场所保持50m以上防火间距

D. 以农产品与农业生产资料为主商品类型的市场，宜独立占地，且应与住宅区之间保持50m以上间距

76. 根据《国土空间规划"一张图"实施监督信息系统技术规范》，下列不属于专项规划的是(　　)。

A. 重点空间管控专项规划　　　　　　B. 生态环境保护专项规划

C. 文物保护专项规划　　　　　　　　D. 林业草原专项规划

77.《国土空间规划"一张图"实施监督信息系统技术规范》中对专项规划成果、监督数据的要求是(　　)。

A. 覆盖全域、动态整合、数据统一　　B. 覆盖全域、动态评估、集成统一

C. 覆盖全域、动态监测、标准统一　　D. 覆盖全域、动态更新、权威统一

78. 根据《市级国土空间总体规划数据库规范（试行）》，市县级国土空间规划数据库内容不包括(　　)。

A. 基础地理信息要素　　　　　　　　B. 分析评价信息要素

C. 城市更新单元要素　　　　　　　　D. 空间规划信息要素

79. 根据《市级国土空间总体规划制图规范（试行）》，图件类型正确的是(　　)。

A. 调查型图件、分析型图件、示意型图件

B. 调查型图件、管控型图件、示意型图件

C. 调查型图件、分析型图件、管控型图件

D. 分析型图件、示意型图件、管控型图件

80. 根据《市级国土空间总体规划制图规范（试行）》，制作市域国土空间控制线规划图不是可选要素的是(　　)。

A. 历史文化保护线　　　　　　　　　B. 洪涝风险控制线

C. 矿产资源控制线　　　　　　　　　D. 生态廊道

二、多选题（每题五个选项，每题正确答案不少于两个选项，多选或漏选不得分）

81.《中华人民共和国国民经济和社会发展第十四个五年规划和2035年远景目标纲要》中提出要深入实施区域重大战略，包括(　　)。

A. 特殊类型发展

B. 加快推动京津冀协同发展

C. 全面推动长江经济带发展

D. 积极稳妥推进粤港澳大湾区建设

E. 扎实推进黄河流域生态保护和高质量发展

82. 根据《自然资源部 国家发展改革委 农业农村部关于保障和规范农村一二三产业融合发展用地的通知》，以下说法正确的是( )。

A. 在充分尊重农民意愿的前提下，可根据国土空间规划，以乡镇或村为单位开展全域土地综合整治，盘活农村存量建设用地，腾挪空间支持农村产业融合发展和乡村振兴

B. 落实最严格的耕地保护制度，坚决制止耕地"非农化"行为，防止"非粮化"，不得造成耕地污染

C. 在符合国土空间规划前提下，鼓励对依法登记的宅基地进行复合利用，发展乡村民宿、农产品初加工、电子商务等农村产业

D. 农村产业融合发展用地可以用于商品住宅、别墅、酒店、公寓等房地产开发，不得擅自改变用途或分割转让转租

E. 探索在农民集体依法妥善处理原有相关权利人的利益关系后，将符合规划的存量集体建设用地，按照农村集体经营性建设用地入市

83. 下列属于行政合理性原则内容的有( )。

A. 平等对待   B. 行政应急性

C. 比例原则   D. 正常判断

E. 没有偏私

84. 下列属于行政许可的是( )。

A. 认可   B. 普通许可

C. 核准   D. 特殊处理

E. 确认

85. 行政处罚属于( )行政行为。

A. 依职权的   B. 单方

C. 具体   D. 抽象

E. 外部

86. 根据《行政处罚法》，地方性法规可以设定的行政处罚有( )。

A. 罚款   B. 没收违法所得

C. 没收非法财物   D. 吊销企业营业执照

E. 责令停产停业

87. 根据《民法典》，下列属于业主共有的有( )。

A. 建筑区划内的城镇公共道路

B. 占用业主共有的道路用于停放汽车的车位

C. 建筑区划内的公用设施

D. 建筑区划内的物业服务用房

E. 建筑区划内城镇公共绿地

88. 根据《民法典》，建设用地使用权可以在土地的( )分别设立。

A. 地表   B. 表层

C. 地上   D. 地下

E. 里层

89. 根据《立法法》，全国人大及常务委员会授予国务院先行制定行政法的有(   )。

A. 对公民政治权利的剥夺、限制人身自由的强制措施和处罚

B. 对非国有财产的征收、征用

C. 税种的设立、税率的确定和税收征收管理等税收基本制度

D. 民事基本制度

E. 司法制度

90. 根据《公路法》，公路在其公路路网中的地位分为(   )。

A. 国道   B. 省道

C. 市道   D. 县道

E. 乡道

91. 根据《市级国土空间总体规划编制指南（试行)》，下列需要明确和整合保护范围的历史保护地带包括(   )。

A. 各级文物保护单位   B. 历史城区

C. 传统村落   D. 历史建筑

E. 历史性城市景观和文化景观

92. 根据《城市对外交通规划规范》，下列说法正确的是(   )。

A. 城镇建成区外高速铁路两侧隔离带规划控制宽度应从外侧轨道向外不小于 50m

B. 城镇建成区外普速铁路两侧隔离带规划控制宽度应从外侧轨道向外不小于 20m

C. 城镇建成区外其他线路两侧隔离带规划控制宽度应从外侧轨道向外不小于 15m

D. 大型客运站用地规模 $30\sim50hm^2$

E. 大型货运站用地规模 $25\sim50hm^2$

93. 《城市绿地分类标准》中参与人均绿地计算的绿地类型包括(   )。

A. 公园绿地   B. 防护绿地

C. 附属绿地   D. 区域绿地

E. 风景游憩绿地

94. 根据《城市居住区人民防空工程规划规范》，居住区人防配套工程包括(   )。

A. 人防物资库   B. 食品站

C. 垃圾站   D. 区域电站

E. 区域供水站

95. 根据《城镇燃气规划规范》，下列关于燃气主管网敷设的说法，错误的是(   )。

A. 应沿城镇规划道路敷设

B. 应减少跨越河流和铁路敷设

C. 宜沿城市轨道交通设施平行敷设

D. 应避免与高压电缆平行敷设

E. 宜沿电气化铁路平行敷设

96. 根据《城市环境卫生设施规范标准》要求规定，根据城市性质和人口密度，公共厕所

平均设置密度指标适当提高设施标准的是(　　　)。

A. 人均规划建设用地指标偏高

B. 居住用地及公共设施用地指标偏低

C. 山地城市

D. 旅游城市

E. 带状城市

97. 根据《城市综合防灾规划标准》，下列说法正确的是(　　　)。

A. 中心避难场所面积不小于 10hm²

B. 中期固定避难场所面积不小于 1hm²

C. 紧急避难场所有效避难面积不限

D. 长期避难人均有效避难面积 2m²/人

E. 紧急避难场所有效避难面积 1m²/人

98. 根据《国土空间规划"一张图"实施监督信息系统技术规范》，规划监督数据具体包括(　　　)。

A. 规划实施监测评估预警数据

B. 资源环境承载能力监测预警数据

C. 规划全过程自动强制留痕数据

D. 其他规划实施相关数据

E. 国土现状调查数据

99.《国土空间调查、规划、用途管制用地用海分类指南（试行）》中关于用地用海分类规则正确的是(　　　)。

A. 用地用海二级类为国土调查、国土空间规划的主干分类

B. 国土空间总体规划原则上以一级类为主，可细分至二级类

C. 用地用海具备多种用途时，应以其主要功能进行归类

D. 国家国土调查以二级类为基础分类

E. 三级类为专项调查和补充调查的分类

100. 根据《市级国土空间总体规划编制指南（试行）》，下列分区类型属于一级规划分区的有(　　　)。

A. 城镇发展区   B. 特别用途发展区

C. 乡村发展区   D. 矿产能源发展区

E. 交通运输发展区

模拟试题一参考答案

一、单项选择题

1. B	2. C	3. C	4. B	5. B	6. D	7. A	8. D
9. C	10. C	11. C	12. C	13. A	14. A	15. C	16. B
17. A	18. A	19. C	20. D	21. A	22. A	23. D	24. A

25. B	26. D	27. A	28. D	29. C	30. B	31. A	32. B
33. D	34. C	35. D	36. A	37. A	38. C	39. A	40. A
41. A	42. C	43. D	44. A	45. B	46. A	47. C	48. B
49. C	50. A	51. A	52. C	53. D	54. C	55. B	56. C
57. D	58. D	59. A	60. A	61. A	62. A	63. A	64. D
65. D	66. C	67. C	68. A	69. A	70. C	71. B	72. C
73. C	74. A	75. C	76. A	77. D	78. C	79. B	80. D

二、多项选择题

81. BCDE	82. ABCE	83. ACDE	84. ABC	85. ABCE
86. ABCE	87. BCD	88. ACD	89. BCD	90. ABDE
91. ABCD	92. DE	93. ABC	94. ABDE	95. CE
96. CD	97. BC	98. ABC	99. ABCE	100. ACD

模 拟 试 题 二

一、单项选择题（每题 1 分，每题的备选项中，只有一个最符合题意）

1. ( )是对具体地块用途和开发建设强度等作出的实施性安排，是开展国土空间开发保护活动、实施国土空间用途管制、核发城乡建设项目规划许可、进行各项建设等的法定依据。

A. 详细规划

B. 土地利用规划

C. 总体规划

D. 修建性详细规划

2. 根据《中共中央 国务院关于建立国土空间规划体系并监督实施的若干意见》，以下关于总体规划、详细规划和相关专项规划之间关系，不正确的是( )。

A. 国土空间总体规划是详细规划的依据、相关专项规划的基础

B. 相关专项规划要相互协同，并与详细规划作好衔接

C. 相关专项规划要遵循国土空间总体规划，不得违背总体规划强制性内容，其主要内容要纳入详细规划

D. 详细规划要服从总体规划和相关专项规划

3. 根据《中共中央 国务院关于建立国土空间规划体系并监督实施的若干意见》完善国土空间基础信息平台，以下说法不正确的是( )。

A. 以自然资源调查监测数据为基础，采用国家统一的测绘基准和测绘系统

B. 同步完成国土空间基础信息平台建设

D. 推进政府部门之间的数据共享以及政府与社会之间的信息交互

C. 实现主体功能区战略和各类空间管控要素精准落地

4. 根据《关于在国土空间规划中统筹划定落实三条控制线的指导意见》，关于三条控制线的强化保障措施不包括( )。

A. 地方各级党委和政府对本行政区域内三条控制线划定和管理工作负总责，结合国土空间规划编制工作有序推进落地

B. 建立健全统一的国土空间基础信息平台，实现部门信息共享，严格三条控制线监测监管

C. 涉及生态保护红线、永久基本农田占用和突破城镇开发边界的报国务院审批

D. 将三条控制线的划定和管控情况作为地方党政领导班子和领导干部政绩考核内容

5. 根据《自然资源部关于全面开展国土空间规划工作的通知》，对现行土地利用体系规划、城市（镇）总体规划实施中存在矛盾的图斑，要结合国土空间基础信息平台的建设，作一致性处理，以下说法中不正确的是(　　)。

A. 不得突破土地利用总体规划确定的 2020 年建设用地和耕地保有量等约束性指标

B. 不得突破生态保护红线和永久基本农田保护红线

C. 不得突破城市（镇）详细规划确定的禁止建设区和强制性内容

D. 不得与新的国土空间规划管理要求矛盾冲突

6. 关于编制省级国土空间生态修复规划，不正确的是(　　)。

A. 坚持节约资源和保护环境的基本国策

B. 坚持节约优先、保护优先、自然恢复为主的方针

C. 统筹山水林田湖草一体化保护修复

D. 无需与国土空间规划"一张图"进行衔接

7. 根据《资源环境承载能力和国土空间开发适宜性评价指南（试行)》，关于本底评价，下列说法不正确的是(　　)。

A. 生态保护重要性评价市县层面评价综合形成生态保护极重要区和重要区

B. 农业生产适宜性评价市县层面识别优势农业空间

C. 城镇建设适宜性评价市县层面识别城镇建设适宜区

D. 城镇建设适宜性评价市县层面识别海洋开发利用示意区

8. 根据《资源环境承载能力和国土空间开发适宜性评价指南（试行)》，关于农业生产适宜性评价，下列说法不正确的是(　　)。

A. 以水、土、光、热组合条件为基础，结合土壤环境质量、气候灾害等因素，评价种植业生产适宜程度

B. 一般地，雪灾、风灾等气象灾害风险越低，地势越平坦和相对集中连片，越适宜农区畜牧业生产

C. 一般地，水质优良、自然灾害风险低的水域确定为渔业养殖适宜区

D. 一般地，可将农区内种植业生产适宜区全部确定为畜牧业适宜区

9. 建立国土空间规划体系，要同步加强实施与监管，强化规划权威。规划一经批复，任何部门和个人不得随意修改、违规变更，防止出现换一届党委和政府改一次规划。下列说法不正确的是(　　)。

A. 下级国土空间规划要服从上级国土空间规划，相关专项规划、详细规划要服从总体规划

B. 坚持先规划、后实施，不得违反国土空间规划进行各类开发建设活动

C. 坚持"多规合一"，可以在国土空间规划体系之外根据需要开展其他空间规划

D. 因国家重大战略调整、重大项目建设或行政区划调整等确需修改规划的，须先经规划审批机关同意后，方可按法定程序进行修改

10. 根据《自然资源部加强规划和用地保障支持养老服务发展的指导意见》，敬老院、老年养护院、养老服务用地等一般应单独成宗供应，用地规模原则控制在(　　)公顷以内。

A. 2　　　　　　　　　　　　　B. 3

C. 4　　　　　　　　　　　　　D. 5

11. 根据《立法法》，关于法律效力，下列哪个说法是错误的？(　　)

A. 新法优于旧法　　　　　　　B. 特殊法优于一般法

C. 地方性法规高于本级地方政府规章　　　D. 部门规章高于地方政府规章

12. (　　)是生态建设的核心载体、中华民族的宝贵财富、美丽中国的重要象征，在维护国家生态安全中居于首要地位。

A. 自然保护地　　　　　　　　B. 自然保护区

C. 自然荒野地　　　　　　　　D. 自然保留地

13. 根据《关于在国土空间规划中统筹划定落实三条控制线的指导意见》，关于三条控制线，下列说法不正确的是(　　)。

A. 国家明确三条控制线划定和管控原则及相关技术方法

B. 省（自治区、直辖市）确定本行政区域内三条控制线总体格局和重点区域，提出下一级划定任务

C. 市、县组织统一划定三条控制线和乡村建设等各类空间实体边界

D. 跨区域划定冲突由自然资源部门协调解决

14. 根据《行政许可法》，下列哪个不是设定行政许可的原则？(　　)

A. 公开　　　　　　　　　　　B. 信赖

C. 公正　　　　　　　　　　　D. 公平

15. 根据《行政许可法》，关于听证说法，不正确的是(　　)。

A. 行政机关应当于举行听证的十日前将举行听证的时间、地点通知申请人、利害关系人，必要时予以公告

B. 听证应当公开举行

C. 听证申请人、利害关系人不承担听证有关费用

D. 行政机关应当根据听证笔录，作出行政许可决定

16. 制定自然保护地分类划定标准，对现有的自然保护区、风景名胜区、地质公园、森林公园、海洋公园、湿地公园、冰川公园、草原公园、沙漠公园、草原风景区、水产种质资源保护区、野生植物原生境保护区（点）、自然保护区、野生动物重要栖息地等各类自然保护地开展综合评价，按照保护区域的自然属性、生态价值和管理目标进行梳理调整和归类，逐步形成以(　　)为主体、自然保护区为基础、各类自然公园为补充的自然保护地分类系统。

A. 自然遗产保护地　　　　　　B. 国家专类公园

C. 国家公园　　　　　　　　　D. 风景保护区

17. 根据《关于在国土空间规划中统筹划定落实三条控制线的指导意见》，协调过程中退出的永久基本农田一般在(　　)行政区域内同步补划。

A. 乡镇级　　　　　　　　　　B. 县级

C. 市级　　　　　　　　　　　D. 省级

18. 不动产提起的行政诉讼，由( )法院管辖。

A. 原告所在地   B. 被告所在地

C. 不动产所在地   D. 不动产权人所在地

19. 根据《历史文化名城名镇名村保护条例》，在历史文化名城名镇名村范围内允许进行的活动是( )。

A. 在历史建筑上刻画

B. 改变园林绿地、河湖水系等自然状态的活动

C. 开山、采石、开矿等破坏传统格局和历史风貌的活动

D. 修建生产、储存爆炸性、易燃性、放射性、毒害性、腐蚀性物品的工厂、仓库等

20. 根据《自然资源部办公厅关于加强村庄规划促进乡村振兴的通知》，下列关于村庄规划的说法不正确的是( )。

A. 除少量必需的农产品生产加工外，一般不在农村地区安排新增工业用地

B. 落实永久基本农田和永久基本农田储备区划定成果，落实补充耕地任务，守好耕地红线

C. 确定农村居民点布局和建设用地管控要求，合理确定宅基地规模，划定宅基地建设范围，严格落实"一户一宅"

D. 加强生态环境系统修复和整治，慎砍树、禁挖山、不填湖，优化乡村水系、林网、绿道等生态空间格局

21. 根据《关于开展"大棚房"问题专项清理整治行动坚决遏制农地非农化的方案》的通知，清理整治的范围不包括( )。

A. 占用耕地建设休闲度假设施   B. 占用耕地建设商品住宅

C. 建设农业大棚看护房严重超标   D. 农民利用宅基地搞农家乐旅游

22. 根据《自然资源部办公厅关于加强村庄规划促进乡村振兴的通知》，下列关于村庄规划编制不正确的是( )。

A. 可以一个或几个行政村为单元编制

B. 力争到 2020 年底，结合国土空间规划，在县域层面基本完成村庄布局工作，有条件、有需求的村庄应编尽编

C. 对已经编制的原村庄规划、村土地利用规划，均需完善后再报批

D. 村庄规划由乡政府组织编制，报上级政府审批

23. 村庄规划是法定规划，是国土空间规划体系中乡村地区的( )，是开展国土空间开发保护活动、实施国土空间用途管制、核发乡村建设项目规划许可、进行各项建设等的法定依据。

A. 详细规划   B. 土地利用规划

C. 总体规划   D. 修建性详细规划

24. 根据《自然资源部关于以"多规合一"为基础推进规划用地"多审合一、多证合一"改革的通知》，建设项目用地预审与选址意见书有效期为( )年。

A. 二   B. 三

C. 四   D. 一

25. 根据《自然资源部关于以"多规合一"为基础推进规划用地"多审合一、多证合一"

改革的通知》，以下关于国有土地出让，不正确的是(　　　)。

A. 以出让方式取得国有土地使用权的，市、县自然资源主管部门依据规划条件编制土地出让方案，经依法批准后组织土地供应，将规划条件纳入国有建设用地使用权出让合同

B. 未确定规划条件的地块，不得出让国有土地使用权

C. 建设单位在签订国有建设用地使用权出让合同后，向自然资源主管部门领取建设用地规划许可证和建设用地批准书

D. 建设单位在签订国有建设用地使用权出让合同后，市、县自然资源主管部门向建设单位核发建设用地规划许可证

26. 习近平同志在党的十九大报告中指出："我们要在继续推动发展的基础上，着力解决好(　　　)的问题。"

A. 发展不平衡不充分

B. 发展质量和效益

C. 满足人民在经济、政治、文化、社会、生态等方面日益增长需要

D. 推动人的全面发展、社会全面进步

27. 在下列情况中，规划管理的行政相对人不能申请行政复议的是(　　　)。

A. 对市政府批准的控制性详细规划不服的

B. 对规划部门不批准用地规划许可不服的

C. 对规划部门撤销本单位规划设计资质不服的

D. 认为规划部门选址不当的

28. 下列关于行政行为的特征表述不正确的是(　　　)。

A. 行政行为是执行法律的行为，必须有法律的依据

B. 行政主体在行使公共权力的过程中，追求的是国家和社会的公共利益的集合（如税收）、维护和分配都应该是无偿的

C. 行政行为一旦作出，对行政主体、行政相对人和其他国家机关任何个人或团体都必须服从

D. 行政行为由行政主体作出时必须与行政相对人协商或征得对方同意

29. 根据行政管理学原理，下列说法中不准确的是(　　　)。

A. 行政机关是行使国家权力的机关

B. 行政机关是实现国家管理职能的机关

C. 行政机关就是国家行政机构

D. 行政机关是行政法律关系中的主体

30. 行政处罚的基本原则中，不正确的是(　　　)。

A. 处罚法定原则

B. 一事不再罚原则

C. 行政处罚不能取代其他法律责任的原则

D. 处罚与教育相结合的原则

31. 公共行政的核心原则是(　　　)。

A. 公民第一　　　　　　　　　　　　B. 行政权力

C. 讲究效率   D. 能力建设

32. 依据《行政诉讼法》，公民、法人或者其他组织对具体行政行为在法定期间不提起诉讼又不履行的，行政机关可以申请人民法院（   ），或者依法强制执行。

A. 进行裁决   B. 进行判决

C. 直接执行   D. 强制执行

33. 根据《行政处罚法》，下列关于听证程序的规定中不正确的是（   ）。

A. 当事人要求听证的，应当在行政机关告知后七日内提出

B. 行政机关应当在听证七日前，通知当事人举行听证的时间、地点

C. 除涉及国家秘密、商业秘密或者个人隐私外，听证公开举行

D. 当事人认为主持人与本案有直接利害关系的，有权申请回避

34. 依据《历史文化名胜名镇名村保护条例》，对历史文化名城、名镇、名村应当采取（   ）。

A. 分类保护   B. 重点保护

C. 分级保护   D. 整体保护

35. 《环境保护法》规定，建设项目防止污染的设施必须与主体工程（   ）。

A. 同时设计、同时施工、同时验收

B. 同时设计、同时施工、同时竣工

C. 同时设计、同时验收、同时投产使用

D. 同时设计、同时施工、同时投产使用

36. 根据《房地产管理法》，土地使用权出让必须符合（   ）的规定。

A. 土地利用总体规划、城市规划、国民经济和社会发展规划

B. 土地利用总体规划、城市总体规划、控制性详细规划

C. 土地利用总体规划、控制性详细规划、年度建设用地计划

D. 土地利用总体规划、城市规划、年度建设用地计划

37. 根据《土地管理法》，各省、自治区、直辖市划定的基本农田应当占本行政区域内耕地的比例不得低于（   ）。

A. 75%   B. 80%

C. 85%   D. 90%

38. 《房地产管理法》的适用范围包括（   ）。

A. 所有从事房地产开发、房地产交易，实施房地产管理

B. 城市行政区内的房地产开发、房地产交易

C. 城市建成区内的土地使用权转让，房地产开发、房地产交易

D. 城市规划区内国有土地范围内取得房地产开发用地的土地使用权，从事房地产开发、房地产交易，实施房地产管理

39. 根据《自然保护区条例》，下列选项中不正确的是（   ）。

A. 自然保护区分为国家级自然保护区和地方级自然保护区

B. 自然保护区可以分为核心区、缓冲区和实验区

C. 在自然保护区的缓冲区和实验区可以开展旅游活动

D. 自然保护区的核心区禁止任何单位和个人进入

40. 根据《水法》，下列关于水资源的表述中，不正确的是(　　)。

A. 国家对水资源实行分类管理

B. 开发利用水资源，应当服从防洪的总体安排

C. 开发利用水资源，应当首先满足城乡居民生活用水

D. 对城市中直接从地下取水的单位，征收水资源费

41. 根据行政法学知识，判断下列关于行政的说法中不正确的是(　　)。

A. "法无明文禁止，即可作为"属于积极行政

B. "法无明文禁止，即可作为"属于消极行政

C. "法无明文禁止，即可作为"属于服务行政

D. "没有法律规范就没有行政"属于消极行政

42. 根据《城市综合交通体系规划编制导则》，城市综合交通体系规划的期限应当与(　　)相一致。

A. 城市战略发展规划　　　　　　　　B. 城市总体规划

C. 城市近期建设规划　　　　　　　　D. 控制性详细规划

43. 城市规划行政主管部门工作人员在城市规划编制单位资质管理工作中玩忽职守、滥用职权、徇私舞弊，尚未构成犯罪的，由其所在单位或上级主管机关给予(　　)。

A. 罚款　　　　　　　　　　　　　　B. 责令停职检查

C. 取消执法资格　　　　　　　　　　D. 行政处分

44. 下列对应关系连线不正确的是(　　)。

A. 《城市道路管理条例》——行政法规

B. 《城市绿线管理办法》——行政规章

C. 《建制镇规划建设管理办法》——行政法规

D. 《山西省平遥古城保护条例》——地方性法规

45. 根据《城市规划基本术语标准》，日照标准是指根据各地区的气候条件和(　　)要求确定的，居住区域建筑正面向阳房间在规定的日照标准日获得的日照量。

A. 经济条件　　　　　　　　　　　　B. 居住卫生

C. 居住性质　　　　　　　　　　　　D. 建筑性质

46. 根据《城市抗震防灾规划管理规定》，下列选项中不正确的是(　　)。

A. 位于地震基本烈度7度地区的大城市应当按照甲类模式编制防灾减灾规划

B. 位于地震基本烈度6度地区的大城市应当按照乙类模式编制防灾减灾规划

C. 位于地震基本烈度7度地区的中等城市应按照乙类模式编制防灾减灾规划

D. 位于地震基本烈度6度地区的中等城市应按照丙类模式编制防灾减灾规划

47. 根据《城市地下空间开发利用管理规定》，对城市地下空间进行开发建设时，违反城市地下空间的规划及法定实施管理程序的，应由(　　)进行处罚。

A. 建设行政主管部门　　　　　　　　B. 城市规划行政主管部门

C. 地下空间开发建设指挥部门　　　　D. 城市人防办公室

48. 城市抗震防灾规划中不属于城市总体规划的强制性内容的是(　　)。

A. 城市抗震防灾能力评价　　　　　　B. 城市抗震设防标准

C. 建设用地评价与要求　　　　　　　D. 抗震防灾措施

49. 下列选项中不适合综合管廊敷设条件的是( )。

A. 不宜开挖路面的地段　　　　　　　B. 道路与铁路的交叉口

C. 管线复杂的道路交叉口　　　　　　D. 地质条件复杂的道路交叉口

50. 根据《城乡规划编制单位资质管理规定》，城乡规划编制单位取得资质后，不再符合相应资质条件的，由原资质许可机关责令( )。

A. 停业整顿　　　　　　　　　　　　B. 限期改正

C. 降低资质等级　　　　　　　　　　D. 交回资质证书

51. 中国传统村落保护发展规划编制完成后，经组织专家技术审查，并经村民会议或者村民代表会议讨论同意，应报( )审批。

A. 乡、镇人民政府　　　　　　　　　B. 县人民政府

C. 市人民政府　　　　　　　　　　　D. 省人民政府

52. 下列选项中，不符合《城市综合交通体系规划设计标准》的是( )。

A. 人行道最小宽度不应小于 2m

B. 中心城区道路密度不宜小于 8km/km²

C. 设置公交港湾、人行立体过街设施、轨道交通站点出入口等的路段，可以适当压缩人行道和非机动车道的宽度

D. 道路宜平行或垂直于河道布置

53. 根据《城市地下空间开发利用管理规定》，下列说法错误的是( )。

A. 城市地下空间建设规划，由城市人民政府审查、批准

B. 城市地下空间需要变更的，须经原审批机关审批

C. 城市地下空间的工程建设必须符合城市地下空间规划，服从规划管理

D. 地下工程施工应推行工程监理制度

54. 根据《城乡规划编制单位资质管理规定》下列表述中不正确的是( )。

A. 高等院校的城乡规划编制单位中专职从事城乡规划编制的人员不得低于技术人员总数的 60%

B. 乙级、丙级城乡规划编制单位取得资质证书满 2 年后，可以申请高一级别的城乡规划编制单位资质

C. 乙级城乡规划编制单位可以在全国承担镇、20 万现状人口以下城市总体规划的编制

D. 丙级城乡规划编制单位可以在全国承担镇总体规划（县人民政府所在地镇除外）的编制

55. 下列选项中，不属于县域村镇体系规划编制强制性内容的是( )。

A. 各镇区建设用地规模　　　　　　　B. 确定重点发展的中心镇

C. 中心村建设用地标准　　　　　　　D. 县域防灾减灾工程

56. 依据《城市蓝线管理办法》，下列选项中不正确的是( )。

A. 编制城市总体规划，应当划定城市蓝线

B. 编制控制性详细规划，应当划定城市蓝线

C. 城市蓝线划定后，报规划审批机关备案

D. 划定城市蓝线，其控制范围应当界定清晰

57. 根据《城市总体规划实施评估办法（试行）》，可根据实际情况，确定开展评估工作的

具体时间，并报(　　)。

A. 城市人民政府建设主管部门　　　　　　B. 本级人民代表大会常务委员会

C. 城市总体规划的审批机关　　　　　　　D. 城市规划专家委员会

58. 依据《城市紫线管理办法》，国家历史文化名城的城市紫线由人民政府在组织编制(　　)时划定。

A. 省域城镇体系规划　　　　　　　　　　B. 市域城镇体系规划

C. 城市总体规划　　　　　　　　　　　　D. 历史文化名城保护规划

59. 根据《城市绿线管理办法》，城市绿地系统规划是(　　)的组成部分。

A. 省域城镇体系规划　　　　　　　　　　B. 城市总体规划

C. 近期建设规划　　　　　　　　　　　　D. 控制性详细规划

60. 根据《建制镇规划建设管理办法》，下列选项中不正确的是(　　)。

A. 国家行政建制设立的镇，均应执行《建制镇规划建设管理办法》

B. 建制镇规划区的具体范围，在建制镇总体规划中划定

C. 灾害易发生地区的建制镇，在建制镇总体规划中要制定防灾措施

D. 建制镇人民政府的建设行政主管部门负责建制镇的建设管理工作

61. 镇区和村庄的规划规模应按人口数量划分为(　　)。

A. 大、中、小型三级　　　　　　　　　　B. 特大、大、中、小四级

C. 超大、大、中、小四级　　　　　　　　D. 超大、特大、大、中、小五级

62. 根据《城市、镇控制性详细规划编制审批办法》，中心区、(　　)、近期建设地区，以及拟进行土地储备或者土地出让的地区，应当优先编制控制性详细规划。

A. 新城区　　　　　　　　　　　　　　　B. 旧城改造地区

C. 大专院校集中地区　　　　　　　　　　D. 公共建筑集中地区

63. 在城市规划区内以行政划拨方式提供国有土地使用权的建设项目，市规划管理部门核发建设用地规划许可证，应当依据(　　)。

A. 城市总体规划　　　　　　　　　　　　B. 城市分区规划

C. 控制性详细规划　　　　　　　　　　　D. 修建性详细规划

64. 根据《城市、镇控制性详细规划编制审批办法》，下列不属于控制性详细规划基本内容的是(　　)。

A. 土地使用性质及其兼容性等用地功能控制要求

B. 容积率、建筑高度、建筑密度、绿地率等用地指标

C. 划定禁建区、限建区范围

D. 基础设施、公共服务设施、公共安全设施的用地规模、范围及具体控制要求，地下管线控制要求

65. 根据《城市、镇控制性详细规划编制审批办法》，下列表述中不正确的是(　　)。

A. 城市人民政府城乡规划主管部门组织编制城市控制性详细规划

B. 县人民政府组织编制县人民政府所在地镇控制性详细规划

C. 城市的控制性详细规划由本级人民政府审批

D. 镇控制性详细规划可以根据实际情况，适当调整或者减少控制要求和指标

66. 根据《开发区规划管理办法》，无权限批准设立开发区的是(　　)。

A. 省人民政府   B. 自治区人民政府

C. 直辖市人民政府   D. 副省级城市人民政府

67. 根据《城乡建设用地竖向规划规范》，城乡建设用地竖向规划应符合一定的规定，下列选项中不正确的是(   )。

A. 应满足各项工程建设场地及工程管线敷设的高程要求

B. 应满足城乡道路、交通运输的技术要求

C. 应满足城市防洪、防涝的要求

D. 应满足区域内土石方平衡的要求

68. 根据《省域城镇体系规划编制审批办法》，下列选项中不属于省域城镇体系规划强制性内容的是(   )。

A. 限制建设区、禁止建设区的管制要求

B. 规定实施的政策措施

C. 重要资源和生态环境保护目标

D. 区域性重大基础设施布局

69. 根据《城市设计管理办法》，城市设计分为(   )。

A. 总体城市设计和详细城市设计

B. 总体城市设计和重点地区城市设计

C. 重点地区城市设计和详细城市设计

D. 总体城市设计和专项城市设计

70. 根据《市政公用设施抗灾设防管理规定》，下列选项中不正确的是(   )。

A. 市政公用设施抗灾设防实行预防为主、平灾结合的方针

B. 任何单位和个人不得擅自降低抗灾设防标准

C. 对抗震设防超过 $5000m^2$ 的地下停车场等地下工程设施，建设单位应当在初步设计阶段组织专家进行抗震专项论证

D. 灾区人民政府建设主管部门进行恢复重建时，应当坚持基础设施先行原则

71. 根据《城市总体规划审查工作规则》，不属于城市总体规划审查的重点内容是(   )。

A. 城市的人口规模和用地规模

B. 城市基础设施建设和环境保护

C. 城市的空间布局和功能分区

D. 城市近期建设项目的具体落实

72. 根据《城市道路绿化规划与设计规范》，种植乔木的分车绿带宽度不得小于(   )m。

A. 1.5   B. 2

C. 2.5   D. 3

73. 根据《住房和城乡建设部城乡规划督察员工作规程》，下列选项中不正确的是(   )。

A. 当地重大城市规划事项的确定应经过城乡规划督察员的同意

B. 《督查意见书》必须跟踪督办

C. 《督查建议书》视情况由督察组长决定是否跟踪督办

D. 督察员开展工作时，应主动出示《中华人民共和国规划检查督察证》

74. 指出在以下几组历史文化名城中，哪一组均含世界文化遗产？(   )

A. 北京、上海、平遥、丽江、泰安、邯郸

B. 广州、泉州、苏州、杭州、扬州、温州

C. 西安、洛阳、长沙、歙县、临海、龙泉

D. 拉萨、集安、敦煌、曲阜、大同、承德

75. 根据《文物保护法》，对不可移动文物实施原址保护的，其工作内容不包括(　　)。

A. 事先确定保护措施

B. 根据文物保护单位的级别报相应的文物行政部门批准

C. 将保护措施列入可行性研究报告或者设计任务书

D. 编制保护规划

76. 根据《历史文化名城名镇名村保护规划规范》，下列选项中不正确的是(　　)。

A. 保护规划应当自历史文化名城、名镇、名村批准公布之日起1年内编制完成

B. 历史文化名城的保护规划由国务院审批

C. 历史文化名镇、名村保护规划由省、自治区、直辖市人民政府审批

D. 依法批准的保护规划，确需修改的，保护规划的组织编制机关应当向原审批机关提出专题报告

77. 根据《县域村镇体系规划编制暂行办法》的规定，下列选项中不正确的是(　　)。

A. 承担县域村镇体系规划编制的单位，应当具有甲级规划编制资质

B. 县域村镇体系规划应当与县级人民政府所在地总体规划一同编制

C. 县域村镇体系规划也可以单独编制

D. 编制县域村镇体系规划，应当坚持政府组织、部门合作、公众参与、科学决策的原则

78. 根据《建设项目选址规划管理办法》，以下选项中不属于建设项目选址依据的是(　　)。

A. 经批准的可行性研究报告

B. 经批准的项目建议书

C. 建设项目与城市规划布局的协调

D. 建设项目与城市交通、通信、能源、市政、防灾规划的衔接与协调

79. 根据《城乡规划法》，城市总体规划的编制应当(　　)。

A. 与国民经济和社会发展规划相衔接

B. 与土地利用总体规划相衔接

C. 与区域发展规划相衔接

D. 与省域城镇体系规划相衔接

80. 根据《城乡规划法》，在城市总体规划确定的(　　)范围以外，不得设立各类开发区和城市新区。

A. 旧城区　　　　　　　　　　　　　B. 建设用地

C. 规划区　　　　　　　　　　　　　D. 中心城区

(二) 多项选择题（每题1分。每题的备选项中，有二至四个选项符合题意。少选、错选都不得分）

81. 国土空间规划是国家空间发展的指南、可持续发展的空间蓝图，是各类开发保护建设活动的基本依据。建立国土空间规划体系并监督实施，将(　　)、(　　)、(　　)等空间

规划融合为统一的国土空间规划，实现"多规合一"，强化国土空间规划对各专项规划的指导约束作用，是党中央、国务院作出的重大部署。

A. 主体功能区规划   B. 土地利用规划

C. 城乡规划   D. 文物保护规划

82. 建立(   )、(   )、(   )的国土空间规划体系，整体谋划新时代国土空间开发保护格局，综合考虑人口分布、经济布局、国土利用、生态环境保护等因素，科学布局生产空间、生活空间、生态空间，是加快形成绿色生产方式和生活方式、推进生态文明建设、建设美丽中国的关键举措，是坚持以人民为中心、实现高质量发展和高品质生活、建设美好家园的重要手段，是保障国家战略有效实施、促进国家治理体系和治理能力现代化、实现"两个一百年"奋斗目标和中华民族伟大复兴中国梦的必然要求。

A. 全国统一   B. 责权清晰

C. 科学高效   D. 运行高效

83. 国土空间规划是对一定区域国土空间开发保护在空间和时间上作出的安排，包括(   )等类型。

A. 战略规划   B. 总体规划

C. 详细规划   D. 相关专项规划

84. 编制国土空间规划，要坚持节约优先、保护优先、自然恢复为主的方针，在资源环境承载能力和国土空间开发适宜性评价的基础上，科学有序、统筹布局生态、农业、城镇等功能空间，划定(   )、(   )、(   )等空间管控边界以及各类海域保护线，强化底线约束，为可持续发展预留空间。

A. 生态保护红线   B. 生态控制线

C. 永久基本农田   D. 城镇开发边界

85. 以国土空间规划为依据，对所有国土空间分区分类实施用途管制。在城镇开发边界内的建设，实行"详细规划＋规划许可"的管制方式；在城镇开发边界外的建设，按照主导用途分区，实行"详细规划＋规划许可"和"(   )＋(   )"的管制方式。

A. 弹性指标   B. 约束指标

C. 分类准入   D. 分区准入

86. 建立健全自然保护地管理体系，分级行使自然保护地管理职责。结合自然资源资产管理体制改革，构建自然保护地分级管理体制。按照生态系统重要程度，将国家公园等自然保护地分为(   )、(   )、(   )三类，实行分级设立、分级管理。探索公益治理、社区治理、共同治理等保护方式。

A. 中央直接管理   B. 中央地方共同管理

C. 地方管理   D. 社会管理

87. 按照"管什么就批什么"的原则，对省级和市县国土空间规划，侧重控制性审查，重点审查目标定位、底线约束、控制性指标、相邻关系等，并对规划程序和报批成果形式作合规性审查。其中，省级国土空间规划审查要点包括：国土空间开发保护目标；(   )；乡村空间布局，促进乡村振兴的原则和要求；保障规划实施的政策措施；对市县级规划的指导和约束要求等。

A. 国土空间开发强度、建设用地规模，生态保护红线控制面积、自然岸线保有率，耕地

保有量及永久基本农田保护面积，用水总量和强度控制等指标的分解下达

B. 主体功能区划分，城镇开发边界、生态保护红线、永久基本农田的协调落实情况

C. 城镇体系布局，城市群、都市圈等区域协调重点地区的空间结构

D. 体现地方特色的自然保护地体系和历史文化保护体系

E. 生态屏障、生态廊道和生态系统保护格局，重大基础设施网络布局，城乡公共服务设施配置要求

88. 依据中共中央、国务院办公厅关于印发《党政领导干部生态环境损害责任追究办法(试行)》，下列(　　)情形属于应当追究相关地方党委和政府主要领导成员的责任。

A. 作出的决策与生态环境和资源方面政策、法律法规相违背的

B. 本地区发生主要领导成员职责范围内的严重环境污染和生态破坏事件，或者对严重环境污染和生态破坏（灾害）事件处置不力的

C. 作出的决策严重违反城乡、土地利用、生态环境保护等规划的

D. 生态环境保护意识不到位的

E. 对公益诉讼裁决和资源环境保护督察整改要求执行不力的

89. 依据《中共中央 国务院关于加快推进生态文明建设的意见》，"积极实施主体功能区规划"战略中提出的"多规合一"是指经济社会发展、(　　)等规划。

A. 国土规划　　　　　B. 城乡规划

C. 区域规划　　　　　D. 土地利用规划

E. 生态环境保护规划

90. 下列法律属于程序法范畴的是(　　)。

A. 刑法　　　　　　　B. 刑事诉讼法

C. 民法通则　　　　　D. 行政诉讼法

E. 行政复议法

91. 以下说法，哪些不符合《民法典》规定？(　　)

A. 不动产物权的设立、变更、转让、消灭，均应依法登记，未经登记不发生效力，但是法律另有规定的除外。依法属于国家所有的自然资源，所有权可以不登记

B. 国有财产由国资委代表国家行使所有权

C. 居住小区建筑区划内的公共场所、物业服务用房等，属于开发商所有

D. 不动产权利人应当为相邻权利人用水、排水提供必要便利

E. 土地属于国家所有

92. 我国行政法的渊源有很多，除宪法和法律除外，还包括(　　)。

A. 有权司法解释　　　B. 行为准则

C. 国际条约与协定　　D. 国务院的规定

E. 社会规范

93. 追究行政法律责任的原则不包括(　　)。

A. 劝诫的原则　　　　B. 责任自负原则

C. 责任法定原则　　　D. 主客观一致原则

E. 处分与训诫的原则

94. 《土地管理法》中规定的"临时用地"是(　　)。

A. 建设项目施工需要的临时使用的国有土地

B. 地质勘察需要临时使用的集体土地

C. 建设临时厂房需要租用的集体土地

D. 建设临时报刊亭占用道路旁边的用地

E. 建设项目施工场地临时使用的集体土地

95. 根据《节约能源法》，建筑主管部门对于不符合建筑节能标准的可采取的措施有(　　)。

A. 不得批准开工建设

B. 已经开工建设的，责令停止施工、限期改正

C. 拒不停止施工的，进行强制拆除

D. 已经建成的，不得销售或者使用

E. 吊销建设工程规划许可证

96. 根据《风景名胜区条例》，风景名胜区总体规划应当确定的内容包括(　　)。

A. 风景名胜区的范围　　　　　　　B. 禁止开发和限制开发的范围

C. 风景名胜区的性质　　　　　　　D. 风景名胜区的游客容量

E. 重大项目建设布局

97. 根据《城市综合交通体系规划编制导则》，以下选项中正确的是(　　)。

A. 城市综合交通体系规划范围应当与城市总体规划相一致

B. 城市综合交通体系规划期限应当与城市总体规划相一致

C. 城市综合交通体系规划成果编制应与城市总体规划成果编制相衔接

D. 城市综合交通体系规划是指导城市综合交通发展的基础性规划

E. 城市综合交通体系规划是城市总体规划的重要组成部分

98. 下列选项中属于市政管线工程规划主要内容的是(　　)。

A. 协调各工程管线布局

B. 确定工程管线的敷设方式

C. 确定管线管径大小设计

D. 确定工程管线敷设的排列顺序和位置

E. 确定交叉口周围用地性质

99. 下列选项中，不属于《村庄规划用地分类指南》中用地分类的是(　　)。

A. 对外交通设施用地　　　　　　　B. 生产绿地

C. 村庄生产仓储用地　　　　　　　D. 工业用地

E. 村庄道路用地

100. 《城市给水工程规划规范》中，符合"给水系统安全性"说法的是(　　)。

A. 工程设施不应设置在不良地质地区

B. 地表水取水构筑物应设置在河岸及河床稳定的地段

C. 工程设施的防洪排涝等级应不低于所在城市设防的相应等级

D. 市区的配水管网应布置成环状

E. 供水工程主要工程设施供电等级应为二级负荷

模拟试题二参考答案

一、单项选择题

1. A	2. D	3. B	4. C	5. C	6. D	7. A	8. B	9. C	10. B
11. D	12. A	13. D	14. B	15. A	16. C	17. B	18. C	19. B	20. C
21. D	22. C	23. A	24. B	25. C	26. A	27. A	28. D	29. A	30. B
31. A	32. D	33. A	34. D	35. D	36. D	37. B	38. D	39. C	40. A
41. B	42. B	43. D	44. C	45. B	46. D	47. B	48. A	49. D	50. B
51. B	52. C	53. A	54. A	55. B	56. C	57. C	58. B	59. B	60. A
61. B	62. B	63. C	64. C	65. B	66. D	67. D	68. B	69. B	70. C
71. D	72. A	73. A	74. D	75. D	76. B	77. A	78. A	79. B	80. B

二、多项选择题

81. ABC	82. ABC	83. BCD	84. ACD	85. BD
86. ABC	87. ABCDE	88. ABCE	89. BDE	90. BD
91. BCE	92. ACD	93. AE	94. ABE	95. ABD
96. BDE	97. ABCE	98. ABD	99. BD	100. ABCD

模 拟 试 题 三

一、单项选择题 (共80题，每题1分，每题的备选项中，只有一个最符合题意)

1. 根据《中共中央 国务院关于完整准确全面贯彻新发展理念做好碳达峰碳中和工作的意见》，要坚持系统观念，处理好发展和减排、整体和局部、短期和中长期的关系，把碳达峰、碳中和纳入(　　)，坚定不移走生态优先、绿色低碳的高质量发展道路。

A. 国土空间开发保护建设全局　　　　B. 绿色发展全局

C. 新型城镇化全局　　　　　　　　　D. 经济社会发展全局

2. 构成行政法律关系要素的是(　　)。

A. 行政法律关系主体和客体　　　　　B. 行政法律关系内容

C. 行政法律关系的形式　　　　　　　D. 行政法律关系产生、变更和消失的原因

3. 当同一机关按照相同程序就同一领域问题制定了两个以上的法律规范时，在实施的过程中，其等级效力是(　　)。

A. 同具法律效力　　　　　　　　　　B. 指导性规定优先

C. 后法优于前法　　　　　　　　　　D. 特殊优于一般

4. "凡属宪法、法律规定只能由法律规定的事项，必须在法律明确授权的情况下，行政机关才有权在其制定的行政规范中作出规定"，在行政法学中属于(　　)。

A. 法律优位　　　　　　　　　　　　B. 行政合理性

C. 行政应急性　　　　　　　　　　　D. 法律保留

5. 在下列的连线中，不符合法律规范构成要素的是( )。

A. 制定和实施国土空间规划应当遵循先规划后建设的原则——假定

B. 县级以上地方人民政府国土空间规划主管部门负责本行政区域内的国土空间规划管理工作——处理

C. 规划条件未纳入国有土地使用权出让合同的，该国有土地使用权出让合同无效——制裁

D. 国土空间规划组织编制机关委托不具有相应资质等级的单位编制规划的，由上级人民政府责令改正，通报批评——制裁

6. 以行政法调整的对象的范围来分类，《土地管理法》属于( )。

A. 一般行政法 　　　　　　　　　B. 特别行政法

C. 行政行为法 　　　　　　　　　D. 行政程序法

7. 根据行政立法程序，自然资源部颁布的法律规范性文件，从效力等级区分，属于( )。

A. 行政法规 　　　　　　　　　　B. 单行条例

C. 部门规章 　　　　　　　　　　D. 地方政府规章

8. 行政合理性原则是行政法制原则的重要组成部分，下列不属于行政合理性原则的是( )。

A. 平等对待 　　　　　　　　　　B. 比例原则

C. 特事特办 　　　　　　　　　　D. 没有偏私

9. 公共行政的核心原则是( )。

A. 廉洁政府 　　　　　　　　　　B. 越权无效

C. 综合调控 　　　　　　　　　　D. 公民第一

10. 下列有关公共行政的叙述，不正确的是( )。

A. 立法机关的管理活动不属于公共行政

B. 公共行政客体既包括企业和事业单位，也包括个人

C. 公共行政是指政府处理公共事务的管理活动

D. 行政是一种组织的职能

11. 下列关于抽象行政行为和具体行政行为，哪个说法是错误的( )。

A. 抽象行政行为针对的是不特定的人和事

B. 具体行政行为针对的是特定的人或事

C. 抽象行政行为和具体行政行为都由国家行政机关实施

D. 对特定的争议进行裁决的行为也可能是抽象行政行为

12. 下列行政行为，不属于具体行政行为的是( )。

A. 制定城乡规划 　　　　　　　　B. 核发规划许可证

C. 对违法建设作出处罚决定 　　　D. 对违法行政人员进行处分

13. 根据《中共中央 国务院关于统一规划体系更好发挥国家发展规划战略导向作用的意见》《中共中央 国务院关于建立国土空间规划体系并监督实施的若干意见》，下列规划说明中，不正确的是( )。

A. 国家发展规划——即中共中央关于国民经济和社会发展五年规划建议，是社会主义现

代化战略在规划期内的阶段性部署和安排

B. 国家级专项规划——指导特定领域发展、布局重大工程项目、合理配置公共资源、引导社会资本投向、制定相关政策的重要依据

C. 国家级空间规划——以空间治理和空间结构优化为主要内容，是实施国土空间用途管制和生态保护修复的重要依据

D. 国土空间规划——即国家级空间规划，是对一定区域国土空间开发保护在空间和时间上作出的安排，包括总体规划、详细规划和相关专项规划

14. 下列规划的审批中，不属于国务院审批的是(   )。

A. 全国国土空间规划

B. 省、自治区人民政府所在地市的国土空间总体规划

C. 省级风景名胜区的总体规划

D. 直辖市国土空间总体规划

15. 根据《市级国土空间总体规划编制指南（试行）》，下列不属于城市国土空间总体规划强制性内容的是(   )。

A. 城市人口规模以及分级传导要求

B. 生态屏障、生态廊道和生态系统保护格局，自然保护地体系

C. 生态保护红线、永久基本农田和城镇开发边界三条控制线以及历史文化保护线及空间管控要求

D. 重大交通枢纽、重要线性工程网络、城市安全与综合防灾体系、地下空间、邻避设施等设施布局

16. 根据《自然资源部关于全面开展国土空间规划工作的通知》，省级国土空间规划审查要点不包括(   )。

A. 国土空间开发保护目标，国土空间开发强度、建设用地规模等和城镇体系布局，城市群、都市圈等区域协调重点地区的空间结构

B. 主体功能区划分，城镇开发边界、生态保护红线、永久基本农田的协调落实情况

C. 主导产业及国土空间规划重点支持政策

D. 生态屏障、生态廊道和生态系统保护格局，重大基础设施网络布局，城乡公共服务设施配置要求

17. 根据《城市、镇控制性详细规划编制审批办法》，控制性详细规划应当自批准之日起(   )个工作日内，通过政府信息网站及当地主要新闻媒体等方式公布。

A. 15   B. 20

C. 30   D. 45

18. 下列对城市规划绿线、黄线、蓝线、紫线的划定的叙述中，不正确的是(   )。

A. 城市绿线在编制城镇体系规划时划定

B. 城市黄线在制定城市总体规划和详细规划时划定

C. 城市蓝线在编制城市规划时划定

D. 城市紫线在编制城市规划时划定

19. 按照《市级国土空间总体规划制图规范（试行）》规定，不正确的是(   )。

A. 正式图件的平面坐标系统采用"1980西安坐标系"，高程基准面采用"1985国家高程

基准"，投影系统采用"高斯—克吕格"投影，分带采用"国家标准分带"

B. 市级国土空间总体规划中，市域图件挂图的比例尺一般为 1∶10 万，如辖区面积过大或过小，可适当调整

C. 市级国土空间总体规划的图件包括调查型图件、管控型图件和示意型图件三类

D. 同一图形文件内注记文字种类以不超过四种为宜；不同图形文件内同类型注记的字体、大小应保持一致

20. 《建筑法》中规定的申请施工许可证的前置条件中不包括(　　)。

A. 已经办理建设用地批准手续

B. 已经取得建设工程规划许可证

C. 施工相关的主要建筑材料和技术方案已经稳定

D. 已经确定建筑施工企业

21. 根据《市级国土空间总体规划编制指南（试行）》，确保一张蓝图干到底，保障规划有效实施的措施不包括(　　)。

A. 提出对下位规划和专项规划的指引

B. 衔接国民经济和社会发展五年规划，制定近期行动计划，编制城市更新、土地整治、生态修复、基础设施、公共服务设施和防洪排涝工程等重大项目清单，提出实施支撑政策

C. 提出有针对性、可操作的财政、投资、产业、环境、生态、人口、土地等规划实施政策措施

D. 建立专家跟踪规划实施的专项机制，定期听取专家对规划实施的建议意见

22. 根据有关法律法规、《市级国土空间总体规划编制指南（试行）》等的相关规定，下列说法不正确的是(　　)。

A. 依据市级总规等国土空间规划，按照"一年一体检、五年一评估"，对城市发展体征及规划实施情况定期进行分析和评价

B. 风景名胜区应自设立之日起 2 年内编制完成总体规划

C. 历史文化名城保护规划应在批准公布之日起 2 年内编制完成

D. 风景名胜区总体规划到期届满前 2 年，应组织专家进行评估，作出是否重新编制规划的决定

23. 在修改控制性详细规划时，组织编制机关应对修改的必要性进行论证(　　)，并向原审批机关提出专题报告，经原审批机关同意后，方可编制修改方案。

A. 对规划实施情况进行评估　　　　B. 采取论证会或者其他方式征求公众意见

C. 征求规划地段内利害关系人的意见　　D. 征求本级人民代表大会的意见

24. 行政许可的原则不包括(　　)。

A. 合理原则　　　　　　　　　　B. 公开、公平、公正原则

C. 效率原则　　　　　　　　　　D. 便民原则

25. 下列属于国土空间规划行政许可的是(　　)。

A. 审批城乡规划编制单位的资质　　B. 审批房地产开发企业的资质

C. 建设工程竣工后的规划文件核实　　D. 规定出让地块的规划条件

26. 国土空间规划主管部门依法核发建设用地规划许可证、建设工程规划许可证、乡村建

设规划许可证属于(   )的行政行为。

A. 依职权　　　　　　　　　　　　　B. 依申请

C. 不作为　　　　　　　　　　　　　D. 作为

27. 根据《行政许可法》，下列叙述中不正确的是(   )。

A. 行政法规可以在法律设定的行政许可事项范围内，对实施该行政许可作出具体规定

B. 设定行政许可，应当规定行政许可的对象

C. 地方性法规可以在法律、行政法规设定的行政许可事项范围内，对实施该行政许可作出具体规定

D. 规章可以在上位法设定的行政许可事项范围内，对实施该行政许可作出具体规定

28. 根据《中共中央 国务院关于建立国土空间规划体系并监督实施的若干意见》，不在国土空间规划体系之外另设其他(   )。

A. 建设规划　　　　　　　　　　　　B. 空间规划

C. 专项规划　　　　　　　　　　　　D. 流域规划

29. 对城市发展全局有影响的，城市规划中确定的、必须控制的城市基础设施用地的控制界线，应当依据(   )来划定。

A.《城市蓝线管理办法》　　　　　　B.《城市紫线管理办法》

C.《城市黄线管理办法》　　　　　　D.《城市绿线管理办法》

30. 根据《国土空间规划城市体检评估规程》，体检评估工作由(   )组织。可采取自体检评估和第三方体检评估相结合的方式。

A. 城市规划委员会　　　　　　　　　B. 本级人民代表大会

C. 城市人民政府　　　　　　　　　　D. 城市人民政府城乡规划主管部门

31. 下列不属于控制性详细规划编制基本内容的是(   )。

A. 土地利用性质

B. 容积率

C. 黄线、绿线、紫线、蓝线及控制要求

D. 划定限建区

32. 经依法审定的修建性详细规划、建设工程设计方案总平面图确需修改的，应当采取听证会等形式，听取(   )的意见。

A. 城乡规划主管部门　　　　　　　　B. 社会群众代表

C. 直接和相关责任人　　　　　　　　D. 利害关系人

33. 依照《自然资源部关于以"多规合一"为基础推进规划用地"多审合一、多证合一"改革的通知》，将建设项目选址意见书、建设项目用地预审意见合并，自然资源主管部门统一核发建设项目用地预审与选址意见书。涉及新增建设用地，用地预审权限在自然资源部的，建设单位向地方自然资源主管部门提出用地预审与选址申请，由地方自然资源主管部门受理；经省级自然资源主管部门报自然资源部通过用地预审后，(   )向建设单位核发建设项目用地预审与选址意见书。

A. 地方自然资源主管部门　　　　　　B. 国务院自然资源主管部门

C. 省级自然资源主管部门　　　　　　D. 市县级自然资源主管部门

34. 根据《土地管理法》，下列土地分类正确的是(   )。

A. 农用地、城乡用地和开发用地　　　B. 农用地、城乡用地和工矿用地

C. 农用地、建设用地和未用地　　　　D. 农用地、一般建设用地和军事用地

35. "建设用地的使用权可以在土地的地表、地上或者地下分别设立"是由(　　)规定的。

A. 《土地管理法》　　　　　　　　　B. 《民法典》

C. 《城乡规划法》　　　　　　　　　D. 《人民防空法》

36. 某乡镇企业向该县人民政府规划主管部门提出建设申请，经审核后核发了乡村建设规划许可证，结果被认定为程序违法，其正确的程序应当是(　　)。

A. 乡镇企业应当向县人民政府城乡规划主管部门提出建设申请，经审核后由乡镇人民政府核发乡村建设规划许可证

B. 乡镇企业应当向乡镇人民政府提出建设申请，由乡镇人民政府报县人民政府城乡规划主管部门核发乡村建设规划许可证

C. 乡镇企业应当向乡镇人民政府提出建设申请，经过村民会议或者村民代表会议讨论同意后，由乡镇人民政府核发乡村建设规划许可证

D. 乡镇企业应当向县人民政府城乡规划主管部门提出建设申请，报县人民政府审查批准并核发乡村建设规划许可证

37. 根据《民法典》，业主的住宅改变为经营性用房的，除遵守法律、法规以及管理规定外，还应当经(　　)同意。

A. 有利害关系的业主　　　　　　　　B. 业主大会

C. 业主委员会　　　　　　　　　　　D. 过半数业主

38. 根据《房地产管理法》，以划拨方式取得土地使用权的，除法律、行政法规另有规定外，使用期限为(　　)。

A. 70 年　　　　　　　　　　　　　　B. 50 年

C. 40 年　　　　　　　　　　　　　　D. 没有期限

39. 依照《自然资源部关于以"多规合一"为基础推进规划用地"多审合一、多证合一"改革的通知》，将建设用地规划许可证、建设用地批准书合并，自然资源主管部门统一核发新的(　　)。

A. 建设用地批准书　　　　　　　　　B. 建设用地规划许可证

C. 建设用地规划批准书　　　　　　　D. 建设用地书

40. 某开发商以出让方式取得某地块的建设用地使用权，由于(　　)，根据《房地产管理法》，收到无偿收回建设用地使用权的处罚。

A. 未取得建设用地规划许可证

B. 擅自改变土地的用途

C. 超过土地使用权出让合同约定的动工开发期限，满 2 年未动工开发

D. 未取得建设工程规划许可证开工建设

41. 根据相关法律法规，以出让方式提供国有土地使用权的建设项目，需要向规划主管部门办理手续，下列规划管理程序中不正确的是(　　)。

A. 地块出让前——①依据控制性详细规划提供条件；②核发项目选址意见书

B. 用地申请——①提交建设项目批准、核准、备案文件；②提交土地出让合同；③提供建设单位用地申请表

C. 用地审核——①现场踏勘和征询意见；②核验规划条件；③审定建设工程总平面图；④审定建设用地范围

D. 行政许可——①领导签字批准；②核发建设用地规划许可证

42. 根据《国土空间调查、规划、用途管制用地用海分类指南（试行）》，下列说法不正确的是(　　)。

A. 用地用海分类采用三级分类体系，在使用中不得在现有分类基础上制定用地用海分类实施细则

B. 用地用海分类设置不重不漏。当用地用海具备多种用途时，应以其主要功能进行归类

C. 为满足调查工作中年度考核管理的需要，用途改变过程中，未达到新用途验收或变更标准的，按原用途确认

D. 本指南现有用地分类未设置复合用途，使用时可根据规划和管理实际需求，在本指南分类基础上增设土地混合使用的用地类型及其详细规定

43. 根据《城市用地分类与规划建设用地标准》，人均居住用地是指城市内的居住用地面积除以(　　)内的常住人口。

A. 城市规划区范围 　　　　　　　　 B. 城市建成区范围

C. 城乡居民点建设用地 　　　　　　 D. 城市建设用地

44. 根据《历史文化名城名镇名村保护条例》，对历史文化名城、名镇、名村的保护应当(　　)。

A. 整体保护 　　　　　　　　　　　 B. 重点保护

C. 分类保护 　　　　　　　　　　　 D. 异地保护

45. 根据《城乡规划法》，没有授权(　　)核发建设工程规划许可证。

A. 省、自治区人民政府城乡规划主管部门

B. 城市人民政府城乡规划主管部门

C. 县人民政府

D. 省、自治区、直辖市人民政府确定的镇人民政府

46. 根据《城乡规划法》，城市的建设和发展，应当优先安排(　　)。

A. 居民住宅的建设和统筹安排进城务工人员的生活

B. 基础设施以及公共服务设施的建设

C. 社区绿化设施的建设

D. 地下空间开发和利用设施的建设

47. 根据《民法典》，使用权期间届满，自动续期的建设用地是(　　)。

A. 餐饮用地 　　　　　　　　　　　 B. 一类工业用地

C. 社会停车场用地 　　　　　　　　 D. 住宅用地

48. 根据《中共中央 国务院关于建立国土空间规划体系并监督实施的若干意见》，在城镇开发边界内的建设，实行(　　)的管制方式。

A. 详细规划 　　　　　　　　　　　 B. 规划许可

C. 详细规划＋规划许可 　　　　　　 D. 约束指标＋分区准入

49. 根据《城市居住区规划设计标准》，下列叙述中不正确的是(　　)。

A. 居住区各级公共绿地可以为老年人、儿童设置活动场地

B. 老年人居住建筑的日照标准不应低于冬至日日照 2 小时的标准

C. 老年人居住建筑宜靠近相关服务设施

D. 老年人居住建筑宜靠近公共绿地

50. 根据《城市工程管线综合规划规范》，下列有关城市工程管线地下敷设的叙述中，不正确的是(   )。

A. 在严寒地区应根据土壤冰冻深度确定给水排水管线覆土深度

B. 应根据土壤性质和地面承受荷载的大小确定热力管线的覆土深度

C. 当工程管线交叉敷设时，供水管线宜让雨水排水管线

D. 各种管线不应在水平方向上重叠敷设

51. 根据《城市电力规划规范》，在大、中城市的繁华商务区规划新建的变电所，宜采用(   )结构。

A. 全户外式   B. 箱体式

C. 附属式   D. 小型户内式

52. 根据《水法》，开发利用水资源，应当首先满足城乡居民用水，统筹兼顾农业、工业用水和(   )需要。

A. 绿化景观   B. 城乡建设施工

C. 城市环境卫生公共设施   D. 航运

53. 根据《城市工程管线综合规划规范》，下列关于综合管沟内敷设的叙述，不正确的是(   )。

A. 相互无干扰的工程管线可以设置在管沟的同一小室

B. 相互有干扰的工程管线应敷设在管沟的不同小室

C. 电信电缆管线与高压输电电缆管线必须分开设置

D. 综合管沟内不宜敷设热力管线

54. 根据《民法典》，下列建设用地使用权的叙述中，不正确的是(   )。

A. 建设用地使用权应向登记机构登记设立

B. 新设立的建设用地使用权，不得损害已设立的用益物权

C. 设立建设用地使用权，可以采取出让或者划拨等方式

D. 建设用地使用权人无权将建设用地使用权转让、互换、出资、赠与或者抵押，但法律另有规定的除外

55. 根据《自然资源部办公厅关于加强村庄规划促进乡村振兴的通知》，不正确的是(   )。

A. 村庄规划属于详细规划，规划范围为村域全部国土空间，可以一个或几个行政村为单元编制

B. 暂时没有条件编制村庄规划的，应在县、乡镇国土空间规划中明确村庄国土空间用途管制规则和建设管控要求

C. 各地可在乡镇国土空间规划和村庄规划中预留不超过 8% 的建设用地机动指标，村民居住、农村公共公益设施、零星分散的乡村文旅设施及农村新产业新业态等用地可申请使用

D. 村庄规划在报送审批前应在村内公示 30 日，自批准之日起 20 个工作日内，规划成果

应通过多种方式公开，30 个工作日内，规划成果逐级汇交至省级自然资源主管部门，叠加到国土空间规划"一张图"上

56. 根据《城乡规划法》，在乡、村庄规划区内使用原有宅基地进行农村村民住宅建设的规划管理办法，由( )制定。

A. 省、自治区、直辖市人民政府

B. 省、自治区、直辖市人民政府城乡规划主管部门

C. 城市、县人民政府

D. 乡镇人民政府

57. 根据《城乡规划法》，临时建设用地的规划管理的具体办法，由( )制定。

A. 国务院城乡规划主管部门

B. 省、自治区、直辖市人民政府城乡规划主管部门

C. 省、自治区、直辖市人民政府

D. 乡镇人民政府

58. 下列城乡规划技术标准规范中，属于通用标准的是( )。

A.《城市居住区规划设计标准》   B.《城市用地分类与规划建设用地标准》

C.《城市道路交通规划设计规范》   D.《历史文化名城保护规划规范》

59.《城市用地竖向规划规范》对城市主要建设用地适宜性规划坡度做了规定，其中最大坡度可达 25% 的建设用地是( )。

A. 工业用地   B. 铁路用地

C. 居住用地   D. 公共设施用地

60. 城市公共厕所的设置应符合《城市环境卫生设施规划规范》的要求，下列叙述中不符合规定的是( )。

A. 在满足环境及景观要求条件下，城市绿地内可以设置公共厕所

B. 一般公共设施用地公厕的配建密度高于居住用地

C. 公共厕所宜与其他环境卫生设施合建

D. 小城市公共厕所的设置宜采用公共厕所设置标准的下限

61. 根据《城市抗震防灾规划管理规定》，下列叙述中正确的是( )。

A. 在抗震防灾区的城市，抗震防灾规划的范围应当与中心城区一致

B. 规定所称抗震设防区，是指地震基本烈度六度及六度以上地区

C. 规定所称地震设防区，是指地质条件复杂的地区

D. 规定所称抗震设防区，是指地震活动峰值加速度大于等于 $0.1g$ 的地区

62.《城市地下空间开发利用管理规定》所称的地下空间，是指城市( )内地表以下的空间。

A. 规划区   B. 建设用地范围

C. 建成区   D. 适建区

63. 下列哪一组城市全部为国家历史文化名城( )。

A. 上海、北海、临海、海南、威海   B. 南京、南阳、南通、南昌、济南

C. 金华、银川、铜陵、铁岭、无锡   D. 绍兴、嘉兴、宜兴、泰兴、兴城

64. 根据《文物保护法》，下列叙述中正确的是( )。

A. 迁移或者拆除省级以上文物保护单位的，批准前需取得国务院文物主管部门的同意

B. 全国重点文物保护单位一律不得迁移

C. 不可移动文物已经全部毁坏的，一律不得在原址重建

D. 历史文化名城和历史文化街区、村镇的保护办法，由国家文物局制定

65. 根据《历史文化名城保护规划标准》，历史文化街区内文物古迹和历史建筑的用地面积宜达到保护区内总建筑用地的(　　)以上。

A. 25%　　　　　　　　　　　　　B. 35%

C. 50%　　　　　　　　　　　　　D. 60%

66. 根据《历史文化名城保护规划标准》，历史城区范围以外的环境协调区，其主要保护的是(　　)。

A. 建筑物的性质　　　　　　　　　B. 建筑物的高度

C. 原有道路格局　　　　　　　　　D. 自然地形地貌

67. 依照《城市工程管线综合规划规范》，当城市干道红线超过 **40m** 时宜在城市干道两侧布置的管线是(　　)。

A. 配气管线、调水管线　　　　　　B. 配水管线、排水管线

C. 电力管线、热力管线　　　　　　D. 热力管线、通信管线

68. 根据《文物保护法》，对不可移动文物的修缮、保养、迁移，必须遵守(　　)。

A. 完好如初的原则　　　　　　　　B. 使用原材料、原工艺、原风格保护的原则

C. 保护文物本体及周边环境的原则　D. 不改变文物原状的原则

69. 根据《自然保护区条例》，自然保护区的范围不包括(　　)。

A. 有大量历史文物古迹的林区

B. 珍稀濒危野生动植物物种的天然集中分布区域

C. 典型的自然地理区域

D. 具有特殊保护价值的海域、岛屿

70. 根据《自然保护区条例》，进入国家级自然保护区核心区域，必须经(　　)有关自然保护区行政主管部门批准。

A. 国务院　　　　　　　　　　　　B. 省政府

C. 市政府　　　　　　　　　　　　D. 县政府

71. 城乡规划行政监督检查是城乡规划主管部门的(　　)，不需要征得行政相对方的同意。

A. 行政司法行为　　　　　　　　　B. 依职权的行政行为

C. 依申请的行政行为　　　　　　　D. 多方行政行为

72. 根据《城乡规划法》，下列关于规划条件的叙述中，不正确的是(　　)。

A. 未规定规划条件的地块，不得出让国有土地使用权

B. 建设单位应当按照规划条件进行建设

C. 建设单位应当及时将依法变更后的规划条件报有关人民政府土地主管部门备案

D. 城市、县人民政府城乡规划主管部门应当及时将依法变更后的规划条件通报上级土地主管部门

73. 根据《保守国家秘密法》，以下不属于国家秘密密级的是(　　)。

A. 绝密事项　　　　　　　　　　　B. 机密事项

C. 保密事项　　　　　　　　　　　D. 秘密事项

74. 下列连线中，行政行为的听证程序与听证分类不相符的是（　　）。

A. 直辖市《城乡规划条例》送审之前——立法听证

B. 相对人对行政处罚的申请听证——抽象行政行为听证

C. 对规划实施情况的评估——决策听证

D. 确需修改已经审定的总平面图——具体行政行为听证

75. 行政诉讼审理的核心是审查具体行政行为的（　　）。

A. 合法性　　　　　　　　　　　　B. 合理性

C. 适当性　　　　　　　　　　　　D. 统一性

76. 编制国土空间规划，属于（　　）行政行为。

A. 具体　　　　　　　　　　　　　B. 抽象

C. 依申请　　　　　　　　　　　　D. 羁束

77. 根据《行政处罚法》，违法行为构成犯罪的，应当依法追究刑事责任，不得以（　　）代替刑事处罚。

A. 行政拘留　　　　　　　　　　　B. 行政诉讼

C. 行政处罚　　　　　　　　　　　D. 刑事诉讼

78. 根据《行政处罚法》，下列不属于行政处罚的是（　　）。

A. 警告　　　　　　　　　　　　　B. 罚款

C. 羁束　　　　　　　　　　　　　D. 没收违法所得

79. 根据《城乡规划法》，城乡规划主管部门对违法建设作出限期拆除的决定时，当事人拒不拆除的，建设工程所在地县级以上地方人民政府可以（　　）。

A. 没收实物

B. 没收违法所得

C. 申请法院强制拆除

D. 责成有关部门采取查封施工现场、强制拆除等措施

80. 根据《自然资源部办公厅关于加强国土空间规划监督管理的通知》，下列叙述不正确的是（　　）。

A. 加快建立完善国土空间基础信息平台，形成国土空间规划"一张图"，不得擅自更改底图、数据，确保数据规范、上下贯通、图数一致

B. 建立健全规划重点岗位干部轮岗交流制度，防范干部在同一岗位长期任职的廉政风险

C. 坚持先规划、后建设，未取得规划许可，不得实施新建、改建、扩建工程；不得以集体讨论、会议决定等非法定方式替代规划许可，搞"特事特办"

D. 规划修改必须严格落实法定程序要求，深入调查研究，征求利害关系人意见，组织专家论证，实行集体决策。可以通过以城市设计、工程设计或建设方案等方式修改规划、变更规划条件。

二、多项选择题（共20题，每题1分。每题的备选项中，有二至四个选项符合题意。少选、错选都不得分）

81. 在我国，行政权力主要包括（　　）。

A. 立法参与权　　　　　　　　　　B. 法律解释权

C. 委托立法权   D. 司法行政权

E. 行政管理权

82. 城乡规划具有重要的公共政策属性，这是因为其(   )。

A. 对城市建设和发展具有导向功能

B. 对城市建设中的各种社会利益具有调控功能

C. 对城市空间资源具有分配功能

D. 体现了城市政府的政治职能

E. 体现政府对管理城市社会公共事务中所发挥的作用

83. 根据《中共中央 国务院关于建立国土空间规划体系并监督实施的若干意见》，国土空间规划的编制原则包括(   )。

A. 体现战略性   B. 提高科学性

C. 加强协调性   D. 注重操作性

E. 加强参与性

84. 根据《省级国土空间规划编制指南（试行）》，省级人民政府负责组织规划成果的专家论证，并及时征求自然资源部等部门意见。规划论证情况在规划说明中要形成专章，包括(   )等。

A. 规划环境影响评价   B. 专家论证意见

C. 部门和地方意见采纳情况   D. 规划编制单位意见

E. 公众参与情况

85. 规划部门组织编制控制性详细规划的行为，按行政行为分类属于(   )。

A. 抽象行政行为   B. 具体行政行为

C. 内部行政行为   D. 外部行政行为

E. 依职权的行政行为

86. "建设单位在取得建设工程规划许可证后，必须按照许可证的要求进行建设"的规定，应当属于行政行为效力的(   )。

A. 确定力   B. 拘束力

C. 执行力   D. 公定力

E. 强制力

87. 根据《行政许可法》，下列行为中可以不设定规划行政许可的是(   )。

A. 老旧居住小区需要改造的   B. 居住区建成后户主签订房屋租赁合同的

C. 按照实际需求增加日供水量的   D. 业主委员会能够自行协商决定的

E. 行政机关采用事后监督能解决的

88. 根据《土地管理法实施条例》，国家建立国土空间规划体系，国土空间规划应当(   )。

A. 包括国土空间开发保护格局和规划用地布局、结构、用途管制要求等内容，保障土地的可持续利用

B. 明确耕地保有量、建设用地规模、禁止开垦的范围等要求

C. 统筹基础设施和公共设施用地布局

D. 综合利用地上地下空间，合理确定并严格控制新增建设用地规模，提高土地节约集约利用水平

E. 提出非物质文化遗产保护要求

89. 在城市规划中，城市布局指城市土地利用结构的空间组织及形式和形态，下列属于城市布局的是(　　)。

A. 城市辖区划分 　　　　　　　　　　B. 城市功能划分

C. 居住用地和自然环境的关系 　　　　D. 交通枢纽规划与城市路网

E. 城市社区划分

90. 建设工程总平面图设计包括(　　)。

A. 场地四周测量坐标 　　　　　　　　B. 拆废旧建筑的范围

C. 主要建筑物的坐标 　　　　　　　　D. 规划地块人口规模

E. 指北针和比例尺

91. 根据《城镇老年人设施规划规范》，关于老年人设施的说法正确的有(　　)。

A. 养老院、老年养护院宜远离医疗卫生、文体等公共服务设施布局

B. 老年活动中心、老年学校（大学）按服务范围分为市级、区级。老年学校（大学）宜结合市级、区级文化馆统筹建设

C. 独立占地的老年人设施的建筑密度不宜大于30%，场地内建筑可以高层为主

D. 老年人设施中养老院、老年养护院应按所在地城市规划常住人口规模配置，每千名老人不应少于40床

E. 老年人设施场地内直接为老年人服务的各类设施均应进行无障碍设计

92. 城镇污水处理厂位置的选址宜符合一定的条件，下列要求中不正确的是(　　)。

A. 在城市水源的下游并符合对水系的防护要求

B. 在城市冬季最小频率风向的上风向

C. 应有方便的交通、运输和水电条件

D. 与城市工业区保持一定的卫生防护距离

E. 靠近污水、泥污的排放和利用地段

93. 依据《城市地下空间开发利用管理规定》，下列叙述中不正确的是(　　)。

A. 城市地下空间是指市域范围内地表以下的空间

B. 国务院建设行政主管部门和全国人防办负责全国城市地下空间的开发利用管理工作

C. 城市地下空间规划是城市规划的重要组成部分

D. 城市地下空间建设规划报上一级人民政府审批

E. 编制城市地下空间开发利用规划，包括总体规划和建设规划两个阶段

94. 根据《城市抗震防灾规划管理规定》，作为编制详细规划的依据，下列属于城市总体规划强制性内容的是(　　)。

A. 城市抗震防灾现状 　　　　　　　　B. 城市抗震能力评价

C. 城市抗震设防标准 　　　　　　　　D. 建设用地评价与要求

E. 抗震防灾措施

95. 下列属于行政法学中救济制度范围的是(　　)。

A. 行政复议 　　　　　　　　　　　　B. 行政管理

C. 行政赔偿 　　　　　　　　　　　　D. 行政检查

E. 行政处分

96. 下列关于无障碍的说法，不正确的有(　　)。

A. 垂直升降平台的基坑应采用防止误入的安全防护措施

B. 人行天桥桥下的三角区净空高度小于 2.00m 时，应安装防护设施，并应在防护设施外设置提示盲道

C. 建筑内仅有 1 部电梯时，可不设置无障碍电梯

D. 建筑物无障碍出入口的上方可以不设置雨棚

E. 缘石坡道的坡口与车行道之间宜没有高差；当有高差时，高出车行道的地面不应大于 10mm

97. 根据《民法典》，物权受到侵害的，权利人可以通过(   )等途径解决。

A. 和解   B. 复议

C. 调解   D. 仲裁

E. 诉讼

98. 依照《中共中央 国务院关于建立国土空间规划体系并监督实施的若干意见》，下列说法正确的有(   )。

A. 因国家重大战略调整、重大项目建设或行政区划调整等确需修改规划的，须先经规划审批机关同意后，方可按法定程序进行修改

B. 结合各级各类国土空间规划编制，同步完成市级以上国土空间基础信息平台建设，实现主体功能区战略和各类空间管控要素精准落地

C. 上级自然资源主管部门要会同有关部门组织对下级国土空间规划中各类管控边界、约束性指标等管控要求的落实情况进行监督检查，但不纳入自然资源执法督察内容

D. 相关专项规划在编制和审查过程中应加强与有关国土空间规划的衔接，批复后无需纳入同级国土空间基础信息平台

E. 对以国家公园为主体的自然保护地、重要海域和海岛、重要水源地、文物等实行特殊保护制度

99. 建设项目选址规划管理的主要管理内容包括(   )。

A. 建设项目基本情况

B. 建设项目与城乡规划协调

C. 考虑项目的公用设施配套和交通运输条件

D. 核定建设用地使用权审批手续

E. 审核建设工程总平面图

100. 根据《国土空间调查、规划、用途管制用地用海分类指南（试行）》，下列说法正确的有（   ）。

A. 用地用海分类设置不重不漏。当用地用海具备多种用途时，应以其主要功能进行归类

B. 为满足调查工作中年度考核管理的需要，用途改变过程中，未达到新用途验收或变更标准的，按原用途确认

C. 农业设施建设用地指对地表耕作层未造成破坏的，为农业生产、农村生活服务的乡村道路用地以及种植设施、畜禽养殖设施、水产养殖设施建设用地

D. 城镇社区服务设施用地、农村社区服务设施用地属于公共管理与公共服务用地

E. 本指南用地用海分类未展开二级类的一级类、未展开三级类的二级类、以及三级类，可进一步展开细分

模拟试题三参考答案

一、单项选择题

1. D	2. A	3. C	4. D	5. C	6. B	7. C	8. C
9. D	10. B	11. D	12. A	13. A	14. C	15. A	16. C
17. B	18. A	19. A	20. C	21. D	22. C	23. C	24. C
25. A	26. B	27. B	28. B	29. C	30. C	31. D	32. D
33. A	34. C	35. B	36. B	37. A	38. D	39. B	40. C
41. A	42. A	43. D	44. A	45. C	46. B	47. D	48. C
49. A	50. D	51. D	52. D	53. D	54. D	55. C	56. A
57. C	58. D	59. C	60. D	61. B	62. A	63. B	64. C
65. D	66. D	67. B	68. D	69. A	70. B	71. B	72. D
73. C	74. B	75. A	76. B	77. C	78. C	79. D	80. D

二、多项选择题

81. ACDE	82. ACE	83. ABCD	84. ABCE	85. ADE
86. AB	87. BCDE	88. ABCD	89. BCD	90. ABCE
91. BDE	92. BD	93. ABDE	94. CDE	95. AC
96. CD	97. ACDE	98. AE	99. ABC	100. ABE

模 拟 试 题 四

一、单项选择题（共80题，每题1分，每题的备选项中，只有一个最符合题意）

1. 根据中共中央办公厅、国务院办公厅印发的《关于推动城乡建设绿色发展的意见》，建设人与自然和谐共生的美丽城市，提高中心城市综合承载能力，建设一批产城融合、职住平衡、生态宜居、交通便利的郊区新城，推动(   )、(   )发展。

A. 多中心、串联式   B. 多中心、蔓延式

C. 单中心、网络化   D. 多中心、组团式

2. 下列法律法规的效力不等式中，不正确的是(   )。

A. 法律＞行政法规   B. 行政法规＞地方性法规

C. 地方性法规＞地方政府规章   D. 地方政府规章＞部门规章

3. 下列规范中不属于社会规范的是(   )。

A. 法律规范   B. 道德规范

C. 技术规范   D. 社会团体规范

4. 行政法治原则对行政主体的要求可以概括为(   )。

A. 依法行政   B. 积极行政

C. 廉洁行政   D. 为民行政

302

5. 普通行政责任不包括(　　)。

A. 政治责任　　　　　　　　　　　　　B. 法律责任

C. 社会责任　　　　　　　　　　　　　D. 道德责任

6. 根据行政法学知识，下列对《土地管理法》立法的叙述中正确的是(　　)。

A. 属于行政立法范畴

B. 属于从属性立法

C. 立法机关是全国人民代表大会常务委员会

D. 有权进行立法解释的机关是国务院

7. 根据《行政许可法》，行政法规可以在(　　)设定的行政许可事项范围内，对实施该行政许可作出具体规定。

A. 法律　　　　　　　　　　　　　　　B. 地方性法规

C. 部门规章　　　　　　　　　　　　　D. 规范性文件

8. 下列关于城乡规划行政许可的叙述中，不正确的是(　　)。

A. 属于依职权的行政行为

B. 属于外部行政行为

C. 属于具体行政行为

D. 属于准予行政相对人从事特定活动的行政行为

9. 行政许可过宽过乱会引起很多消极的作用，下列不属于行政许可消极作用的是(　　)。

A. 可能会使贪污受贿现象日益增多

B. 可能会使社会发展减少动力，丧失活力

C. 可能使被许可人失去积极进取和竞争的动力

D. 可能严重影响法律法规效力

10. 根据《中华人民共和国立法法》，设区的市的人民代表大会及其常务委员会根据本市的具体情况和实际需要，在不同宪法、法律、行政法规和本省、自治区的地方性法规相抵触的前提下，可以对城乡建设与管理、环境保护、历史文化保护等方面的事项制定(　　)，并须报省、自治区的人民代表大会常务委员会批准后施行。

A. 行政法规　　　　　　　　　　　　　B. 地方性法规

C. 地方政府规章　　　　　　　　　　　D. 部门规章

11. 根据《市级国土空间总体规划制图规范（试行)》，市级国土空间总体规划的图件包括调查型图件、管控型图件和示意型图件三类。下列不属于管控型图件的是(　　)。

A. 市域国土空间控制线规划图　　　　　B. 市域自然保护地分布图

C. 市域农（牧）业空间规划图　　　　　D. 市域历史文化保护规划图

12. 在城乡规划管理中，当(　　)就属于"法律关系产生"。

A. 报建单位拟定申请报建文件后　　　　B. 报建申请得到受理后

C. 修建性详细规划得到批准后　　　　　D. 核发建设工程规划许可证后

13. 根据《国务院办公厅关于科学绿化的指导意见》，下列叙述中不正确的是(　　)。

A. 加强规划引领，优化资源配置，强化质量监管，完善政策机制，全面推行林长制，科学开展大规模国土绿化行动

B. 坚持保护优先、自然恢复为主，人工修复与自然恢复相结合

C. 地方人民政府要组织编制绿化相关规划，与国土空间规划相衔接，无需叠加到国土空间规划"一张图"

D. 各地要制定乡土树种草种名录，提倡使用多样化树种营造混交林

14. 根据《省级国土空间规划编制指南（试行）》，下列说法错误的是(   )。

A. 省级国土空间是一定时期内省域国土空间保护、开发、利用、修复的政策和总纲，是编制省级相关专项规划、市县等下位国土空间规划的基本依据

B. 省级国土空间要结合主体功能定位，综合考虑经济社会、产业发展、人口分布等因素，确定城镇体系的等级和规模结构、职能分工，提出城市群、都市圈、城镇圈等区域协调重点地区多中心、网络化、集约型、开放式的空间格局

C. 跨省级行政区域、流域和城市群、都市圈等区域性国土空间规划不可参照

D. 各类线性基础设施应尽量并线、预留廊道，做好与三条控制线的协调衔接

15. 根据《城乡规划法》，城乡规划主管部门对编制完成的"修建性详细规划"施行的行政行为应当是(   )。

A. 审定   B. 许可

C. 评估   D. 裁决

16. 根据《城市、镇控制性详细规划编制审批办法》，下列叙述中不正确的是(   )。

A. 国有土地使用权的划拨应当符合控制性详细规划

B. 控制性详细规划是城乡规划主管部门实施规划管理的重要依据

C. 城乡规划主管部门组织编制城市控制性详细规划

D. 县人民政府所在地镇的控制性详细规划由镇人民政府组织编制

17. 根据城乡规划管理需要，城市中心区、旧城改造区、拟进行土地储备或者土地出让的地区，应当优先组织编制(   )。

A. 战略规划   B. 分区规划

C. 控制性详细规划   D. 修建性详细规划

18. 根据《城乡规划法》，某城市拟对滨湖地段控制性详细规划进行修改，修改方案对道路和绿地系统作出较大的调整，应当(   )。

A. 由规划委员会审议决定   B. 由市长办公会批准实施

C. 先申请修改城市总体规划   D. 报省城乡规划主管部门备案后实施

19. 根据《自然资源部 国家林业和草原局关于做好自然保护区范围及功能分区优化调整前期有关工作的函》，不正确的说法是(   )。

A. 经初步统计，仅国家级自然保护区内就有城市建成区 29 个（2 个位于核心区），建制乡镇建成区 531 个（72 个位于核心区），人口约 400 万（核心区约 40 万人），耕地 146 万 hm^2（核心区 17.9 万 hm^2），原住居民生产生活与保护管理矛盾突出

B. 科学调整保护区范围，将城市建成区调出自然保护区范围

C. 自然保护区功能分区由核心区、缓冲区、实验区转为核心保护区和重点控制区

D. 国家公园设立后，在相同区域不再保留原自然保护区等自然保护地，纳入国家公园管理

20. 在我国现行城乡规划技术标准体系框架中，下列不属于专用标准的是(   )。

A.《城市居住区规划设计标准》   B.《城市消防规划规范 》

C.《历史文化名城保护规划标准》 D.《城镇老年人设施规划规范》

21. 城乡规划主管部门受理的下列建设项目中，需要申请办理选址意见书的是( )。

A. 商务会展中心 B. 历史博物馆

C. 国际住宅社区 D. 休闲度假酒店

22. 规划条件中的规定性条件不包括( )。

A. 地块位置和用地性质 B. 建筑控制高度和建筑密度

C. 建筑形式和风格 D. 主要交通出入口方位和停车场泊位

23. 城乡规划主管部门依法核发建设用地规划许可证、建设工程规划可证、乡村建设规划许可证属于( )行政行为。

A. 要式 B. 依职权的

C. 依申请的 D. 抽象

24. 可以核发选址意见书的行政主体，不包括( )城乡规划主管部门。

A. 省、自治区人民政府 B. 城市人民政府

C. 县人民政府 D. 镇人民政府

25. 在城乡规划行政许可实施过程中，公民、法人或者其他组织享有的权利中不包括( )。

A. 陈述权 B. 申辩权

C. 变更权 D. 救济权

26. 下列关于建设用地的叙述中，不符合《民法典》规定的是( )。

A. 建设用地使用权可以在土地的地表、地上或者地下分别设立

B. 严格限制以划拨方式设立建设用地使用权

C. 住宅建设用地使用权期间届满的，自动续期

D. 集体所有土地作为建设用地的，应当依照《城市房地产管理法》办理

27. 经复议机关复议，复议机关改变原行政行为的，( )是被告。

A. 原机关和复议机关 B. 复议机关

C. 复议机关的上一级机关 D. 原机关

28. 容积率作为规划条件中重要开发强度指标，必须经法定程序在( )中确定，并在规划实施管理中严格遵守。

A. 城市总体规划 B. 近期建设规划

C. 控制性详细规划 D. 修建性详细规划

29.《民法典》规定建设用地使用权人依法对国家所有的土地享有的权利中不包括( )。

A. 占有 B. 使用

C. 租赁 D. 收益

30. 在经济技术开发区内土地使用权出让、转让的依据是( )。

A. 控制性详细规划 B. 近期建设规划

C. 修建性详细规划 D. 城市设计

31. 某大型建设项目，拟以划拨方式获得国有土地使用权，建设单位在报送有关部门核准前，应当向城乡规划主管部门申请( )。

A. 核发选址意见书 B. 核发建设用地规划许可证

C. 核发建设工程规划许可证　　　　　　　D. 提供规划条件

32. 依照《资源环境承载能力和国土空间开发适宜性评价指南（试行）》，下列哪个说法不正确？（　　）

A. 生态保护重要性省级评价，从区域生态安全底线出发，综合形成生态保护极重要区和重要区

B. 农业生产适宜性省级评价在生态保护极重要区以外的区域，开展种植业、畜牧业、渔业等农业生产适宜性评价，识别农业生产适宜区和不适宜区

C. 城镇建设适宜性省级评价在生态保护极重要区以外的区域，优先考虑环境安全、粮食安全和地质安全等底线要求，识别城镇建设不适宜区

D. 一般地，可将农区内种植业生产适宜区全部确定为畜牧业不适宜区

33. 下列建设工程规划管理的程序中，不正确的是（　　）。

A. 建设申请　①建设项目批准文件　②使用土地的有关证明文件　③修建性详细规划　④建设工程设计方案　⑤建设工程申请表

B. 建设审核　①现场踏勘　②征询意见　③确定建筑地址　④复核控制性详细规划等规划要求　⑤审定建设工程设计方案

C. 行政许可　①审查工程设计图纸文件　②领导签字批准　③核发建设工程规划许可证

D. 批后管理　①竣工验收前的规划核实　②竣工验收资料的报送

34. 下列关于永久基本农田的表述，哪项符合《土地法》有关规定？（　　）

A. 永久基本农田的划定由县级人民政府自然资源主管部门会同同级农业农村主管部门组织实施，并报上一级自然资源主管部门批准

B. 征收永久基本农田，可由自然资源部批准

C. 允许适当占用永久基本农田发展林果业和挖塘养鱼

D. 各省、自治区、直辖市划定的永久基本农田一般应当占本行政区域内耕地的百分之八十以上

35. 根据《历史文化名城名镇名村保护条例》，审批历史文化名村保护规划的是（　　）。

A. 国务院　　　　　　　　　　　　　　　B. 省、自治区，直辖市人民政府

C. 所在地城市人民政府　　　　　　　　　D. 所在地县人民政府

36. 下列行政行为中，不属于建设用地规划管理内容的是（　　）。

A. 审定修建性详细规划　　　　　　　　　B. 核定地块出让合同中的规划条件

C. 审定建设工程总平面图　　　　　　　　D. 审核建设工程申请条件

37. 某高层多功能综合楼，地下室为车库，底层是商店，二～十五层是商务办公用房，十六～二十层为公寓，根据上述条件和《国土空间调查、规划、用途管制用地用海分类指南（试行）》，该楼的用地应该归为（　　）。

A. 居住用地　　　　　　　　　　　　　　B. 公共管理与公共服务用地

C. 商业服务业用地　　　　　　　　　　　D. 公用设施用地

38. 根据《市县国土空间开发保护现状评估技术指南（试行）》，开展双评估的原则不包括（　　）。

A. 坚持目标导向　　　　　　　　　　　　B. 坚持结果导向

C. 坚持问题导向　　　　　　　　　　　　D. 坚持操作导向

39. 某乡规划区内拟新建敬老院，建设单位应当向乡人民政府提出申请，由乡人民政府报城市、县人民政府城乡规划主管部门核发( )。

A. 建设项目选址意见书
B. 建设用地规划许可证
C. 建设工程规划许可证
D. 乡村建设规划许可证

40. 根据《城市综合交通体系规划标准》，下列哪个数据符合300万～500万人的城区的居民通勤出行平均出行距离？( )

A. 9km
B. 7km
C. 10km
D. 8km

41. 根据《城乡规划法》，在乡、村庄规划区内使用原有宅基地进行农村村民住宅建设的规划管理办法，由( )制定。

A. 国务院城乡规划主管部门
B. 省、自治区、直辖市人民政府
C. 市、县人民政府
D. 乡、镇人民政府

42. 对于不可移动文物已经全部毁坏的，符合《文物保护法》要求的保护方式是( )。

A. 实施遗址保护，不得在原址重建
B. 实施遗址保护，可在原址周边适当地方扩建
C. 实施原址重建，再现历史风貌
D. 实施遗址废止，进行全面拆除

43. 根据《城市工程管线综合规划规范》，不宜利用交通桥梁跨越河流的管线是( )。

A. 给水输水管线
B. 污水排水管线
C. 热力管线
D. 燃气输气管线

44. 根据《历史文化名城名镇名村保护条例》，对历史文化名城、名镇、名村的保护应当( )。

A. 整体保护
B. 重点保护
C. 分类保护
D. 异地保护

45. 根据《居住区规划设计标准》，下列关于日照的说法不正确的是( )。

A. 日照标准根据建设气候分区和城市规模分别采用冬至日和大寒日两级标准
B. 旧区改建项目内新建住宅建筑日照标准不应低于大寒日日照时数1h
C. 在原设计建筑外增加任何设施不应使相邻住宅原有日照标准降低，既有住宅建筑进行无障碍改造加装电梯除外
D. 老年人居住建筑日照标准不应低于冬至日日照时数2h

46. 某国家历史文化名城在历史文化街区保护中，为求得资金就地平衡，采取土地有偿出让的办法，将该老街原有商铺和民居全部拆除，重新建起了仿古风貌的商业街，这就( )。

A. 体现了历史文化街区的传统特色
B. 增添了历史文化街区的更新活力
C. 提高了历史文化街区的综合效益
D. 破坏了历史文化街区的真实完整

47. 根据《城市紫线管理办法》，城市紫线范围内各类建设的规划审批，实行( )。

A. 听证制度
B. 报告制度
C. 复审制度
D. 备案制度

48. 根据《城市紫线管理办法》，下列叙述中不正确的是( )。

A. 国家历史文化名城内的历史文化街区的保护范围线属于紫线

B. 省、自治区、直辖市人民政府公布的历史文化街区的保护界线属于紫线

C. 历史文化街区以外经县级人民政府公布保护的历史建筑保护范围界线属于紫线

D. 历史文化名城、名镇、名村的保护范围线属于紫线

49. 根据《城市综合交通体系规划标准》，城市分区组团之间连接道路，宜为(　　　　)级别道路。

A. 快速路、主干路　　　　　　　　　B. 主干路、次干路

C. 次干路、支路　　　　　　　　　　D. 支路、街坊内道路

50. 对历史文化名城、名镇、名村核心保护范围内的建筑物、构筑物，应当区分不同情况，采取相应措施，实行(　　　　)。

A. 原址保护　　　　　　　　　　　　B. 分级保护

C. 分类保护　　　　　　　　　　　　D. 整体保护

51. 根据《城市紫线管理办法》，历史建筑的保护范围应当包括历史建筑本身和必要的(　　　　)。

A. 建设控制地带　　　　　　　　　　B. 历史文化保护区

C. 核心保护地带　　　　　　　　　　D. 风貌协调区

52. 城市紫线、绿线、蓝线、黄线管理办法属于(　　　　)范畴。

A. 技术标准与规范　　　　　　　　　B. 政策文件

C. 行政法规　　　　　　　　　　　　D. 部门规章

53.《防洪标准》属于城乡规划技术标准层次中的(　　　　)。

A. 综合标准　　　　　　　　　　　　B. 基础标准

C. 通用标准　　　　　　　　　　　　D. 专用标准

54. 关于城市建成区的更新地区，交通系统规划与建设的说法，下列哪项是不正确的?(　　　　)

A. 应根据城市更新的规模与用途来合理规划交通系统承载力

B. 应优先落实规划预留的各类交通设施及空间

C. 应结合街区改造，提高城市次干路和支路的密度

D. 应增加步行、城市公共交通与非机动车交通空间

55. 根据《城市抗震防灾规划管理规定》，城市抗震设防区是指(　　　　)。

A. 地震动峰值加速度≥0.10g 的地区　　　B. 地震基本烈度六度及六度以上地区

C. 地震震波能够波及的地区　　　　　　　D. 地震次生灾害易发生的地区

56. 根据《城市抗震防灾规划标准》，下列不属于城市用地抗震性能评价报告内容的是(　　　　)。

A. 城市用地抗震防灾类型分区　　　　　　B. 城市地震破坏及不同地形影响估计

C. 抗震适宜性评价　　　　　　　　　　　D. 抗震设防区划

57. 根据《市政公用设施抗灾设防管理规定》，地震后修复或者建设市政公用设施，应当以国家地震部门审定、发布的(　　　　)作为抗震设防的依据。

A. 地震动参数　　　　　　　　　　　B. 抗震设防区划

C. 地震震级　　　　　　　　　　　　D. 地震预测

58.《城市黄线管理办法》中所称城市黄线是指(   )。

A. 城市未经绿化的用地界线   B. 城市受沙尘暴影响的范围界线

C. 城市总体规划确定限建用地的界线   D. 城市基础设施用地的控制界线

59. 根据《环境保护法》，地方各级人民政府应当根据环境(   )，采取有效措施，改善环境质量。

A. 保护目标和治理任务   B. 保护内容和治理方法

C. 保护项目和治理责任   D. 保护标准和治理措施

60. 根据《城市工程管线综合规划规范》，下列关于综合管沟内管线敷设的叙述中，不正确的是(   )。

A. 相互无干扰的工程管线可设置在管沟的同一小室

B. 相互有干扰的工程管线应分别设在管沟的不同小室

C. 电信电缆管线与高压输电电缆管线必须分开设置

D. 综合管沟内不宜敷设热力管线

61. 根据《城市绿线管理办法》，城市绿地系统规划是(   )的组成部分。

A. 城市战略规划   B. 城市总体规划

C. 控制性详细规划   D. 修建性详细规划

62. 根据《城市环境卫生设施规划规范》，下列设施中，不属于环境卫生公共设施的是(   )。

A. 公共厕所   B. 生活垃圾收集点

C. 环卫车辆   D. 生活垃圾转运站

63. 根据《防洪标准》，不耐淹的文物古迹等级为国家级的，其防洪标准的重现期为(   )年。

A. ≥100   B. 100～50

C. 50～20   D. 20

64. 根据《消防法》，公安消防机构对于消防设计的审核，应该属于(   )的法定前置条件。

A. 建设项目核准   B. 建设用地规划许可

C. 建设工程规划许可   D. 施工许可

65. 某乡镇企业向县人民政府城乡规划主管部门提出建设申请，经审核后核发了乡村建设规划许可证，结果被判定程序违法，其正确的程序应当是(   )。

A. 乡镇企业应当向县人民政府城乡规划主管部门提出建设申请，经审核后由乡镇人民政府核发乡村建设规划许可证

B. 乡镇企业应当向乡、镇人民政府提出建设申请，由乡、镇人民政府报县人民政府城乡规划主管部门核发乡村建设规划许可证

C. 乡镇企业应当向乡、镇人民政府提出建设申请，经过村民会议或者村民代表会议讨论同意后，由乡、镇人民政府核发乡村建设规划许可证

D. 乡镇企业应当向县人民政府城乡规划主管部门提出建设申请，报县人民政府审查批准并核发乡村建设规划许可证

66. 根据《国家赔偿法》的规定，行政赔偿的主管机关应当自收到赔偿申请之日起(   )

作出赔偿处理决定。

A. 一个月以内
B. 两个月以内

C. 三个月以内
D. 四个月以内

67. 下列不符合《人民防空法》规定的是(　　)。

A. 城市是人民防空的重点

B. 国家对城市实行分类防护

C. 城市防空类别、防护标准由中央军事委员会规定

D. 城市人民政府应当制定人民防空工程建设规划，并纳入城市总体规划

68. 根据《城市绿地分类标准》，下列不属于道路绿地的是(　　)。

A. 行道树绿带
B. 分车绿带

C. 街道广场绿地
D. 停车场绿地

69. 根据《城市绿地分类标准》，下列不属于专类公园的是(　　)。

A. 儿童公园
B. 动物园

C. 纪念性公园
D. 社区公园

70. 下列关于城市道路的叙述中，不符合《城市综合交通体系规划标准》的是(　　)。

A. 道路网络布局和道路空间分配应体现以人为本、绿色交通优先，以及窄马路、密路网、完整街道的理念

B. 按照城市道路所承担的城市活动特征，城市道路应分为干线道路、支线道路，以及联系两者的集散道路三个大类；城市快速路、主干路、次干路和支路四个中类和八个小类

C. 城市道路经过历史城区、历史文化街区、地下文物埋藏区和风景名胜区时，须按道路建设优于保护的要求处理

D. 道路交叉口相交道路不宜超过 4 条

71. 自然资源部、国家文物局《关于在国土空间规划编制和实施中加强历史文化遗产保护管理的指导意见》属于(　　)的范畴。

A. 行政法规
B. 部门规章

C. 政策文件
D. 技术规范

72. 某市政府因新建快速路修改城市规划，需拆迁医学院部分设施和住宅楼，致使该院及住户合法利益受到损失。为此，该院和住户应依据(　　)要求市政府给予补偿。

A.《行政许可法》
B.《行政处罚法》

C.《民法典》
D.《城乡规划法》

73. 同级监察局对城乡规划主管部门的行政监督属于(　　)。

A. 政治监督
B. 社会监督

C. 司法监督
D. 行政自我监督

74. 追究行政法律责任的原则是(　　)。

A. 劝诫原则
B. 惩罚原则

C. 主客观公开原则
D. 责任自负原则

75. 下列建设行为不属于违法建设的是(　　)。

A. 未经城乡规划主管部门批准进行的工程建设

B. 未按建设工程规划许可证进行建设

C. 经城乡规划主管部门批准的临时建设

D. 超过规定期限未拆除的临时建设

76. 下列听证法定程序中，不正确的是(　　)。

A. 行政机关应当于举行听证的七日前将举行听证的时间、地点通知申请人、利害关系人，必要时予以公告

B. 听证应当公开举行

C. 举行听证时，申请人应当提供审查意见的证据、理由，并进行申辩和质证

D. 听证应当制作笔录，听证笔录应当交听证参加人确认无误后签字或者盖章

77. 根据《城乡规划法》，城乡规划主管部门作出责令停止建设或者限期拆除的决定后，当事人不停止建设或者逾期不拆除的，建设工程所在地(　　)可以责成有关部门采取查封施工现场、强制拆除等措施。

A. 城乡规划主管部门　　　　　　B. 人民法院

C. 县级以上地方人民政府　　　　D. 城市行政综合执法部门

78. 行政复议行为必须是(　　)。

A. 抽象行政行为　　　　　　　　B. 具体行政行为

C. 羁束行政行为　　　　　　　　D. 作为行政行为

79. 根据《行政诉讼法》，公民、法人或者其他组织直接向人民法院提起诉讼的，作出(　　)行政行为的行政机关是被告。

A. 具体　　　　　　　　　　　　B. 抽象

C. 要式　　　　　　　　　　　　D. 非要式

80. 根据《国务院办公厅关于加强草原保护修复的若干意见》，下列叙述错误的是(　　)。

A. 到2025年，草原保护修复制度体系基本建立，草畜矛盾明显缓解，草原退化趋势得到根本遏制，草原综合植被盖度稳定在57%左右，草原生态状况持续改善

B. 在第三次全国国土调查基础上，适时组织开展草原资源专项调查，全面查清草原类型、权属、面积、分布、质量以及利用状况等底数，建立草原管理基本档案

C. 按照因地制宜、分区施策的原则，依据国家发展规划，编制全国草原保护修复利用规划，明确草原功能分区、保护目标和管理措施

D. 整合优化建立草原类型自然保护地，实行整体保护、差别化管理。在自然保护地核心保护区，原则上禁止人为活动；在自然保护地一般控制区和草原自然公园，实行负面清单管理

二、多项选择题（共20题，每题1分。每题的备选项中，有二至四个选项符合题意。少选、错选都不得分）

81. 根据行政法律关系知识和城乡规划实施的实践，下列对应关系中不正确的是(　　)。

A. 建设项目报建申请受理——行政法律关系产生

B. 城乡规划主管部门审定报建总图——行政法律关系产生

C. 在建项目在地震中灭失——行政法律关系变更

D. 建设单位报送竣工资料后——行政法律关系消灭

E. 已报建项目依法转让——行政法律关系消灭

82. 一般行政行为的生效规则包括(　　)。

A. 即时生效

B. 自动生效

C. 受领生效

D. 告知生效

E. 附条件生效

83. 根据《中华人民共和国立法法》，可以根据法律、行政法规和地方性法规制定地方政府规章的是(　　)。

A. 省、自治区、直辖市人民政府

B. 省、自治区的人民政府所在地的市

C. 经济特区所在地的市人民政府

D. 城市人口规模在50万以上、不足100万的市人民政府

E. 设区的市人民政府

84. 行政法治原则包括(　　)。

A. 行政合法性原则

B. 行政合理性原则

C. 行政责权性原则

D. 行政效益性原则

E. 行政应急性原则

85. 根据《城市居住区规划设计标准》住宅间距在满足日照要求的基础上，还要综合考虑(　　)要求。

A. 采光

B. 地面停车场

C. 消防

D. 通风

E. 视觉卫生

86. 依照《市级国土空间总体规划制图规范（试行)》，图纸要素包括底图要素、主要表达内容必选要素和主要表达内容可选要素。底图要素一般包括制图区域的(　　)。

A. 行政边界要素

B. 自然地理要素

C. 交通要素

D. 用地和分区要素

E. 地质要素

87. 根据《国务院办公厅关于坚决制止耕地"非农化"行为的通知》，下列叙述正确的有(　　)。

A. 禁止占用永久基本农田种植苗木、草皮等用于绿化装饰以及其他破坏耕作层的植物

B. 退耕还林还草可以结合当地需要开展，涉及地块全部实现上图入库管理

C. 严格控制铁路、公路两侧用地范围以外绿化带用地审批，道路沿线是耕地的，两侧用地范围以外绿化带宽度不得超过5m，其中县乡道路不得超过3m

D. 禁止以河流、湿地、湖泊治理为名，擅自占用耕地及永久基本农田挖田造湖、挖湖造景

E. 巩固"大棚房"问题清理整治成果，强化农业设施用地监管

88. 《城市防洪工程设计规范》中规定的洪水类型有(　　)。

A. 山体滑坡

B. 海潮

C. 山洪

D. 雪崩

E. 泥石流

89. 依照中共中央办公厅 国务院办公厅印发的《关于在城乡建设中加强历史文化保护传

承的意见》，下列叙述正确的有(   )。

A. 城乡历史文化保护传承体系是以具有保护意义、承载不同历史时期文化价值的城市、村镇等复合型、活态遗产为主体和依托，保护对象主要包括历史文化名城、名镇、名村（传统村落）、街区和不可移动文物、历史建筑、历史地段，与工业遗产、农业文化遗产、灌溉工程遗产、非物质文化遗产、地名文化遗产等保护传承共同构成的有机整体

B. 建立城乡历史文化保护传承体系三级管理体制。国家、省（自治区、直辖市）分别编制全国城乡历史文化保护传承体系规划纲要及省级规划，建立国家级、省级保护对象的保护名录和分布图，明确保护范围和管控要求，与相关规划作好衔接。市县按照国家和省（自治区、直辖市）要求，落实保护传承工作属地责任

C. 在城市更新中禁止大拆大建、拆真建假、以假乱真，不破坏地形地貌、不砍老树，不破坏传统风貌，不随意改变或侵占河湖水系，不随意更改老地名

D. 加大文物开放力度，利用具备条件的文物建筑作为博物馆、陈列馆等公共文化设施

E. 按照留改拆并举、以拆除新建为主的原则，实施城市生态修复和功能完善工程，稳妥推进城市更新

90. 依照环境保护部办公厅、国家发展和改革委员会办公厅印发的《生态保护红线划定指南》，国家级和省级禁止开发区域包括(   )。

A. 国家公园、自然保护区　　　　　B. 风景名胜区的核心景区

C. 世界自然遗产的核心区和缓冲区　　D. 水产种质资源保护区的核心区

E. 饮用水水源地的二级保护区

91. 严寒或寒冷地区以外的工程管线应该根据(   )确定覆土深度。

A. 土壤冰冻深度　　　　　　　　　B. 土壤性质

C. 地面承受荷载大小　　　　　　　D. 建筑气候区划

E. 管线敷设位置

92. 根据《山水林田湖草生态保护修复工程指南（试行）》，下列叙述正确的有(   )。

A. 自然恢复为主，人工修复为辅，保护生物多样性与生态空间多样性，加强区域整体保护和塑造

B. 严守生态保护红线、永久基本农田、城镇开发边界三条控制线，按照规划确定的用途分区分类开展生态保护修复

C. 优先选择适宜本地的修复措施、技术，原则上使用本地物种，可适当使用未经引种试验的外来物种

D. 实施范围内可由一个或多个相互独立又有关联的子项目组成，工程实施范围应明确到所在的地（市）、县（市）、乡（镇）、村（组）

E. 根据现状调查、生态问题识别与诊断结果、生态保护修复目标及标准等，对各类型生态保护修复单元分别采取保护保育、自然恢复、辅助再生或生态重建为主的保护修复技术模式

93. 根据《中共中央 国务院关于建立国土空间规划体系并监督实施的若干意见》，下列叙述正确的有(   )。

A. 国土空间总体规划是详细规划的依据、相关专项规划的基础

B. 相关专项规划可在国家、省和市县层级编制，不同层级、不同地区的专项规划可结合实际选择编制的类型和精度

C. 运用城市设计、乡村营造、大数据等手段，改进规划方法，提高规划编制水平

D. 因国家重大战略调整、重大项目建设或行政区划调整等确需修改规划的，无须报规划审批机关同意，可直接按相关程序进行修改

E. 在城镇开发边界内的建设，实行"详细规划＋规划许可"的管制方式；在城镇开发边界外的建设，按照主导用途分区，实行"详细规划＋规划许可"和"约束指标＋分区准入"的管制方式

94. 根据《行政许可法》，设定行政许可，应当规定行政许可的(   )。

A. 必要性   B. 实施机关

C. 条件   D. 程序

E. 期限

95. 根据《城市抗震防灾规划管理规定》，当遭受罕见的地震时，城市抗震防灾的规划编制应达到的基本目标是(   )。

A. 城市一般功能及生命系统基本正常

B. 城市功能不瘫痪

C. 重要的工矿企业能正常或很快恢复生产

D. 要害系统和生命线工程不遭受破坏

E. 不发生严重的次生灾害

96. 根据中共中央办公厅 国务院办公厅印发的《关于在国土空间规划中统筹划定落实三条控制线的指导意见》，下列叙述正确的有(   )。

A. 落实最严格的生态环境保护制度、耕地保护制度和节约用地制度，将三条控制线作为调整经济结构、规划产业发展、推进城镇化不可逾越的红线

B. 优先将具有重要水源涵养、生物多样性维护、水土保持、防风固沙、海岸防护等功能的生态功能极重要区域，以及生态极敏感脆弱的水土流失、沙漠化、石漠化、海岸侵蚀等区域划入生态保护红线。其他经评估目前虽然不能确定但具有潜在重要生态价值的区域也划入生态保护红线

C. 国家明确三条控制线划定和管控原则及相关技术方法；省（自治区、直辖市）确定本行政区域内三条控制线总体格局和重点区域，提出下一级划定任务；市、县组织统一划定三条控制线和乡村建设等各类空间实体边界

D. 三条控制线是国土空间用途管制的基本依据，涉及生态保护红线、永久基本农田占用的，报国务院审批；对于生态保护红线内允许的对生态功能不造成破坏的有限人为活动，由省级政府自然资源主管部门制定具体监管办法；城镇开发边界调整报国土空间规划原审批机关审批

E. 目前已划入自然保护地核心保护区的永久基本农田、镇村、矿业权逐步有序退出

97. 根据《城市地下空间开发利用管理规定》，下列叙述中正确的是(   )。

A. 城市地下空间是指城市规划区内地表以下的空间

B. 城市地下空间的工程建设必须符合地下空间规划

C. 城市地下空间规划是城市规划的重要组成部分

D. 附着地面建筑进行地下工程建设，应单独向城乡规划主管部门申请办理建设工程规划许可证

E. 城市地下空间规划需要变更的，须经原批准机关审批

98. 管线综合可以解决的矛盾包括(   )。

A. 管线布局的矛盾   B. 管线路径的矛盾

C. 管线施工时间的矛盾   D. 管线空间位置的矛盾

E. 管线所属单位间的矛盾

99. 下列哪些符合城市规划环路有关规定(   )。

A. 规划人口规模 100 万及以上规模城市外围可布局外环路，为城市过境交通提供绕行服务

B. 历史城区外围、规划人口规模 100 万及以上城市中心区外围，可根据城市形态布局环路，分流中心区的穿越交通

C. 环路建设标准不应低于环路内最高等级道路的标准，并应与放射性道路衔接良好

D. 环路应以主干路为主

100. 人民法院审理行政案件，依法实行(   )制度。

A. 合议   B. 回避

C. 公开审判   D. 两审终审

E. 属地管辖

模拟试题四参考答案

一、单项选择题

1. D	2. D	3. C	4. A	5. B	6. C	7. A	8. A
9. D	10. B	11. B	12. B	13. C	14. C	15. A	16. D
17. C	18. C	19. C	20. C	21. B	22. C	23. C	24. D
25. C	26. D	27. B	28. C	29. C	30. A	31. A	32. D
33. B	34. D	35. B	36. D	37. D	38. B	39. D	40. B
41. B	42. A	43. D	44. A	45. D	46. D	47. D	48. D
49. A	50. C	51. D	52. D	53. D	54. A	55. B	56. D
57. A	58. D	59. A	60. D	61. B	62. C	63. A	64. D
65. B	66. B	67. C	68. C	69. D	70. C	71. B	72. D
73. D	74. D	75. C	76. C	77. C	78. B	79. A	80. C

二、多项选择题

81. BCDE	82. ACDE	83. ABCE	84. AB	85. ACDE
86. ABCD	87. BCD	88. CE	89. BCDE	90. AC
91. BC	92. BCDE	93. ACD	94. BCDE	95. BDE
96. BD	97. ABCE	98. ABCD	99. ABC	100. ABDE

模 拟 试 题 五

一、单项选择题（共 80 题，每题 1 分，每题的备选项中，只有一个最符合题意）

1. 依照《中共中央 国务院关于完整准确全面贯彻新发展理念做好碳达峰碳中和工作的意见》，强化国土空间规划和用途管控，严守生态保护红线，严控生态空间占用，稳定现有森林、草原、湿地、海洋、土壤、冻土、岩溶等固碳作用，巩固生态系统（　　）能力。

A. 碳排放　　　　　　　　　　　　B. 碳汇

C. 碳利用　　　　　　　　　　　　D. 碳吸收

2. 公共行政的核心原则是（　　）。

A. 行使权利　　　　　　　　　　　B. 公民第一

C. 讲究实效　　　　　　　　　　　D. 勤政廉洁

3. 保护公民的生命安全及各种合法权益，保护国家、集体和个人的财产不受侵犯等方面的职能，属于政府的（　　）。

A. 经济职能　　　　　　　　　　　B. 社会职能

C. 文化职能　　　　　　　　　　　D. 政治职能

4. 下列法律规范的说法中，不正确的是（　　）。

A. 法律规范是构成法律整体的基本要素或单位

B. 一个完整的法律规范在结构上必定由三个要素组成，即假定、处理、制裁

C. 法律条文是法律规范的文字表现形式

D. 法律规范等同于法律条文

5. 下列关于行政合理性原则要点的叙述中，不正确的是（　　）。

A. 行政行为的内容和范围合理　　　B. 行政的主体和对象合理

C. 行政的手段和措施合理　　　　　D. 行政的目的和动机合理

6. 根据公共行政管理知识，下列不属于政府公共责任的是（　　）。

A. 政治责任　　　　　　　　　　　B. 法律责任

C. 道德责任　　　　　　　　　　　D. 司法责任

7. 根据《中华人民共和国立法法》，省、自治区、直辖市和设区的市、自治州的人民政府，可以根据法律、行政法规和本省、自治区、直辖市的（　　），制定规章。

A. 行政决定　　　　　　　　　　　B. 地方性法规

C. 命令　　　　　　　　　　　　　D. 公告

8. 下列属于行政法规的是（　　）。

A.《城市规划编制办法》　　　　　　B.《省域城镇体系规划编制审批办法》

C.《土地管理法实施办法》　　　　　D.《近期建设规划工作暂行办法》

9. 根据《中共中央关于制定国民经济和社会发展第十四个五年规划和二零三五年远景目标的建议》，坚持最严格的耕地保护制度，深入实施（　　）战略，加大农业水利设施建设力度，实施高标准农田建设工程，强化农业科技和装备支撑，提高农业良种化水平，健全动物防疫和农作物病虫害防治体系，建设智慧农业。

A. 藏粮于地　　　　　　　　　　　B. 藏粮于技

C. 藏粮于地、藏粮于技　　　　　　　D. 都不是

10. 根据《国务院办公厅关于鼓励和支持社会资本参与生态保护修复的意见》，下列叙述**不正确**的是(　　　)。

A. 遵循自然规律，统筹自然生态各要素，以自然恢复为主，辅以必要的人工措施，推进山水林田湖草沙整体保护、系统修复、综合治理，提升生态系统质量和稳定性

B. 修复项目范围内涉及零散耕地、园地、林地、其他农用地需要空间置换和布局优化的，应单独编制调整实施方案并依法审批；涉及永久基本农田调整等法定审批事项的，依法办理审批手续。

C. 参与方式有自主投资模式、与政府合作模式、公益参与模式等

D. 对集中连片开展生态修复达到一定规模和预期目标的生态保护修复主体，允许依法依规取得一定份额的自然资源资产使用权，从事旅游、康养、体育、设施农业等产业开发；其中以林草地修复为主的项目，可利用不超过 3% 的修复面积，从事生态产业开发

11. 下列不属于有权司法解释的是(　　　)。

A. 全国人民代表大会常务委员会的立法解释

B. 最高法院的司法解释

C. 公安部的执法解释

D. 国家行政机关的行政解释

12. 下列不属于依法行政基本原则的是(　　　)。

A. 合法行政　　　　　　　　　　　　B. 合理行政

C. 程序正当　　　　　　　　　　　　D. 自由裁量

13. 依照《自然资源部关于全面开展国土空间规划工作的通知》，省级国土空间规划和国务院审批的市级国土空间总体规划，自审批机关交办之日起，一般应在(　　　)天内完成审查工作，上报国务院审批。

A. 60　　　　　　　　　　　　　　　　B. 90

C. 100　　　　　　　　　　　　　　　D. 120

14. 《国土空间规划"一张图"建设指南（试行）》适用于指导省、市、县三级开展国土空间规划"一张图"建设，核心是建立完善国土空间基础信息平台，同步构建国土空间规划"一张图"(　　　)信息系统。

A. 实施预警　　　　　　　　　　　　B. 实施监督

C. 监测预警　　　　　　　　　　　　D. 预警监督

15. 根据《城市规划基本术语标准》，"城市在一定地域内的经济、社会发展中所发挥的作用和承担的分工"所定义的是(　　　)。

A. 城市职能　　　　　　　　　　　　B. 城市性质

C. 城市发展目标　　　　　　　　　　D. 城市发展战略

16. 依照《中共中央 国务院关于建立国土空间规划体系并监督实施的若干意见》，按照谁审批、谁监管的原则，分级建立国土空间规划(　　　)制度。

A. 审查备案　　　　　　　　　　　　B. 审查

C. 备案　　　　　　　　　　　　　　D. 备案监督

17. 依照《土地调查条例》，国家根据国民经济和社会发展需要，每10年进行一次全国土地调查；根据土地管理工作的需要，每年进行(　　)调查。

A. 自然资源变化 　　　　　　　　　　B. 自然资源变更

C. 土地变化 　　　　　　　　　　　　D. 土地变更

18. 根据《国土空间规划城市体检评估规程》，城市体检评估是对城市发展阶段特征及国土空间总体规划实施效果定期进行分析和评价，是促进城市高质量发展、提高国土空间规划实施有效性的重要工具，分为年度(　　)和五年(　　)。

A. 评估，体检 　　　　　　　　　　　B. 体检，评估

C. 监测，评估 　　　　　　　　　　　D. 体检，评价

19. 下列关于镇控制性详细规划编制审批的叙述中，不正确的是(　　)。

A. 所有镇的控制性详细规划由城市、县城乡规划主管部门组织编制

B. 镇控制性详细规划可以适当调整或减少控制指标和要求

C. 规模较小的建制镇的控制性详细规划，可与镇总体规划编制相结合，提出规划控制指标和要求

D. 县人民政府所在地镇的控制性详细规划，经县人民政府批准后，报本级人民代表大会常务委员会和上一级人民政府备案

20. 根据《中共中央 国务院关于建立国土空间规划体系并监督实施的若干意见》，下列关于规划修改的叙述中，不正确的是(　　)。

A. 因国家重大战略调整确需修改规划的 　B. 因重大项目建设确需修改规划的

C. 因政府依法换届确需修改规划的 　　　D. 因行政区划调整确需修改规划的

21. 根据行政法学原理和城乡规划实施的实际，下列叙述中不正确的是(　　)。

A. 城乡规划法中规定的行政法律责任就是行政责任

B. 城乡规划中的行政法律责任仅是指建设单位因客观上违法建设而应承担的法律后果

C. 城乡规划行政违法主体，既可能是规划管理部门，也可能是建设单位

D. 城乡规划行政违法既有实体违法也有程序性违法

22. 城乡规划主管部门核发的规划许可证属于行政许可的(　　)许可类型。

A. 普通许可 　　　　　　　　　　　　B. 特许

C. 核准 　　　　　　　　　　　　　　D. 登记

23. 下列不属于建设项目选址规划管理内容的是(　　)。

A. 选择建设用地位置 　　　　　　　　B. 核定土地使用性质

C. 提供土地出让条件 　　　　　　　　D. 核发选址意见书

24. 根据《城乡规划法》，下列关于建设用地许可的叙述中，不正确的是(　　)。

A. 建设用地属于划拨方式的，建设单位在取得建设用地规划许可证后，方可向县级以上人民政府土地管理部门申请用地

B. 建设用地属于出让方式的，建设单位在取得建设用地规划许可证后，方可签订土地出让合同

C. 城乡规划主管部门不得在建设用地规划许可证中擅自修改作为国有土地使用权出让合同组成部分的规划条件

D. 对未取得建设用地规划许可证的建设单位批准用地的，由县级以上人民政府撤销有关

批准文件

25. 下表中的数据为居住区公共绿地控制标准（居住街坊集中绿地），不符合《城市居住区规划设计标准》规定的是（　　）。

选项	类别	人均公共绿地面积（m²/人）	居住区公园	
			最小规模（hm²）	最小宽度（m）
A	十五分钟生活圈	1.0	5.0	80
B	十分钟生活圈	1.0	1.0	50
C	五分钟生活圈	1.0	0.4	30
D	居住街坊	居住街坊内集中绿地的规划建设，应符合下列规定： 1. 新区建设不应低于0.50m²/人，旧区改建不应低于0.35m²/人； 2. 宽度不应小于8m； 3. 在标准的建筑日照阴影线范围之外的绿地面积不应少于1/3，其中应设置老年人、儿童活动场地。		

26. 根据《国土空间规划城市设计指南》，城市设计方法在国土空间规划中的运用类型主要包括（　　）。

A. 总体规划中城市设计方法的运用　　　　B. 详细规划中城市设计方法的运用

C. 专项规划中城市设计方法的运用　　　　D. 规划许可中的城市设计要求

27. 依照《城市居住区规划设计标准》，居住区的路网系统应与城市道路交通系统有机衔接，居住区应采取"小街区、密路网"的交通组织方式，路网密度不应小于8km/km²；城市道路间距不应超过（　　）m，宜为150～250m，并应与居住街坊的布局相结合。

A. 300　　　　　　　　　　　　　　　　B. 350

C. 400　　　　　　　　　　　　　　　　D. 500

28. 根据《城市给水工程规划规范》，城市有地形可供利用时，宜采用（　　）系统。

A. 重力输配水　　　　　　　　　　　　B. 分区给水

C. 分质给水　　　　　　　　　　　　　D. 分压给水

29. 根据《城市用地分类与规划建设用地标准》，下列用地类别代码大类与中类关系式中正确的是（　　）。

A. R＝R1＋R2＋R3＋R4　　　　　　　B. M＝M1＋M2＋M3＋M4

C. G＝G1＋G2＋G3＋G4　　　　　　　D. S＝S1＋S2＋S3＋S4＋S9

30. 根据《城市房地产管理法》，下列关于土地使用制度叙述中正确的是（　　）。

A. 以划拨方式取得土地使用权的，除法律、行政法规另有规定外，没有使用期限的限制

B. 土地使用权出让行为不属于市场行为

C. 土地使用权是国有土地使用权和集体土地使用权的简称

D. 土地使用权出让合同由市、县人民政府与土地使用者签署

31. 根据《民法典》，国家对（　　）实行特殊保护，严格限制农用地转为建设用地，控制建设用地总量。

A. 国有土地　　　　　　　　　　　　　B. 集体土地

C. 宅基地　　　　　　　　　　　　　　D. 耕地

32. 依照《城市综合交通体系规划标准》，下列关于城市道路的说法，哪个是错误的？（   ）

A. 城市快速路主要为城市长距离机动车出行提供快速、高效交通服务

B. 城市主干路主要为城市分区（组团）之间中、长、短距离联系交通服务

C. 次干路主要为干线道路和支线道路转换以及城市内中、短距离的地方性活动组织服务

D. 支路主要为短距离地方性活动组织服务

33. 下列以出让方式取得国有土地使用权的建设项目规划管理程序中，不正确的是（   ）。

A. 地块出让前——提供规划条件作为地块出让合同的组成部分

B. 用地申请——建设项目批准、核准、备案文件；地块出让合同；建设单位用地申请表

C. 用地审核——现场勘查；征询意见；核验规划条件；审查建设工程总平面图；核定建设用地范围

D. 行政许可——领导签字批准；核发建设工程规划许可证

34. 每公顷建筑用地上容纳的建筑物的总建筑面积是指（   ）。

A. 建筑密度   B. 建筑面积密度

C. 容积率   D. 开发强度

35. 依照《饮用水水源保护区污染防治管理规定》，关于饮用水源保护区的叙述不正确的为（   ）。

A. 饮用水地表水源保护区包括一定的水域和陆域，其范围应按照不同水域特点进行水质定量预测并考虑当地具体条件加以确定，保证在规划设计的水文条件和污染负荷下，供应规划水量时，保护区的水质能满足相应的标准。

B. 在饮用水地表水源取水口附近划定一定的水域和陆域作为饮用水地表水源一级保护区。一级保护区的水质标准不得低于国家规定的《地表水环境质量标准》Ⅲ类标准，并须符合国家规定的《生活饮用水卫生标准》的要求。

C. 在饮用水地表水源一级保护区外划定一定水域和陆域作为饮用水地表水源二级保护区。二级保护区的水质标准不得低于国家规定的《地表水环境质量标准》Ⅲ类标准，应保证一级保护区的水质能满足规定的标准。

D. 根据需要可在饮用水地表水源二级保护区外划定一定的水域及陆域作为饮用水地表水源准保护区。准保护区的水质标准应保证二级保护区的水质能满足规定的标准。

36. 公共建筑配建停车场、公共停车场（   ）充电停车位。

A. 应设置不少于总停车位10%的

B. 可以根据当地电动车保有量决定设置一定比例

C. 可设置不少于总停车位20%的

D. 可以根据公共建筑属性判断是否需要设置

37. 根据《城镇老年人设施规划规范》，下列符合场地规划规定的是（   ）。

A. 老年人集中活动场地附近应结合老年人活动人数设置公共厕所或公共卫生间。公共厕所或公共卫生间可按照一般要求设施，无需采取适老化措施

B. 老年人设施场地坡度不应大于5%

C. 老年人设施场地范围内的绿地率：新建不应低于40%，扩建和改建不应低于35%

D. 集中绿地面积应按每位老人不低于 $1m^2$ 设置

38. 关于步行与非机动车交通，下列哪个说法是错误的？（　　）

A. 步行与非机动车交通通过城市主干路及以下等级道路交叉口与路段时，应优先选择平面过街形式

B. 步行与非机动车交通系统应安全、连续、方便、舒适

C. 人行道最小宽度不应小于 2.0m，且应与车行道之间设置物理隔离

D. 步行交通是城市最基本的出行方式，各级城市道路红线内均应优先布置步行交通空间

39. 下列行政行为中，不属于建设工程规划管理审核内容的是（　　）。

A. 审核建设工程申请条件

B. 审查使用土地的有关证明文件和建设工程设计方案总平面图

C. 审核修建性详细规划

D. 审核建设工程设计人员资格

40. 根据联合国规定，60 岁及以上老年人占（　　）或 65 岁以上占（　　）的城市和社会称老龄化城市或老龄化社会。

A. 12%，7%　　　　　　　　　　　　B. 15%，10%

C. 15%，7%　　　　　　　　　　　　D. 10%，7%

41. 依照《城乡建设用地竖向规划规范》，下列叙述不正确的是（　　）。

A. 城镇中心区用地应选择地质、排水防涝及防洪条件较好且相对平坦和完整的用地，其自然坡度宜小于 20%，规划坡度宜小于 15%

B. 居住用地宜选择向阳、通风条件好的用地，其自然坡度宜小于 25%，规划坡度宜小于 35%

C. 工业、物流用地宜选择便于交通组织和生产工艺流程组织的用地，其自然坡度宜小于 15%，规划坡度宜小于 10%

D. 用地自然坡度小于 5% 时，宜规划为平坡式；用地自然坡度大于 8% 时，宜规划为台阶式；用地自然坡度为 5%～8% 时，宜规划为混合式

42. 某市在城市规划区内集体所有土地上建设学校，须经（　　）后，方可使用土地并办理规划、建设有关手续。

A. 2/3 以上的村民同意　　　　　　　B. 依法征用转为国有土地

C. 房地产交易　　　　　　　　　　　D. 村集体经济组织同意

43. 根据《城市轨道交通线网规划标准》，下列叙述不正确的是（　　）。

A. 在中心城区，规划人口规模 500 万人及以上的城市，城市轨道交通应在城市公共交通体系中发挥主体作用

B. 在中心城区，规划人口规模 150 万人至 500 万人的城市，城市轨道交通宜在城市公共交通体系中发挥骨干作用

C. 对于规划人口规模不满 150 万人、确有必要发展建设轨道交通的城市，可在城市详细规划中预先安排轨道交通线路，规划预留相关设施建设用地

D. 城市轨道交通线路与线路之间的换乘应方便、快捷，不同线路站台之间乘客换乘的平均步行时间不宜大于 3min，困难条件下不宜大于 5min

44. 依照《土地管理法》，关于临时用地的叙述不正确的是（　　）。

A. 建设项目施工和地质勘查需要临时使用国有土地或者农民集体所有的土地的，由县级以上人民政府自然资源主管部门批准

B. 其中在城市规划区内的临时用地，在报批前，应当先经有关城乡规划行政主管部门同意

C. 土地使用者应当根据土地权属，与有关自然资源主管部门或者农村集体经济组织、村民委员会签订临时使用土地合同，并按照合同的约定支付临时使用土地补偿费

D. 临时使用土地的使用者应当按照临时使用土地合同约定的用途使用土地，可以修建永久性建筑物，临时使用土地期限一般不超过二年

45. 可以接受建设申请并核发建设工程规划许可证的镇是指(　　)。

A. 国务院城乡规划主管部门确定的重点镇人民政府

B. 省、自治区、直辖市人民政府确定的镇人民政府

C. 城市人民政府确定的镇人民政府

D. 县人民政府确定的镇人民政府

46. 某乡镇企业向镇人民政府提出建设申请，经镇人民政府审核后核发了乡村建设规划许可证，结果被判定是违法核发乡村建设规划许可证，其原因是(　　)。

A. 镇人民政府无权接受建设申请，亦不能核发乡村建设规划许可证

B. 乡镇企业应向县人民政府城乡规划主管部门提出建设申请，经审核后核发乡村建设规划许可证

C. 乡镇企业向镇人民政府提出建设申请后，镇人民政府应报县人民政府城乡规划主管部门，由城乡规划主管部门核发乡村建设规划许可证

D. 乡镇企业应向县人民政府城乡规划主管部门提出建设申请，经审核后交由镇人民政府核发乡村建设规划许可证

47. 依照《城市居住区规划设计标准》，下列叙述中不正确的是(　　)。

A. 居住区用地容积率是生活圈内住宅建筑及其配套设施地上建筑面积之和与居住区用地总面积的比值

B. 住宅用地容积率是居住街坊内住宅建筑及其便民服务设施地上建筑面积之和与住宅用地总面积的比值

C. 建筑密度是居住街坊内住宅建筑建筑基底面积与该居住街坊用地面积的比率（％）

D. 绿地率是居住街坊内绿地面积之和与该居住街坊用地面积的比率（％）

48. 根据《省级国土空间规划编制指南（试行)》，下列叙述不正确的是(　　)。

A. 国土空间用途管制是指以总体规划、详细规划为依据，对陆海所有国土空间的保护、开发和利用活动，按照规划确定的区域、边界、用途和使用条件等，核发行政许可、进行行政审批等

B. 主体功能区是以资源环境承载能力、经济社会发展水平、生态系统特征以及人类活动形式的空间分异为依据，划分出具有某种特定主体功能、实施差别化管控的地域空间单元；分国家级和省级主体功能区

C. 以多个重点城镇为核心，空间功能和经济活动紧密关联、分工合作可形成小城镇整体竞争力的区域，一般为半小时通勤圈，是空间组织和资源配置的基本单元，体现城乡融合和跨区域公共服务均等化

D. 城镇空间是指以承载城镇经济、社会、政治、文化等要素为主的功能空间，不包括城镇生态功能空间

49. 根据《历史文化名城名镇名村保护条例》和《风景名胜区条例》，下列规定中不正确的是(　　)。

A. 风景名胜区总体规划的规划期限一般为 20 年

B. 历史文化名城保护规划的规划期限一般为 20 年

C. 风景名胜区应自设立之日起 2 年内编制完成总体规划

D. 历史文化名城自批准之日起 2 年内编制完成保护规划

50. 使用或对不可移动文物采取保护措施，必须遵守的原则是(　　)。

A. 不改变文物用途 　　　　　　　　　B. 不改变文物修缮方法

C. 不改变文物权属 　　　　　　　　　D. 不改变文物原状

51. 根据《历史文化名城名镇名村保护条例》，在(　　)范围内从事建设活动，不得损害历史文化遗产的真实性和完整性。

A. 规划区 　　　　　　　　　　　　　B. 适建区

C. 保护范围 　　　　　　　　　　　　D. 建设控制地带

52. 根据《历史文化名城名镇名村保护条例》，建设工程选址应当尽可能避开历史建筑，因特殊情况不能避开的，应当尽可能实施(　　)。

A. 整体保护 　　　　　　　　　　　　B. 分类保护

C. 异地保护 　　　　　　　　　　　　D. 原址保护

53. 下列城市全部被公布为国家历史文化名城的是(　　)。

A. 重庆、大庆、肇庆、安庆、庆阳 　　B. 桂林、吉林、榆林、玉林、海林

C. 洛阳、濮阳、南阳、安阳、襄阳 　　D. 乐山、佛山、黄山、巍山、唐山

54. 根据《土地管理法》下列哪个选项不属于可以依法征收农民集体所有的土地的情形？(　　)

A. 经省级以上人民政府批准由开发商组织实施的成片开发建设需要用地的

B. 军事和外交需要用地的

C. 由政府组织实施的能源、交通、水利、通信、邮政等基础设施建设需要用地的

D. 由政府组织实施的文物保护、社区综合服务、社会福利、市政公用等公共事业需要用地的

55. 《历史文化名城保护规划标准》对在历史城区内市政工程设施的设置做了明确规定。下列规定中不正确的是(　　)。

A. 历史城区内不应保留污水处理厂 　　B. 历史城区内不应保留贮油设施

C. 历史城区内不应保留水厂 　　　　　D. 历史城区内不应保留燃气设施

56. 历史文化街区的保护范围应当包括历史建筑物、构筑物和风貌环境所组成的核心地段，以及为确保该地段的风貌、特色完整性而必须进行(　　)的地区。

A. 风貌协调 　　　　　　　　　　　　B. 拆迁改造

C. 保护更新 　　　　　　　　　　　　D. 建设控制

57. 下列关于划定城市紫线、绿线、蓝线、黄线的叙述中，不正确的是(　　)。

A. 城市紫线在城市总体规划和详细规划中划定

B. 城市绿线在城市总体规划和详细规划中划定

C. 城市蓝线在城市总体规划和详细规划中划定

D. 城市黄线在城市总体规划和详细规划中划定

58. 根据《市政公用设施抗灾设防管理规定》，建设单位应当在初步设计阶段，对抗震设防区的一些市政公用设施，组织专家进行抗震专项论证。下列不属于进行论证的设施是(   )。

A. 结构复杂的桥梁

B. 处于软黏土层的隧道

C. 超过 1 万 m² 的地下停车场

D. 防灾公园绿地

59. 某市经过城市用地抗震适宜性评价后结论如下："可能发生滑坡、崩塌、泥石流；存在尚未明确的潜在地震破坏威胁的地段；场地存在不稳定因素；用地抗震防灾类型Ⅲ类或Ⅳ类"，根据上述结论判断该场地适宜性类别属于(   )。

A. 适宜

B. 较适宜

C. 有条件适宜

D. 不适宜

60. 根据《城市抗震防灾规划管理规定》，当城市遭受多遇地震时，此城市应达到的基本目标是(   )。

A. 城市一般功能正常

B. 城市一般功能基本正常

C. 城市功能不瘫痪

D. 城市重要功能不瘫痪

61. 依照《自然资源部办公厅关于加强国土空间规划监督管理的通知》，下列叙述不正确的是(   )。

A. 建立健全国土空间规划"编""审"分离机制。规划编制实行编制单位终身负责制；规划审查应充分发挥规划委员会的作用，实行参编单位专家回避制度，推动开展第三方独立技术审查

B. 严格按照国土空间规划核发建设项目用地预审与选址意见书、建设用地规划许可证、建设工程规划许可证和乡村建设规划许可证。未取得规划许可，不得实施新建、改建、扩建工程

C. 严格依据规划条件和建设工程规划许可证开展规划核实。规划核实必须 1 人以上现场审核并全过程记录，核实结果应及时公开，接受社会监督

D. 建立规划编制、审批、修改和实施监督全程留痕制度，要在国土空间规划"一张图"实施监督信息系统中设置自动强制留痕功能；尚未建成系统的，必须落实人工留痕制度，确保规划管理行为全过程可回溯、可查询

62. 下列哪项不属于行政强制？(   )

A. 限制公民人身自由

B. 查封场所、设施或者财物

C. 扣押财物

D. 暂扣或吊销许可证

63. 我国的居住区日照标准是根据各地区的气候条件和(   )确定的。

A. 建筑间距

B. 环境保护要求

C. 建筑密度

D. 卫生要求

64. 根据《城市工程管线综合管理规划规范》，工程管线干线综合管廊应敷设在(   )下面。

A. 机动车道

B. 非机动车道

C. 人行道   D. 绿化隔离带

65. 根据《城市防洪工程设计规范》，城市防洪应在防治江河洪水的同时治理涝水，洪、涝兼治；位于山区的城市，还应防（ ），防与治并重；位于海滨的城市，除防洪、治涝外，还应防（ ），洪、涝、潮兼治。

A. 山洪，风暴潮   B. 地质坍塌，风暴潮

C. 风暴潮，山洪、泥石流   D. 山洪、泥石流，风暴潮

66. 根据《城市绿地分类标准》，城市建设用地内的绿地分为大类、中类、小类三个层次，下列绿地不属于大类的是（ ）。

A. 生产绿地   B. 附属绿地

C. 工业绿地   D. 防护绿地

67. 根据《城市绿地分类标准》，居住组团内的绿地应该归属于（ ）。

选项	大类	中类
A	公园绿地	社区公园
B	公园绿地	小区公园
C	附属绿地	特殊绿地
D	附属绿地	居住绿地

68. 下列不符合《军事设施保护法》规定的是（ ）。

A. 军事设施都应划入军事禁区，采取措施予以保护

B. 国家对军事设施实行分类保护、确保重点的方针

C. 县级以上人民政府编制经济和社会发展规划，应当考虑军事设施保护的需要

D. 禁止航空器进入空中军事禁区

69. 依照《湿地保护法》，湿地是指具有显著生态功能的自然或者人工的、常年或者季节性积水地带、水域，包括低潮时水深不超过 **6m** 的海域，但是水田及用于养殖的人工的水域和滩涂除外。国家对湿地实行（ ）管理及（ ）制度。

A. 名录，分级   B. 分级，名录

C. 分类，名录   D. 名录，分类

70. 根据行政法学原理，以下属于程序性违法行为的是（ ）。

A. 建设单位组织编制城市的控制性详细规划

B. 越权核发建设项目选址意见书

C. 擅自变更建设用地规划许可证内容

D. 未经审核批准核发建设工程规划许可证

71. 依照《国家公园设立规范》，国家公园的准入条件不包括（ ）。

A. 国家代表性   B. 物种丰富性

C. 生态重要性   D. 管理可行性

72. 某城乡规划主管部门在建设单位尚未提出申请，就上门为其发放了建设工程规划许可证，该行为的错误在于核发规划许可证应该是（ ）。

A. 依职权的行政行为   B. 依申请的行政行为

C. 不作为的行政行为   D. 非要式的行政行为

73. 城乡规划主管部门对城乡规划实施进行行政监督检查的内容不包括( )。

A. 验证土地使用申报条件是否符合法定要求

B. 复验建设用地使用与建设用地规划许可证的规定是否相符

C. 对已领取建设工程规划许可证并放线的工程，检查其标高、平面布局等是否与建设工程规划许可证相符

D. 在建设工程竣工验收后，检查、核实有关建设工程是否符合规划条件

74. 城乡规划主管部门对某建设工程认定为"违法轻微，尚可采取改正措施消除对规划实施影响的情形，且能自动修改"，对其处理的下列措施中不符合《关于规范城乡规划行政处罚裁量权的指导意见》规定的是( )。

A. 以书面形式责令停止建设

B. 以书面形式责令限期改正

C. 责令其及时取得建设工程规划许可证

D. 处建设工程造价 15% 的罚款

75. 下列关于城乡规划行政复议的叙述中正确的是( )。

A. 行政复议是依行政相对人申请的行政行为

B. 行政复议是抽象行政行为

C. 行政复议机关作出的行政复议决定不具有可诉性

D. 行政复议决定属于行政处罚的范畴

76. 在下列情况下行政相对人拟提起行政诉讼，法院不予受理的是( )。

A. 对城乡规划主管部门作出的行政处罚不服的

B. 经过行政复议但对行政复议结果不服的

C. 认为城乡规划主管部门工作人员的行政行为侵犯其合法权益的

D. 由行政机关最终裁决的具体行政行为

77. 根据《行政复议法》，下列关于申请行政复议的叙述中不正确的是( )。

A. 两个或两个以上行政机关以共同名义作出具体行政行为的，他们的共同上一级行政机关是被申请人

B. 行政机关委托的组织作出具体行政行为的，委托行政机关是被申请人

C. 实行垂直领导的行政机关的具体行政行为，上一级主管部门是被申请人

D. 作出具体行政行为的行政机关被撤销的，继续行使其职权的行政机关是被申请人

78. 下列不属于《城乡规划法》中规定的行政救济制度的是( )。

A. 对违法建设案件的行政复议

B. 对违法建设不当行政处罚的行政赔偿

C. 上级行政机关对下级行政机关实施城乡规划的行政监督

D. 司法机关对违法建设方的法律救济

79. 《城乡规划法》中规定的强制拆除措施，不属于( )行政行为。

A. 单方   B. 不作为

C. 依职权   D. 具体

80. 下列不属于行政处罚的是( )。

A. 警告   B. 行政拘留

C. 管制   D. 罚款

二、多项选择题（共20题，每题1分，有二至四个选项符合题意，少选、错选都不得分）

81. 根据行政法律关系的知识，下列叙述中不正确的是（　　）。

A. 在行政法律关系中，行政机关属于主导地位

B. 行政主体与行政相对人的双方权利义务是平等的

C. 在监督行政法律关系中，行政机关属于主导地位

D. 在监督行政法律关系中，行政相对人处于相对"弱者"的地位

E. 行政相对人有权通过监督主体而获得行政救济

82. 根据行政法学，下列属于行政行为效力的是（　　）。

A. 公信力   B. 确定力

C. 拘束力   D. 执行力

E. 公定力

83. 行政行为合法的要件包括（　　）。

A. 主体合法   B. 权限合法

C. 内容合法   D. 身份合法

E. 程序合法

84. 下列哪些说法符合《土地管理法》规定？（　　）

A. 为实施城市规划进行旧城区改建以及其他公共利益需要，确需使用土地的，有关人民政府自然资源主管部门报经原批准用地的人民政府或者有批准权的人民政府批准，可以收回国有土地使用权

B. 农村村民住宅用地，由乡（镇）人民政府审核批准

C. 自然资源部门负责全国农村宅基地改革和管理有关工作

D. 农村村民出卖、出租、赠与住宅后，再申请宅基地的，不予批准

85. 下列哪些工程应当向消防设计审查验收主管部门申请消防设计审查（　　）。

A. 总建筑面积大于20000m² 的体育场馆、会堂，公共展览馆、博物馆的展示厅

B. 总建筑面积大于10000m² 的宾馆、饭店、商场、市场

C. 总建筑面积大于1000m² 的托儿所、幼儿园的儿童用房，儿童游乐厅等室内儿童活动场所

D. 城市轨道交通、隧道工程，大型发电、变配电工程

E. 国家工程建设消防技术标准规定的一类民用建筑

86. 根据《2030年前碳达峰行动方案》，下列叙述正确的有（　　）。

A. 到2030年，非化石能源消费比重达到25%左右，单位国内生产总值二氧化碳排放比2005年下降65%以上，顺利实现2035年前碳达峰目标

B. 把碳达峰、碳中和纳入经济社会发展全局，坚持"全国统筹、节约优先、双轮驱动、内外畅通、防范风险"的总方针，有力有序有效做好碳达峰工作

C. 加快优化建筑用能结构。到2025年，城镇建筑可再生能源替代率达到8%，新建公共机构建筑、新建厂房屋顶光伏覆盖率力争达到50%

D. 大力推进生活垃圾减量化资源化。到2025年，城市生活垃圾分类体系基本健全，生活垃圾资源化利用比例提升至60%左右；到2030年，城市生活垃圾分类实现全覆盖，

生活垃圾资源化利用比例提升至 65%

E. 提升生态系统碳汇能力，实施生态保护修复重大工程。到 2030 年，全国森林覆盖率达到 25% 左右，森林蓄积量达到 190 亿 m^3

87. 符合《社区生活圈规划技术指南》相关规定的论述是(　　)。

A. 社区生活圈是指在适宜的日常步行范围内，满足城乡居民全生命周期工作与生活等各类需求的基本单元，融合"宜业、宜居、宜游、宜养、宜学"多元功能，引领面向未来、健康低碳的美好生活方式

B. 社区生活圈规划宜包含下列工作阶段：a) 开展现状评估、b) 制定空间方案、c) 推进实施行动；不包括动态监测维护

C. 城镇社区生活圈可构建"15 分钟、5～10 分钟"两个社区生活圈层级

D. 乡村社区生活圈可构建"中心镇—乡集镇—村/组"三个社区生活圈层级

E. 城镇社区生活圈服务要素可分为基础保障型服务要素、品质提升型服务要素、特色引导型服务要素

88. 下列关于政府信息不予公开的表述，哪些是正确的？(　　)

A. 依法确定为国家秘密的政府信息

B. 公开后可能危及国家安全、公共安全、经济安全、社会稳定的政府信息

C. 涉及商业秘密、个人隐私等公开会对第三方合法权益造成损害的政府信息不予公开，只要第三方同意，即可公开

D. 行政机关的内部事务信息，包括人事管理、后勤管理、内部工作流程等方面的信息，可以不予公开

E. 行政机关在履行行政管理职能过程中形成的行政执法案卷信息应当公开

89. 依照《中共中央关于制定国民经济和社会发展第十四个五年规划和二零三五年远景目标的建议》，下列说法正确的是(　　)。

A. 推进以人为核心的新型城镇化，推进以县城为重要载体的城镇化建设

B. 健全城乡统一的建设用地市场，积极探索实施农村集体经营性建设用地入市制度。建立土地征收公共利益用地认定机制，缩小土地征收范围

C. 坚持山水林田湖草系统治理，构建以自然公园为主体的自然保护地体系

D. 探索宅基地所有权、资格权、使用权分置实现形式

E. 支持农产品主产区增强农业生产能力，支持生态功能区把发展重点放到保护生态环境、提供生态产品上，支持生态功能区的人口原地居住，形成主体功能明显、优势互补、高质量发展的国土空间开发保护新格局

90. 依照《传染病医院建设标准》(建标 173—2016)，传染病医院选址应符合以下(　　)要求。

A. 患者就医方便、交通便利地段

B. 可设置在人口密集区域

C. 有比较完善的市政公用系统

D. 不应临近食品和饲料生产、加工、贮存，家禽、家畜饲养、产品加工等企业

E. 不应临近幼儿园、学校等人员密集的公共设施或场所

91. 根据《文物保护法》，以下属于不可移动文物的是(　　)。

A. 珍贵文物   B. 历史文化名城

C. 历史文化街区   D. 历史建筑

E. 古文化遗址

92. 历史文化街区、名镇、名村核心保护区范围内的历史建筑、应当保持原有的( )。

A. 高度   B. 体量

C. 外观形象   D. 色彩

E. 居民

93. 根据《风景名胜区条例》，禁止在风景名胜区核心景区内建设( )。

A. 各类宾馆酒店   B. 生态资源保护站

C. 游客服务中心   D. 景区疗养院

E. 培训中心

94. 根据《国土空间调查、规划、用途管制用地用海分类指南（试行）》，下列叙述正确的有( )。

A. 用地用海分类采用三级分类体系，本指南共设置 24 种一级类、106 种二级类及 39 种三级类

B. 本指南用地用海分类未展开二级类的一级类、未展开三级类的二级类及三级类，可进一步展开细分

C. 干渠不属于公用设施用地的二级类

D. 公共管理与公共服务用地指机关团体、科研、文化、教育、体育、卫生、社会福利等机构和设施的用地，不包括农村社区服务设施用地和城镇社区服务设施用地

E. 盐田属于工矿用地，不属于湿地

95. 根据《国土空间规划"一张图"建设指南（试行）》，下列叙述不正确的有( )。

A. 国土空间规划"一张图"实施监督信息系统面向政府、自然资源主管部门及相关部门、规划编制/评估单位、科研院所、企事业单位、社会公众提供应用服务

B. 系统提供国土空间规划"一张图"应用、国土空间规划分析评价、国土空间规划成果审查与管理、国土空间规划监测评估预警、资源环境承载能力监测预警等业务应用

C. 系统核心是建立完善国土空间基础信息平台，可适当延后构建国土空间规划"一张图"实施监督信息系统

D. 各地可根据实际需要在此基础上进行功能拓展

E. 系统提供指标模型管理等的支撑应用

96. 四川雅安芦山发生 7 级地震，地震烈度为 9 度，政府可以依法在地震灾区实行的紧急应急措施有( )。

A. 停水停电

B. 交通管制

C. 临时征用房屋、运输工具和通信设备

D. 对食品等基本生活必需品和药品统一发放和分配

E. 需要采取的其他紧急应急措施

97. 根据《海绵城市建设评价标准》，下列哪些属于海绵城市建设评价内容？( )

A. 年径流总量控制率及径流体积控制   B. 源头减排项目实施有效性

C. 路面积水控制与内涝防治　　　　　　　D. 城市水体环境质量

E. 城市大气污染治理状况

98. 对违法建设行为发出加盖公章的行政处罚通知书，属于(　　)行政行为。

A. 抽象　　　　　　　　　　　　　　　　B. 具体

C. 依职权　　　　　　　　　　　　　　　D. 要式

E. 外部

99. 依照《城乡规划法》，下列不属于城乡规划管理部门的行政处罚职责范畴的是(　　)。

A. 没收实物或者违法收入，并处罚款　　　B. 期限改正，并处罚款

C. 限期拆除　　　　　　　　　　　　　　D. 查封施工现场

E. 强制拆除

100. 根据行政法学知识，下列哪些属于行政违法的表现形式(　　)。

A. 行政机关违法和行政相对方违法　　　　B. 实体性违法和程序性违法

C. 故意违法和过失违法　　　　　　　　　D. 作为违法和不作为违法

E. 法人违法和自然人违法

模拟试题五参考答案

一、单项选择题

1. B	2. B	3. D	4. D	5. B	6. D	7. B	8. C
9. C	10. B	11. C	12. D	13. B	14. B	15. A	16. A
17. D	18. B	19. A	20. C	21. B	22. A	23. C	24. B
25. A	26. D	27. A	28. A	29. D	30. A	31. D	32. B
33. D	34. B	35. B	36. A	37. C	38. D	39. D	40. D
41. B	42. B	43. C	44. D	45. B	46. C	47. C	48. D
49. D	50. D	51. C	52. D	53. C	54. A	55. C	56. D
57. A	58. D	59. D	60. A	61. C	62. D	63. D	64. A
65. D	66. C	67. D	68. A	69. B	70. D	71. B	72. B
73. D	74. D	75. A	76. D	77. D	78. D	79. B	80. C

二、多项选择题

81. BCD	82. BCDE	83. ABCE	84. ABD	85. ABCD
86. BCDE	87. ACE	88. ABD	89. ABD	90. ACDE
91. DE	92. ABCD	93. ADE	94. ABDE	95. ABCE
96. BCDE	97. ABCD	98. BCDE	99. DE	100. ABD

模 拟 试 题 六

一、**单项选择题** (共 80 题，每题 1 分，每题的备选项中，只有一个最符合题意)

1. 科学发展观的根本方法是(   )。

A. 科学发展
B. 全面、协调、可持续
C. 加快转变经济发展方式
D. 统筹兼顾

2. 根据行政体制概念，不属于"行政体制"范畴的是(   )。

A. 政府组织机构
B. 国家权力结构
C. 行政区划体制
D. 行政规范

3. 下列关系中，不属于行政法律关系范畴的是(   )。

A. 行政管理关系
B. 行政救济关系
C. 行政法制监督关系
D. 行政权力和义务的关系

4. 现代程序法的核心制度是(   )。

A. 听证制度
B. 告知制度
C. 回避制度
D. 职能分离制度

5. 我国关于城乡规划方面的第一部行政法规是(   )。

A.《城乡规划法》
B.《城市规划法》
C.《城市规划条例》
D.《城市规划编制暂行办法》

6. 下列城乡规划主管部门作出的行政行为中，属于抽象行政行为的是(   )。

A. 颁布《城市、镇控制性详细规划编制审批办法》
B. 核发建设工程规划许可证
C. 对违法建设工程发出行政处罚通知单
D. 要求有关单位提供与监督事项相关的文件

7. 下列属于行政法律关系客体的是(   )。

A. 行政相对人
B. 非行政机关的其他组织
C. 违法建设行为
D. 国家公务员

8. 下列对建设单位与城乡规划主管部门的行政法律关系表述中，不正确的是(   )。

A. 建设单位开始报建时即与城乡规划主管部门形成行政法律关系
B. 建设单位与城乡规划主管部门的法律关系是由法律规范预先规定的
C. 城乡规划主管部门是行政主体
D. 建设单位是行政客体

9. 公共行政的核心原则是(   )。

A. 公民第一原则
B. 公众参与原则
C. 公平、公正、公开原则
D. 公共服务原则

10. 根据公共行政管理的知识，不属于公共责任的是(   )。

A. 政治责任
B. 法律责任
C. 领导责任
D. 行政责任

11. 编制城乡规划属于(   )方面的公共行政活动。

A. 决策
B. 组织
C. 协调
D. 控制

12. 下列法规、规章的法律效力关系式中，不符合《中华人民共和国立法法》规定的是(   )。

A. 地方性法规＞地方政府规章

B. 省、自治区人民政府制定的规章＞本行政区域内较大的市的人民政府制定的规章

C. 部门规章＞地方政府规章

D. 行政法规＞地方性法规

13. 下列关于自然保护区的说法，哪个是错误的？（　　　）

A. 自然保护区的核心区，禁止任何单位和个人进入

B. 因科学研究的需要，必须进入自然保护核心区从事科学研究观测、调查活动的，应当事先向自然保护区管理机构提交申请和活动计划，并经自然保护区管理机构批准

C. 自然保护区实验区，可以进入从事参观考察、旅游以及驯化、繁殖珍稀、濒危野生动植物等活动

D. 自然保护区核心区外围的缓冲区，只准进入从事科学研究观测活动，经批准可以进行科学试验

14. 下列关于机动车配建情况，与《居住区规划设计标准》说法不一致的是（　　　）。

A. 居住区内所有的配套设施应配建停车场（库）

B. 居住区内的商场每 100m² 建筑面积需配建大于等于 0.45 个机动车停车位

C. 地上停车位应优先考虑设置多层停车库或机械式停车设施，地面停车位数量不宜超过住宅总套数的 10%

D. 新建居住区配建机动车停车位应具备充电基础设施安装条件

15. 《城市规划基本术语标准》中，"城市在一定地域内的经济、社会发展中所发挥的作用和承担的分工"是（　　　）定义。

A. 城市发展战略　　　　　　　　　　　B. 城市性质

C. 城市发展目标　　　　　　　　　　　D. 城市职能

16. 下列解释中，不符合《城乡规划法》中"规划条件"规定的表述是（　　　）。

A. 规划条件应当由城市、县人民政府城乡规划主管部门依据控制性详细规划提出

B. 规划条件包括出让地块的位置、使用性质、开发强度、所有权属、地块使用年限、出让方式、转让条件等

C. 城市、县人民政府城乡规划主管部门提出的规划条件，应当作为国有土地使用权出让合同的组成部分

D. 未确定规划条件的地块，不得出让国有土地使用权

17. 人民法院审理行政案件，对行政行为是否（　　　）进行审查。

A. 合理　　　　　　　　　　　　　　　B. 合法

C. 正确　　　　　　　　　　　　　　　D. 适当

18. 某报建单位申请行政许可，规划主管与行政相对人形成了一种行政法律关系。在这种关系中，申请报建项目属于（　　　）。

A. 行政法律关系主体　　　　　　　　　C. 行政法律关系内容

B. 行政法律关系客体　　　　　　　　　D. 行政法律关系事实

19. 按照国家规定需要有关部门批准或者核准的建设项目，以划拨方式提供国有土地使用权的，建设单位在报送有关部门批准或者核准前，应当向城乡规划主管部门申请核发（　　　）。

A. 选址意见书   C. 建设工程规划许可证

B. 建设用地规划许可证   D. 国有土地使用证

20. 根据《城市规划制图标准》，城市总体规划图标中，标示的风玫瑰图上叠加绘制的细虚线玫瑰是(   )。

A. 污染系数玫瑰   B. 污染频率玫瑰

C. 冬季风玫瑰   D. 夏季风玫瑰

21. 镇总体规划的内容应当包括：镇的发展布局、功能分区、用地布局、综合交通体系、(   )及各类专项规划等。

A. 禁止、限制和适宜建设的地域范围   B. 水资源和水系

C. 基本农田范围   D. 防灾减灾

22. 历史文化名城的申报条件中，"在所申报的历史文化名城保护范围内还应当有 2 个以上的历史文化街区"规定的法规是(   )。

A.《城乡规划法》

B.《历史文化名城名镇名村保护条例》

C.《文物保护法》

D.《历史文化名城保护规划规范》

23. 下列行为中，不可提起行政诉讼的是(   )。

A. 罚款   B. 行政拘留

C. 国防行为   D. 强制拆除

24. 下列关于海绵城市的说法，哪个是错误的?(   )

A. 海绵城市是在城市落实生态文明建设理念、绿色发展要求的重要举措

B. 海绵城市建设有利于推进城市基础建设的系统性

C. 海绵城市建设有利于将城市建成人与自然和谐共生的生命共同体

D. 海绵城市建设要减少降雨径流的自然积存、自然渗透、自然净化

25. 根据《民法典》，下列关于建设用地使用权表述中，不正确的是(   )。

A. 建设用地使用权人依法对国家所有的土地享有占用、使用和收益的权利

B. 建设用地使用权不可以在土地的地表、地上或者地下分别设立

C. 设立建设用地使用权，可以采取出让或者划拨等方式

D. 建设用地使用权人有权将建设用地使用权转让、互换、出资、赠予或者抵押，但法律另有规定的除外

26. 根据《城市规划基本术语标准》，下列表述中不正确的是(   )。

A. 城市规划管理是城市规划主管部门依法核发选址意见书、建设用地规划许可证、建设工程规划许可证等法律凭证的总称

B. 选址意见书是城市规划主管部门依法核发的有关建设项目的选址和布局的法律凭证

C. 建设用地规划许可证是指经城市规划主管部门依法确定其建设项目位置和用地范围的法律凭证

D. 建设工程规划许可证是指城市规划主管部门依法核发的有关建设工程的法律凭证

27. 《城乡规划法》规定，规划条件未纳入国有土地使用权出让合同的，则(   )。

A. 该地块必须采用招标、拍卖方式进行出让

B. 国有土地使用权出让合同无效

C. 不得领取建设用地规划许可证

D. 建设单位直接责任人应受到行政处分

28. 以出让方式取得土地使用权进行房地产开发的，(   )未动工开发，可由县级以上人民政府无偿收回土地使用权。

A. 交付土地出让金后

B. 超过出让合同约定的动工开发日期满 2 年

C. 完成全部拆迁后

D. 超过出让合同约定的动工开发日期满 1 年

29. 商业用地的土地使用权出让，不得采取(   )方式。

A. 划拨   B. 拍卖

C. 招标   D. 双方协议

30. 通过出让获得的土地使用权转让时，受让方应当遵守原出让合同附具的规划条件，并由(   )向城乡规划主管部门办理登记手续。

A. 受让方   B. 出让方

C. 受让方与出让方   D. 中介方

31. 下列关于工程管线的最小覆土深度正确的是(   )。

A. 机动车道下的给水管线——0.9m

B. 非机动车道下直埋电力管线——0.7m

C. 机动车道下燃气管线——0.5m

D. 非机动车道下直埋热力管线——1.0m

32. 根据《城乡规划法》，由省、自治区、直辖市人民政府确定的镇人民政府可以依法核发(   )。

A. 建设项目选址意见书   B. 建设用地规划许可证

C. 建设工程规划许可证   D. 乡村建设规划许可证

33. 某市辖镇人民政府依所辖的村庄乡镇企业的建设申请，经该镇人民政府审核，认为建设项目符合村庄规划要求，于是给该建设项目核发了乡村建设规划许可证。该市城乡规划主管部门在监督检查中发现镇人民政府的行为违法，理由是(   )。

A. 未向该市城乡规划主管部门事先征求意见

B. 未向该市城乡规划主管部门备案

C. 镇政府没有核发乡村建设规划许可证的权限

D. 镇政府无权审批乡镇企业建设项目

34. 镇人民政府组织编制的村庄规划，在报送上一级人民政府审批前，应当经(   )讨论同意。

A. 县人民代表大会   B. 镇人民代表大会

C. 镇城乡规划主管部门   D. 村民会议或者村民代表会议

35. 《城市抗震防灾规划标准》适用于(   )地区的城市抗震防灾规划。

A. 地震震级为 6 级及以上   B. 地震震级为 7 级及以上

C. 地震基本烈度为 6 度及以上   D. 地震基本烈度为 7 度及以上

36. 某城市位于地震基本烈度 7 度及 7 度以上地区，应该按照( )模式编制抗震防灾规划。

A. A 级

B. 甲类

C. B 级

D. 乙类

37. 核设施工程受地震破坏后，可能引发放射生污染的严重次生灾害，必须认真进行( )。

A. 地震安全性评价

B. 地震破坏性评价

C. 次生灾害评价

D. 防灾措施评价

38. 根据《城市抗震防灾规划管理规定》，( )不属于城市总体规划的强制性内容。

A. 抗震设防标准

B. 建设用地评价与要求

C. 抗震防灾措施

D. 抗震防灾规划目标

39. 根据《城市防洪工程设计规范》，关于泥石流防治，下列哪个说法是错误的( )。

A. 泥石流防治应贯彻以防为主，防、避、治相结合的方针，应根据当地条件采取综合防治措施

B. 位于泥石流多发区的城市，应根据泥石流分布、形成特点和危害，突出重点，因地制宜，因害设防

C. 防治泥石流应开展山洪沟汇流区的水土保持，建立生物防护体系，改善自然环境

D. 随着防洪技术的提高，新建城市或城区，城市居民区可以不必避开泥石流发育区

40. 城市详细规划的强制性内容中不包括( )。

A. 规划地段各个地块的土地主要用途

B. 规划地段各个地块的允许人口规模

C. 规划地段各个地块允许的建设总量

D. 特定地区地段规划允许的建设高度

41. 根据《消防法》，需要进行消防设计的建筑工程，公安消防机构应该对( )进行审核。

A. 建设工程总平面图

C. 建筑工程消防设计图

B. 建设工程扩大初步设计图

D. 建设工程方案设计图

42. 根据《城乡规划法》，临时建设和临时用地规划管理的具体办法，由( )制定。

A. 地方城乡规划部门

B. 地方人大

C. 地方人民政府

D. 住建部

43. 根据《风景名胜区条例》，风景名胜区管理实行"科学规划、统一管理、严格保护、( )"的原则。

A. 适度开发

B. 合理经营

C. 优化生态

D. 永续利用

44. 根据《风景名胜区条例》，在风景名胜区规划中需划定景区范围的名称是( )。

A. 核心景区

B. 核心保护区

C. 核心景区、建筑协调区

D. 核心保护区、建设控制地带

45. 列入世界文化与自然双重遗产的风景名胜区为( )。

A. 四川九寨沟和黄龙

B. 四川峨眉山和乐山大佛

C. 四川大熊猫栖息地　　　　　　　　D. 湖南武陵源

46. 下列关于"四线"的定义，符合《城市紫线管理办法》《城市绿线管理办法》《城市蓝线管理办法》或《城市黄线管理办法》规定的是(　　)。

A. 城市紫线，是指国家历史文化名城内文物古迹及其文物保护单位的保护范围界线

B. 城市绿线，是指城市规划区内风景园林和公园绿地范围的控制线

C. 城市蓝线，是指城市规划确定的江、河、湖、库、渠和湿地等城市地表水体保护和控制的地域界线

D. 城市黄线，是指城市规划确定的给水排水、电力电讯、热力煤气等地下管线设施用地的控制界线

47. 下列各组城市名单中，全部为国家历史文化名城的一组是(　　)。

A. 北京、天津、上海、重庆、南京

B. 辽阳、岳阳、濮阳、庆阳、南阳

C. 韩城、邹城、聊城、晋城、运城

D. 厦门、江门、荆门、海门、玉门

48. 在紫线范围内确定各类建设项目，必须先经市、县人民政府城乡规划主管部门依据保护规划进行审查，组织专家论证并进行公示后核发(　　)。

A. 选址意见书　　　　　　　　　　　B. 建设用地规划许可证

C. 建设工程规划许可证　　　　　　　D. 乡村建设规划许可证

49. 根据《历史文化名城保护规划规范》，按照文物保护单位的保护方法进行保护的具有较高历史、科学和艺术价值的建(构)筑物称之为(　　)。

A. 保护建筑　　　　　　　　　　　　B. 文化建筑

C. 历史建筑　　　　　　　　　　　　D. 文物建筑

50. 根据《城市规划基本术语标准》，下图中建筑红线应该划在(　　)处。

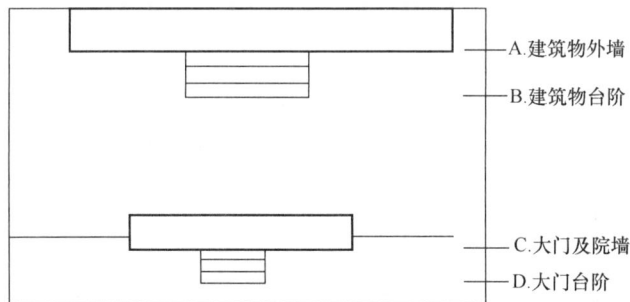

51. 下列连线中符合《城市绿地分类标准》的是(　　)。

A. 历史名园——公园绿地　　　　　　B. 风景名胜区——公园绿地

C. 社区公园——附属绿地　　　　　　D. 郊野公园——公园绿地

52. 根据《城市规划基本术语标准》，下列表述中不正确的是(　　)。

A. 居住用地是指在城市中包括住宅及相当于居住小区及小区级以下的公共服务设施、道路和绿地等设施的建设用地

B. 工业用地是指城市工矿企业的生产车间、库房、堆场、构筑物及其附属设施的建设用地

C. 道路广场用地是指城市中道路、广场的建设用地

D. 绿地是指城市中专门用以改善生态、保护环境、为居民提供游憩场地和美化景观的绿化用地

53. 根据《城市规划制图标准》，下列表述中不正确的是(　　)。

A. 城市规划图纸可分为现状图、规划图、分析图三类

B. 《城市规划制图标准》不对分析图的制图作出规定

C. 《城市规划制图标准》只适用于城乡总体规划和城市详细规划

D. 城市总体规划图纸应标注风向玫瑰

54. 根据保护文物的实际需要，经批准可以在文物保护单位的周围划出一定的(　　)。

A. 建设控制地带　　　　　　　　　B. 保护地带

C. 景观地带　　　　　　　　　　　D. 建设地带

55. 城市紫线范围内各类建设的规划审批，实行(　　)制度。

A. 审查　　　　　B. 备案　　　　　C. 复核　　　　　D. 预审

56. 下列不属于近期建设规划基本任务的是(　　)。

A. 明确近期内实施城市总体规划的发展重点和建设时序

B. 确定城市近期发展方向、规模和空间布局，自然遗产与历史文化遗产保护措施

C. 提出城市重要基础设施和公共设施、城市生态环境建设安排的意见

D. 确定城市保障性住房建设内容

57. 根据《黄线管理办法》，不属于黄线管理范畴的是(　　)。

A. 城市环境质量监测站　　　　　　B. 城市供电设施

C. 城市供燃气设施　　　　　　　　D. 城市道路桥梁

58. 根据《森林法》，(　　)使用权可以依法转让，也可以依法作价入股或者作为合资、合作造林、经营林木的出资、合作条件。

A. 防护林地　　　　　　　　　　　B. 实验林地

C. 薪炭林地　　　　　　　　　　　D. 母树林地

59. 人民法院审理行政案件，对具体行为是否(　　)进行审查。

A. 合理性　　　　　　　　　　　　B. 适当性

C. 正确性　　　　　　　　　　　　D. 合法性

60. 下列哪项不属于征收土地应当支付的费用？(　　)

A. 土地补偿费

B. 安置补助费

C. 农村村民住宅、其他地上附着物和青苗等的补偿费用

D. 占地使用费

61. 关于居住区内中心绿地设置的要求中，不符合《城市居住区规划设计规范》的是(　　)。

A. 至少有一个边与相应级别的道路相连

B. 绿化面积（含水面）不宜小于70%

C. 宜采用封闭式院落式布局，不影响居民使用安全

D. 组团绿地应有不少于1/3的绿地面积在日照标准阴影线之外

62. 下列定义中，不符合《城市道路绿化规划与设计规范》的是(   )。

A. 道路绿地：城市道路红线范围内的绿地

B. 交通岛绿地：可绿化的交通岛绿地

C. 道路绿地率：道路红线范围内各种绿带宽度之和占总宽度的百分比

D. 行道树绿带：布设在人行道与车行道之间，以种植行道树为主的绿带

63. 某居住小区拟按照标准进行停车位改造，现状登记拥有的车辆如下表：

车型	数量（辆）
机动三轮车	5
小卧车	28
面包车	1
中型客车	1

按照车辆换算系数进行换算后，小区应该建设的标准停车位是(   )。

A. 40～50 个   B. 30～40 个

C. 20～30 个   D. 10～20 个

64. 根据《人民防空法》，不属于重要的经济目标的是(   )。

A. 工矿企业   B. 科研基地

C. 通信枢纽   D. 加油站

65. 根据《城市道路交通规划设计规范》，下列表述中不正确的是(   )。

A. 机动停车场的出入口应右转出入车道

B. 机动停车场的出入口距离人行过街天桥需大于 50m

C. 机动停车场的出入口距离地道、隧道需大于 50m

D. 机动停车场的出入口距离桥梁需大于 60m

66. 根据《城市用地竖向规划规范》，下列表述中不正确的是(   )。

A. 市中心区用地的自然坡度宜小于 15%

B. 居住用地的自然坡度宜小于 30%

C. 工业用地的自然坡度宜小于 20%

D. 仓储用地的自然坡度宜小于 15%

67. 根据《城市给水工程规划规范》，下列关于城市用水量的规划指标中未包括管网漏失水量的是(   )。

A. 城市单位人口综合用水量指标

B. 城市单位建设用地综合用水量指标

C. 人均综合生活用水量指标

D. 单位居住用地用水量指标

68. 根据《历史文化名城保护规划规范》，历史城区道路系统要保持或延续原有道路格局；对富有特色的街巷，应保持原有的(   )。

A. 道路等级   B. 整体风貌

C. 空间尺度   D. 文化传统

69. 《城镇老年人设施规划规范》所称老年人设施是指(   )。

A. 专为老年人服务的公共服务设施

B. 专为老年人使用的适老化设计及技术

C. 专为老年人方便就医的市级老年病医院

D. 专为老年人使用的城市专用道路

70. 城市生活垃圾处理的方法中不包括( )。

A. 填埋 B. 焚烧

C. 堆肥 D. 消化

71. 根据《城市用地竖向规划规范》，下列对城市用地竖向规划的防护工程的表述正确的是( )。

A. 在条件许可时，挡土墙宜以 3.0m 左右高度退台

B. 挡土墙的高度宜为 1.5～3.0m，超过 6.0m 时宜退台处理，退台宽度不应小于 1.0m

C. 人口密度大、工程地质条件差、降雨量多的地区，不宜采用砌筑护坡

D. 土质护坡的坡比值应小于或等于 0.5～0.1；砌筑护坡的坡比值宜为 0.5

72. 修建性详细规划确需修改的，应当采取听证会等形式，听取( )的意见。

A. 公众 B. 专家

C. 相关部门 D. 利害关系人

73. 行政机关违法实施行政许可，给当事人的合法权益造成损害的，应当依照( )进行补偿。

A. 国家赔偿法 B. 行政处罚法

C. 行政诉讼法 D. 行政复议法

74. 当事人对行政处罚决定不服，申请行政复议或者提起行政诉讼的，行政处罚( )执行，法律另有规定的除外。

A. 不停止 B. 停止

C. 有条件地 D. 暂缓

75. 行政复议的第三人是指( )。

A. 依法申请行政复议的公民、法人或者其他组织

B. 同申请行政复议的具体行政行为有利害关系的其他公民、法人或者其他组织

C. 对于申请行政复议的具体行政行为的见证人

D. 参加行政复议机关审议的旁听人

76. 公民、法人或者其他组织向人民法院提起行政诉讼，人民法院已经依法受理的，( )行政复议。

A. 必须申请 B. 可以申请

C. 暂缓申请 D. 不得申请

77. 根据《历史文化名城名镇名村保护条例》，中国历史文化名镇、名村由( )确定。

A. 国务院

B. 国务院建设主管部门会同国务院文物主管部门

C. 省、自治区、直辖市人民政府

D. 市、县人民政府

78. 行政机关依法对行政相对人采取的直接影响其权利、义务，或对行政相对人权利、义

务的行使和履行情况直接进行监督检查的行为属于(　　)范畴。

A. 行政监督 　　　　　　　　　　 B. 权力机关的监督

C. 政治监督 　　　　　　　　　　 D. 社会监督

79. 《行政处罚法》中规定的行政处罚程序不包括(　　)。

A. 简易程序 　　　　　　　　　　 B. 一般程序

C. 听证程序 　　　　　　　　　　 D. 管辖程序

80. 对历史文化名镇、名村核心保护范围内的建筑物、构筑物，应当区分不同情况，采取相应措施，实行(　　)。

A. 整体保护 　　　　　　　　　　 B. 分类保护

C. 专门保护 　　　　　　　　　　 D. 有效保护

二、多项选择题（共20题，每题1分。每题的备选项中，有二至四个选项符合题意。少选、错选都不得分）

81. 下列属于行政执法行为的有(　　)。

A. 行政许可 　　　　　　　　　　 B. 行政确认

C. 行政奖励 　　　　　　　　　　 D. 行政裁决

E. 行政复议

82. 在下列法规文件中，属于行政法规的有(　　)。

A. 《历史文化名城名镇名村保护条例》 　　 B. 《风景名胜区条例》

C. 《北京市城乡规划条例》 　　　　 D. 《土地管理法实施办法》

E. 《城市总体规划审查工作规则》

83. 根据《历史文化名城名镇名村保护条例》，历史文化名城名镇名村应当整体保护(　　)。

A. 保持传统格局

B. 保持历史风貌

C. 保持空间尺度

D. 不得改变与其相互依存的自然景观和环境

E. 不得改变原有市政设施

84. 根据《城市抗震防灾规划标准》，当遭受罕遇地震时，城市抗震防灾规划应达到的基本防御目标包括(　　)。

A. 城市功能基本不瘫痪

B. 无重大人员伤亡

C. 不发生严重的次生灾害

D. 重要工矿企业能够很快恢复生产或运营

E. 生命线系统不遭受严重破坏

85. 一般行政行为的生效规则是(　　)。

A. 即时生效 　　　　　　　　　　 B. 受领生效

C. 告知生效 　　　　　　　　　　 D. 相对方同意后生效

E. 附条件生效

86. 在城市总体规划的成果中，属于附件内容的有(　　)。

A. 文本　　　　　　　　　　　　　　B. 图纸

C. 说明书　　　　　　　　　　　　　D. 研究报告

E. 基础资料

87. 城乡规划管理的职能主要有(　　　)。

A. 引导职能　　　　　　　　　　　　B. 控制职能

C. 协调职能　　　　　　　　　　　　D. 经营职能

E. 应急职能

88. 下列具体的建设行为中，属于现行法规和政策明令禁止的是(　　　)。

A. 在建设用地范围之外设立"工业开发园区"

B. 用集体土地从事房地产开发

C. 在村庄规划区内从事乡镇企业建设

D. 在城市规划区内修建高尔夫球场

E. 利用基本农田进行绿化工程建设

89. 根据《海绵城市建设评价标准》，下列哪些属于海绵城市建设评价内容？(　　　)

A. 年径流总量控制率及径流体积控制　　B. 源头减排项目实施有效性

C. 路面积水控制与内涝防治　　　　　　D. 城市水体环境质量

90. 下列关于国土空间规划体系的说法，哪些是正确的？(　　　)

A. 编制国土空间规划应当坚持生态优先、绿色、可持续发展，科学有序统筹安排生态、
农业、城镇等功能空间，优化国土空间结构和布局，提升国土空间开发、保护的质量
和效率

B. 经依法批准的国土空间规划是各类开发、保护、建设活动的基本依据

C. 已经编制国土空间规划的，不再编制土地利用总体规划和城乡规划

D. 国土空间规划对各专项规划起指导约束作用

91. 根据《城乡规划法》，在国有土地使用权出让前，城市、县人民政府城乡规划主管部
门应当依据控制性详细规划，提出出让地块的(　　　)等规划条件，作为国有土地使用权出
让合同的组成部分。

A. 位置　　　　　　　　　　　　　　B. 使用性质

C. 开发强度　　　　　　　　　　　　D. 允许建设的范围

E. 出让方式

92. 某房地开发商要提高一地块的容积率指标，向市规划局提出申请，市规划局经过局办
公会议研究讨论，决定调高容积率。省住房和城乡建设厅认定此决定不符合《城乡规划
法》以及《关于加强建设用地容积率管理和监督检查的通知》。认定其违法的理由
是(　　　)。

A. 未先行调整控制性详细规划

B. 未组织专家对调整容积率的必要性和合理性进行论证

C. 未进行公示和征求利害关系人的意见

D. 未将调整容积率的有关材料报土地管理部门审核

E. 未将需要调整容积率的有关材料报市政府批准

93. 城市抗震防灾规划在(　　　)应进行修编。

A. 城市总体规划进行修编时   B. 城市抗震防御目标发生重大变化时

C. 城市功能发生较大变化时   D. 城市近期规划重新编制时

E. 城市抗震标准发生重大变化时

94. 关于城市防洪设防标准的表述中，正确的是(   )。

A. 城市防洪标准是指采取防洪工程措施和非工程措施后，所具有防御洪（潮）水的能力

B. 对于情况特殊的城市，经上级主管部门批准，防洪标准可以适当提高或降低

C. 城市分区设防时，可根据各防护区的重要性选用不同的防洪标准

D. 沿国际河流的城市，防洪标准应当提高

E. 临时性建筑物的防洪标准不可以降低

95. 下列表述中符合《城市环境卫生设施规划规范》的是(   )。

A. 公共厕所应设置在人流较多的道路沿线

B. 独立式公共厕所与相邻建筑物建议设置不小于5m宽的绿化隔离带

C. 城市绿地内不应设置公共厕所

D. 公共厕所宜与其他环境卫生设施合建

E. 附属式公共厕所不应影响主体建筑的功能

96. 要扩大行政诉讼受案范围，切实保护行政相对人合法权益，进一步完善行政诉讼范围，应当具体采取的措施为(   )。

A. 将规章以下的抽象行政行为纳入行政诉讼范围

B. 对内部行政行为提供司法救济

C. 加强对其他权力主体行为的监督与救济

D. 扩大行政诉讼法所保护的权利范围

97. 根据《中华人民共和国立法法》，较大的市是指(   )。

A. 省、自治区人民政府所在地的市

B. 城市人口规模超过50万、不足100万人的城市

C. 经济特区所在地的市

D. 直辖市

E. 经国务院批准的较大的市

98. 下列表述中符合《水法》规定的是(   )。

A. 计划用水、节约用水

B. 开发利用水资源，应服从防洪的总体安排，实行兴利与除害相结合的原则

C. 协调好生活、生产经营和生态环境用水，工业、农业用水优先的原则

D. 新建、扩建、改建的建设项目，必须申请用水许可

E. 农业集体经济组织所有的水塘、水库中的水属于国家所有

99. 根据《民法典》建造建筑物，不得违反国家有关工程建设标准，妨碍相邻建筑物的(   )。

A. 通风   B. 采光

C. 日照   D. 朝向

E. 景观

100. 下列行为中，属于行政处罚的是(   )。

A. 宣布某部门规章作废
B. 吊销建设工程规划许可证
C. 责令建设工程停止建设并限期拆除
D. 撤销直接责任人的职务
E. 没收违法建筑物并处罚款

模拟试题六参考答案

一、单项选择题

1. D	2. B	3. D	4. A	5. C	6. A	7. C	8. D	9. A	10. D
11. A	12. C	13. D	14. A	15. D	16. B	17. B	18. B	19. A	20. A
21. A	22. B	23. C	24. D	25. B	26. A	27. B	28. B	29. A	30. A
31. B	32. C	33. C	34. D	35. C	36. B	37. A	38. D	39. D	40. B
41. C	42. C	43. D	44. A	45. B	46. C	47. A	48. A	49. A	50. D
51. A	52. C	53. C	54. A	55. B	56. D	57. D	58. C	59. D	60. D
61. C	62. A	63. B	64. D	65. D	66. C	67. C	68. C	69. A	70. D
71. B	72. D	73. A	74. A	75. B	76. D	77. B	78. A	79. D	80. B

二、多项选择题

81. ABC	82. ABD	83. ABCD	84. ABCE	85. ABCE
86. CDE	87. ABC	88. ABDE	89. ABCD	90. ABCD
91. ABC	92. ABCE	93. ABCE	94. ABC	95. ADE
96. ABCD	97. ACE	98. AB	99. ABC	100. BCE

参 考 文 献

［1］ 全国城市规划执业制度管理委员会．城市规划管理与法规（2011 年版）［M］．北京：中国计划出版社，2011.

［2］ 国务院法制办公室．中华人民共和国城乡规划法（含建筑法）注解与配套（第四版）［M］．北京：中国法制出版社，2017.

［3］ 全国城市规划执业制度管理委员会．全国城市规划师执业资格考试大纲（修订版）［M］．北京：中国计划出版社，2011.

［4］ 人力资源和社会保障部，住房和城乡建设部．人力资源社会保障部住房城乡建设部关于印发《注册城乡规划师职业资格制度规定》和《注册城乡规划师职业资格考试实施办法》的通知（人社部规〔2017〕6 号）［Z］．2017.

［5］ 中共中央．深化党和国家机构改革方案［Z］．2018.

［6］ 国务院．国务院关于机构设置的通知（国发〔2018〕6 号）［Z］．2018.

［7］ 住房和城乡建设部标准定额司．国际化工程建设规范标准体系表［Z］．2018.

后记

　　《全国注册城乡规划师职业资格考试辅导教材》（第十六版）是按照 2014 年全国城市规划执业制度管理委员会公布的《全国城市规划师执业资格考试大纲（修订版）》要求，参考全国城市规划执业资格制度委员会编写的《全国注册城市规划师执业考试指定用书》，并在总结前 20 年的考试试题的基础上，组织国内专家进行编写的。

　　在此，谨向《全国注册城乡规划师职业资格考试辅导教材》的组织单位中国建筑工业出版社给予的支持和配合表示衷心的感谢，并向中国建筑工业出版社陆新之等编辑，以及校对、美术设计的相关人员表示感谢！

《全国注册城乡规划师职业资格考试辅导教材》编委会

2023 年 2 月 28 日